THE SQUARE AND THE TOWER

Networks, Hierarchies and the Struggle for Global Power

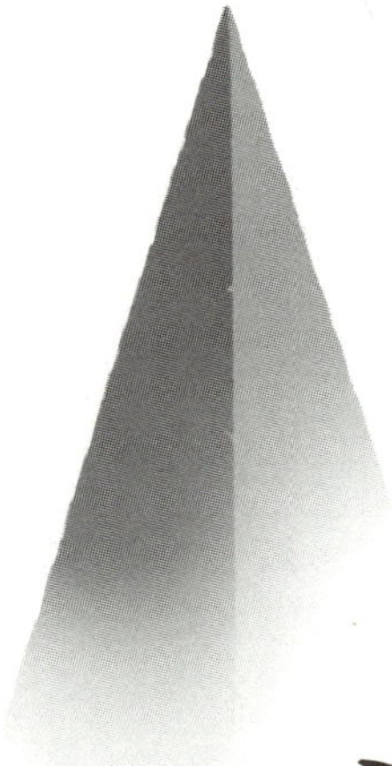

广场与高塔

网络、阶层与全球权力竞争

[英] 尼尔·弗格森 著

周逵 颜冰璇 译

中信出版集团 | 北京

图书在版编目（CIP）数据

广场与高塔 /（英）尼尔 · 弗格森著; 周逵, 颜冰璇译. --北京 : 中信出版社, 2020.1 （2021.4重印）

书名原文: The Square and the Tower：Networks, Hierarchies and the Struggle for Global Power

ISBN 978-7-5217-1023-6

Ⅰ. ①广… Ⅱ. ①尼… ②周… ③颜… Ⅲ. ①社会关系—研究 ②互联网络—发展—研究 Ⅳ. ①C912.3 ②TP393.4

中国版本图书馆CIP数据核字（2019）第203893号

广场与高塔

著　　者：[英] 尼尔 · 弗格森
译　　者：周逵　颜冰璇
出版发行：中信出版集团股份有限公司
（北京市朝阳区惠新东街甲4号富盛大厦2座　邮编　100029）
承 印 者：河北鹏润印刷有限公司

开　　本：787mm × 1092mm　1/16　　印　　张：32.5
插　　页：8　　字　　数：490千字
版　　次：2020年1月第1版　　印　　次：2021年4月第4次印刷
京权图字：01−2019−3747
书　　号：ISBN 978−7−5217−1023−6
定　　价：98.00元

服务热线：400−600−8099
投稿邮箱：author@citicpub.com

目录

Part 02 君主与探险者

Part 03 通信与集会

Part 04 等级制度的重建

Part 05 圆桌骑士

Part 06 瘟疫与魔笛手

Part 07 主宰丛林

Part 08 巴别塔图书馆

Part 09 结语：面对“赛伯利亚”

前言

历史学家网络

你可能常常听到这句话：“我们生活在一个网络化的世界中。”19 世纪末以前，很少有人会使用“网络”一词，但现在，不论是作为动词还是名词，它都已经成了一个被过度使用的词语。对于那些处于网络之中雄心勃勃的年轻人来说，为了建立人脉，无论下一场派对多晚开始都值得去赶场。错过社交机会的恐惧感能让他们战胜所有困意。而对于年长且愤懑的网外人来说，“网络”一词有着不同的内涵。他们越来越怀疑这个世界正在为强大且排他的网络所控制，这些织网者就是银行家、政府机构、统治集团、犹太人组织、共济会、光明会。几乎所有关于它们的资料都像是一派胡言，但是，如果这些网络根本就不存在，那些阴谋论似乎就不太可能持续存在那么久。

阴谋论者的问题在于，作为愤愤不平的网外人，他们总是误解和歪曲网络的运作方式：他们以为精英网络能在暗中轻松地控制正式的权力机构。我的研究以及我自己的经验表明，情况并非如此。相反，非正式网络通常与政府机构存在高度矛盾的关系，有时甚至是敌对的。然而直到今天，在专业历史学家中，还有人有着忽视或至少是贬低、轻视、将网络作用轻描淡写的倾向。即使在今天，大多数历史学家也更愿意研究那些已经存档的机构，而那些没有留下条理分明的文件记录的组织好像根本没存在过一样。我的研究和经验再次告诉我，要小心现有档案形成的“陷阱”。纵观历史上的大变动，它们往往是由一些没留下多少记录的非正式组织造就的。

本书主要讲述了历史的飘忽不定、潮起潮落。它试图区分两个时代：一个是时间更长、人类生活被等级结构主宰的时期；另一个是新兴但颇具活力、因技术变革而产生的网络时代。简而言之，当世界的主要秩序属于等级制度时，你只能通过一个垂直机构中（如国家、企业等）一级一级的等级阶梯来获取属于你的最大权力；而当网络系统取得优势时，你就能够在一个或多个水平组织的社交团体中获取权力。正如我们所见，这种等级制度和网络之间的二分法过于简单了，尽管如此，我个人的一些事例或许可以说明将二分法作为出发点进行研究的作用。

2016 年 2 月，也就是我撰写这篇前言初稿的那段时间，有天晚上我参加了一个读书会，主持人是纽约市前市长。这次聚会的主角是《华尔街日报》的专栏作家和前总统演讲撰稿人。我应彭博新闻社总编辑的邀请前来，我们的关系是 20 多年前在牛津大学建立的。在这次聚会上，我跟大约 10 个人打了招呼，并与他们进行了简短交谈，其中包括美国外交关系协会主席；美国最大的工业公司之一、美国铝业公司的首席执行官；《华尔街日报》评论版的编辑；福克斯新闻的主持人；纽约殖民地俱乐部①的成员和她的丈夫；还有一位年轻的演讲撰稿人，他向我介绍自己时说，他读过我的一本书（这无疑是与一个教授攀谈的正确方式）。

从某种角度来说，我参加那个聚会的原因是显而易见的。我曾在几个知名大学工作过——牛津、剑桥、纽约、哈佛和斯坦福，这一事实好像让

① 创立于 1903 年的纽约市，是首个只限女性参加的社交俱乐部。——译者注

我自动成为多个大学校友网中的一员。作为作家和教授，我的工作让我进入一些经济和政治网络，比如参加世界经济论坛和彼尔德伯格会议。同时，我还是三个伦敦俱乐部和一个纽约俱乐部的成员。目前，我是三个实体公司的董事会成员：一个是全球资产管理公司，一个是英国智库，还有一个是纽约博物馆。

尽管我建立了相对良好的网络关系，但在其中却几乎没有任何权力。这次聚会出现了一个有趣的现象，主持人，也就是那位前市长，借此机会在他简短的欢迎词中做了一个并不热切的暗示：他正在考虑作为独立候选人参加下一任美国总统竞选。但是作为一名英国公民，我甚至连投票权都没有。即使想要支持他，我也没有任何机会和方式能真正帮到他，抑或帮到其他任何一名候选人。尽管许多美国人以为，我作为一名学者已经完全脱离了普通人的现实生活。与我以前在牛津的同事不同，我不负责本科生的招生工作。在哈佛教书时，我可以为学生们打出“优秀”或“中等”的成绩，但是根本没有权力让最差的学生毕不了业。当进行博士招生时，在许多资深教员的投票中，我只占一票：同样相当于没有权力。对于在我咨询公司工作的人，我名义上有一定的权力，但是在过去 5 年的时间里，我总共只解雇了一名员工。在家里，我是 4 个孩子的父亲，但我对其中 3 个孩子的影响力——更不用说权力了——微乎其微。即使是最小的那位——他只有 5 岁，也已经在学习如何挑战我作为父亲的权威了。

简而言之，我只是一个不喜森严等级的人，我通过自己的选择成了“网络中人”。当我还是一名大学本科生时，我就喜欢大学里不分阶层的生活，尤其是参加众多社团组织。我加入了许多社团，不定期地参与其中几个社团的活动。我在牛津最喜欢的两项活动，一是在爵士五重奏里演奏低音提琴——这是一个至今仍以没有领奏而自豪的乐团；二是参加一个名为

“坎宁”的小型保守派兴趣小组的会议。毕业后，我选择成为一名学者，因为在20岁出头的年纪，我更愿意选择自由而不是金钱。只要看到我的同龄人和他们的父亲都受雇于传统的垂直管理体系，我就不寒而栗。而看着那些我在牛津大学读书时的老师（他们是中世纪公司实体的研究员、古文字共和国的公民，在大量书本研究中握有权力），我就有一种不可抗拒的冲动，要追随他们不慌不忙却坚忍向前的脚步。而当做学术的报酬无法满足家庭成员的期望时，我在不臣服于现实雇佣关系的前提下，努力挣钱：作为一名文字记者，我更喜欢当自由撰稿人，大部分情况下是做兼职，若能受聘为专栏作家更好。当我开始广播事业时，我以独立承包者的身份进行创作和出版作品，后来成立了自己的制作公司。企业家精神与我对自由的热爱相契合，我创立公司是为了保持自由，而不是致富。无论如何，我最喜欢的事情都是创作：写我感兴趣的题材的书。我的关系网络为我提供了最棒的研究课题——罗斯柴尔德银行的历史，西格蒙德·沃伯格的职业生涯，还有亨利·基辛格的生活。而直到最近我才意识到，它们本身都是关于网络的研究。

在我同时代的人中，有些人追求过人的财富，他们为了实现目标，通常为银行工作，并且很少有人没签过一段时间的“卖身契”；其他人则追求至高无上的权力，他们在政党内的地位也是从底层一步步爬上去的，如今的他们如果想起往日的卑屈，一定会觉得能忍受过来真是一场奇迹。毫无疑问，在学术生涯的最初几年里，我也经历了一些羞辱，但与在高盛当实习生，或在反对党失败候选人的竞选团队底层做志愿者相比，那完全不算什么。一旦进入这些等级制度，就意味着要在某些人面前低声下气，至少一开始是这样的。然而如今，我牛津大学的同学只有几个作为部长或首席执行官坐在权势机构的顶层位置。他们的决定可以直接影响数百万美元的分配，甚至有时能影响一个国家的命运。在这些同学中，有一位从政者的妻子曾抱怨过他的工作：时间长、缺乏隐私、工资低、假期少，以及民主工作固有的不安全感。“但事实上，这一切我都能够忍受下来，”他回答，“这恰好证明权力是一种多么美妙的东西。”

但是权力真的如此美妙吗？如今，将一个能让你产生影响力的网络和一个赋予你权力的等级体系做对比，哪个更好？哪个更能表达你自己的立场？事实上，我们都不可避免地参与不止一个等级体系。因为世界上每个人都至少是一个国家的公民；大部分人至少是一家公司的雇员（甚至世界上还有大量直接或间接由国家控制的公司）。在发达国家的世界里，大多数 20 岁以下的年轻人都在教育机构中学习；而不管这些机构自身如何宣称，它们的结构基本都是等级制的。（确实，哈佛大学的校长在终身教授的位置上没什么权力，但是身为校长，他在等级体系中的权力却能够掌控所有下属：从最有前途的副教授到地位最低的大一新生。）世界上很大一部分青年男女都在服兵役（尽管这一比例已经比过去 4 000 年来要低得多），这从传统意义上来说，是等级制度最严苛的活动。如果你“向”某人汇报，即使只是向董事会汇报，你也依然处于一个等级体系中。而向你汇报的人越多，就说明你在这个等级体系中的层级越高。

然而，对于我们中的大多数人来说，我们参与的网络要比等级体系多，这并不仅仅意味着我们身处脸书、推特或其他在过去十几年里从互联网中涌现出的、基于计算机的网络中。我们还有亲属网络（今天的西方世界很少有等级森严的家庭）、朋友圈网络、邻居网络，以及由爱好相同的人形成的网络，除此之外，还有教育机构的校友网络、足球队的球迷网络。我们还是俱乐部和社团的成员，或者是慈善机构的支持者。甚至当我们参与类似教堂或政党等具有等级结构的组织活动时，也更像建立关系网，而不是工作，因为我们是自愿参与的，并不期望得到金钱的回报。

等级和网络的世界可以相交并产生互动。任何大公司都有非官方的网络，其形态与官方的组织结构图有很多不同。当员工们指责他们的老板偏袒某些员工时，这意味着一些关系暗网抢占了5楼“人力资源管理部”的先机，在正式晋升程序之前进行了运作。当不同公司的员工下班后聚会喝酒时，他们从各自垂直的公司大厦来到了水平的社交广场网络。至关重要的是，这群人中每个人在不同的等级结构中都握有权力，而他们形成的网络将会产生深远的影响。安东尼·特罗洛普在他的小说《巴里塞》中，有一段令人难忘的描写，他抓住了正式权力和非正式影响力之间的区别，描绘了维多利亚时代政治家在下议院公开谴责对方，却在他们所属的伦敦俱乐部网络中私下交换秘密的场景。在这本书中，我想告诉读者，这样的网络在所有人类的历史中都能被找到，并且它们的真实性比大多数历史书所写的都要大。

我已经提到了，从前的历史学家不善于重建过去的网络。网络被忽视的部分原因，是传统的历史研究在很大程度上依赖于国家和其他等级制度所产生的文件记录。网络确实会留下记录，只是找到它们并不是一件容易的事。我读研究生时就是一个环保主义者，我还记得当时我去汉堡国家档案馆，被带到了一个令人非常迷茫的房间：里面到处都是用皮革装订的厚重书籍，它们用几乎看不清的旧德国文字手写而成，这些书组成了档案馆的目录。它们又指引我找到汉萨同盟古典官僚机构中各种“代表团”写的无数报告、记录簿和信件。我还清晰地记得自己去翻看了那些与我感兴趣的时期相对应的书籍，但令我震惊的是，没有任何一页的内容能吸引我。这样的痛苦持续了几个星期，之后我终于得到了解脱：我在英国领事馆的一次茶话会上有幸认识了银行家马克斯·沃伯格的儿子埃里克，他将我带进一个小小的橡木镶板房间，里面存放着沃伯格的私人文件。我当时的研究主题是：20世纪20年代早期德国恶性通货膨胀的历史，短短几个小时我就意识到，沃伯格与他的人际网络成员的通信能给我提供更多这方面的资料，甚至比英国国家档案馆中所有的文件加起来还要多。

然而，多年来，和大多数历史学家一样，我对网络的思考和写作方式都很随意。在我的脑海中，一个模糊的图表，通过各种血缘关系、商业关系和“选择性亲和”，就能将沃伯格与德国犹太商业精英的其他成员联系在一起。但是我没有想过要对这个网络进行认真的思考和研究。我满足于思考这个社交“圈子”，懒得进行下一步的探究，但“圈子”本身就是一个有缺陷的文学术语。而几年后，当我写到罗斯柴尔德银行的历史时，我发现我的研究缺乏一种系统性。我太关注这个家庭的复杂家谱，因为它远不是非同寻常的表亲婚姻制度，却忽视了更广泛的代理人和附属银行网络，而在这个19世纪世界上最富有的家族诞生的过程中，后者的网络很重要。事后看来，我应该更加关注20世纪中叶的那些历史学家，比如刘易斯·纳米尔或罗纳德·赛姆，他们开创了群体传记研究，特别是打压了意识形态本身作为历史角色的作用。然而，这些努力没有得到正式的网络分析。此外，他们被一代社会（主义）历史学家取代，后者致力于揭示变动的阶级如何成为历史变革的推动力。据我的了解，在历史进程中，维尔弗雷多·帕累托的精英——从法国大革命期间的“名人”到威廉二世时期德国的“勋章获得者”，通常比卡尔·马克思的阶级更重要，但彼时我还没想过该如何分析精英组织的结构。

本书试图弥补曾经的疏忽。它讲述了从古代到最近的过去，网络和等级之间相互作用的故事。它汇集了从经济学到社会科学，从神经科学到组织行为学等众多学科的理论见解。本书的中心论点是：尽管历史学家迷恋研究国家等级制度，但是社会网络在历史上的地位比他们所认为的更加重要，尤其是在两个历史时期。第一个是“网络化时代”，在15世纪印刷术传入欧洲之后，一直持续到18世纪末。第二个就是我们当今的时代，可以追溯到20世纪70年代，我认为，我们与硅谷有关的技术革命，与其说是等级制度危机产生的原因，不如说是其后果。而从18世纪90年代到20世纪60年代这段时间，出现了相反的趋势：等级制度重新确立了它的控制权，并成功摧毁或收编了网络。20世纪中叶，等级制度组织的权力达到顶峰——一个极权主义政权和全面战争的时代。

我想，如果我没有着手写一部关于当今世界上最娴熟的人际网络建立者亨利·基辛格的传记，我就不会产生这样的见解。当我到达这个项目的中间阶段——第一卷已经完成，第二卷已经撰写了一半之时——我想到了一个有趣的假设：基辛格的成功、名气和声誉是否不仅归功于他强大的才智和坚强的意志，还归功于他建立一个兼收并蓄的人际关系网络的非凡能力呢？是否不仅归功于他在尼克松和福特政府的同事，还归功于政府以外的人——记者、报业大亨、外国大使和国家元首，甚至是好莱坞制片人呢？本书的大部分内容综合了（我希望没有过分简化）其他学者的研究，并且我也充分认可这些研究。但在基辛格的人际网络问题上，我提供的研究尝试是首创的。

这本书本身就是网络的产物。首先，本书是在胡佛研究所写成的，因此我要感谢胡佛研究所的主任和研究员，以及该研究所的监督者和捐赠人。在一个知识多样性似乎是大学里最不受重视的多元化形式的时代，胡佛研究所是一座崇尚自由探索和独立思考的城堡，即便不是独一无二的，也是非常罕见的。我还要感谢我在哈佛大学的前同事，我在拜访肯尼迪学院贝尔弗科学与国际事务中心和欧洲研究中心时，他们为我的想法添砖加瓦。同时也要感谢我在约翰·霍普金斯大学保罗·尼采高级国际研究学院基辛格中心和清华大学苏世民书院的新同事们。

萨拉·沃灵顿、爱丽丝·汉以及拉维·雅克为本研究提供了宝贵的帮助。曼尼·林康–克鲁兹和科尼·科雷亚极大地提高了书中网络图表和网络评论的质量。感谢格雷厄姆·埃利森、皮耶尔保罗·巴尔别里、乔·巴里拉里、泰勒·古德斯皮德、米基·考夫曼、保罗·施梅林和埃米尔·辛普森为我发来了他们非常深刻的评论和见解（这里只列举了那些把想法写在纸上的人）。我给一些朋友、同事和专家阅读了本书早期的稿件，向他们征求意见。感谢他们花时间给我发来建议，包括露丝·阿赫纳特、特雷西塔·阿尔瓦雷斯–比耶兰德、马克·安德森、亚尼尔·班杨、乔·巴里拉里、阿拉斯泰尔·巴肯、梅拉妮·康罗伊、丹·埃德尔斯坦、克洛伊·埃德蒙森、艾伦·福尼尔、奥伦·霍夫曼、伊曼纽尔·罗曼、苏珊娜·萨瑟兰、伊莱恩·特里哈恩、卡尔德·沃尔顿和卡罗琳·温特。我还收到了威廉·伯恩斯、亨利·德·卡斯特里斯、马蒂亚斯·德普弗纳、约翰·埃尔坎、埃文·格林伯格、约翰·米克尔思韦特和罗伯特·鲁宾对本书结尾部分的宝贵评论。我也要感谢格伦·卡罗尔、彼得·道尔顿、保拉·芬德伦、弗朗西斯·福山、杰森·赫普勒、马修·杰克逊和弗兰齐斯卡·凯勒，感谢他们分享了见解或者允许我引用他们未发表的作品。而在撰写光明会的历史这一部分时，我得到了洛伦扎·卡斯泰拉、莱因哈德·马克纳、奥拉夫·西蒙斯和乔·瓦格斯的帮助，感谢他们。

跟从前一样，安德鲁·怀利和他的同事，特别是詹姆斯·普伦，以高超的专业水准代理了我的作品。我再次有幸跟西蒙·温德尔和斯科特·莫耶斯两位编辑合作，他们是当今英语世界里最有见地的编辑之一。感谢我的审稿编辑马克·汉斯利，本书的校对者和我忠实的朋友，来自弗吉尼亚的吉姆·迪克逊，还有我的图片研究员弗雷德·考特莱特。

最后，我要向我的孩子们致谢：费利克斯、弗雷亚、拉克伦和托马斯，他们从来没有抱怨过我将写书这件事看得比陪伴他们更重要，并且他们一直是我灵感、自豪感和快乐的源泉。我的妻子阿雅安耐心地容忍了我在谈话中重复使用“网络”和“等级”这两个词，她也与我分享了她了解的关于这两种组织的所有知识，我想用全部的爱感谢她。

我将此书献给我无比思念的父亲，坎贝尔·弗格森，本书出版之时，我的第六个孩子将会出生，希望他能够以他祖父的名字来命名。

Part 01

导言：网络与等级

01

“光明会”之谜

近两个半世纪以前，一个试图改变世界的秘密网络出现了。就在北美洲 13 个英属殖民地宣布独立的两个月前，“光明会”在德国成立了。这个组织有着崇高的目标，创始人起初甚至将它命名为“完美主义者联盟”。据一位组织成员回忆，光明会的创始人曾说过：

> 该组织意在以最温和之法，将美德与智慧发扬光大，取代所有的愚昧无知和居心叵测；组织成员将在各科学领域中做出最重大的发现；他们会学习如何行高尚而伟大之事，成为完美无瑕的人，并因此得到相应的嘉奖；光明会将束缚一切形式的专制之手，让成员们免遭迫害、压迫和命运的不公。[1]

光明会的终极目标是“以理性的启蒙之光，驱散迷信和偏见的乌云”。“我的目标是让理性占上风。”其创始人如是说。[2] 从某种角度来说，该组织的愿景是具有教育意义的，其总则（1781 年）中写道：“该联盟的唯一目标就是教育，其教育方式不是慷慨激昂的演说，而是利用美德的力量去激励与感化。”[3] 然而，从运行模式上来说，光明会却是一个不折不扣的秘密兄弟会。光明会的成员会被赐予取自古希腊、古罗马文化的代号：创始者本人叫“斯巴达克斯兄弟”。成员分为三等——初学者、密涅瓦①、光明密涅瓦，而初学者只能了解到组织粗略而又模糊的方法和目标。在复杂的入会仪式中，成员们会立誓死守光明会秘密，违反者将被施以最严苛残酷的死刑。另外，每个独立小组在接纳新人时都要向一位身份极其神秘的上级上报。

起初，光明会的规模很小，仅有的几名初始成员大多是学生。[4] 在成立之后的两年间，有 25 人陆续加入。直到 1779 年 12 月，成员人数也仅为 60 名。然而在接下来的几年中，组织规模飞速扩大到了 1 300 人。[5] 因为刚成立时，组织的范围局限于德国巴伐利亚州的英戈尔施塔特市、艾希施泰特县和弗赖辛县，小部分成员在慕尼黑。[6] 而到了 18 世纪 80 年代初期，光明会的成员网络渐渐扩大渗透到德国的大部分地区。不仅如此，此时光明会内部还出现了许多德国著名的亲王显贵：包括汉诺威–吕讷堡–沃尔芬比特尔王子斐迪南、黑森–卡塞尔王子查尔斯、萨克森–科堡–阿尔滕堡州公爵欧内斯特二世，还有萨克森–魏玛–艾森纳赫的大公爵查尔斯 · 奥古斯特。[7] 除此之外，几十个德国贵族也纷纷加入，例如弗朗茨 · 弗里德里希 · 冯 · 迪特弗斯 [8] 和莱茵兰（今德国莱茵河中游）神职人员中的新秀，卡尔 · 西奥多 · 冯 · 达尔伯格。其他成员为最高级的光明会组织服务，成为其顾问。[9] 与此同时，一些知识分子也加入其中，尤其是博学的约翰 · 沃尔夫冈 · 歌德、哲学家约翰 · 哥特弗雷德 · 赫德和弗里德里希 · 海

① 指罗马神话中的智慧女神密涅瓦，希腊神话所对应的是帕拉斯 · 雅典娜。光明会的标志是一只鹰立于一本打开的书上，这只鹰与智慧女神的鹰非常相似。

因里希·雅可比、译作者约翰·约阿希姆·克里斯托夫·博德，还有瑞士教育家约翰·海因里希·裴斯塔洛齐[10]都曾是光明会的成员。剧作家弗里德里希·席勒虽未入会，但他在《唐·卡洛斯》（1787年）中塑造了以光明会人士为原型的角色——共和党革命者波沙。[11]就连沃尔夫冈·阿玛多伊斯·莫扎特的歌剧《魔笛》（1791年）中也隐约渗透着光明会的理念。[12]

然而，在1784年的6月，巴伐利亚政府发布了三条法令，第一条就是取缔光明会，称它是“叛国且反宗教”的组织。[13]政府委派了一个调查小组着手清除学院和官僚机构中的光明会成员。这时，一些成员逃离巴伐利亚，剩下的成员中至少有两人入狱，大部分成员失业后被流放。而创始者本人在哥达市找到了庇护所。这所有的一切让光明会在1787年年末停止了运作。尽管如此，解散之后它仍然声名狼藉。有人曾警告普鲁士国王腓特烈·威廉二世，光明会仍然遍布整个德国，是一股极具煽动性的危险力量。1797年，苏格兰著名物理学家约翰·罗比森发表了《在共济会、光明会和读书会的秘密集会中，找到对抗欧洲所有宗教和政府的阴谋论的证据》，他声称：“历经50余年，（光明会）高举着哲学的火炬，口口声声为启迪世界、破除宗教迷信而来。然而这个所谓的‘组织’却一直以狂热的姿态，一步步成为人们无法抵抗的诱惑。”而它的目标，就是“铲除所有的宗教机构，推翻所有的欧洲政府”。罗比森称，光明会运动的高潮无疑是在法国大革命时期。前法国耶稣会会士奥古斯丁·德·巴鲁埃尔在1797年出版的《雅各宾主义历史回忆录》一书中也持相同观点：“即便是法国大革命中极其罪恶的行径，也都是（光明会）经过周密计划的决策，是他们联手布置的预谋……这都是所谓的‘深刻思想’所产生的堕落后果。”巴鲁埃尔还强调，雅各宾派本身就是光明会的继承者。这些指控不仅得到了埃德蒙·伯克的赞同[14]，还迅速被许多美国学者接纳，当时的耶鲁校长蒂莫

西 · 德怀特就是其中之一。[15] 横跨 19 世纪和 20 世纪，光明会无意中扮演了早期阴谋家的角色，彰显了理查德 · 霍夫施塔特笔下美国政治中的“偏执狂风格”。这种风格的倡导者自称在维护一无所有的人群，为他们对抗“强大却隐秘、异常有战斗力的国际阴谋网络，这个网络是给最凶恶的角色施展拳脚的舞台”。[16] 极右组织约翰 · 伯奇协会的作品和保守派基督徒帕特 · 罗伯逊的书《新世界秩序》（1991 年）中所描绘的光明会就是如此。[17]

光明会的传说沿袭至今。诚然，一些以其为灵感的作品一直被公认是虚构的，较为知名的有 20 世纪 70 年代出版的《启示录》三部曲，作者为罗伯特 · 谢伊和罗伯特 · 安东 · 威尔逊；还有 1988 年翁贝托 · 艾柯的小说《傅科摆》、2001 年的电影《古墓丽影》和丹 · 布朗在 2000 年出版的惊险小说《天使与魔鬼》。[18] 但难以解释的是，普罗大众却坚持认为光明会是真实存在的，并且跟创始人所预想的一样，越来越有影响力。许多网站都标榜自己是光明会组织的代表，但没有一个看起来是真的。[19] 有几任美国总统也曾被认为是光明会的成员，包括约翰 · 亚当斯、托马斯 · 杰斐逊[20]，甚至还有巴拉克 · 奥巴马。[21] 有一段长篇大论（囊括了各种体裁）将光明会形容为“企图开创奴隶社会的巨富权力精英会”：

> 光明会掌握着所有国际银行，将石油贸易等最强大的工业贸易收入囊中，并且渗透到政治和教育的各个领域，大部分政府都在其成员手中——至少是由他们控制的，而且连娱乐行业也不放过，好莱坞和音乐产业都在他们的掌控之中……他们甚至还经营着毒品交易市场……总统的主要候选人是从拥有神秘血脉的第 13 代光明会家族中精心挑选的……这个组织的首要目的是建立世界统一的政府，光明会就

是这个奴隶社会的独裁者……形成“外来威胁”，制造外星人入侵的假象，只有这样，全世界的国家才会主动地团结在一起。

这段标准的阴谋论论调将光明会与以下这些组织和人联系在一起：罗斯柴尔德家族、圆桌会议、彼尔德伯格集团和三边委员会——当然还有对冲基金经理、政治捐助者和慈善家乔治·索罗斯。[22]

许多人都相信上述理论，至少认真地进行过思考。[23] 在 2011 年接受调查的 1 000 名美国人中，刚过半数（51%）的人同意“当今世界发生的大部分事情都是由小部分人组成的秘密组织——甚至是一个人——决定的”。[24] 在另一个调查中，1 935 名美国人中有 1/4 的人认为“当下的财政危机是由小部分华尔街银行家秘密操控导致的，他们借此提升美联储的权力，从而增强对世界经济的掌控”；[25] 近 1/5（19%）的受调查者赞同“亿万富翁乔治·索罗斯私下密谋破坏美国政府，控制媒体和舆论，从而控制整个世界”。[26] 亚历克斯·琼斯这样著名的阴谋论家经常将索罗斯与光明会联系在一起。[27] 这听起来有些疯狂，但真正的疯狂似乎不止于此。最近，研究阴谋论流行现象的学者们得出以下结论：

在所有美国人中，半数人会相信至少一个阴谋论（如图 1.1 所示）。一个阴谋论的观点远不是政治极端主义的异常表述，或是大量错误信息的产物，它其实是贯穿整个意识形态的普遍倾向。在美国，无论是有关上帝与魔鬼的基督教叙事，还是新自由主义的左翼叙事，主流信仰体系都重视那些有意塑造当代事件的无形推动力。[28]

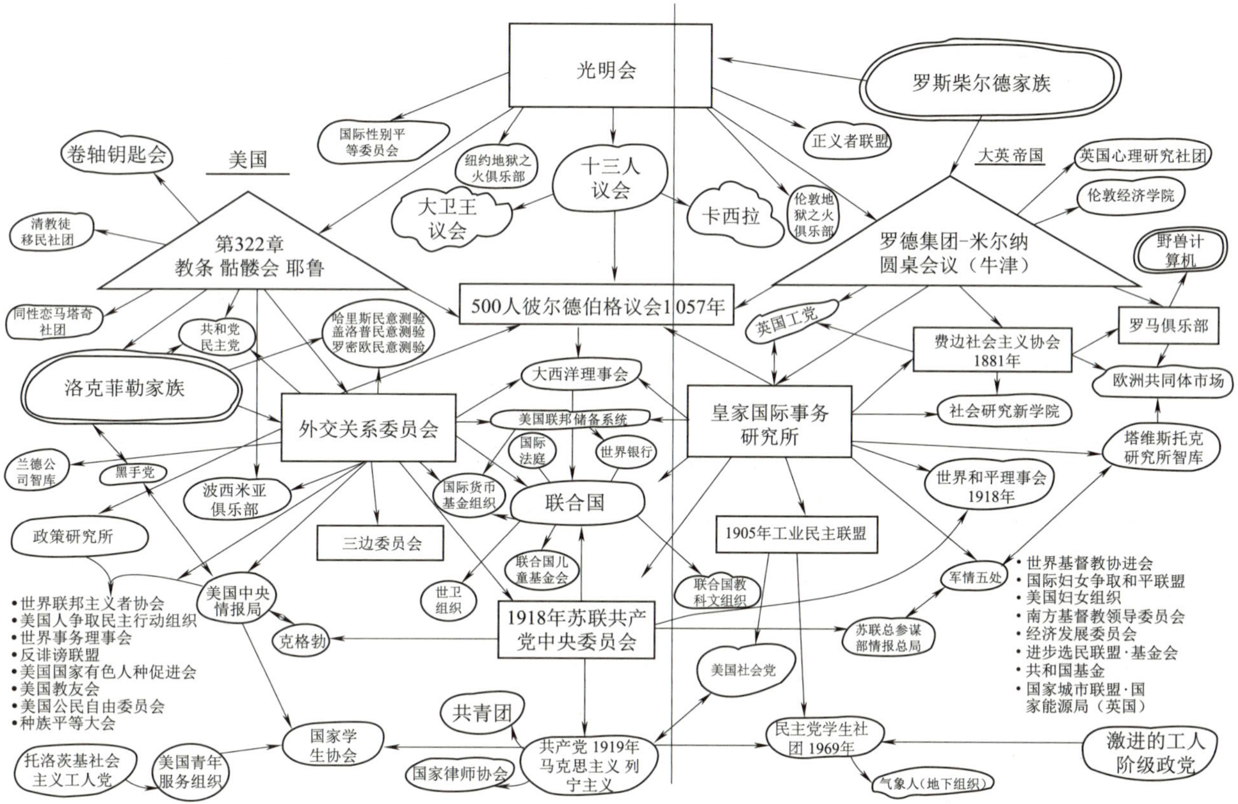

图 1.1　统治世界的阴谋论。

这一现象也不是美国特有的。伊拉克战争发生之时，大部分德国民众相信“9·11”恐怖袭击事件应归咎于“高度联结却又去中心化、去边界化的既得利益网络，该网络并不一定是个人或集体意图的产物……”[29]在英国和奥地利，也有大量选举人相信阴谋论，甚至有研究人员自发创造了阴谋论。[30]俄罗斯作家则特别关注由美国主导的阴谋论[31]，尽管在这方面，可能全世界没有一个地方比得上恐怖组织，这里的阴谋论自“9·11”恐怖袭击事件后，便开始无节制地蔓延。[32]这些所谓的信念可能会带来悲惨的后果。美国阴谋论家米尔顿·威廉·库珀因逃税和枪支犯罪在拒捕时被枪杀。他坚信联邦政府是由光明会控制的，该信念支撑着他直到生命最后一刻还在对抗权威。[33]恐怖主义及其动机研究的全球数据显示，在犹太复国主义者眼中，宗教信徒比美国阴谋论信徒更有可能付诸暴力。

光明会的历史反映出在刻画社交网络的过程中出现的核心问题，尤其是对于想要继续保持神秘的网络来说。因为神秘网络常常出现奇人奇事，专业的历史学家很难认真地对待它们，即便可以，也面临着网络档案的极度不稳定性和难以获取性。巴伐利亚的档案管理员一直留存着有关光明会运动的记录，包括从光明会成员手中得到的真实一手资料，但研究人员最近才系统地将存留的光明会文件和规章进行编辑，其中也包括共济会集会的档案。[34]最后，这项极其费力的工作在世界各地相继被完成。这种准入障碍解释了一位牛津大学著名历史学家的观点，他认为自己“只能书写关于秘密组织传言的传播，却不能书写秘密组织本身”。[35]然而，光明会是证明网络的历史重要性的最佳案例。即使光明会运动本身并不是极其重要的：它没有掀起法国大革命，更没有在巴伐利亚引起任何实质性问题，但正当由知识分子形成的网络所主导的启蒙运动掀起惊涛骇浪、引发政治混乱之时，光明会在大西洋的东西两岸进行的病毒式传播将这一运动推向了革命性的历史高潮，该组织也随之变得极为重要。

本书尝试着在主流史学和阴谋论者之间找到一种平衡，前者对网络的作用轻描淡写，后者则惯常夸大网络的重要性。本书提出一种新的史学叙事方式，该叙事方式可以追溯至地理大发现和宗教改革，甚至更早的时期。在这种叙事方式下，一些具有破坏性的挑战让网络逐渐形成了等级结构，从而让人从本质上认识到历史的重大变化。同时，笔者将驳斥某些评论家做出的自信且盲目的假设，例如“在网络对等级制度的干扰中，存在着某种固有的良性体系”。最后，本书借鉴 19 世纪和 20 世纪的历史经验，以确定网络变革力量的传播方式。

02

我们的网络时代

当今世界，网络无处不在。2017 年的第一个星期，《纽约时报》上有 136 篇报道出现了“网络”（network）一词。其中 1/3 的报道是关于电视网络的，12 篇提到电脑网络，10 篇与各种政治网络相关。还有一些报道与交通网络、财政网络、恐怖分子网络、医疗保险网络相关，社交、教育、刑事、电信、广播、供电、情报等方面的网络就更不用提了。阅读这些报道，就像老话讲的那样，是在看一个“一切尽在相互关联”的世界。有的网络将激进分子聚集在一起，有的可以让医生互相联系，还有的能连接自动取款机。世界上还存在着癌症网络、圣战网络、虎鲸网络。有的是“广阔”[1] 的国际性组织，有的是区域性的；有的神秘“高冷”，有的藏匿于地下。网络存在于贪污腐败的群体中，交错于隧道之间，联结着间谍行动，甚至连网球假球都有独自的网络。网络攻击者与网络维护者在相互对抗着。最终，以上所有的网络都被地面广播网络、缆绳和卫星网络全面覆盖。

在小说《荒凉山庄》中，雾气无处不在。而如今，借用《荒凉山庄》的作者狄更斯的话来说，网络才是如雾一般“从上游一直弥漫到下游”。“想找到网络的替代品，结果只能是失败。”《哈佛商业评论》[2]评论道：“女性之所以不如男性那么有领导力，关键原因就是她们的关系网络相对来说更狭隘，无法支持并且推动她们成为潜在的领导者。”[3]该杂志的另外一篇文章显示：“共同基金经理会将更大的赌注押在与他们同属一个教育网络的公司之中。”而且这部分投资会获得比平均值①更高的收益。[4]然而，不是所有人都会因此认为在校友关系网络中产生的“兄弟会”“姐妹会”是良性推动力。在金融领域，有些“专家网络”被揭露是内幕交易或操纵利率的渠道。[5]2008年金融危机的发生，网络难辞其咎，具体来说，这个日益复杂的网络将全球银行变成了美国次贷危机的传输和放大系统。[6]桑德拉·纳维迪在她的《超级枢纽》一书中描绘了一个令某些人向往的世界，“一小部分被选中的人”（她只列举了20个）“掌控着绝无仅有的最强大的资产——一个覆盖全球的特殊人际关系网络”。这些关系是在数量更少的机构或组织中铸就并维持下来的：麻省理工学院、高盛集团、世界经济论坛，包括克林顿全球倡议在内的三大慈善组织和纽约四季酒店。[7]然而，唐纳德·特朗普赢得2016年美国总统大选传递的核心信息之一就是“全球特殊利益”，这正是他击败的候选人希拉里·克林顿所代表的“失败且腐败的政治体制”的利益诉求。[8]

提到2016年的美国大选，就不得不讨论媒体网络在其中发挥的作用，从福克斯新闻到脸书，到胜出候选人所选择的网络——推特。②选举中具有讽刺意味的是，以网络为驱动的特朗普竞选团队集中火力攻击了希拉里的精英网络，特朗普本人也曾是这个网络中的一员，希拉里出现在特朗普第

① 如果投资组合经理与公司首席执行官上的是同一所大学，并且取得了相同程度的学位，且在时间线上有所重叠，那么回报率将会达到21%，远超两人没有这种联系的13%的回报率。

② 在本书写作时，特朗普的推特粉丝为3 380万，而他账号关注的个人或组织只有45个。

三次婚礼照片中就是证明。就在大选的前几年，一家2009年成立，名为“特朗普网络”（The Trump Network）的公司，主要在特朗普的支持下经营售卖维生素补剂的实体公司破产了。如果特朗普输掉了大选，他可能就会成立电视网络“特朗普TV”。他赢得大选的原因之一，据美国中央情报局说，是俄罗斯的智能网络利用维基解密和今日俄罗斯电视台尽全力摧毁了他的对手的声誉。美国中央情报局的非机密性报告显示，“俄罗斯总统普京下令开展一场有影响力的战役”，这场战役意在“诋毁国务卿希拉里，并破坏她的选举进程，减少她成为总统的可能性”。这一举动显示出克里姆林宫对特朗普的“明显偏好”。根据这份报告，在2015年7月，“俄罗斯情报人员进入了美国民主党委员会的内部网络，并且直到2016年6月都在持续访问中”，他们有计划地将获取的邮件通过维基解密泄露出来。同一时间，“今日俄罗斯、俄罗斯卫星通讯社这样的以全球受众为目标的媒体机构和一个类政府的钓鱼网络，作为克里姆林宫和国际受众之间的桥梁，在这场有影响力的战役中发挥了重要作用”。[9]

不过，特朗普的获胜还另有原因，就是被称为“伊斯兰国”的伊斯兰恐怖组织网络。该网络在大选前的12个月里持续进行恐怖主义袭击，包括在美国圣贝纳迪诺和奥兰多发动的两场袭击。这些行为让特朗普提出的将美国国内支持激进伊斯兰的网络进行“曝光”、“剥离”和“一一剔除”的提议更有吸引力，他还承诺将“完全摧毁伊朗的全球恐怖系统网络”。[10]

一言以蔽之，我们生活在一个“网络时代”。[11] 乔舒亚·雷默称之为“网络力量的时代”[12]，而阿德里安娜·拉弗朗丝则更倾向于用“牵连的时代”来表达。[13] 帕拉格·康纳甚至提出了一门新学科——“连接学”（Connectography）——来描绘当下的“全球网络革命”。[14] 曼纽尔·卡斯特认为：“当今的网络社会代表着人类历史经验中的一大量变。”[15] 网络正在改变我们的公共领域，并随之改变民主本身的轨迹。但这到底是好是坏呢？[16]“当今的网络技术真正造福了民众。”谷歌的贾里德·科恩和埃里克·施密特如是说，“历史上从没有这么多人同时被一个实时交互的网络联结着。”而且它还能真正改变世界各地的政治格局，书写新的“游戏规则”。[17]而从另一个视角出发，网络能够淡化国家的边界，削弱集体主义政治，从而使像谷歌那样的全球企业得以系统性地逐步掌握“结构性主导权”。[18]

对于网络在国际系统中的影响，我们也可以提出类似的问题：网络对国际关系所起的作用是推动还是阻碍呢？安妮–玛丽·斯劳特认为，如果要合理重建全球政治，可以将传统的“棋盘式”国际外交和新型的“关系网络”结合在一起，并着重利用后者的优势（例如网络的透明度、适应性和可扩展性）。[19]她认为未来的女政治家会利用“连接的策略”成为“跟政府一起行使权力并发挥领导作用的网络行为参与者”。[20]帕拉格·康纳期待着享受一个“供应链世界”，在这个世界中，全球的公司、特大城市，“航空都市”和“区域联邦”都会参与到一场无尽但本质上平稳的“拔河运动”中，像在“多人在线游戏”中争取经济优势一样。[21]然而，不管是乔舒亚·雷默，还是他的导师亨利·基辛格都对此产生了疑虑：这样的趋势真的能够提升全球稳定性吗？“网络通信在社会、财政、工业和军事领域的渗透，”基辛格写道，

> 已经……改变了脆弱性。在某些方面，相较于大部分规章来说（尤其是监管机构在技术层面上的理解和规范），它更快速地创造了自然平衡的状态……根据霍布斯的理论，想从这种状态中脱离出去的愿望形成了政治秩序……在国际外交和国家策略中，这种（非）对称性和世界

先天的无序性在两种网络力量中互相交织……如果对于一些国际行为规则没有进行清晰的说明，那么国际系统的内在动力将引发危机。[22]

如果真像某些人宣称的，“第一次世界网络大战”已经打响，这就是一场网络之间的战役。[23]

最令人担忧的一点是，单单一个全球网络系统就能让整个人类种族变得多余，从而走向灭绝。尤瓦尔·赫拉利在《未来简史》一书中提出，一直以来人们都处于一个基于文字、金钱、文化和意识形态的大规模“集中合作的网络”中——这是以碳元素为基础的、人类神经网络的产物。而现在，人们正在逐渐进入以硅元素为基础的、基于算法的计算机网络时代。在新的网络时代，我们很快就能发现，自己和算法的关系就跟动物与人类的关系一样，最后的结果可能是我们分秒都无法与网络断开，断开就意味着死亡。“我们自己设定的标准，会让人类也走上长毛象和白鳍豚的灭绝之路。”[24] 结合他在《人类简史》中所描述的黯淡凄惨的人类历史，如果人类真的走上了这条路，也可能是罪有应得的。[25]

相较于未来的世界，本书更多地是在探讨过去的历史。更精确地讲，本书要通过研究历史，更好地了解未来，而不是囿于天马行空或者随意预测。不仅是在硅谷，世界各地都有人提出这样的疑问：在技术革新飞速发展的时代，历史是否已经失去作用？[26] 的确，我在上文中总结的一些论辩将社交网络预设为一种新现象，认为在当今世界，网络无处不在的情形是前所未有的。然而，他（她）们错了。即便我们口中常常在讨论网络，但事实上，大多数人对网络的运行也是一知半解，对网络的起源一无所知。我们在很大程度上忽视了一个事实，在自然世界，网络也是普遍存在的，而在人类的进化过程中，网络一直扮演着至关重要的角色。因此，我们常常低估网络在历史中的重要性，从而得出历史经验无法为我们提供借鉴的错误结论。

诚然，我们在历史的长河中从未见过现在这样庞大的网络系统，也没有见过如此快速的、像病毒传播一样的信息流动。但是规模和速度不是全部。过去规模较小、速度较慢的网络也是无处不在的，有时可能还非常强大，我们可能永远无法参透无垠而又迅猛的网络，但如果不去研究它们，那么我们就无法预知未来的网络时代会是令人欣喜的解放，还是恐怖的无政府主义。

03

网络，无处不在的网络

自然世界由一个又一个令人眼花缭乱的网络组成，它们“被最充分地利用，填充空间且盘根错节”，物理学家杰奥福莱·维斯特分享了一个惊人的事实：最宏观与最微观的储集层之间存在着 27 个数量级，其中的网络——上至人类的循环系统，下至蚁群——都已经成熟到能够在这之间自由分配能量和物质。自然网络包括动物的循环系统、呼吸系统、肾脏系统、神经系统，还有植物的运输系统和细胞中的微管、线粒体[1]……秀丽隐杆线虫的大脑神经是目前唯一被完整绘制出的神经系统，而在不久的将来，越来越复杂的神经系统也将为我们所探知。[2]从虫子的大脑到食物链（或者说“食物网”），现代生物学能够在地球的各层级生命中找到网络。[3]基因测序揭示了一个“基因调控网络”，在这个网络中，“基因是节点，反应链是连接”。[4]你在地理课本中的地图上可以发现，河流的三角洲也是网络。除此之外，肿瘤也能形成网络。

有些问题只能由网络分析解决。1999 年，旧金山湾发生了一起海藻泛滥的大型生物入侵事件，一些科学家试图找寻其背后的缘由。而只有将当地海洋生物的网络系统完整描绘出来，他们才有可能找出真正的原因。同样，对神经系统的完整绘制能证明人类记忆储存在海马体中。[5] 20年前，人们研究了佐治亚州罗克代尔县青少年中的传染病，并发现传染病的传播速度与受影响的人口网络结构和病毒的毒性具有极大的相关性。[6] 起初，疾病会缓慢传播，但如果几个人联系紧密，很快该疾病的传播速度就能呈指数级增长。[7] 换句话说，如果疾病的“基本传染数”（一个典型受感染者新传染的人数）超过1，那么该疾病就会成为传染病；如果指数低于1，那么它就会慢慢消失。影响基本传染数的主要因素为人口网络结构和疾病本身的易传染程度，两者的重要性相当。此外，诊断的速度和准确性也受网络结构的影响。[9]

在史前时代，智人从具有合作性的类人猿进化而来，他们具有一种特殊的能力——构建关系网络，与其他同类交流并合作，这种能力也将人类跟动物区分开来。生物学家约瑟夫·亨利奇说，我们跟黑猩猩的区别，不仅仅是更大的脑容量或更少的毛发。人类种族的成功秘诀在于“人类社会的集体智慧”。[10] 跟黑猩猩不同，我们通过学习和分享进行社交。人类学家罗宾·邓巴认为，人有更高级的大脑皮质，从而在进化过程中，能在规模为150人左右的社交团体中正常运转，而对于黑猩猩来说，这个数字是50。[11] 确实，人类应该被称为“网络人”，社会学家尼古拉斯·克里斯塔基斯和詹姆斯·福勒对此做出了解释：“我们的大脑似乎就是为社会网络而构建的。”[12] 人种志学者埃德温·哈钦斯创造了一个名词“分布式认知”。我们早前的祖先只是“义务性合作的采食者”，随后才在觅食、住宿和取暖上形成越来越大的情感依赖。[13] 人类大脑容量和结构的提升、口语的发展，很可能也是这一过程的一部分，都是从诸如“梳毛”等类人猿的行为进化而来的。[14] 同样，相同的理论在艺术、舞蹈和宗教仪式上也适用。[15] 在历史

学家威廉 · H. 麦克尼尔和 J. R. 麦克尼尔的口中，第一个“世界网络”在 1.2 万年前就出现了。人类的神经网络是其他生物无法比拟的，也许建立网络是我们与生俱来的使命。图 3.1 显示了大西洋西北部“苏格兰大陆架”食物网的一部分。

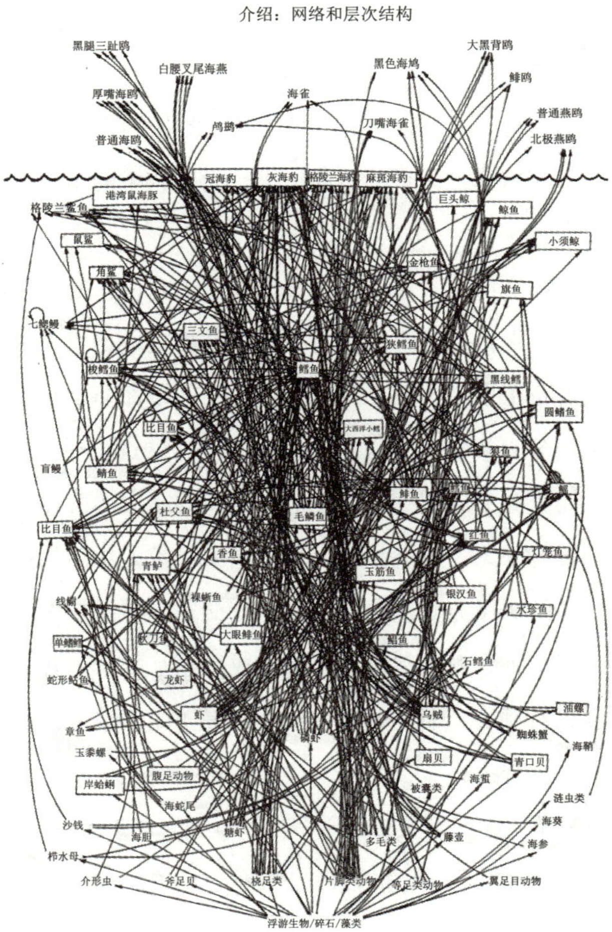

图 3.1 大西洋西北部“苏格兰大陆架”食物网的一部分，箭头从猎物指向捕食者。

随之而来的就是人类自然形成的社交网络，最初，社交网络的形式是知识本身和我们用来交流知识的各种形式，还有我们义务归属的家族联系，即便只有少数人能对自己的基因信息有精确的认知。人类的定居、迁移和种族混合都存在于该网络之中，这些行为将人们分散到世界各地。同时，网络系统还囊括了数不清的邪教和狂热，它们的偶然出现很难被预知，也无法被掌控。我们应该明白的是，从专有秘密协会到开源运动，社交网络以各式各样的规模和形式存在着。其中有的是自发组织的，有的更具系统性和结构性。当然，这些都发生在文字发明之后。不得不承认，我们体内自古就有着建立联系的本能追求，而新技术的出现使其更容易被实现了。

但是问题也随之产生。对于大部分现存历史来说，等级制度主导了网络的规模和界限。无论男女都被束缚在等级结构之中，权力集中在顶层的首领、国王或者帝王手中；相反，个人的关系网络却非常小。史书将大部分人都粗略地划分为“农民”，典型的农民阶层被局限于一个叫作“家庭”的小群体中，而家庭又属于一个叫作“村庄”的略大的群体，这些地方跟外界几乎完全没有联系。这就是近一百年前大多数人生活的样态。即使是现在，印度村庄的居民充其量也就是被“社交罩”联系在一起……“这是一个小派系联盟，每个派系都足以让所有成员相互联系，各个派系之间也有连接”。[16] 在这种孤立的社会中，有一个关键角色就是处于“扩散中心”的个人，俗称“八卦中心”。[17]

传统的小规模人际网络实在太压抑了，以至有的人想完全孤立于世界。罗伯特·彭斯所作的《无人歌》将自我独立视为一种与世隔绝的反叛精神：

我自己的妻子，
不会跟任何人同享；
你可别做通奸者，
我会将这些人都拿下。

我身上只有一便士，
这功劳不属于任何人；
我没有借别人的钱，
也不会向别人借钱。

我不是谁的王，
也不是谁的奴；
我这把上佳的剑，
也不会刺向任何人。

我自由且快乐，
我不为谁伤心；
没人关心我，
我也不关心谁。

从独行侠到荒野浪子，与世隔绝的人在西方大银幕上常常被奉为英雄。在科恩兄弟1984年的电影《血迷宫》中，自述者生活在一个残酷个人主义猖獗的世界里。“来吧，开始你的抱怨，”他说，“跟你的邻居倾诉求助——然后看着他无动于衷地离开。也许现在在苏联，共产主义的蓝图已经画好，每个人似乎都被一股牵引力联系着，但是在得克萨斯州，你只能靠你自己。”[18]

然而，这样肆无忌惮的个人主义只是个例，却不是规律。约翰·多恩在《丧钟为谁而鸣》中写道：

> 没有人是一座孤岛，独自矗立于海中。每个人都是一片土地、一个大陆的一部分。如果一块泥土被海水冲走，欧洲就会失去一角，如同远方的海岬消逝，也如同你和亲友的领地被割占。任何人的死去都让我怅然若失，因为我们都是人类。因此，不要问丧钟为谁而鸣，丧钟为你而鸣。

人类真的是一种社会动物。那些厌世者不仅被人孤立，也会刻意回避他人。现在的问题是：为什么在如此长的时间内，对社交网络有着本能追求的人类能够屈服于严格垂直的等级制度，他们是如何做到的？

“等级”一词起源于古希腊的ἱεραρχία（hierarchia），字面意思就是“大祭司的统治”——最初是用来描述天堂中天使的级别的，更普遍来讲，就是精神统治和世俗政治的等级分层。16 世纪以前，“网络”一词的意思仅仅是由交错的线制成的编织物。莎士比亚偶尔会用“网”来比喻某些意象——伊阿古在《奥赛罗》中的阴谋是一张“将他们全部网住的网”，但是“网络”一词却从未出现在他的作品中。[19] 17 世纪和 18 世纪的科学家在自然界中发现了网络——从蜘蛛网到人体血管和动脉的循环系统，但直到 19 世纪，“网络”才有了更多的比喻意义：地理学家用它表示水路，工程师用它描绘铁路，作家用它概括人物关系。诗人柯勒律治曾提到过“财产网络”，历史学家弗里曼提出过“封建社会租佃网络”。[20] 即使这样，直到 1880 年左右，在英国出版的书中，“等级”一词出现的频率仍比“网络”要多（见图 3.2）。当我们回溯安东尼·特罗洛普 1869 年的小说《菲尼亚斯·芬恩》中描述的政治和社会关系时，可以将它们看作一种网络分析。[21] 然而，“网络”从未在这本小说中出现过。20 世纪后期，“网络”一词才开始扩散：先是出现交通和电力网络，随后出现了电话和电视网络，最后电脑和在线社交网络席卷全球。1980 年之后，“网络”一词开始被用作动词，表示有目的性的、以职业为导向的社交。

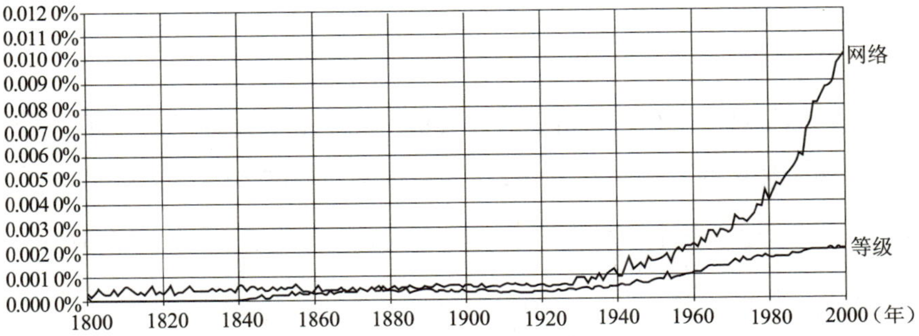

图 3.2　谷歌发布的 1800 年至 2000 年间英文出版物中出现的“网络”和“等级”的频率。

04

等级制度的背后

如果你打算去威尼斯旅游，一定要留出一个下午去游览慵懒可爱的托尔切洛岛。那里的圣玛丽亚·阿森塔大教堂是我们所说的等级制度的完美例证：名为《最后的审判》的11世纪马赛克壁画分为五层，耶稣在最顶端，而地狱之火在最底端。

大部分人对等级制度的看法大致如此：在一个垂直结构的组织中，有着高度集中、自上而下的指挥、控制和沟通机制。历史上，等级制度始于家庭宗族或部落，从这些宗族和部落中（或与之相对抗的宗族和部落中）演化出更复杂、更多层的制度，并形成正式的分工和等级。[1]在近代以前，许多等级制度迅速扩散至世界的各个角落，有被严格管控、依赖于贸易往来的城市社会体制，也有规模更大的君主专制的、以农业为基础的国家；被称为教会的集权运行的邪教；国家军队和官僚机构；操控职业准入的行业协会；在现代化早期通过市场交易内部化寻求开拓范围和规模经济的私营企业；高校等学术机构；还有被称为帝国的超大型跨国政府。

等级秩序产生的关键诱因是权力行使的高效性：“大人物”手中的中央

集权能够减少，甚至消除在争论“要做什么”上所浪费的时间，而这种争论随时都能演变成一场内部斗争。[2] 根据哲学家伯努瓦·迪布勒伊的研究，对于主要产业为农业的社会来说，统治者需要大部分人默不作声地在田间劳作，因此将司法权和刑事权，也就是惩罚反叛者的权力，赋予一个个体或者精英组织也就成了最佳的解决办法。[3] 彼得·图尔钦则强调了战争的重要性，他认为军事技术的变革推动了等级制国家及其军队的扩张。[4]

而且，极端主义也是社会凝聚力的来源。“好像有一根无形的线，就像蜘蛛网，它直接来自亚历山大三世的内心。”沙皇警察尼基弗里奇在 1890 年对年轻的马克西姆·高尔基这样解释道，“另一根线联结着所有大臣，从总督阁下起，从上至下直到我，甚至是级别最低的士兵。所有的人和事都通过这根线的无形力量互相联系在一起。”[5]

不过，独裁统治的缺陷也是显而易见的。没有任何一个人能够胜任皇权政府要面对的所有考验，而且几乎没有人能够经得住绝对权力带来的诱惑，就算是天才也不行。有人从政治的角度，也有人从经济的角度对等级制度国家进行批判。尽管面临一些阻碍，但自 18 世纪以来，相较于古代和文艺复兴时期的政治理论家来说，西方世界对于民主的形势呈现出更乐观和更积极的态度，至少更倾向于建立一个能够被独立法庭和其他形式的代表机构制衡的政府。[6] 除了政治自由固有的吸引力之外，一个社会组织的包容性越强，其经济发展的可持续性和应对人口增长和科技发展所带来的复杂性的能力也就越强。这样的组织不太容易被摧毁：而独裁者一旦被刺杀，整个等级制度就会崩溃。同时，自亚当·斯密以来的经济学家都认为，市场经济的自发规律在本质上要优于独裁者或者过于强大的政府分配资源的行为。

当然，在历史现实中，大部分独裁统治者也会赋予市场经济大量自我调控的空间，尽管他们也收税，偶尔也对市场进行干预。这就是为什么在典型的中世纪或者现代早期的城镇中——比如托斯卡纳的锡耶纳——代表世俗权力的高塔，就矗立在进行市场交易和其他公共交易的广场旁，且高塔的影子完全覆盖了广场。因此，弗里德里希·哈耶克所构想的国家与市场之间的简单二元对立是错误的。这不仅仅是因为政府所定义的只是市场运作的法律框架。另一个原因正如已故的马克斯·博伊索特所说，无论是市场还是官僚机构，都像宗族和封邑一样，是信息共享网络的理想模式。[7]

然而，一些非正式的网络有所不同。根据组织理论社会学家沃尔特·鲍威尔所言，在这种网络中，“交易既不发生在零散的物质交换中，也不由管理机构主导，而是通过一个由个体组成的网络来完成，人们在其中互惠共赢，相互支持，并且不涉及市场的成熟准则，或者等级制度中常见的父权主义”。[8]长时间学习企业管理的学生，会注意到与董事职位相互关联的网络在某些经济中所起的作用，例如日本的企业联盟。这种形态正如亚当·斯密所说：“同一场生意中的人即便是为了娱乐消遣也很少能碰到一起，而一旦碰面，他们的话题就会围绕着对大众消费者提价的阴谋诡计展开。”①一些政治学者也因为网络占据着中间地带而坐立不安。[9]网络参与者的交易，不管是交换礼物还是交换钞票，是否都在暗中进行？[10]网络只是松散的结构组织吗？[11]网络理论学者多年来一直都在寻找这些问题的答案，直到最近，一直被历史学家忽视的网络研究才得到关注。

① 《国富论》第一卷第十章。“keiretsu”字面上的意思是无头组合。它是一个公司结构的名称，在这个结构中，许多组织联系在一起，通常是通过相互持有少量股份。相关企业通常是合作伙伴，例如在供应链中。

05

从七座桥梁到六个维度

关于网络的正式研究要追溯到18世纪中期的柯尼斯堡，这座当时正处于鼎盛时期的城市位于东普鲁士，是哲学家伊曼纽尔·康德的故乡。七桥是柯尼斯堡的旅游景点之一，它们横跨普列戈利亚河，连接着河流两岸与河中间的两座小岛，岛与岛之间也有桥梁相接（见图5.1）。当地流传着一个未解之谜：没有人能一次性、不重复地走完这七座桥。[①]这个谜团引起了瑞士裔数学家莱昂哈德·欧拉的注意。1735年，欧拉发明了网络理论，在学术上证明了为什么这个问题无解。图5.2是一张简化的图表，其中四个“节点”代表着河流两岸和两座岛屿，七条“连接线”代表连接所有节点的七座桥梁。一条路径能否一次性不重复地经过每条线？欧拉在理论上证明了，这个问题的决定性因素是节点的“度”（也就是有多少条线经过该节点）。在他的理论下，只有以下两种情况满足该问题的条件：有且仅

① 令人失望的是，康德每天的散步（非常准时，据说人们都是按这个时间对钟表的）路线并不包括这七座桥。根据诗人海因里希·海涅的说法，康德喜欢在一条绿树成荫的街道上来回走八次，此后这条街道被称为“哲人之路”。

有两个节点的度为奇数，或者所有节点的度都是偶数。因为柯尼斯堡的图形有四个奇数度节点（一个有五条线经过，另外三个有三条线经过），所以没办法形成所谓的“欧拉路径”。如果去掉连接两座岛屿的桥，那么只有两个节点有奇数条线经过，就可以形成只经过每座桥一次就能走完全部桥梁的路径。自欧拉之后，图表理论的基本单位——他最初称为“几何学位置”——成了节点和界线，也就是点和线。

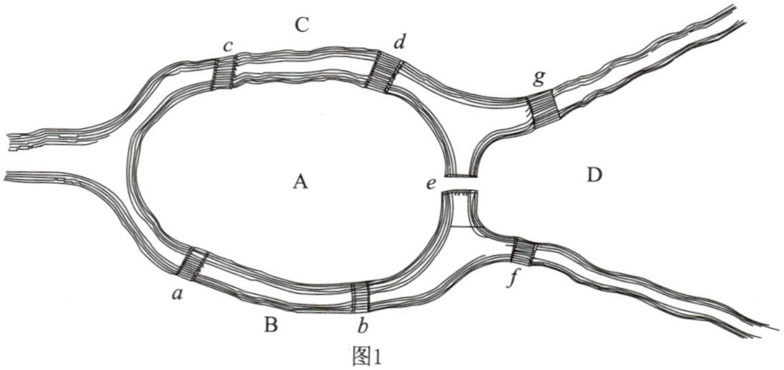

图 5.1　欧拉 1741 年发表的《关于位置几何问题的解法》的图 1。那些希望证实欧拉定理的人在现实中已经无法实现愿望了：因为在第二次世界大战中，这座城市受到轰炸，原有的七座桥梁中有两座没有幸存下来，另外两座在这座城市成为苏联控制的加里宁格勒后被拆除了。

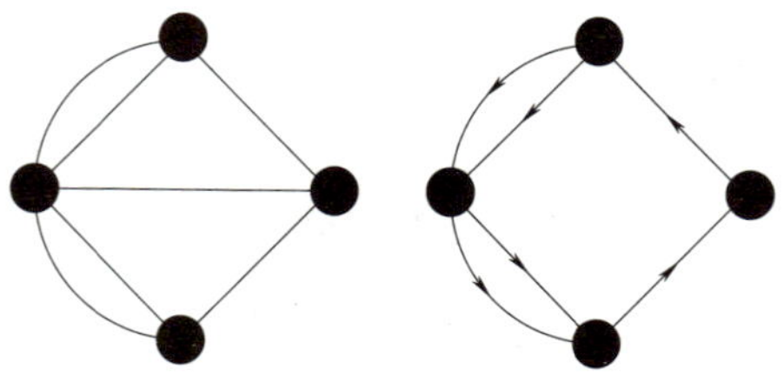

图 5.2　欧拉柯尼斯堡七桥问题的简化图。只有去掉中间的连接线（图 5.1 中连接两个岛屿的桥梁），才能解决这个问题。

19 世纪的科学家将这套体系应用于几乎所有领域：从制图到电路，再到有机成分的异构体。[1] 当时的政治思想家也想到了它跟社交网络之间的联系，他们中有约翰·斯图亚特·穆勒，奥古斯特·孔德和亚历克西斯·德·托克维尔，托克维尔还认为美国民主运作中很重要的一部分就是其早期丰富的社会团体生活。然而，他们对此没有形成更深刻的见解。因此，对于社交网络的研究要追溯至 1900 年了，一位副业为社会学家的学校教师约翰内斯·德利茨发表了一张他在 1880 年到 1881 年间教过的 53 名男生的友情矩阵图。[2] 该图展示了男生们的社交亲密度与学术表现之间的关系，在那个年代，学生在教室的座位通常取决于学术表现。而 30 年之后，纽约也有学者进行了类似的研究。奥地利出生的精神病学家雅各布·莫雷诺是一位性格独特的反弗洛伊德心理学家，他利用社交图表研究了纽约市哈德逊一所感化学校的“问题少女”之间的关系。1933 年他出版了他的研究结果《谁能活下来》。该研究的起因是，1932 年离家出走的女孩人数大幅增长，莫雷诺认为这一现象是可以解释的：女孩在学校处于“吸引和排斥”的交际网络中，这个网络中的种族歧视和性别歧视是她们离家出走的影响因素（见插图 2）。莫雷诺还宣称，社交网络成了“控制人类的社会力量”，而他始终坚信他的著作是“新时代社交行为和人类社会的《圣经》”。[3]

30 年后，语言学家、目录学家尤金·加菲尔德设计出了一种与之类似的图表技术，通过引用“史学图像”将科学领域的历史可视化。索引量和“影响力因素”自此成为衡量科学学术成果的标准，同时也展现了科学创新的过程——例如，揭开引文网络背后的“隐形学院”，一个与大多数科学家现实中所就职的院校大不相同的“学校”。[4] 然而，索引量等指标可能也只是表明，科学家更喜欢引用与他们志同道合的科学家的作品，正如古语所说，物以类聚，人以群分。这可能是个普遍真理。当两个节点同时与

第三个节点相连时，它们很有可能相互连接，因为（引用经济学家詹姆斯·劳赫的话说）“认识我的两个人比随机选择的两个人更可能相互认识”。[5]在三个人的组合中，如果三个成员两两相互认可，那么该组合可以说是“平衡的”，它也诠释了“朋友的朋友就是我的朋友”的理念。如果在三人组合中，两个人互为陌生人，就算他们都认识第三个人，这种组合也会被称为“禁忌三人组”（由此演变出两位成员互相认可，但是另一位成员却对其中一位存有敌意，这就可能引起“我朋友的敌人也是我的朋友”的不适感）。[6]

因此，“同质性”（有时被称作“同配性”），也就是我们更倾向于被相似的人吸引的特性，可能是社交网络中的第一条定律。埃弗里特·罗杰斯和迪利普·博沃米克率先提出了同质性的缺陷：它缩小了一个人的交际圈，且忽略了“最佳异质性”的存在。那么，同质性是否就是一种自我隔离呢？在20世纪70年代，韦恩·扎卡里对一个大学的空手道俱乐部进行了研究，并描绘出其成员的关系网络，这个网络清楚地展示出俱乐部中的两大阵营。同质化的行为可以基于共同的特征（包括种族、民族、性别、年龄等先天特征和宗教信仰、教育程度、职业和行为模式等后天特征）或是共同的价值观念，这些都能与后天习得特征区分开来。[7]美国学生中因为种族和民族而自我隔离就是同质化的一个常见的例子。然而最近的研究表明，这种隔离在不同的种族群体间也有区别。[8]

这样的图表能告诉我们哪些人是更重要的吗？直到20世纪，学者们和数学家们才正式将重要性定义为“中心性”（centrality）。在学术上，网络分析最重要的三个度量指标是程度中心性、中介中心性和紧密中心性。程度中心性（degree centrality）就是从一个特定节点辐射出的线的数量掌控着与其社交性相关的因素——个体与其他人之间的简单关系数量。中介中心性（betweenness centrality）由社会学家林顿·弗里曼在20世纪70年代正式提出，它衡量的是信息通过一个特定节点的程度。就像通勤的上班族一样，他们每个人都在寻找到达目的地的最短路线，却将交通集中在几个拥挤的十字路口。网络中的个体也一样，他们常常依赖关键的个人将自己与其他更远的个人或群体联系起来。具有高中介中心性的人不一定是拥有最多联系人的人，却一定是拥有重要联系人的人。（换句话说，你认识多少人不重要，重要的是你认识谁。）最后一点，紧密中心性（closeness centrality）衡量的是一个节点在接触其他所有节点的过程中所需步骤的平均数量。这个指标常常用在信息广泛分布的情况下，发现谁有得到信息的最佳途径。[9] 在具有高程度中心性、中介中心性或紧密中心性的社会网络中，个体以不同的方式充当着“中心枢纽”的角色。

20世纪中期，学者们在理解网络的集成属性上取得了突破。原本这些集成属性很难从单个节点的角度被发现，而麻省理工学院的邓肯·卢斯和艾伯特·佩里提出使用“聚类系数”（clustering coefficient）来测量一组节点连接的程度，最极端的情况就是一个群体网络中的每个节点都能连接到网络中所有其他节点（从技术上讲，聚类系数能测量到这种完全联系的社会团体，也就是每三个人中，两两是互相联系的）。而一个网络的“密度”跟网络中的互联性是相似的。

1967年，社会心理学家斯坦利·米尔格拉姆所做的著名实验让这种度量的重要性更加显著了。他在堪萨斯州的威奇托市和内布拉斯加州的奥马哈市两座城市中随机挑选了一些居民，并向他们寄送了信件。这些居民需要将信件分别转交给两位最终的收件人：一位是哈佛大学神学院的学生，另一位是波士顿股票经纪人的妻子。如果他们私下就认识的话，可以直接转交，否则就得通过可能认识他们的人转交，即使他们不知道这位中间人的全名，也没有关系。同时，他们每次转交都要寄给米尔格拉姆一张明信片，以方便米尔格拉姆追踪他们的行为。根据米尔格拉姆的研究结果，在160封信中，最终有44封来自内布拉斯加州的信件被成功送达。[10]（最近的一次研究表明是21封。[11]）他统计了每个完整送信链需要的中间人数量：平均下来只需要5个人。[12]而匈牙利作家弗里吉什·卡琳尼好像早就预料到了这一结果，他于1929年出版的小说《锁链》中有一个人和同伴打赌，说他通过不超过5个人（其中只有一个人是他认识的），就能联系到他们口中的任何人。还有一些其他科学家的实验，特别是政治学家伊契尔·德·索勒·普尔和数学家曼弗雷德·科亨的独立实验也证明了这一点。

2个节点，5个中介，6条线就能形成一个网络。1990年，“六度分隔”一词才被约翰·瓜尔创造出来，但这之前它就已经有着悠久的历史了。从“小世界”的概念（1964年因为迪士尼乐园的游乐设施而为人所知），到对“亲密性”更严谨的科学的概念界定，这一历程清晰地总结了自20世纪中叶开始，人与人之间日益增长的关联。从那时起，六度分隔理论被应用到各个人物身上：马龙·白兰度、莫妮卡·莱温斯基、凯文·培根（最后还成了棋盘游戏）、洛伊丝·韦斯伯格（马尔科姆·格拉德威尔的一个朋友的母亲）和在学术上与韦斯伯格同样著名的数学家保罗·埃尔德什，保罗也是网络理论的先驱者之一。[13]最近的研究表明，六度分隔理论中的数字已经越来越接近五了，这也从侧面证明了，自20世纪70年代以来发生在世界范围内的技术变革可能并没有我们想象中的那么强烈。[14]《财富》1 000强企业的管理者可以只通过4.6人，就能联系到世界上的任何一个人。[15]对于脸书的用户来说，这个数字从2012年的3.74人[16]，下降到2016年的3.57人。[17]

06

弱关系和病毒传播

上文所说的对网络的这类研究之所以如此吸引我们，是因为人更倾向于把朋友圈这一网络看作相对小型的集群，圈子里的人志同道合，这一点将他们与那些内部没有相似点的群体区分并疏远开来。然而事实上，根据上文提到的，我们每个人跟莫妮卡·莱温斯基只有六度的分隔，这种现象被斯坦福社会学家马克·格兰诺维特赋予了一个有点儿自相矛盾的称谓——“弱关系的优势”。[1] 如果所有人际关系都如亲密朋友一般，那么这个世界将变得支离破碎。而在世界变得越来越小的情况下，相对疏离的关系——那些不是很亲近的“熟人”——才是关键所在。该研究的灵感来源是格兰诺维特注意到的一个社会现象：求职者很少能通过最亲密的朋友找到工作，大部分人的工作反倒是由交情不深的熟人介绍的。然而，随后他的弱关系理论受到了驳斥，在一个关系链相对薄弱的社会中，“新思想传播缓慢，科学家的工作将受到阻碍，按种族、民族、地理或其他特征划分的群体将难以互相妥协”。[2] 但不可否认的是，弱关系是疏离的群体之间的重要桥梁，没有弱关系的话，这些群体永远不可能联系在一起。[3]

格兰诺维特做了基于访谈和数据比对的社会观察，并随后在田野调查的基础上进一步加以完善。他的研究显示，在穷人的世界里，强关系比弱关系更重要，这也表明无产阶级世界紧密联系的网络可能会使贫穷永久化。[4] 直到1998年，数学家邓肯·沃茨和史蒂文·斯特罗加茨才证明了为什么一个以同类集群组成的世界会越来越小。他们根据两种相对独立的特性对网络进行分类：每个节点的平均中心接近性和网络的总体聚类系数。他们的研究表明，在一个圆形网格中，每个节点只与其最近的两个以下的节点相连，而在此基础上随机添加几个额外的连线就足以大大增加所有节点的接近性，同时总体聚类系数却没有显著增加。[5] 沃茨从研究蟋蟀的同步鸣叫中获得灵感，而他和斯特罗加茨的发现在人类社会中的影响也是显而易见的。用沃茨的话来说，“大世界和小世界之间的差别可能只是几条随机的‘线’——这种变化在单个顶点的层次上实际上是无法被检测到的”。在小世界的图景中，高度聚集性会导致人们产生错觉，即某一疾病看上去很“遥远”，而实际上却离我们非常近。[6]

网络科学的进步对于经济学家来说同样有着重大的意义。标准经济学设想过几乎无差异化市场：提倡效用最大化的代理人可以获得交易双方所有的信息，并组成无差异化市场。可问题是，公司这种形式依然存在。英国经济学家罗纳德·科斯对此做出解答，也对交易成本做出了阐释。①（并不是所有人都是码头工人，像马龙·白兰度在电影《码头风云》中那样按天数领取工资。因为在公司里，定期发放工资比每天雇用工人的成本要低得多。）如果市场是一个大网络，群体或多或少相互连接，大部分人都聚

① 科斯在《社会成本问题》（1960，15）中指出，“为了进行正常的市场交易，就要明确自己想和谁打交道，告诉他们条件，然后进行谈判、达成交易、起草合同、进行必要的检查以确保合同条款得到遵守等等”。公司或国家的存在就是为了通过标准化的长期雇佣合同来降低或消除这种交易成本。公司规模越大，这种行为越高效，因此，“规模经济”应运而生。

集在里面，那么经济世界看起来会与现在不同，一个重要的原因就是，信息流是由网络的结构决定的。[7] 很多交易不再是一次性的买卖。此时，价格将不再是决定供求关系的唯一因素。贷款这类信用机制在内部高相似度的人群中会更常见（比如在一个移民社区中）。这些影响不仅仅存在于格兰诺维特研究的就业市场。[8] 封闭的卖家网络会与核心买家相互勾连，从而失去创新的动力。而弱关系的优势此刻得以彰显，因为新的想法会不断从外界输入这个群体，从而促进新事物的产生。[9] 而这些观念的背后有一个基础问题：网络最初究竟是如何形成的？[10]

实际上，网络的形成过程是较为明晰的。从阿夫纳·格雷夫笔下的11世纪地中海马格里布商人[11] 到罗纳德·伯特研究的现代企业家和管理者，学者们研究了商业网络在产生社会资本[12]、促进（或抑制）创新等方面的作用，并发表了丰富的文献。用伯特的话说，个人和企业之间的竞争由网络构成，存在"结构性漏洞"——群体之间缺乏弱联系的差距，它成了"企业获取信息、时机、推广权和主导权的机会"。[13] 能够打破这种局面，连接这些结构性漏洞的人被称作中间人，他们所做的综合性工作往往能够（或者理应）得到嘉奖，因为定位特殊，这些人需要有更多创新的想法，从群体的固有思维中跳出来。在创新机构中，中间人常常很受欢迎。然而，在具有创新性的中间人和倾向于"封闭"（即孤立性和同质性）的网络的竞争中，后者往往占上风。[14] 这种见解不仅适用于美国电子公司雇员，也适用于学院派哲学家。[15]

在大多数工商管理硕士课程中，"组织行为学"这一学科分支占据了基础性地位。该学科最近的研究发现，管理者比非管理者更有可能成为建立并维持网络的人[16]；"在一个不崇尚等级制度的网络中，组织文化更有可能产生一致性和同质性"[17]；群体之间的中间人如果能"在文化层次上融入双方的组织群体中”，也就更有可能跨越“结构性漏洞”带来的鸿沟；同时，有一组人在组织网络结构上属于“嵌入式”的，如果他们能接受并创造出差异性文化，就能在组织中有更好的发展。总而言之，网络中的同化中间人和嵌入式打破陈规者，往往比其他人表现得更好。[18] 这里没有瑞奇·热维斯自导自演的情景喜剧《办公室风云》中所影射的传统大企业的工作模式，相反，网络理论下的研究成果和见解更符合实际。毕竟，办公室网络的规模通常较小。然而根据梅特卡夫定律，网络的规模也是一个重要的影响因素。该定律以以太网创始人罗伯特·梅特卡夫命名，主要内容为：一个远程通信网络的价值与其连接的稳定通信设备的数量的平方成正比。这套理论事实上适用于大部分网络。简单来说，网络中的节点数量越多，所有节点的整体价值越大。由此我们可以看出，大型、开放的网络能产生大量的回路，相反，隐秘而又排外的网络则缺少回路。越庞大的网络系统，扮演中间人或者枢纽角色的节点越多。

当人们已经不想再见到“病毒式传播”这种陈词滥调时，广告商和市场营销者还将其当作至高的目标。[19] 然而，网络科学能够解释为什么有些观点会迅速传播，例如有关肥胖这种直击情感的观点在社交网络上就像病毒一般。然而，观点（如今进化为一个新词“模因”）一般都没有病毒那么具有传染性。不管是生物病毒，还是电脑病毒，都携带一种对网络的广播式搜索，因为它们的目的是将自己传播得更远，目标是每一个节点。相反，我们本能地挑选网络中我们想要传播观点的对象，或者只接受我们信得过的人的观点。[20]

一个早期的研究成果，即所谓的“两级传播模型”（见图 6.1），结合了社会学家保罗·拉扎斯菲尔德和伊莱休·卡茨在 1950 年提出的“意见领袖”将观点从媒体传递给更广大的受众的提法。[21] 其他 20 世纪后期的研究者试图测量新闻、谣言和新事物的传播速度。更近的研究也表明，网络甚至可以传递情感状态。[22]

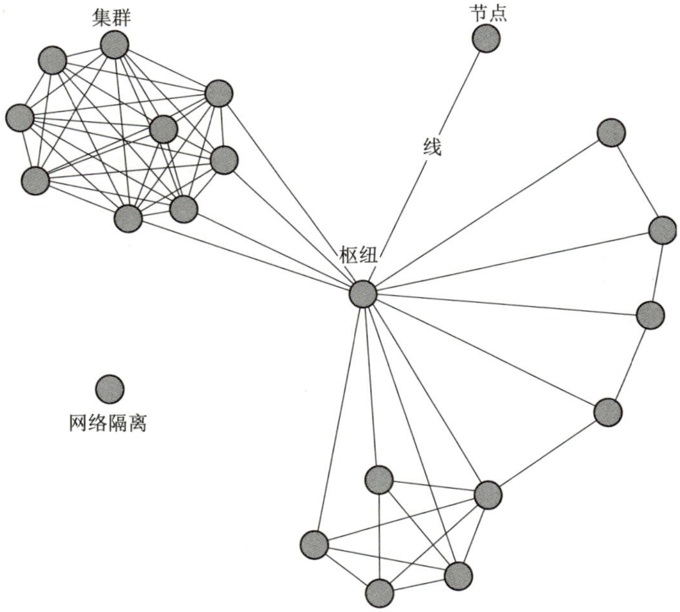

图6.1　网络理论的基础理念。图中的每一个点都是节点，每条线都是连接线，标注了“枢纽”（Hub）的节点具有最高的程度中心性和中介中心性。标注了“集群”的节点则比其他区域拥有更高的密度或局部聚类系数。

尽管区分内源性网络和外源性网络的效用绝非易事[23]，但这种蔓延传染式的传播痕迹还是很明显的：“有一个勤奋学习的室友能让一个学生更勤奋；在一个大胃王身边吃饭，你可能会吃得更多。”[24]然而，根据克里斯塔基斯和福勒的研究，我们没法将观点和行为模式传递给朋友的朋友的朋友（也就是说，传播范围为三度分隔）。相比米尔格拉姆实验中书信的传递，或者是在拥有一个特定的雇佣机会下的交流，观点或行为的传播和接收需要更强有力的联系。只是认识的人，跟能够影响他们更努力学习或者吃得更多的人不一样。模仿，甚至是无意识的模仿，确实是最真挚的表达恭维的方式。

关键点在于，网络就像传染病一样，其结构和内容对传播速度和传播范围一样重要。[25] 在病毒式传播的过程中，节点扮演着关键的角色，不仅是枢纽或中间人，也是"守门者"——它们决定是否将特定的信息传递到它们所处的网络中。[26] 它们的决定将会部分基于信息对它们的反作用。如果它们接受了某种观点，那么反过来也会将这种观点传播给下一两个节点。一个复杂的文化传播的过程，不像简单的疾病传染，首先需要接触一批具有批判性思维的早期接受者，这群人要有高度的中心性（他们有较多有影响力的朋友）。[27] 在邓肯·沃茨口中，形成传染式级联的关键，不是信息本身，而是信息触及了什么样的网络结构。[28] 这也帮助我们解释了为什么有些观点能够进行病毒式传播，而其他无数观点却不了了之了，就因为它们开始的节点、传播的集群或网络都是不合适的。

07

网络的种类

试想，如果所有的社交网络都是一样的，那我们的世界会变得多么不同。如果网络系统的节点是随机相连的，那么每个节点所辐射的线就会形成钟形的正态分布，这样的世界会具有“小世界”的一些属性，但这并不是当今世界的形态。[①] 这是因为太多现实世界的网络都符合帕累托分布，即有的节点连接了很多条线，也有的连接了极少量的线，但在随机分布的情况下，大部分节点所连接的线的数量是相对平均的。这就是罗伯特·金·默顿口中的“马太效应”的一个版本，出处就是《马太福音》：“凡有的，还要加给他，叫他有余。凡没有的，连他所有的，也要夺去。”[②] 在科学中，成功将孕育更多的成功，已经得到嘉奖的人会得到更多奖励。相似的情况还有“超级明星经济学”。[1] 同样，当很多大型的网络在不断扩大

---

① 最早研究随机网络的是著名的多产数学家保罗·埃尔德什，他的研究成果被广泛引用，研究这一问题的还有阿尔弗雷德·雷尼，他是保罗的众多合作者之一。其研究通过将 n 个节点放在一个平面上，然后将它们随机地连接在一起，直到使用 m 条线，构造出一个随机图。一个节点可能有多条线经过，也可能一条都没有。

② 《马太福音》25：28。

之时，其中的节点也根据现有的维度或适应度成比例地连接了更多的线。简单来说，其中存在着“优先连接”的现象。以上观点由物理学家艾伯特–拉士路·巴拉巴西和雷卡·艾伯特首次提出，他们认为大多数现实社会的网络都可能遵循幂律定理分布或者成为“无标度网络”①。当这些网络进化时，一些节点会成为枢纽，枢纽所连接的线比其他节点要多得多。[2]很多网络都是如此：从《财富》1 000 强企业，到物理期刊文献的引文，再到网页之间的链接。[3]巴拉巴西说：

> 这些网络的枢纽也有等级顺序，顶端是连接线密度极大的节点，紧随其后的就是连接线稍微少一点的节点，再往下就是连接线密度更小的节点了。蜘蛛网没有一个中心节点去监控每一个节点和连接的线。同时，少了某一个节点也不会对整个网络造成破坏。一个无标度的网络就是没有蜘蛛的蜘蛛网。[4]

在极端的案例（比如赢家通吃，成王败寇）之中，最和谐的节点能与几乎所有的连接线相连。在更多情况下，越适合网络的节点产生的联系越多，因此就有了上文的枢纽等级，“以连接的线的数量层层递减”。[5]还有一些网络结构在两种网络结构之间，比如美国青少年的朋友圈网络既不是随机分布的，也不是无标度的。[6]

埃尔德什和雷尼很久之前曾表明，在随机网络中，每一个节点所连接

① 遵循幂律的分布被称为“厚尾效应”，因为非常高和非常低的相对可能性比随机形成的连接要高。从技术上说，术语“无标度”指的是“当以任意因子 $k>0$ 重新标度时，d 度节点和 d' 度节点的相对频率的关系，与 kd 度节点和 kd' 度节点的相对频率的关系相同”。在无标度网络中，没有一个典型的节点，但是节点之间“标度”的差异在任何地方都是一样的。换句话说，无标度世界的特征是分形几何：城镇就是一个大家庭，城市就是一个大城镇，而国家就是一个大城市。

的其他节点数量大致相同。在现实世界中，最贴切的随机网络的例子就是美国国家高速公路网络了，每个主要城市之间的高速公路数量差不多。而无标度网络的代表则是美国航空交通网络，大量的小机场连接至中等规模的机场，最后集中到几个大型枢纽机场。有的网络具有高度中心性，却并不一定是没有标度的。解读莎士比亚的《哈姆雷特》的一种方式就是描绘其人物关系的网络，其中，哈姆雷特和他的继父克劳狄斯无疑是最具高度中心性（即连接了最多线和节点）的人物了（见图 7.1）。

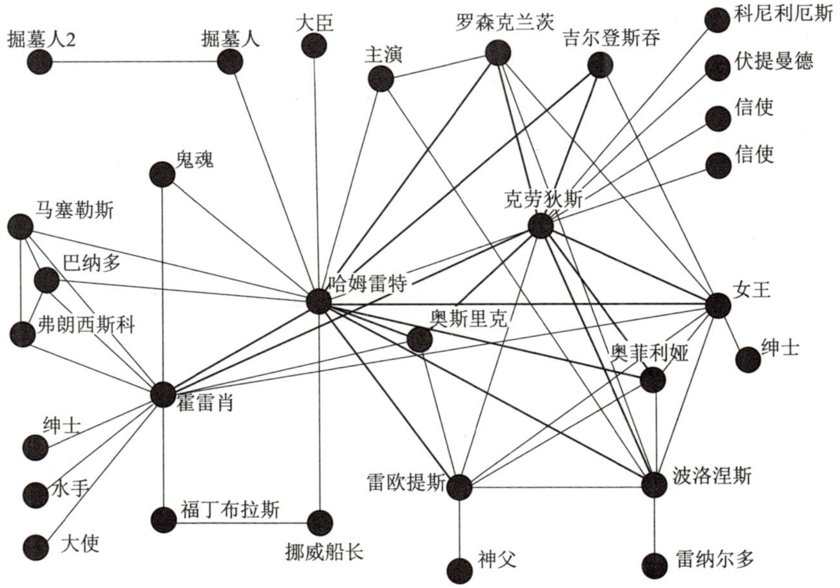

图 7.1　简单却带有悲剧色彩的网络：莎士比亚的《哈姆雷特》。哈姆雷特在中心性的程度方面领先（十六度，相比克劳狄斯的十三度）。构成剧中“死亡地带”的角色都与哈姆雷特和克劳狄斯相连。

现在请你思考随机网络与其他网络所有的不同点（见图 7.2）。其实，网络也具有高度的确定性和稳定性，比如一个水晶网格，每个节点都有相同数量的连接线（左下角）。网络也可以变得模块化，分成一定数量的分离的群体，但仍然被几个桥梁式的线连接着（右下角）。网络的内部也可以变得多样化，每个节点在中心性上有很大的差异，比如以线上社区为主的无标度网络（左上角）。有些网络既是分层化的，也是模块化的，例如调节新陈代谢的复杂遗传系统，它将某些子系统置于其他子系统的控制之下（右上角）。[7]

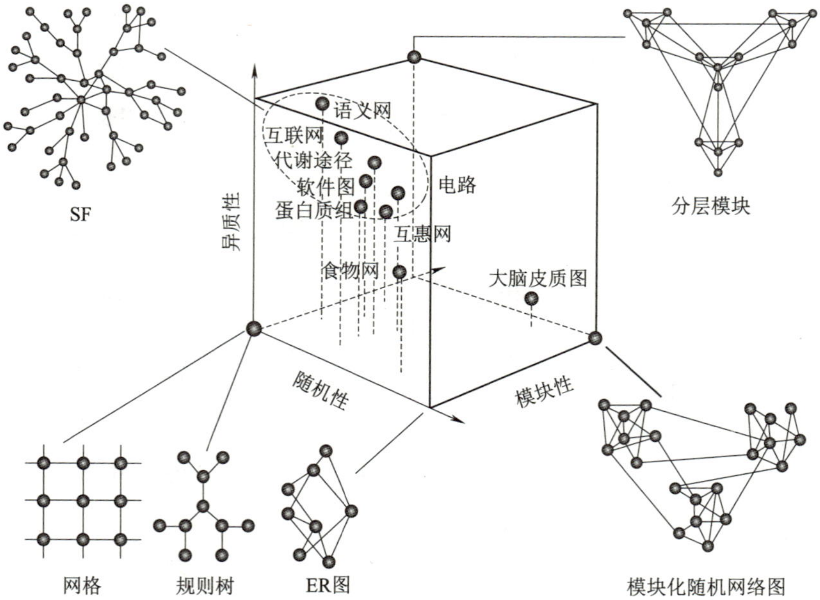

图 7.2　网络的种类（SF：无标度网络；ER：随机网络）。

我们现在可以清楚地看到，等级秩序根本就不是网络的对立面，而是一种特殊的网络。如图 7.3 所示，在一个理想化的等级网络中，连接线是有规律地遵循一种模式分布的，就像一棵倒过来的树（或者说是树根）。要构建一个等级化的分层网络，首先要从最顶端的节点开始，然后添加一定数量的从属节点。对每个下级节点再次添加相同数量的下级，依此类推。关键是始终向下添加节点，但决不横向连接节点。以这种方式构建的网络具有特殊的属性。比如，没有循环，也就是说，没有一个节点有返回自身的路径。两个节点之间只有一条线，这就明确了下达指令和交流沟通的路径。更重要的是，最顶端的节点有最高的中介性和近中心性，也就是说，这个系统将节点获取和控制信息的能力做到了最大化。但我们也能看到，很少有等级制度社会能够达到对信息流动的完全掌控，大部分组织在现实中只是部分等级制，不像自然世界的“合作式等级制”。[8]不过，将一个纯粹的等级结构视为一定程度的“反随机”体制，从某种意义上来说可能是一件好事，因为像集群这种会打乱网络秩序的行为是被禁止的。

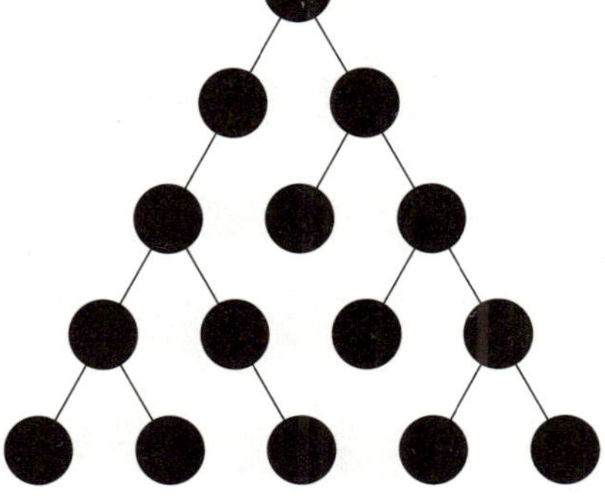

图 7.3　等级：一种特殊的网络。在此处显示的图示中，顶部的节点具有最高的中介性和近中心性。其他节点只能通过这个节点与其他节点进行连接。

这些网络的种类并不固定，一直以来，网络很少是静止不变的。大型网络是一个具有“突变性质”的复杂系统——我们永远无法预知它们下一次出现新结构、新模式、新属性的“阶段性转变”是在什么时候。一个看起来随机的网络可能会以惊人的速度进化成等级网络，现实社会不止一次向我们证明，革命群众和极权国家之间可能只是一步之遥。那么同样，等级网络看起来严谨的结构也可以迅速地被瓦解。[9] 对于研究网络科学的学者来说，这些事情都不算什么。我们现在可以确定，随机添加几条新的连接线就能从根本上减少节点之间的平均间隔。因此在图 7.3 中，不需要很多新的连线就能打破中心节点对信息传播的垄断。这解释了为什么历代帝王都会对阴谋感到不安。阴谋集团、奸党、密室、小团体、小圈子：所有这类词语在君主政体的背景下都带有邪恶的含义。当下属之间过分亲密、互相勾结时，其实掌权者能意识到这可能就是宫廷政变的前奏，他们会因此而惴惴不安。

08

当网络交会时

我们要讨论的最后一个概念上的问题，就是不同的网络之间如何进行互动交流，这个问题对于历史学家来说最为重要。政治科学家约翰·帕吉特和他的合著者一起提出了一个在生物化学界的类比，他们认为，组织性的创新和发明都是网络互动产生的结果，网络互动有三种基本形式:“位移”（transportation）、“演变”（refunctionality）和“催化”（catalysis）。[1]对于一个有着自我复原力的社交网络来说，任何对其初始规则和沟通程序的改变都能够被其抵制。只有将这一网络置于不同语境之下，并且改变其功能，才能产生新的事物。[2]

在美第奇家族鼎盛时期的佛罗伦萨，银行合作关系被纳入城市政治。帕吉特曾用他的理论解释了其中的经济和社会结构变化。但显然，这一理论适用的范围可以更广泛。网络不仅是新观点的传播机制，也是新观点的源头，这是网络重要性的一大体现。不是所有网络都能孕育变革；相反，一些密度大、聚集度高的网络更难发生变化。反而是多样性强的网络之间的摩擦碰撞，更可能产生创新的火花。[3]问题是，网络之间接触点的本质是什么？不同的网络要么和谐地融在一起，要么就互相攻击，就像20世纪30年代苏联情报机构成功渗透剑桥学生精英网络时那样，后面我们还会讲到这个例子。在这种对抗中，结果由双方网络相对的优劣势来决定。它们的适应力和复原力如何？抵御破坏蔓延的能力如何？它们对牵一发而动全身的“超级枢纽”有多依赖？巴拉巴西和他的同事对无标度网络进行了模拟攻击，发现它们可以承受重要区域的节点被攻破，甚至是一个枢纽被攻破的损失。但是如果针对多个枢纽进行攻击的话，整个网络就会崩溃。[4]他们也发现了一个更显著的现象：消灭节点的传染性病毒，也可以摧毁一个无标度网络。[5]

你可能会有这样的疑问：既然网络能够安稳地相连，为什么还要互相攻击呢？答案就是大部分社交网络上的攻击可能不是由另一个网络发起的，而是由等级性的实体组织推动的。事实上，网络性和等级性有着本质区别，网络有着相对去中心化的结构，不管是密集的族群还是微弱的联系都能通过它们相连，它们能适应环境并自我进化。因为以上种种原因，网络比等级制度更具创造性。从历史的长河中我们能够看出，网络往往比等级更容易产生新事物。

问题是，网络不容易被导向一个共同的目标……这需要一个大规模组织集中大量时间和空间资源，比如军队、官僚体制和大型工厂这种垂直管理的组织系统。[6]网络可以进行自发创新，却不具有战略性。一个网络不能自己打赢“二战”，尽管原子科学家和密码学家组成的优越的网络在盟军的胜利中发挥了不可替代的作用。不仅如此，网络对正面和负面的信息都一视同仁，不加筛选就进行创造和传播。比如，在社会传染效应或者思想级联模式下，网络能传递多少智慧，就能制造多大的恐慌——人们对燃烧女巫的狂热就像对“吸猫”的狂热一样，只不过它们都是无害的。

诚然，如今的网络在设计上已经远远优于美国 20 世纪 90 年代不稳定的电网，那时，俄勒冈西部的一条输电线的故障就能导致数百条电线和发电机跳闸。但我们也知道，即使再强大的网络在成长和进化的过程中也会陷入功能紊乱：美国机场各航空公司和调度中心的矛盾使得航班日常的拥堵和延误成为习惯。[7] 暂且不讨论互联网，毫无疑问的是，专门针对美国的电力和交通基础设施的打击就已经能带来毁灭性的破坏了。

正如艾米·泽加特所说，在网络战的舞台上，美国同时扮演着最强大也是最弱小的两个角色。"未来的网络威胁会使我们的汽车、飞机无法运行，让美国的城市连续停水几天，甚至几周；也可能会使军队丧失战斗力，甚至让我们的武器反过来对付我们自己。"[8] 然而，美国不认同自己在网络上的弱点，也未对新的网络技术做出回应，更别提采取措施去定位、阻止、防御未来可能发生的网络战了。[9] 2017 年 5 月，WannaCry（俗称"魔窟"）的勒索软件"永恒之蓝"感染了数十万台电脑，范围覆盖了 150 个国家，该病毒通过加密电脑硬盘的文件勒索比特币。一些欧洲国家在该事件中暴露了它们面对网络犯罪行为的脆弱性。

事实上，我们会发现，在当今时代很难彻底理解网络发展的背后意义。每当吹捧网络发展的文章出现，赞扬它在赋予年青一代权利、延续民主政治上带来的积极影响时——比如，2010 年至 2012 年的"阿拉伯之春"运动，就有文章发出其赋予邪恶势力权利的警告，比如宗教激进主义。每当有图书预言互联网将创造"奇点"，成为"世界大脑"或者"全球超新星"时[10]，就会有其他图书预见它将崩塌和消亡。[11] 安妮-玛丽·斯劳特希望美国和其他权力体能够逐渐找到网络力量的黄金意义：不过分集中，也不过于分散。同时，她也希望看到一个"更平稳、快捷、灵活的系统，既可以在公民的层面，也可以在国家的层面进行操作"。[12] 在"9·11"恐怖袭击事件发生之前，格雷厄姆 · 艾利森还对美国在全球网络中的优势充满信心。[13] 但是乔舒亚 · 雷默就没有那么乐观了："连接就是解放——这个简单、一度很有号召力的观点其实是错的。当下的'连接'就被困在一个极度紧张的局势之中。"老一代的领导人不理解网络的意义，造成了网络的合法性降低；国家大战略没有条理，造成了一个不断变革的时代。在他眼中，对美国最根本的威胁不是中国，甚至也不是基地组织或伊朗，而是网络进化本身。[14]

只有少数未来学家认为等级制度——特别是传统等级制的政治实体和存在已久的企业——在未来能正常运行下去。[15] 在关于等级制度最终是否会消亡的争辩中，弗朗西斯 · 福山的观点与其他人不同，他认为网络本身很难提供一个稳定的结构体去适应经济发展或者政治秩序。他认为："在信任度低的社会中，等级秩序可能是唯一的组织方式。"[16] 相反，反传统的英国政治活动家多米尼克 · 卡明斯认为，未来网络的状态要打破传统，向人类免疫系统或蚁群靠近。换句话说，未来的网络会更趋于真实的自然网络，自发产生新的特性，拥有自我组织的能力，并且没有中心的安排或者协调，而是依赖于随机性。这样不断地重复成功的经验，摒弃那些失败的教训，从而在某种程度上通过更多的实践来达到自我适应。[17] 这种观点可能低估了旧等级制度的适应性，同时也忽视了新网络的弱点——首先被忽视的就是它们形成更坚固的权力体制的隐患，其力量甚至能超过 20 世纪的极权主义国家。

09

关于网络的七个观点

对于历史学家来说，各种网络理论观点都有深远的意义。我在这里总结了七条。

（1）没有人是一座孤岛。当个体构成了网络中的节点时，我们可以从个体与其他节点的关系去理解它：连接它们的线。不是所有节点都是平等的。某一个体在网络中的衡量标准不仅有程度中心性（其辐射的线的数量），还有中介中心性（成为其他节点的连接桥梁的可能性）。（其他度量标准还包括特征向量中心性，该标准测量了某个节点与最受欢迎和喜爱的节点的接近程度，下文将不对此做进一步解释。[1]）其实我们常常忽略了一个衡量一个人的历史重要性的重要标准，那就是这个人作为网络桥梁的作用有多大。在某些情况下，比如美国革命，重要的角色往往不是领导者，而是接头人。

（2）物以类聚，人以群分。因为人们的同质性，社交网络在某种程度上可以理解为“同性相吸”。然而，拥有共同特征和爱好的人们，并不总是聚集在一起。此外，我们必须明晰网络连接的本质，节点之间的连线就一定是熟人或者爱人之间的关系吗？我们口中的网络是家族树、朋友圈，还是个秘密组织呢？在网络中，除了交流想法，还有没有其他的交易，比如金钱，或者其他资源？没有任何一个网络能够在复杂的人类互动下保持完全的公平公正，但是我们有时也能辨别其中的联系的指向（比如，如果A对B是命令的关系，那么反过来B不能命令A），联系的模式（比如，A跟B只是认识，而A跟C是爱人），还有联系的程度（比如，A跟B偶尔能见到，而A跟C天天见面）。

（3）联系至弱则强。一个网络的密度、它与其他网络的连接程度也很重要，尽管它们可能只有微弱的联系。它是否是一个更大网络的组成部分？是否存在“隔离者”，一个完全没有联系的节点，就像彭斯笔下的厌世者一样？是否有中间人在这个网络中寻找并利用了结构性漏洞？这个网络是否展示了“小世界”的特点？如果是的话，这个世界有多小呢？（也就是说，节点之间相隔了多少度？）这个网络的结构有多大程度的模块化？

（4）网络结构决定了病毒性。很多历史学家始终认为，一个观点或者意识形态的传播，是其内在实质在特定模糊语境下的作用。然而现在，我们必须认识到，有些观点是因为其传播网络的结构特点才实现了病毒式传播。如果在一个等级化、自上而下的网络中，在水平的同级之间的联系被禁止的情况下，它就不一定能传播得如此广泛和迅速了。

（5）网络永无眠。网络不是静止的，而是动态的。不管是随机网络，还是无标度网络，都经常出现阶段性转化。它们可以进化为复杂的适应性系统，产生新的特征。就算是很微妙的变化——只是添加了几条连接线——也能从根本上改变网络的行为模式。

（6）网络产生网络。当网络相互作用时，创新和新发明可能就从中产生了。当一个网络打破了僵化的等级结构时，它甚至能以惊人的速度将其推翻。但是，如果等级制度对一个脆弱的网络发起攻击，网络可能会崩溃。

（7）马太效应，富者更富。因为有优先连接，大部分网络都是极度不平等的。

当我们试图理解这些网络理论的核心看法时，人类的历史在我们眼中也会变得不同：不像剧作家艾伦·贝内特讽刺的那样[2]“一件接一件的破事儿”，而是数十亿的破事儿以无数种方式互相联系在一起。此外，在正确的历史语境下，当今世界也没有那么前所未有地令人不安，其实这样的世界我们很熟悉。正如我们将看到的那样，它就是陈腐的等级制度被新兴网络挑战并替代的第二个时代，而新兴网络的影响力正在因为新技术的发展不断扩大。基于历史的类比，我们能很明显地看出，不断有网络瓦解无法自我改革的等级制度；同时，当网络自身陷入无政府状态时，等级制度也有可能恢复运行。

10

光明会的光明面

在了解了以上看法之后，让我们再从网络理论，而不是阴谋论的角度，回溯光明会的历史。事实上，光明会的创始人是一位名不见经传的南德学者，名叫亚当·魏斯豪普特。魏斯豪普特出生于1748年，是巴伐利亚中部因戈尔施塔特大学一名法学教授的养子，创立光明会时，他才28岁。1773年，魏斯豪普特成了教会法教授，一年之后他被任命为法学院院长。[1]他能跟随父亲的脚步成为法学教授，离不开约翰·亚当·伊克斯塔特男爵的帮助，这位男爵被选帝侯[①]马克西米利安三世约瑟夫任命为教区长，任务是改革耶稣会主导的大学。

是什么促使这位年轻的教授在三年后成立了一个秘密的、从很多方面来说具有革命性的社会组织呢？答案就是，在伊克斯塔特男爵的影响下，他成了法国启蒙运动激进哲学家作品的忠实读者，特别是克洛德·阿德里安·爱尔维修1758年出版的代表作《论精神》，还有以保尔–亨利·西里、

① 选帝侯是德国历史上的一种特殊现象，指那些拥有选举“罗马人的皇帝”的权利的诸侯。——译者注

德霍尔巴赫为笔名的《自然系统》（1770 年）。魏斯豪普特自小接受的是天主教耶稣会的教育，但是对他来说这并不是一段愉快的经历。爱尔维修和德霍尔巴赫的无神论倾向激起了他的强烈兴趣。

然而在当时保守的巴伐利亚，罗马天主教会已经提出了“反启蒙运动”的倡议，因此这些理念实际上非常危险。尤其是坐在被教会垄断的职位上的魏斯豪普特，此时承受着巨大的压力。这时，成立秘密组织的想法在他的脑海中产生了。这个秘密组织甚至对招募进来的成员都隐藏其真实意图。魏斯豪普特称，他是从一个新教徒学生恩斯特·克里斯托夫·亨宁格的话中得到的启发，曾在耶拿、爱尔福特、哈雷和莱比锡进行学习的恩斯特将这些城市学生组织的情况告诉了他。[2] 然而矛盾的是，除了理念，光明会在其他方面都是以耶稣会为模型的。1773 年，耶稣会这个强大却极度封闭的网络被教皇克莱门特十四世解散了。

魏斯豪普特将他的组织初步描绘为“人性学院”，并对其做了以下设想：让每位成员写日记，写下想法和感受并形成习惯，定期向上级交总结。作为回报，成员可以享受的福利有图书馆、医疗设施、保险等等。[3] 用“兼收并蓄”来评价魏斯豪普特的思想都有点儿过低了，他对光明会的秩序设计借鉴了古希腊厄琉息斯秘仪、琐罗亚斯德教（使用古老的波斯历）等元素，除此之外，17 世纪西班牙的精神运动“光明运动”也是他的灵感来源。

如果光明会一直坚持魏斯豪普特最初的蓝图，就算人们曾听说过它，也早就遗忘了。它的成长及后期声名狼藉的关键在于它对德国共济会的渗透。尽管共济会的前身是中世纪石匠中的兄弟会，到了 18 世纪，共济会已经在苏格兰和英格兰形成了快速发展的网络。它赋予男性社交的机会和能力，这种能力为神话和仪式所推崇，不受任何贵族和资产阶级地位差异的限制。①尽管罗马天主教会下了禁止天主教徒成为共济会成员的禁令，共济会的理念还是传遍了德国，其中也包括南德地区。[4]魏斯豪普特的一名学生，弗朗兹·克萨韦尔·茨瓦赫建议他利用许多共济会成员对共济会日益增长的不满，在德国的分会中招募光明会成员。

18 世纪 70 年代末，德国共济会内部发生了一场骚乱。当时，圣殿骑士的传说越来越缺乏神秘性，人们对圣殿骑士的纯正血统也失去了原有的敬畏，一些纯粹主义者对此提出抗议，认为这只是一种“严格遵守的仪式”。[5]那些不满共济会堕落成空洞的餐饮俱乐部的人中，有一个是阿道夫·弗朗兹·弗里德里希·路德维希，克尼格男爵，汉诺威一名官员的儿子，他在哥廷根受教育长大，1772 年成为共济会会员。[6]

1780 年，克尼格对另一个共济会贵族成员康斯坦佐三世侯爵说，卡塞尔和法兰克福的集会已经无法满足他了，他渴望共济会能给他更专一、更振奋人心的东西。令他惊讶的是，这位侯爵告诉他，这样的组织已经存在了，他就是其中的一员，并以狄俄墨得斯为代号。对于 1777 年之后的光明会，也就是魏斯豪普特进入慕尼黑的集会地点之时，有一个非常准确的描述：它是共济会内部的一个秘密网络，就像寄生植物一样。[7]类似的寄生物还有玫瑰十字会，它是一个比光明会更神秘的组织，在 17 世纪早期被更多地提到，同一时期，它利用了大量德国共济会分会，却以“玫瑰金十字架”的标志进行活动。

克尼格加入光明会具有转折意义，原因有两点：其一，相较于魏斯豪普特，他有更多的人脉；其二，他清楚跟自己一样的贵族共济会成员想要什么。[8]克尼格加入光明会后以斐洛为代号，他惊讶地发现这个组织很不成熟（就像他眼中落后的巴伐利亚一样）。[9]魏斯豪普特这时很坦诚地跟他

① 有关共济会的详细讨论参见第 20 章。

说：“我的组织其实还没有实际形成，它只是我脑海中的一个蓝图，你能原谅我这个小小的骗局吗？”克尼格不仅原谅了他，还热切地抓住了这次创新的机会，企图将光明会打造成超越共济会的组织。[10]他对魏斯豪普特设想的结构进行了修正和扩充，将光明会原有的三个等级再细分，同时加入一些共济会的仪式章程。预备密涅瓦这一等级被分为两级：密涅瓦和小光明者；而仿照共济会的第二等级也被分为两级：大光明者或称“苏格兰初学者”，光明指导或称“苏格兰骑士”；第三个神秘的级别被分为“小神秘者”（教会长老或者国家元首的级别）和“大神秘者”（巫师或者基督教幻影师、帝王或者哲人的级别）。光明会的最后一个位置由最高官员担任：他们通常是国家级督查、省级官员或者地方行政长官，还有祭司长。这些较高的级别替代了魏斯豪普特体系原有的顶点位置“银矿石”。[11]在这些精心设计的等级被创造出来的同时，飞速发展的光明会的组织结构也就更加清晰了，无数的地方密涅瓦“教会”向上级的地方长官、省级官员和国家级督查定期汇报情况。[12]

光明会的第一个悖论，在于它是一个有着明确等级制度的网络，即便它本身是一个反对等级制度的组织。1782年，魏斯豪普特在对光明会新晋管理人员的演讲中提到了自己的世界观。在自然世界中，人类曾经是自由、平等、幸福的。随后人们被分为三六九等，这之后才有了私有财产、个人目标和国家形式的出现，它们是“罪恶的主要原因和悲剧的源头”。因为“人们希望彼此有区别的愿望”，让这个物种不再是“一个大家庭，一个单一的帝国”。通过秘密组织活动传播的启蒙运动，可以防止社会再进行等级分化，今后“首领和国家将从这个世界消失，这个过程没有暴力，人类将形成一个大家庭，世界将成为理性人群的栖息地”。[13]这种观念与克尼格招募共济会首领和贵族进入光明会的行为并不相符。[14]

光明会的第二个悖论就是它与基督教的矛盾关系。克尼格自己就是自然神论者（他崇拜唯物主义哲学家斯宾诺莎，却也公开进行过宗教布道）。魏斯豪普特可能也有这种倾向，但是他认为只有社会的精英阶层——有着终极头衔的人，才能明确表达他们对霍尔巴赫的共情。在魏斯豪普特的一些作品中，耶稣被描绘成“其教徒和全体人类的救世主”“理性学说的先知”，他的最高理想就是“不通过任何革命，让全人类自由平等”。克尼格在“一号议厅的课堂”中却提到了以下观点：光明会中的神父接受的是基督教正统而又广泛传播的平等主义观念，几个世纪以来这种观念已经被扭曲了。[15] 然而，这两个人对自己的观点都持怀疑态度，这就是一场“虔诚的骗局”（克尼格私下里也承认过这一点）。当一个光明会成员爬到了最顶层，他就能明白这一切了。因此，光明会的终极目标就是一个基于启蒙运动观念的伪宗教的“世界改革”。[16]

碰到了组织性和宗教的硬石头之后，光明会轰然倒塌了。克尼格将这一失败归咎于魏斯豪普特为组织带来的“耶稣会特质”。两个有名的哥廷根光明会成员，约翰·乔治·海因里希·费德和克里斯托夫·迈纳斯指责他倾向于让–雅克·卢梭的激进政治理论。另外一名成员，弗兰茨·卡尔·冯·埃卡茨豪森在意识到魏斯豪普特对爱尔维修和霍尔巴赫的崇拜时，退出了光明会。埃卡茨豪森是查尔斯·西奥多的档案管理员，西奥多是普法尔茨的君主选帝侯，1777 年继承马克斯·约瑟夫成为巴伐利亚选帝侯，埃卡茨豪森有权对光明会颁布禁令。1784 年，在魏玛进行了一系列长时间讨论后（作家歌德还参加了一些讨论），克尼格被迫辞职。[17] 魏斯豪普特将领导权移交给约翰·马丁·祖·斯托尔贝格·罗斯拉伯爵。据说他在 1785 年 4 月就将光明会解散了，这时离巴伐利亚限制秘密组织的法令颁布才刚过一个月。[18] 尽管如此，1787 年年中，人们还能发现光明会持续活动的迹象，约翰·约阿希姆·克里斯托夫·博德一直想在魏玛重振光明会，直到1788年才放弃这个想法。[19]其实就算没有被禁止，在法国大革命开始的两年前，光明会就已经引发了政府的不满。魏斯豪普特的后半生是在欧内斯特二世，也就是萨克森·哥达·阿尔滕堡公爵的庇护下度过的。从雷根斯堡到哥达，他写了一些为自我辩护的浮夸作品，比如《光明会巴伐利亚遭迫害全史》（1785年），《光明会主义概述》（1786年），《对光明会的辩解》（1786年）。尽管卡尔·弗里德里希·巴赫德的日耳曼联盟中还有一点光明会的影子，但是这些影子已然不值一提了。克尼格在自我辩护的作品《斐洛的所有解释》中指出，光明会一开始就是一个充满矛盾的组织：它服务于启蒙运动，自身却笼罩在混乱之中。

然而，主流共济会的支持者和法国大革命的反对者有意夸大光明会的规模和负面影响。一份1797年的记录显示，约翰·罗比森和阿贝·巴鲁埃尔神父为了让他们对光明会的指控——尤其是它引起了法国大革命的这项指控——更有信服力，他们引用了一些极富想象力的德国资料。而光明会和法国大革命最相关的联系可能只是米拉博公爵奥诺雷·加布里埃尔·里奎迪与雅各布·莫维隆在18世纪80年代中期在不伦瑞克的一次会面。后者是在约翰·约阿希姆·克里斯托夫·博德的怂恿之下成为光明会成员的。但是有人认为法国的共济会分会是革命观念从因戈尔施塔特传播到巴黎的通道，这个看法其实经不起推敲，因为革命的观念最初就是在巴黎形成的。革命传播的路线是从法国首都的沙龙，通过启蒙运动家伊克斯塔特，也就是魏斯豪普特的导师的图书馆传到巴伐利亚的，某些人完全将其说成了相反的方向。当时，有一个覆盖了欧洲的国际网络连接着哲学家和其他学者，之后该网络不断扩张，跨越大西洋来到了北美。而这个网络最初是一个发表文章、分享书籍、传递信件的网络。共济会分会和秘密组织在其中起到了一定的影响，而沙龙、出版社和图书馆则发挥了更重要的作用。

因此，光明会不应该被认为是一个有无限权力的阴谋论组织，在两个世纪以来它一直被视为邪恶的力量，它其实是启蒙运动历史上一个具有启示意义的注脚。作为共济会网络和法国哲学网络之中的小网络，魏斯豪普特的组织代表着一个时代，在那个时代想要表达一种从根本上挑战宗教和政治现状的思想是一件危险的事。可以说，隐秘性意义重大。然而，隐秘性最终让当局夸大了光明会带来的威胁。事实上，像启蒙运动这样更广阔的网络才具有革命的潜力，因为启蒙运动者的观念可以在书籍和杂志上相当自由地传播，就算魏斯豪普特从没有在这个世界上出现过，革命也会在欧洲和美洲广泛传播。

历史学家在编纂这段历史时很挣扎很纠结。因为，光明会跟很多网络一样，留下的不是完整有序的档案，而是碎片化的记录：在共济会分会的档案公开之前，研究者大都依赖于光明会的敌人所没收并发表的回忆录和文件进行研究。这些据说是有关弗朗兹·克萨韦尔·茨瓦赫的全部资料，其中有许多关于光明会的负面信息，包括伪造政府印章、为自杀行为辩护的记录，制造有毒气体和秘密墨水的说明书，有关一位特殊人物如何保护秘密文件的描述，堕胎的收据，以及会导致流产的茶叶配方。我们现在已经知道这些无法代表光明会的活动。[20] 更典型的例证是博德和他招募的图林根光明会成员之间交流的详细记录。其中记录了推进启蒙运动的秘密组织内部的紧张局势，这个秘密组织是一个等级性的网络，网络中的新人常常被期望展示他们不为人知的一面，而最终他们都被这个网络欺骗了。[21] 被选帝侯查尔斯·西奥多控制的光明会在对抗巴伐利亚政府的权力时，很容易就崩塌了。然而，选帝侯本人也时日无多了。就在他对这一秘密组织颁布禁令后的十年，法国大革命的革命军入侵了查尔斯·西奥多统治的普法尔茨，随后又向巴伐利亚进军。从 1799 年起，到 1813 年莱比锡战役前夕，巴伐利亚都是拿破仑帝国的附属国。与此同时，在哥达——一个残存的光明会成员的庇护所——欧内斯特公爵的儿子兼继承人奥古斯都，因为对法国暴君的谄媚而闻名。

光明会并没有引发法国大革命，更不用说导致拿破仑的崛起了——尽管光明会确实从中得到了某些利益（除了一些人被赦免，另外一些人，特别是达尔伯格，还获得了优先权）。到 1780 年，光明会已停止运作，一些称其在 20 世纪试图卷土重来的传言纯属无中生有，更别提光明会的阴谋延续到现在了。[①] 即便如此，光明会的故事还是欧洲从启蒙运动、法国大革命到法国帝国的复杂进程中不可分割的一部分——这个过程中，知识分子网络毫无疑问发挥了决定性的作用。

本书借鉴了最优秀的现代学术成果，试图从阴谋论者的笔下挽救这段关于网络的历史，并表明，历史的变化往往能够也应该被理解为是基于网络对等级秩序的挑战。

① 利奥波德·恩格尔在 1901 年 3 月与西奥多·罗伊斯一起复兴了光明会，后者在之后是著名的英国神秘大师阿莱斯特·克劳利的助手。在第二次世界大战期间，包括之后的一段时间，瑞士经济学家费利克斯·拉兹鲁斯·平库斯和一位名为赫尔曼·约瑟夫·梅茨格的面包师试图重振光明会。而直到安娜玛丽·埃施巴赫去世之前，一个位于瑞士外阿彭策尔州的斯坦村一直被称为光明会的现代家园。

Part 02

君主与探险者

11

等级制度简史

由赛尔乔·莱昂内执导的史诗级意大利西部影片《黄金三镖客》，讲述的就是克林特·伊斯特伍德和伊莱·沃勒克寻找他们同伙被盗的黄金的故事。一日，他们偶然得知，黄金被埋在内战墓地一个巨大的墓碑下，然而他们却不知道具体是哪一块墓碑。伊斯特伍德偷偷将沃勒克的左轮手枪中的子弹退出，随后对他说出了那句不朽的台词："我的朋友，现在这个世界上只有两种人了，枪里有子弹的，和挖墓的，现在只能由你来挖墓了。"

这就是古代真理在现代社会的一种体现。在历史长河的大部分时间里，人们都生活在等级秩序中，只有少部分人能享受垄断独裁的暴力统治所带来的便利，其他人就只能一直"挖下去"。

那么为什么等级制度会在网络之前出现呢？有一个答案是显而易见的：即使是最古老的史前人类，也会根据自然赋予的体力和智力级别进行群体分工。所以，早期部落更像合作的等级群体而不是分散的网络。[1]甚至在"义务协作的觅食者"中，也需要一个领导人。[2]需要有人指挥大家停止准备，进入狩猎模式；需要有人分配猎物，确保人人有份，尤其是幼童和老人。其他人就是上文提到的“挖掘者”。

当人们开始形成规模更大的群体，进行更复杂的狩猎和采集活动时，早期人类建立了第一个概念框架——解释神的超自然能力的神话——和第一种改变思想的物质和举措。[3]他们还学会了最基本的战争艺术，制造了大量的简单武器，如斧头、弓箭等。[4]在新石器时代（开始于八九千年以前）早期的农业社会中，就已经出现了防御劫掠（抑或组织劫掠）的行为迹象。随后，早期人类社会开始分化为主人和奴隶、战士和劳动者、牧师和祈祷者。随着洞穴壁画进化为标志性的文字，第一种人类大脑外部储存数据的形式和新的知识阶层诞生了。

换句话说，尽管早期的政治结构是各式各样的——有的倾向于独裁，有的更重合作，但是它们都有一个共同的基本社会阶层。通常只有长老个人或者长老会议有惩罚违规者的权力。成功发动战争的能力成了衡量一个人能否成为君主的关键属性。曾有人说过，国家是人类本性的必然产物。[5]军备竞赛也是如此，因此军事技术不断被提升：箭尖更硬了，马成了战马，这些进步也为获取权力和财富提供了捷径。[6]一种新的等级制度的出现也具有必然性，这种制度由一个“大人物”主导，他甚至不需要有健壮的身体，只要富有到能养活一小群全副武装并忠贞不贰的下属就足够了。[7]

无论是在政治上还是经济上，等级制度都有很多优势。从古代到近代早期，绝大多数政体都有着森严的等级结构，其理由很充分：早期的国家跟后来的企业一样，都在寻求经济规模最大化，它们想尽量减少交易中产生的费用，尤其是在军事领域。那么多野心勃勃的独裁者通过神权来巩固王权也是有迹可循的，对奴隶来说，那种以神权为顶层的等级制度更容易接受，因为它是神的指令。然而长此以往，大人物的独裁也会产生不利后果，其中资源分配不均的问题尤为严重，因为资源分配通常只能满足大人物自己和其密友、后代的需求。在古代，战争时期世袭的武士精英和负责灌输宗教教义法规的教士精英往往手握过多的权力，这个问题在历史长河中一直反复出现，几乎在全世界都普遍存在。但不管它在哪里发生，社交网络都稳稳地服从于等级制度的特权。读写能力在那个时代是一种特权，因为大部分普通男女都在辛苦地工作，他们住在村子中，与自己最近的邻居都会产生"横向绝缘"（这是埃内斯特·格尔纳的表达）。这种隔离状态就像石黑一雄的小说《被掩埋的巨人》中写的那样，是一种强烈的、永久的精神迷雾。[8]

在当时的社会中，只有统治阶级才能维持远距离的网络联系。例如古埃及的法老，他们在公元前 14 世纪的关系网络能从迦南统治阶级延伸到巴比伦、米坦尼和哈图沙的统治者。[9] 但即便是这些精英网络，也是对等级秩序的一种威胁：从我们能够读到的关于早期阴谋论的史料，比如针对亚历山大大帝的阴谋论中，我们就能读到网络里的一股黑暗、邪恶的力量。[10] 彼时的世界并不崇尚创新，它是一个将所谓的异类都处以死刑的地狱；彼时的世界没有自下而上或者横向传播的信息，如果真的有信息传播的话，也只有自上而下的命令。结果就是，美索不达米亚南部的乌尔第三王朝（公元前 2100 年—前 2000 年）成了历史上典型的古代王朝：有能力建造大规模的灌溉系统，却不能解决土壤盐碱化和农作物减产问题。[11]（不久之后，阿拔斯皇朝，现今的伊拉克南部，也受到了相似的困扰，统治阶级因为不断出现的继承纠纷，没能维护好用于灌溉的农业基础设施，这也是等级制度的一大通病。[12]）

当然，更分散的政治结构也存在——例如雅典民主政治下的"小世界"[13]，罗马共和国——但是，重要的是，这样的尝试并不能持久。罗纳德·赛姆在他的经典研究著作《罗马革命》中指出，无论如何，罗马共和国都是由罗马贵族统治的，贵族之间的世仇代代延续，最终使意大利陷入内战。赛姆是一个被牛津大学弄得愤世嫉俗的新西兰人，他说："罗马人民的政策和行为是由一个寡头政府决定的，就连其编年史都是以一种寡头政府的精神撰写的。而这些历史都是由执政领事记录的，内容都与贵族们的利益密切相关，包括贵族家族的起源、结盟和世仇。"奥古斯都能够当权执政不仅是因为他的才华，还因为他明白有一群拥护他的盟友是多么重要。在建立了以其拥护者为中坚力量的"恺撒党"之后，奥古斯都渐渐地以复兴罗马共和国的名义，将权力集中在自己的手中。"在某些方面，"赛姆写道，"他的元首统治就像一个联合组织。"之前罗马共和国遗留的旧制度依然存在，而实际上，奥古斯都的君主政体仅仅是寡头统治的表象。[14]

当然，在罗马时期，世界上还有一个网络，那就是丝绸之路。在彼得·弗兰科潘的眼中，"（丝绸之路）指向各个方向，朝圣者、士兵、游牧民和商人沿着这条路行进，既进行商品的生产和买卖，也交流思想，接纳和改进不同的观念"。[15]然而，这个网络不仅有利于商业交流，也有利于疾病的传播。丝绸之路沿途繁荣的城市中心总是容易受到匈奴人和赛西亚人等游牧民的袭击。[16]传统政治理论的核心观点就是权力结构要分等级，当政治单位扩张时，权力自然而然会集中在少数人的手中。在16世纪之前，罗马和中国的秦朝汉朝在很大程度上像两条平行线：没有交集却同步发展，这种同步不仅仅表现在两国所面临的相似挑战上。[17]一旦领土扩张的成本高于收益，帝国的存在价值就是以其强大的军队和官僚体系维持国家的和平与秩序，其成本则由税收和货币贬值来弥补。

那么为什么欧亚大陆西部的帝国灭亡之时，东部的皇权却能屹立不倒呢？最经典的答案就是罗马无法承受越来越多日耳曼部落的移民（有人称之为入侵）带来的压力。此外，与中国帝国不同，罗马帝国要与一种新的基督教派的破坏性影响做斗争。公元31—36年，塔尔苏斯的扫罗（使徒保罗）在通往大马士革的道路上皈依该教后，这个异教徒犹太教派在罗马世界传播开来。公元2世纪60年代和公元251年的流行病为这个宗教网络打开了一扇大门，因为基督徒不仅对重大灾难的发生进行了宗教解释，还鼓励人们做慈善、照顾病人，这使得大量的信徒最后存活下来。[18]

罗马帝国是一个真正的等级制度国家，它有四个主要社会等级，包括参议员、骑士、元老院议员和平民——而基督徒似乎渗透到了每个阶层。[19]其实有许多宗教教徒都试图以自己的宗教横扫罗马帝国，但基督徒可能是其中唯一取得成功的：像公元2世纪初，一个信奉风神朱匹特·多立切努斯的教会因为纳入了一些罗马军官，也从叙利亚北部蔓延到了苏格兰南部。[20]到公元5世纪，移民、宗教传播、传染病，这些由网络衍生的威胁无计划无组织，却在病毒式的传播下摧毁了罗马帝国的等级秩序。在接下来的几个世纪，旧秩序的痕迹存在于欧洲人的脑海中，挥之不去。公元7世纪以来，一个新的一神教——伊斯兰教——在阿拉伯沙漠中诞生，在麦加和麦地那之间发生突变，从一种信仰先知的宗教，转变为一种将武力强加于自身的政治意识形态。

尽管基督教和伊斯兰教的先知都有非凡的个人吸引力，但这两个一神教的运动到最后都成了病毒式传播的网络。它们在彻底扰乱了罗马帝国的秩序之后，又各自在拜占庭和巴格达创造了等级理论。西方基督教——在1054年的大分裂中与东正教分裂——利用罗马教皇的优势地位和教会系统的等级制度，形成了对自身的阶层控制。然而在政治上，西方基督教仍是一个网络：从西方罗马帝国的废墟中分裂出一个个国家，其中大部分国家规模很小，只有几个是大国；这些国家大多数实行君主世袭制，有些在实质上仍是贵族政权，少数是实行寡头政治的城邦。理论上，神圣罗马帝国的皇帝从这些国家继承了绝对权力；但实际上，教皇格里高利七世在叙任权斗争中战胜了亨利四世，因此罗马教廷掌控了这些国家，控制着主教和神父的任命权，在各地实行教会法（公元6世纪的《查士丁尼法典》的复兴）。直到封建制度形成，土地所有权变为世袭制，服役和缴税成了人们的义务，这种宗教权力才从本质上去中心化。在封建制度中，权威是由法律规定的：例如欧洲大陆和苏格兰的民法（源自罗马法典），英格兰的普通法等（基于约定俗成的惯例）。

相反，中国战国时期的经验表明，只有建立单一的牢固的帝国才有可能实现国家的稳定。这个帝国的文化基础是以“孝道”为核心的儒家思想，没有高于皇帝的宗教权威。[21] 除了皇帝定下的法律之外，没有其他的法律。[22] 地方的权力由皇家官僚掌控，官吏由考试进行选拔，标准不是出身，而是能力，这一定程度上激发了年轻男子做官的积极性。无论在西方，还是在中国，对国家稳定最主要的威胁就是家庭、团体和部落组成的网络。[23] 这些网络竞相控制官僚政府，引发周期性内战，而这些内战大部分都以王朝的更迭告终。

几个世纪以来，先贤都认为，没有一定程度的绝对权威，就不可能产生秩序。他们用毛笔或者刷子，在羊皮纸或者纤维纸上写下了他们的思考。他们可能明白，同时代的人不会读到这些文字，只是在心底暗暗希望这些思考能够保存在史书中，在时代更迭中流传下去。然而，公元391年，亚历山大图书馆在一系列的袭击中以完全被摧毁而告终，古代的信息数据储存是如此脆弱，可想而知完整储存它们是多么困难的一件事。并且，从古代到中世纪，欧洲和中国之间完全没有任何知识交流，这意味着世界还远远不是一个单一的网络——除了下一章要讲到的那个致命的网络之外。

12

初代网络

因为黑死病的传播，整个欧亚大陆的人口在 14 世纪骤减。黑死病，也就是由跳蚤传播的耶尔森氏菌鼠疫，是从上文中欧亚大陆的贸易网络传播开来的。这些网络非常稀疏——定居的部落之间的联系太少——以致这个具有高度传染性的疾病用了四年的时间才传到亚洲，也就是说传播的速度是每年 1 000 千米。[1] 但是在欧洲，情况则完全不同。约有一半人死于黑死病（包括欧洲南部 3/4 的人口）。这直接导致了西方世界的劳动力短缺问题，尤其是在英格兰，人们的实际工资有了大幅上涨。然而，1500 年后，欧亚大陆的东西部之间形成了主要制度差异，西方世界的网络摆脱了等级制度的束缚。西方没有出现统一的帝国；数量众多且软弱的公国占了上风，教皇和结构松散的神圣罗马帝国成为罗马帝国权力的唯一残余。而与此同时，拜占庭帝国则认为自己是皇权的真正继承人。在英格兰这个之前属于罗马帝国的地区，君主的权力极其有限，以至从 12 世纪起，英格兰首都的商人可以通过自治的公司管理自己的事务。在东方，最重要的网络还是家族关系：宗族的纽带。而在个人主义更加盛行的西欧，其他形式的联系——非血缘的兄弟关系——则变得更加重要。[2]

尽管如此，值得注意的是，东西方的“大分化”仍然是15世纪晚期至20世纪晚期最显著的经济特征，而这之前只是酝酿阶段。[3]若西欧人民的眼光仅局限于大西洋的海岸，或者13世纪的蒙古入侵者从匈牙利平原再往西走，这段历史就会完全不同。14世纪，欧洲的家族网络持续崛起，佛罗伦萨的美第奇家族就是其中一个。他们利用该网络中的结构性漏洞，成为佛罗伦萨精英家族网络的“中间人”（见图12.1）。[4]美第奇家族的崛起一定

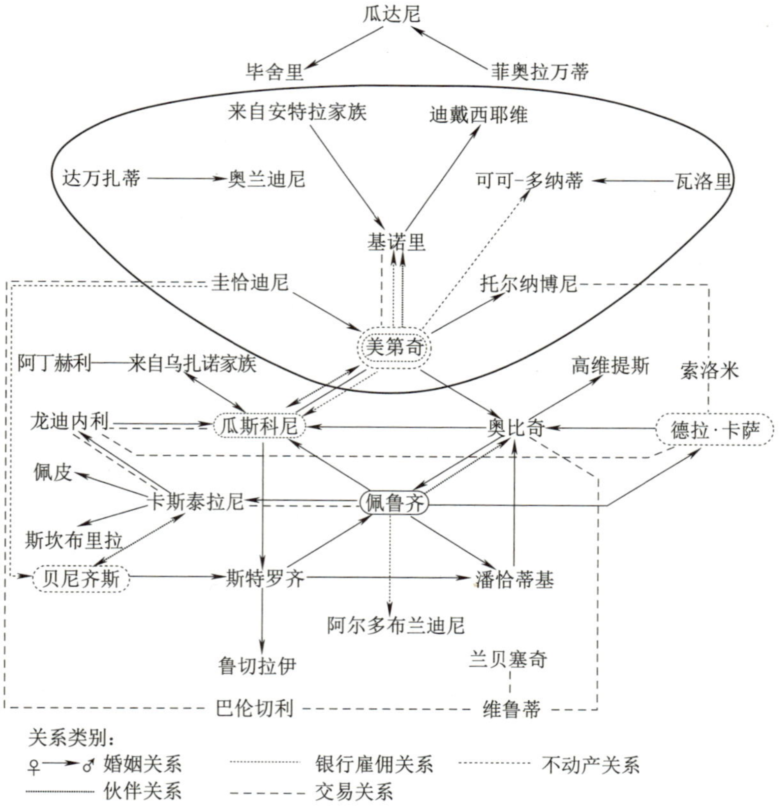

图12.1 美第奇家族网络：一种14世纪的王朝战略，让一个家族在佛罗伦萨占据主导地位。

程度上是联姻的产物（甚至包括跟斯特罗齐、帕齐和皮蒂等敌对家族的联姻）。这种情况跟大多数前现代社会一样，最重要的关系网络是家谱。[5] 然而，在梳毛工起义后的一段时间（1378—1382 年），美第奇家族这样的银行家晋升为佛罗伦萨的政治精英，推动了重大的经济创新：将国内的银行家协会推向国际舞台，此时，国际组织还一直是由布商主导的，这种合作关系是新型金融资本主义的基础。[6] 随着 1434 年美第奇家族政治统治的开始，“文艺复兴者”诞生了，这个多面手同时精通金融、贸易、政治、艺术和哲学——“一部分是商人，一部分是政治家，一部分是主教，一部分是唯美主义者”。[7]

13

文艺复兴时期交易的艺术

贝内代托·克特鲁戈里虽不像美第奇家族那样广为人知，但他是文艺复兴时期欧洲网络发展方式的完美例证——他创造了一个由相互联系的个人组成的新的世界性阶层。有人称克特鲁戈里《贸易的艺术》一书就是15世纪的唐纳德·特朗普的《交易的艺术》。然而，克特鲁戈里不是特朗普。他的许多建议都很明智，例如警告商人不要卷入政治。“这件事情无利可图，”他写道，“商人与法院打交道、参与政治或民政事务，都是很危险的事情。”[1] 克特鲁戈里完全不是一个夸夸其谈、炫耀财富的人，他是一位受过高等教育的人文主义者，在他的理想社会中，商人彰显的是普通公民的传统美德，这也是古希腊和古罗马精神所设想的美德，它在文艺复兴时期被意大利学者重新发现了。

克特鲁戈里年轻时曾就读于博洛尼亚大学，他曾经懊悔地说：“造化弄人，正当我无比沉浸于哲学研究时，我倒在了命运面前，不得不成为一名商人，忍痛放弃了我一直全身心投入的学习……”[2] 克特鲁戈里回到了拉古萨（今天的杜布罗夫尼克）经营家族企业，并对他在新环境中感受到的低知识水平感到极其厌恶。在缺乏正规商业教育的情况下，他的工作中充斥着“不完善、组织不良、武断和陈旧的”在职学习制度。“这也引起了我的同情，让我感到最痛苦的是，商业本应是一项必要的人类活动，却落入了这些无组织无纪律的人手中，他们为了达成交易，有时竟然无视甚至违反法律。”[3] 克特鲁戈里试图在各个方面通过《贸易的艺术》提高商业教育水平和商业本身的地位。学者们之所以熟知《贸易的艺术》，是因为该书是最早描述复式簿记的作品，比卢卡·帕乔利的著作《簿记论》（1494 年）早了三十多年。除此之外，《贸易的艺术》还因其主题的广度，引起了更多人的注意。克特鲁戈里提供的不仅仅是商业会计方面的实用知识，还有对商人生活方式的建议。它不是一本枯燥无味的教科书，书中有着对同行们的劝诫，他渴望文艺复兴时期的商人能够受人尊敬。

《贸易的艺术》也给现代读者描绘了一个“已经消失的世界”。出生在拉古萨的克特鲁戈里和他的兄弟米歇尔是加泰罗尼亚羊毛和染料的进口商，他们用巴尔干银圆或更常见的汇票来付款。在漫长的商业生涯中，他辗转于巴塞罗那、佛罗伦萨、威尼斯，最后在 1451 年至 1469 年，在那不勒斯住了一段时间，过起了真正的地中海生活。而事实上，克特鲁戈里对海洋非常了解，他就此写了另一本书《航海》，并将其献给了威尼斯参议院。他还为阿拉贡国王费迪南德服务过，以拉古萨使者的身份管理那不勒斯铸币厂。即使对于一个成功的商人来说，15 世纪也是一个动荡的时期。1460 年，克特鲁戈里被指控非法出口金条，并受到审判，但最后他被宣判无罪。《贸易的艺术》则是他在逃离那不勒斯瘟疫爆发时，在索尔博塞尔皮科的乡村完成的。1469 年，克特鲁戈里去世了，那时他才五十出头。

然而，克特鲁戈里的一生是有价值的。他可能遗憾地错过了在博洛尼亚大学图书馆学习的机会，但他为自己的商业使命感到相当自豪。事实上，

《贸易的艺术》有时被解读为是在为商人们辩护——当时的宗教狂热分子经常指控商人们放高利贷、贪婪。克特鲁戈里曾宣称："我惊讶地发现，在处理人类事务方面，交易是如此有用、简单和必要，却也竟然会受到神学家们如此多的谴责。"[4]（在高利贷仍然是非法的时候，他谨慎地将高利贷者定义为"那些在债务到期时，不会向借贷人无息延期的商人"。[5]）除了推进更严谨的记账方式之外，克特鲁戈里早期还崇尚经营上的多样化布局，认为这是管理和降低风险的一种方式。他在书中假设了一个佛罗伦萨商人与威尼斯、罗马和阿维尼翁的商人都建立了各种各样的合作关系，他将一部分资本用来投资羊毛，一部分用来投资丝绸。根据他的观察，"要想从这些交易中获利，就要以安全有序的方式着手，因为这样的话左右手才不会打架"。[6]他重申："不管是在海洋还是在陆地上，都不能在一次投资中冒太大的风险，无论你多么富有。在船舶上最多花 500 达克特，如果是一艘大船的话，最多也只能投 1 000 达克特。"[7]

克特鲁戈里本人就是迅速发展的商业信用网络和债务网络中的一个传播节点——他会指责"那些只有一栏账目的人，他们只看到了自己应该得到多少利益，而不在乎别人"，他称他们为"最糟糕、卑鄙和无耻的商人"。[8]克特鲁戈里写道："商人应该是世界性的，他们与不同类型的人和社会阶层打的交道最多。"因此，"一个人所学的所有知识都对商人有帮助"，包括宇宙学、地理学、哲学、占星学、神学和法律。简而言之，《贸易的艺术》也可以被解读成一个网络化多面手的新社会宣言。

14

发现者

从意大利及其周边地区在文化和经济上取得的进展可以看出，早在 15 世纪末之前，欧洲就已经超过世界其他地区。然而，欧洲主导世界的决定性突破并不是意大利的文艺复兴，而是伊比利亚的探险时代。从航海家亨里克亲王统治时期开始（1415—1460 年），葡萄牙的水手们就开始远离欧洲冒险——先是向南，沿着西非海岸，然后一路穿越大西洋、印度洋，最后是太平洋。他们一路的航行野心勃勃，却也无比艰险，这趟航行创造了一个新的海洋贸易路线网络，这个网络在之后迅速改变了全球经济态势，将拼凑的区域经济转变成一个大的世界市场。虽然这些探险是由王室资助的，但是探险家们本身就形成了一个社交网络，他们相互交流造船、航行、地理和战争方面的知识。正如历史上常见的，新技术推动了这些新网络的形成，这些网络又加快了创新的步伐。更坚固的船只，更精准的罗盘，更详尽的地图和威力更大的枪支都在助力探险家们取得更惊人的成就。但与此同时，欧亚大陆的传染病也因此横跨大西洋来到了美洲，而当地人对新疾病完全没有抵抗力。这也在某种程度上确保了不仅是亚洲，而且是整个新世界都进入一个征服与被征服的时代。

自 1434 年起，当吉尔·埃阿尼什成功穿越了博哈多尔角——现在西撒哈拉北海岸著名的“隆起角”时，在萨格里什悬崖边训练的水手们逐渐扩大了葡萄牙航海的范围，他们冒险远离陆地。1488 年春，巴尔托洛梅乌·迪亚士航行至今天的南非东开普省，在回葡萄牙的路上发现了好望角。10 年后，瓦斯科·达·伽马继续前往莫桑比克，并在当地向导的指导下，穿越印度洋前往位于印度西南部的喀拉拉邦的卡利卡特（科泽科德）。1500 年 2 月，佩德罗·阿尔瓦雷斯·卡布拉尔为了避开几内亚湾附近的赤道无风带，启航前往西南方，到达了巴西沿岸。不满足的卡布拉尔随即前往卡利卡特，在那里与伊斯兰商人发生了暴力冲突，随后又向南航行到了科钦。1502 年到 1511 年，葡萄牙人建立了一个系统、坚固的贸易网络，包括今天的坦桑尼亚、肯尼亚、喀拉拉邦、马来西亚。[1] 在这之前，欧洲对这些地方一无所知。

1517 年 8 月，八艘葡萄牙船只抵达了中国的广东沿岸。这是一个具有历史意义的时刻，因为这是自 13 世纪后期的马可·波罗之后，欧洲与中国的第一次接触。① 葡萄牙船队的指挥官是费尔南·佩雷兹·德·安德拉德；船上还有一名药剂师，也是葡萄牙王室派往明朝皇室的使者，托梅·皮莱资。然而这次远征无疾而终，渐渐也就被人淡忘了。葡萄牙人只在珠江口的屯门（今天的内伶仃岛）进行了交易，随后于 1518 年 9 月离开了。11 个月之后，三艘葡萄牙轮船又进入中国领海，这次的船队是由费尔南的弟弟，西芒·德·安德拉德带领的。1520 年，托梅·皮莱资向北出发，希望能得到正德帝也就是明武宗的接见。见面的时间被一推再推，1521 年 4 月 19 日，

① 这一时期第一批到达中国的商人是 1514 年的欧维治和 1515—1516 年的意大利人拉斐尔·裴斯特罗。

明武宗驾崩，皮莱资随即被俘。此后不久，由迪奥戈·卡尔佛带领的另一支舰队抵达屯门，被中国政府严令遣返，然而葡萄牙人并没有离开的意思，战斗一触即发。即便得到了另外两艘从马六甲赶来的战舰的支援，葡萄牙人依旧被当时的广东海道副使汪宏指挥的舰队打得落花流水，三艘战舰全部沉没了。一年后，1522 年的 8 月，马蒂姆·科蒂尼奥带领三艘葡萄牙战舰卷土重来，尽管身负葡萄牙王室求和的委托，他们却再一次挑起战争，两艘葡萄牙战舰沉入水中。被俘的葡萄牙船员被套上了枷锁（木板制成的刑具），在 1523 年被处死。托梅和外交使团中剩下的人被迫写下了寄往葡萄牙的信，信中提到了中国政府对葡萄牙王室的一个要求：将马六甲海峡归还给它原来的主人。

一言以蔽之，这一事件提醒了人们，欧洲的海外扩张并非一帆风顺、不可阻挡。确实，上述航行的危险性很容易被人忽视。在达·伽马去往卡利卡特的第一次航行中，他损失了包括亲弟弟在内的一半船员。1500 年，卡布拉尔带了十二艘船启航，最后只有五艘幸存。那么为什么葡萄牙人要冒这么大的险呢？答案就是：建立并垄断一条与亚洲相连的贸易通道所带来的巨大收益值得他们这么做。众所周知，欧洲对亚洲香料的需求在 16 世纪迅速增长，如胡椒、姜、丁香、肉豆蔻和肉豆蔻种衣等等。它们在亚洲和欧洲之间的价格差异一开始就是巨大的。而不太为人所知的是，葡萄牙实际上试图强行进入亚洲内部的贸易网络。除了来自苏门答腊岛的胡椒，流入明代中国的商品还有鸦片、五倍子（丹宁酸，在中药中用作收敛剂）、藏红花、珊瑚、布料、朱砂、水银、黑木、木香，还有树脂乳香和象牙。与此同时，从中国输出的有铜、硝石、铅、明矾、丝束、缆绳、铁器、沥青、丝绸和丝绸制品（如图案丰富的锦缎、光滑的绸子、用金银线做成的织锦）、瓷器、麝香、银、金、珍珠、金匣子、裱金、盐碟和彩绘扇子。[2]

当然，他们航行大半个地球的动机不止于此。当时，亚洲的医药知识在某些方面的确要比欧洲丰富，托梅·皮莱资显然很希望将这些知识带回去。同时，随着耶稣会来到亚洲，他们还身负更大的宗教使命，即传播基督教。耶稣会是16世纪30年代西班牙士兵伊格纳西奥·德·洛约拉建立的罗马天主教网络。最后，与中国皇室建立外交关系无疑会带来许多好处。尽管如此，如果没有商业交易的必要性，这些动机应该还不足以推动他们历尽千辛万苦走过大半个地球。

葡萄牙人没有为亚洲消费者带来太多他们自己的商品（不过他们确实从西非的据点带了一些奴隶和黄金）。这倒不是重点，重要的是，他们并没有以征服者的姿态出现，没有企图为他们的王室获得新的领土和主权。他们所拥有的一系列优势技术使一个优越的新贸易网络的建立成为可能。[3]他们对阿拉伯文、阿比西尼亚文和印度文的研究意味着他们可以系统地教授象限仪和星盘的使用方法，这些文献包括《星盘与象限仪使用规则》（*Regimento do Estrolabio & do Quadrante*）（1493年）和《永恒年鉴》（*Almanach Perpetuum*）（1496年）等。后者为西班牙裔犹太天文学家亚伯拉罕·扎库托所作，他是1492年从西班牙被逐出并定居葡萄牙的众多犹太人中的一员。葡萄牙工匠阿戈斯蒂诺·德·戈罗索、弗朗西斯科·戈伊斯和约翰·迪亚士对航海仪器的构造进行了完善。葡萄牙的卡拉维尔帆船——还有其继承者中型卡拉克帆船（1480年）和西班牙大帆船（1510年）——都优于同时期的航海帆船。最终，随着坎提诺世界地图在1502年问世，葡萄牙人在制图学上取得了重大突破：它是有史以来第一幅反映了整个世界地理的图像，除了大洋洲和南极洲之外，它对其他大洲的描绘基本上是准确的（见插图7）。

当这个极具创新性和活力的世界网络想要在中国南部建立一个“节点”时，所发生的一切表明，当一个网络与根深蒂固的、制度化的等级制度相遇时，可能会出现什么问题。中国帝王的统治是至高无上的。“朕祇膺天命，君主华夷，”明朝永乐帝在1419年写给暹罗王的信中说，“体天地好生之心以为治，一视同仁，无间彼此。”较弱的君主的正确做法是“敬天事大，恭修职贡”。[4]永乐帝朱棣实际上对海洋航行颇感兴趣。他在位期间，郑和将军带领着装有财宝的舰队到达了东非海岸。[5]然而，他的继任者们更偏向于帝国官僚主义下的自给自足，由此海外贸易被禁止了。在明朝人眼中，葡萄牙入侵者是“佛郎机”（来自西南亚印度的词语“ferengi”，最初源于阿拉伯语对十字军的称呼“法兰克人”），这并不是一个正面的称呼，当时的中国人将外国人视为“有着肮脏内心的人类”。有谣言说外国人烤孩子吃。

葡萄牙人认为中国会提供真正的经济机会，这一判断没有错。在福建漳州附近的月港，与暹罗和马六甲进行的非法贸易很盛行。而明朝政府官员——像邱道隆、何鳌等进士出身的地方官员——都在尽量控制对外交往，但与此同时，朝廷中权势较大的宦官则垂涎进口的西洋商品，也渴望从贸易中获取外国的白银。不过，葡萄牙人的表现非常不自量力。西蒙·德·安德拉德对当地人的敏感程度表现出极大的漠视，在没有得到明朝政府的同意下，他在屯门擅自修建了堡垒，对一名葡萄牙水手处以绞刑，这在明朝是违反法律的。他甚至驱逐了港口的非葡萄牙船只，还将阻止他的明朝官员的帽子打掉了。他购买中国当地的孩童作为奴隶，这一举动使人们更加坚信，所谓的“佛郎机”确实是同类相残的食人族。但就明朝政府自身而言，它对托梅·皮莱资的态度也是傲慢且鄙夷的。皮莱资和他的同伴长途跋涉来到中国，却在皇宫外吃了闭门羹，朝廷要求他们在每个农历月份的一日和十五日在紫禁城城墙外跪拜。城墙外的他们不知道的是，正德帝不理朝政，纵情声色，根本没有想过要接见他们，更别提给他们想要的贸易关系了。

不过，葡萄牙人最严重的失误，就是大大低估了中国朝贡制度的严苛和影响力。这一制度作为这个等级结构的核心，将明朝皇帝的威严扩散到皇权疆界之外。彼时，葡萄牙自认已经占领马六甲海峡这一关键的商业枢纽，但宾唐（现在的民丹岛）的首领马末沙，即葡萄牙逃犯马六甲国王苏丹·马末沙的儿子却不这么认为。马末沙的使臣来到北京，提醒明朝政府注意葡萄牙人的阴谋：一名被俘的葡萄牙水手克里斯托夫·比埃拉交出的一封信中写着，“将这个国家占为己有……用强盗的行为”。这给当时的明朝政府敲响了警钟，明朝廷也由此认定马末沙是一个可靠的朝贡者。[6]

然而 1557 年，葡萄牙依然成功侵占了澳门，将澳门作为贸易网络的一部分，并在这之后的 400 多年里一直占据着，这是为什么呢？答案是两件事改变了这一切。其一，事实证明，明朝对贸易的禁令无法执行下去。葡萄牙的莱昂纳尔·德索萨和西蒙·德阿尔梅达初来乍到，就开始拉拢以广东海道副使汪柏为首的沿海官吏，最后成功地在广东港口贸易中找到插足之处：这说明只要有利益刺激，敌人也可以变成伙伴。其二，虽然中国人在早期的海战中取得了一些胜利，但他们也欣赏葡萄牙先进的船只和大炮的优势。最重要的是，在明朝政府官员看来，葡萄牙人与本土的东亚海盗相比，是更加正义的一方。1568 年 6 月，特里斯坦·瓦斯·达韦加帮助明朝海军击退了一队近一百艘的海盗船，保护了澳门。[7] 在 1601 年之后，葡萄牙和明朝海军还携手抵抗了来自荷兰的新入侵者。

15

皮萨罗和印加帝国

正当葡萄牙的海上网络向东方扩张之时，西班牙转而向西方和南方行进。在《托尔德西里亚斯条约》(1494 年)中，西班牙对除巴西之外的美洲地区宣称拥有主权。除此之外，葡萄牙和西班牙之间还有一个不同点，葡萄牙的发现者们大都满足于建立一个牢固的贸易网络；而西班牙人却愿意向内陆进军，寻找黄金和白银。第三个不同之处在于被征服者的反应：亚洲的帝国能够在一定程度上抵抗入侵，只做出了很小的领土让步；而美洲面对西班牙时不堪一击，迅速投降。其中的原因可能并不是亚洲帝国在战略技术上有优势，主要是因为西班牙人携带着亚欧大陆的传染病一路穿过大西洋，来到了美洲，给当地造成了破坏性的影响。然而，从其他角度来看，1532 年 11 月，弗朗西斯科·皮萨罗和他的 167 名同伴在卡哈马卡与印加国王阿塔瓦尔帕的交锋与十几年前葡萄牙与广东的对抗如出一辙。本质上，两者都是一个欧洲网络对一个非欧洲等级制度的攻击。

这次的征服者，是个鱼龙混杂的群体。毫无疑问，他们是一群坚忍的人，因为向南的这段航程跟所有跨越大西洋的航行一样艰难。他们装备齐全，有马、枪（火绳钩枪），还有钢剑。而本土的秘鲁印加人只能以木头杆子作为武器。跟葡萄牙的发现者一样，他们最初的动机也只是经济上的，但不是做交易，而是掠夺印加帝国富饶的黄金和白银资源。皮萨罗第一次踏上这片土地，就掠夺了 13 420 磅的 22.5 克拉黄金（今天价值 2.65 亿美元），还有 26 000 磅白银（今天价值 700 万美元）。同样，西班牙人通过暴力手段清除阻挡他们掠夺金银的障碍，包括酷刑、大规模强奸和大范围的烧杀劫掠。血腥的内讧倾向是这群西班牙殖民者最鲜明的特点。皮萨罗的兄弟埃尔南多和迭戈·德·阿尔马格罗之间的冲突只是众多内讧中的冰山一角。可以说，印加帝国毁灭的根本原因不是西班牙的入侵，而是帝国本身暴露的弱点。

从帕查卡马克、库斯科、马丘比丘这些古印加遗址留下的建筑可以看出，印加国王当时统治的国家拥有富饶的资源和高级的文明，被称为“印加帝国”。一个世纪以来，它掌控了安第斯山脉附近 1.4 万平方英里①的领土，据现代历史学家估计，那时它的人口也只有 500 万到 1 000 万。这个多山的帝国是一个由公路、梯田、桥梁组成的网络，这些设施有的至今仍在使用。[1] 它的农业以美洲驼绒和玉米的种植为基础，而且生产效率很高。在这个相对富裕的社会，人们在会计核算和行政管理中更愿意使用串珠（用绳子和珠子做成），而不是黄金白银，金银主要被用作装饰物。[2] 印加帝国统治下的社会是极度等级化的。在这个信奉太阳神的组织中，活人献祭和酷刑都是被允许的。贵族阶级的生活建立在压榨奴隶的基础上。诚然，印加帝国的文明并不像中国古代文明那么高级，它没有文字，更不用说拥有文学作品或法律条文了。[3] 尽管如此，光靠皮萨罗及其同伴自身的力量，也很难克服当地人在数量上的优势：卡哈马卡的人口与皮萨罗

① 1 英里≈ 1.61 千米。——编者注

的队伍人数比大约达到了240∶1。印加帝国毁灭的原因在于其两大致命弱点。首先，也是最重要的一点，就是天花的传播。在天花南下的过程中，国家人口大量减少，天花传播的速度比当初在罪魁祸首西班牙人之间传播的速度还要快。第二是内部分裂。在西班牙试图征服印加的同时，阿塔瓦尔帕正与他的异母兄弟瓦斯卡尔争夺国王怀纳·卡帕克的继承权，皮萨罗钻了内战的空子，毫不费力地在当地招募了大量雇佣军。

但是，“征服”一词用在这里合适吗？确实，皮萨罗在对当地人进行了一番羞辱、劫掠之后，处决了阿塔瓦尔帕，并于1536年镇压了曼可印加王的叛军。但这一系列事件的描述来自费利佩·瓜曼·波马·德·阿亚拉的手稿《世界历史上的好政府》（*Nueva Corónica y Buen Gobierno*）（1600—1615年）。作者玛雅语和西班牙语混合的名字本身就说明了一些问题：在北美洲，本地人的数量远远小于欧洲殖民者的数量；而在南美洲，情况完全相反，所以联姻和种族融合才是当时的大势所趋。最简单的例子就是弗朗西斯科·皮萨罗本人了，阿塔瓦尔帕将他最喜欢的妹妹送给皮萨罗当情妇。皮萨罗死后，她转嫁给一位名叫安普埃罗的西班牙骑士，并带着她和皮萨罗的女儿弗朗西斯卡来到西班牙。随后，西班牙的帝国政府认可了弗朗西斯卡·皮萨罗·尤潘基尼的身份。1537年10月，她在西班牙嫁给了自己的叔叔埃尔南多·皮萨罗。弗朗西斯科·皮萨罗还有一个私生子，他的母亲是阿塔瓦尔帕的妻子之一，也是皮萨罗的情妇之一。这个初代征服者们新建立的“混文化家庭网络”（如图15.1所示），意图就是让他们自己在这个等级制度中的地位合法化，从而顺利统治当地。因此，比“征服”更合适的词语应该是“融合”。（西班牙殖民史最著名的编年史作家加西亚索·德拉维加本人就是殖民者和印加公主帕拉·钦布·奥克洛的儿子。[4]）类似的策略也被新世界的其他欧洲殖民者使用着。例如，18世纪，在伊利诺伊州一个叫卡斯卡斯基亚的村庄，法国农民和皮毛商人以这种方式确立了自己的地位。[5]欧洲的征服者们不仅接管了现有的行政系统和土地管理制度，还与当地社会进行了基因上的融合。[6]

尽管如此，这种方法在南美遗留下来的文化，并不是一种承认基因融合的文化[7]，而是一种根据“血统纯度”对人们进行评判、排序的风气。这一概念在西班牙殖民者驱逐摩尔人和犹太人的过程中产生，并被他们带到新大陆。“种姓”的分别也在18世纪新西班牙的画作中得到体现，一开始，人们对此还较为熟悉：西班牙男人和印第安女人的孩子称为梅斯蒂索混血儿、西班牙男人和黑人女人的孩子称为穆拉托混血儿。但是，这些分类渐渐变得混乱了。比如，一个西班牙男人和一个穆拉托女人的孩子，被称作摩里斯科人（也就是摩尔人，形容那些在收复失地运动后皈依基督教的人）。再比如，一个穆拉托混血和一个印第安人的孩子被称为卡尔帕穆拉托。1770年，墨西哥艺术家何塞·华金·马贡画了16幅关于种姓的作品，除了上述这些，还包括洛沃（意为“狼”）、坎博亚、桑巴希加、夸尔特隆、丛林狼和阿尔巴拉萨多，甚至有一类混血还被称为“悬浮在半空的人”。[8]在这种分类之下，不同的显性数量有16到20种，尽管某些19世纪早期的资料列举了100多种。已经有人类学家使用当代的遗传学说来研究这些种姓，但是这个系统已经不仅仅是人类学的研究对象了。尽管存在“纯种人”的可能性——一个梅斯蒂索人跟一个纯种西班牙人生出的孩子被称为卡斯蒂萨，而卡斯蒂萨跟西班牙人生的孩子还是西班牙人。这个种姓系统作为一个整体（因为它从未被正式纳入殖民地法律法典），从侧面反映了西班牙人对那些没有或只有很少西班牙血统者的歧视。因此，在西班牙殖民下的美洲，繁复的通婚行为产生了一种新的等级制度。

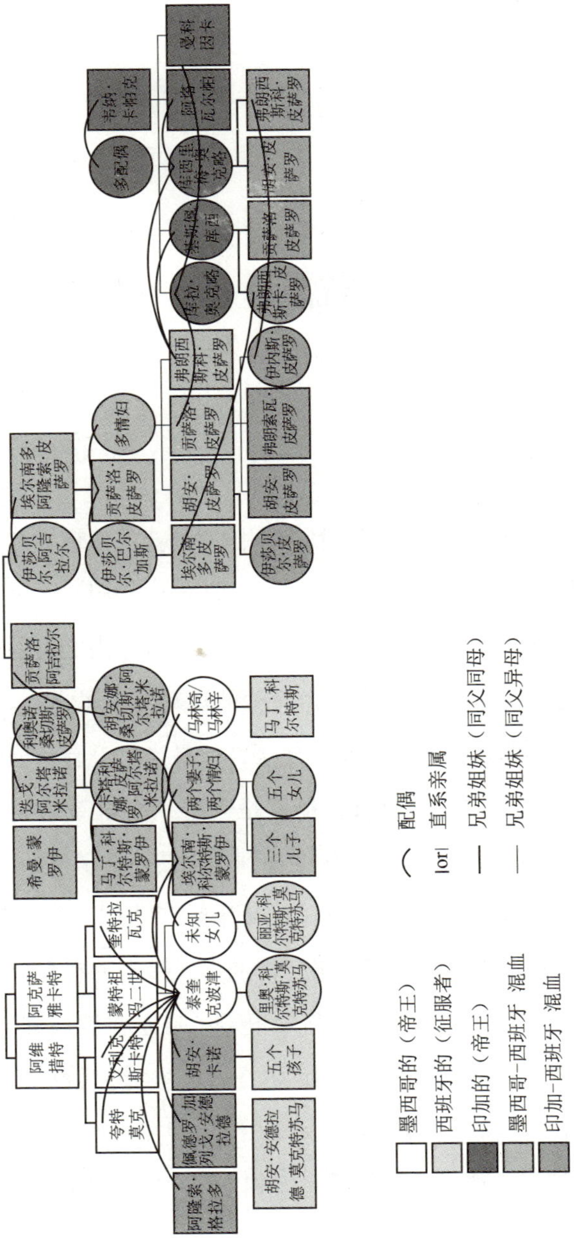

图 15.1　一个“征服”过程的网络：征服者与阿兹特克和印加精英家族的通婚网络。

16

谷登堡与马丁·路德

有两个网络改变了早期现代社会，伊比利亚的发现者和征服者网络是其中之一。同时期的中欧，新技术的革新助推了一场巨大的宗教政治分裂，也就是我们熟知的宗教改革，与此同时，新技术也为之后的科学革命、启蒙运动和许多与宗教改革初衷背道而驰的运动铺平了道路。早在 15 世纪以前，活字印刷术就已经在中国产生了，但是当时没有一个中国印刷商能达到约翰内斯·谷登堡的成就，那就是创造一个全新的经济产业——印刷业。1446 年到 1450 年，谷登堡在德国美因茨建造了他的第一台印刷机。这种新型的活字印刷技术很快在德国风靡开来,并以美因茨为中心向外扩散。因为印刷品的运输成本高，所以最经济的方式是本地有多台印刷机，而不是一台集中生产。到 1467 年，乌尔里希·哈恩在罗马建立了第一家印刷厂；6 年之后，巴塞罗那的印刷厂也在海因里希·博特尔和乔治·冯·霍尔兹的推动下建立了。1475 年，汉斯·伍斯特在摩德纳开始了印刷业务。1496 年，离纳斯里德王朝的最后一任君主穆罕默德从阿尔罕布拉宫退位，将执政权交给斐迪南一世和伊莎贝拉女王仅 4 年，汉斯·皮涅茨和梅纳

尔 · 温加特就在格林纳达建立了一家印刷厂。到了 1500 年，瑞士、丹麦、荷兰和德国的许多城市都采用了印刷术。[1] 英格兰一开始有些落后，但后来迎头赶上了。1495 年，英国只出版了 18 本书。到了 1545 年，随着 15 家印刷厂的建立，每年印刷的书籍已达 119 种。而直到 1695 年，全英格兰 70 多家印刷厂一共印刷了 2 092 种图书。

如果没有谷登堡，如今著名的马丁 · 路德可能也只是下一个扬 · 胡斯 [2]——一个被教会烧死在火刑柱上的异端。他的《九十五条论纲》（以下简称《论纲》），原本是 1517 年 10 月 31 日致美因茨大主教的一封信，内容是对售卖赎罪券等腐败行为的批判。我们不清楚马丁 · 路德是否在德国维滕堡城堡教堂大门上也张贴了一份《论纲》，但是这件事情的真假已经不重要了，因为这种公开的方式在那时已经过时了。几个月后，《论纲》拉丁文原文的不同版本就在巴塞尔、莱比锡和纽伦堡被印刷出来。1521 年，当路德被《沃尔姆斯法令》正式宣判为异教徒时，他的著作已经传遍了欧洲的德语区国家。路德随后跟艺术家卢卡斯 · 克拉纳赫和金匠克里斯蒂安 · 德林合作，他们不仅彻底改变了西方基督教，也改变了传播本身。在 16 世纪，德国印刷厂印刷了近 5 000 个版本的路德的作品，还有 3 000 个版本有他参与的出版物，比如路德版德语《圣经》。在这 4 790 个版本中，80% 是德语，剩下的则是教士精英们的通用语拉丁语。[3] 印刷业的发展在宗教改革的胜利中发挥了决定性的作用。1500 年，那些至少有一个印刷厂的城市与没有印刷厂的城市相比，更倾向于新教，但是拥有多家相互竞争的印刷厂的城市最有可能皈依新教。[4]

印刷出版业的大发展被理所当然地称为“人类历史上无法逆转的决定性时刻”。[5] 宗教改革掀起了一股反抗罗马天主教会的浪潮，它从具有改革思想的神职人员和学者传播到城市的精英人群中，最后目不识丁的农民也参与其中。先是整个德国，随后是欧洲的西北部都进入混乱的改革状态。1524年，农民起义全面爆发。1531年，新教徒的数量已经足够组成一个联盟（称作施马尔卡尔登联盟）来对付神圣罗马帝国的皇帝查理五世。尽管反抗以失败告终，新教徒还是在签订了《奥格斯堡宗教和约》（1555年）之后，顽强地在各个地区将宗教改革继续下去。也就是这个时候，他们确立了“教随国定”①（德国法学家约阿希姆·斯特凡尼于1582年提出）的核心宗旨，这让君主和王侯们有权决定他们的臣民是信奉路德教还是罗马天主教。然而，宗教冲突继续激化，并在三十年战争中再次爆发，这场冲突让中欧人口损失惨重，也让中欧成了藏骸之所。

在旷日持久的血腥冲突之后，欧洲的君主们才重新获得了新教地区的执政权，但是他们的权力远不如从前的教皇。审查制度仍然存在，但并不完善，就连最异端的作家也能找到印刷他们作品的渠道。特别是在欧洲的西北部——在英格兰、苏格兰和荷兰共和国——事实证明，罗马天主教的重建已经不可能了，即使教会在使用长期以来一直擅长的传统的残酷折磨和惩罚之外，还利用起了改革所使用的技术和网络策略，也依然无法成功。

为什么新教徒对镇压如此抵触？其中的一个原因是，当新教徒的数量在北欧激增时，新教区形成了一个鲜明的适应能力极强的网络结构。玛丽一世执政时，英格兰新教徒遭受严重迫害。一些文学作品，比如约翰·福克斯的《殉道史》（*Acts and Monuments*），就记录了这段时期的艰苦与磨难。福克斯书中描写的377名虔诚的新教徒，或与他有书信来往，或在福克斯的信件或在其他消息源中出现过。可以看出他们组成

---

① 这句话的意思是“由统治者来决定本国的宗教信仰”。该条约允许神圣罗马帝国的各王侯在其统治领域内选择路德教或天主教作为主要信仰。该条约的主要缺点是，它明确将其他新教派别，如加尔文教派排除在条约之外。

了一个强大的关系网络，网络的中心就是几个关键人物：约翰·布拉德福德（见图 16.1）、约翰·凯尔利斯、尼古拉斯·里德利和约翰·菲尔波特等殉道者。[6] 而之后，该网络（按照中介中心性排序）[①] 前 20 个关键人物中至少有 14 个被处决了。这大大降低了幸存者之间的联系，但是并没有摧毁整个网络，因为剩下的都是具有较高中介中心性的人，包括奥古斯丁·贝尔纳和威廉·蓬特在内的信使或资金赞助者，他们替换了原来的关键位置。[7] 16 世纪，亨利八世为了休妻另娶，利用宗教改革与罗马教廷反目；而他与原凯瑟琳王后的大女儿则致力于推翻宗教改革，却徒劳地无疾而终，可以说，没有什么比这更能象征 16 世纪等级制度的危机了。

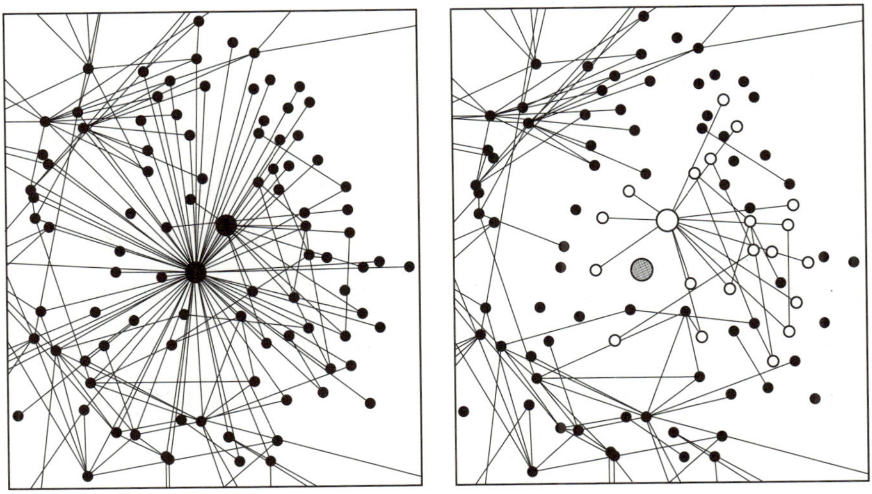

图 16.1　约翰·布拉德福德于 1555 年 7 月 1 日被处决之前（左图）和之后（右图）的英国新教网络。布拉德福德（左图的黑色节点，右图的灰色节点）的死切断了一个以他母亲为中心的子网络（包括右图所有白色的节点）。

① 提醒：该标准衡量的是节点连接网络的不同部分，即其作为一个枢纽的连接程度。

此时，距离葡萄牙的船只在广东的港口靠岸，马丁·路德在德国维滕堡城堡教堂大门张贴《论纲》已经过去了500年。1517年，随着欧洲的探索和宗教改革遭受严重的中断，一个等级制度的世界开始形成。中国的正德帝和印加的怀纳·卡帕克就是两个独裁君主的代表人物。奥斯曼帝国的苏丹王赛利姆一世——就是“冷酷者”赛利姆——征服了马穆鲁克王朝，将领土从阿拉伯半岛扩张到叙利亚、巴勒斯坦和埃及。在东部，萨非王朝的伊斯玛仪一世统治着如今的伊朗、阿塞拜疆、达吉斯坦南部、亚美尼亚、呼罗珊、安纳托利亚东部和美索不达米亚。在北部，哈布斯堡家族的继承人，瓦卢瓦、勃艮第和特拉斯塔马拉王朝的查理一世，统治着西班牙的阿拉贡、卡斯提尔王国以及荷兰区域。两年后，查理五世继承祖父马克西米利安一世的王位，成为神圣罗马帝国的统治者。而在罗马，洛伦佐·德·美第奇的第二个儿子，利奥十世成了教皇。法国有弗朗索瓦一世，英国有亨利八世，他们都拥有至高无上的绝对权力。而在亨利八世的心血来潮之下，英国实行了路德的宗教改革（尽管是支离破碎、前后矛盾的）。从历史中我们可以看出，等级制度就是一种特殊的网络，在这个网络中，占据统治地位的中心节点的权力被无限放大。都铎王朝的官方文件包含2万多人的信件，其所展示的社交网络也从侧面说明了这一点。在亨利八世统治期间，拥有最高紧密中心性的人是托马斯·克伦威尔（国王的首席秘书、枢密院院长和财政大臣），他有2 149名通信者，其次是国王本人（1 134人），然后就是他的首席大臣红衣主教托马斯·沃尔西（682人）。然而，国王是最具中介中心性的那一个。[8]

这个等级世界最突出的特征就是这些帝国和王朝权力的施行具有高度相似性，尽管事实上欧洲国家和非欧洲国家之间的联系非常少，如果这种联系存在的话。（在欧洲之外，专制君主的网络并不存在，只有持续不断的边境战争和王朝外交。）“冷酷者”赛利姆一世是出了名的无情，他滥杀大臣，以致“愿你成为赛利姆的手下”成了土耳其人的诅咒。上文提到的亨利八世对他的大臣和妻子同样冷酷无情，而莫斯科大王子瓦西里三世对判处死刑也乐此不疲，尤其是对那些有权有势的朝臣——而且，他跟亨利八世一样，因为第一任妻子没能生下继承人而与之离婚。在东非，埃塞俄比亚的国王达维特二世对穆斯林酋长国阿达勒发动了战争，这跟长期以来在地中海沿岸肆虐的基督教与穆斯林统治者之间的冲突如出一辙。

今天的历史学家认为，在 1517 年，能够在领土和凝聚力上接近国家地位的帝国、王国和大公国有 30 多个。其中所有的国家——包括唯一的共和国威尼斯——权力都集中在一个人的手中，通常是一个男人（只有卡斯提尔的乔安娜女王是当时唯一的女性统治者）。一些王位是世袭继承的，而其他的则通过选举产生（但并不是民主选举）。还有一些王位是通过暴力方式获得的，比如朝鲜中宗李怿。当时国王们的年龄参差不齐，有年轻的（1517 年，苏格兰国王詹姆斯五世才 5 岁），有年老的（如活到 81 岁还是波兰国王兼立陶宛大公爵的西格蒙德一世）。有一些统治者有名无实，非常软弱，最有名的就是日本的后柏原天皇，他的实权掌握在幕府将军足利义稙手中。领土相对较小的统治者的权力因地而异，像尚氏统治下的琉球国就相对和平，而像苏格兰这样的地区则饱受战火摧残。尽管如此，现代社会早期的大部分君主都享有不受限制的个人权力——包括对其治下所有人的生杀大权——这在今天，可能只存在于中亚和东亚的少数国家。尽管相隔千里，成功的亚洲独裁者、16 世纪早期最有权势的印度统治者，维查耶纳伽尔桑伽马的国王德瓦·拉亚，其行为举止与同时期文艺复兴下欧洲的统治者惊人地相似，他们都以自己的军事和司法能力为傲，以艺术和文学之士自居。

从 16 世纪早期开始，这个等级制度横行的世界就受到了来自革命网络的双重攻击。来自西欧的“发现者”和“征服者”，利用其先进的航海技术不停地寻找新的商业机会，越来越多的欧洲人向各大洲进发，同时携带着传染病病毒，他们推翻了美洲原有的统治，建立起一个防御坚固的全球网络，缓慢地吞噬亚非地区国家的政治主权。与此同时，通过印刷机和讲坛传播的宗教病毒——新教教义正在破坏从圣彼得流传下来的教会等级制度。宗教改革的影响最初在欧洲得以体现，而且着实可怕。[9]

1524 年至 1648 年，国家间的宗教战争肆虐。罗马的皇权被成功地颠覆之后，北欧见证了宗教革新的流行：加尔文派和茨温利派改革了路德教，他们反对路德教在圣餐礼中将面包和红酒当作耶稣的血肉之躯进行献祭。跟早期基督教的内部分裂不同（比如公元 4 世纪关于阿里乌斯教义的争论，1054 年西方和东方基督教的大分裂，1378 年至 1417 年教皇之争等），宗教改革使得宗教的分裂成倍增加：这种分裂确实是其最典型的特征之一。最极端的例子就是再洗礼派教徒，他们认为洗礼是一项有意识的、自愿的仪式，因此在儿童时期接受洗礼为时过早。1534 年 2 月，约翰·伯克森（莱顿的约翰）和扬·马提斯带领的一群再洗礼派教徒夺取了威斯特伐利亚市明斯特镇的政权，在那里建立起我们如今所说的“基督教政体”：一个所谓的基于《圣经》文学而从根本上崇尚平等主义、反传统的神权政体。他们焚烧了除《圣经》以外的所有书籍，宣称成立“新耶路撒冷”，将一夫多妻制合法化，同时对耶稣的二次降临深信不疑，凡是不信者一律遭到他们的打击。在英联邦时期，那些反对英国国教折中路德教和天主教做法的新教传教士形成许多对立的教派，最有名的有第五王国派（以《但以理书》中基督的王国将成为继四大古代君主国之后第五个王国的预言命名），马格莱顿派（取自一名伦敦裁缝的名字洛多威克·马格莱顿，他宣称自己为《启示录》中预言的最后一位先知），贵格会（他们“在上帝的世界中颤抖”），还有浮嚣派（这个名字源于他们的喧闹和所谓的对享乐主义的崇拜）。

那么，宗教改革是一场灾难吗？在1648年《威斯特伐利亚和约》签订的那日以前（见插图9）①，改革引发了大量的暴力事件，数字惊人，同时造成了无数极其残酷的死亡。在不列颠群岛，宗教改革最终引发了一场政治革命。对此有一种最新的解读：这是贝德福德伯爵和清教徒（也就是坚定的新教徒）沃里克伯爵的阴谋，他们都曾因宗教和政治的原因约束过国王查理一世。这种贵族的“秘密集团”对宗教改革的渴求其实并没有控制皇权的欲望那么强烈，他们希望把英国国王变成威尼斯总督，服从于他们的寡头政治。[10] 在1642年之后，“宫廷”和“国家”之间的矛盾，英格兰、苏格兰、爱尔兰之间的紧张关系最终升级为一场内战，并以皇室落败而告终。1649年1月30日，查理一世被处死，英格兰宣布成为联邦，成为一个共和国。然而，正如经典政治理论所预言的那样，这个国家不会持续太久。在1653年，新模范军解散了所谓的尾闾议会，奥利弗·克伦威尔成了“护国公”。但这一政体也没存在多久，在1660年5月，也就是克伦威尔去世后两年，新议会就宣布，查理二世自查理一世被处决后就继承了王位。在英格兰和威尔士，大约有10万人葬身内战，苏格兰死亡的人数更多，爱尔兰最甚。相比于19世纪40年代的大饥荒，爱尔兰遭受了更严重的人口损失，不亚于三十年战争中德国的损失。

---

① 《威斯特伐利亚和约》在被引用时，经常作为三十年战争剧变后等级结构重新强加于欧洲的标志。它由三个不同的条约组成，一个是荷兰共和国和西班牙之间的条约，一个是神圣罗马帝国和法国及其盟友之间的条约，还有一个是神圣罗马帝国和瑞典及其盟友之间的条约。尽管在两个相邻的城市天主教区明斯特市和部分地区为路德教区的奥斯纳布吕克市的谈判中，有超过100个代表团参加，但据说《威斯特伐利亚和约》已经为基于共存但相互竞争的主权国家建立了一个框架，这些国家同意不干涉彼此的国内（即宗教）事务。这一原则在近一个世纪前的《奥格斯堡宗教和约》中已经被确立，但在《威斯特伐利亚和约》中得到重申。

宗教改革引发的战争和迫害远不是马丁·路德所预想的。在罗马天主教教徒的眼中，好的方面是，他们反对宗教改革的运动至少阻挡了新教在南欧（也就是西班牙和葡萄牙帝国）的传播，他们的意图很明显：以网络对抗等级制度——一个自称“信徒皆祭司”的网络对教皇和圣公会的等级制度发起挑战，这在短期内导致了血腥的无政府状态。而英国的贵族们则吸取了不同的教训，在詹姆斯二世试图复兴罗马天主教失败之后，他们认为君主的权力应该始终受到议会的制约，通过议会任免权力这一网络应占据统治地位[11]，而宗教“热情”应该尽可能受到英国国教的限制，英国国教在清教主义和“教皇派”之间一直起着媒介作用。这两种观点都有其正确性，但是它们都忽视了重要的一点，那就是路德的颠覆性改革带来的意想不到的好处。

Part 03

通信与集会

17

宗教改革的经济后果

反对宗教改革，打击“加尔文主义”[1]的行动最终宣告失败，这场失败也产生了深远的经济和文化影响。在宗教改革之前，欧洲西北部与中国和奥斯曼帝国在经济发展上几乎没有差别。而在路德的改革之后，新教盛行的国家逐渐显现出更有活力的经济发展态势。这是为什么呢？其中的一个原因就是，尽管路德的愿望是净化教会，然而宗教改革还是引发了大规模的资源再分配：宗教活动的资源流失到了世俗活动中。德国的新教区关闭了2/3的修道院，其大部分土地资源和其他资产被非宗教领袖卖给了一些富豪或大公司。这种情况在英格兰也屡屡发生。越来越多的大学生摒弃了在修道院生活的想法，转而选择更多的职业。新教堂越来越少，现代建筑却接连拔地而起。而最近的研究表明，宗教改革其实产生了意想不到的后果，因为这是一场“促进了欧洲世俗化的宗教运动”。[2]

与此同时，使宗教改革成为可能的印刷业变革也产生了一些非预期后果。从1450年到1500年，图书的价格降了2/3，并且呈持续下跌趋势。在1383年，雇请一名抄写员为威斯敏斯特主教誊写弥撒书（祈祷书）的费用相当于主教208天的工资；而到了17世纪40年代，随着印刷业的发展，英格兰每年各种年鉴的销售量都能达到30万册，45～50页的一册书只卖2便士，而当时的普通日工资是11.5便士。15世纪到16世纪，英格兰图书价格平均下降了90%。而这不仅仅是一场书籍销售的狂潮。[3]

从16世纪到17世纪，在15世纪末就建造了印刷厂的城市与那些规模相似却没有印刷厂的城市相比，发展的速度至少快了20%，甚至有的达到80%。从1500年至1600年，城市发展中的18%到80%都是由印刷业贡献的。[4]迪特马尔甚至认为："印刷业产生的社会福利，在19世纪40年代相当于收入的4%，在19世纪60年代中期则相当于收入的10%。"在当时，这远大于当今个人电脑所产生的社会福利影响，据估计，2004年个人电脑产生的社会福利也不超过个人收入的3%。[5]

而1977年至2004年，电脑降价的态势与15世纪90年代至17世纪30年代图书价格的下降轨迹非常相似。然而，似乎越是早期、越缓慢的信息技术革命越能产生更大的经济影响。对这种差异最好的解释是，在传播对现代经济发展起到基础性作用的知识方面，印刷业起了至关重要的作用。第一个已知的印刷数学文本是《特雷维索算数》（1478年）。1494年，卢卡·帕乔利的《算术、几何、比及比例概要》在威尼斯出版，该书肯定了复式簿记的好处。很快，关于酿造和玻璃吹制等制造技术的书籍相继出版，这些书籍使得最佳实践经验得以迅速传播。

这还不是全部。在宗教改革之前，欧洲的文化生活以罗马为中心高度集中。路德革命后，欧洲文化网络完全改变了。根据欧洲思想家的出生地和死亡地的统计数据，我们可以发现两种重叠网络：一种是"赢家通吃"

的政权，在巴黎周围大规模集中；另一种是“适者更富”的政权，存在于整个中欧和意大利北部，其许多子中心在集群中相互竞争。[6] 1500 年后，“条条大路通罗马”这句话似乎并不适用了（见插图 10）。

18

思想交易

当有些人正在历经杀戮时，另一些人却在接受着知识的洗礼。尽管宗教改革引发了一系列的政治动乱（这可能也导致了之后在1745年，已经被推翻了的天主教斯图尔特王朝试图在苏格兰复辟），但17世纪和18世纪的欧洲思想史，仍是以一系列由网络驱动的创新思潮为特征的，而其中以科技革命和启蒙运动最为突出。在这两项运动中，创新思想在学者的网络中传递，这使得自然科学和哲学获得了突飞猛进的发展。跟印刷技术的传播非常相似，科技的传播也有其特定的地理路径。如今，这条路径基于个体科学家的事业得以再现。在16世纪，科学网络的主要中心是帕多瓦，它位于意大利其他大学城的中心。帕多瓦将这些大学城与九座南欧主要城市，以及遥远的牛津、剑桥、伦敦联系起来。两个德国的节点维滕堡和耶拿只是彼此相连。在17世纪，帕多瓦成了科学活动网络的五个中心之一，另外四个分别是伦敦、莱顿、巴黎和耶拿。这时，哥本哈根也是处于地理外围位置的众多新节点中的一个。[1]

通信网络的发展让我们更深入地了解了科学革命的演变。法国天文学家、数学家伊斯梅尔·布利奥也是一名历史、神学和古典文学爱好者。他的通信数量巨大，从1632年到1693年，除了在《布利奥信集》中出现的4 200封信件，还有800封他与各地的往来信件，这些信跨越法国，远至意大利、波兰、斯堪的纳维亚半岛，甚至到达离西欧较近的东方地区。[2]能够与其“一较高下”的是英国皇家学会第一书记亨利·奥尔登堡，他在1641年至1677年共有3 100封往来信件。除了英格兰，奥尔登堡的通信网络还包括法国、荷兰、意大利、离西欧较近的东方地区和一些英国殖民地。[3]确实，就数量而言，这并不是什么新鲜事。文艺复兴和宗教改革的主要人物也写了数量相当的信件：伊拉斯谟写了3 000多封信，路德和加尔文各有4 000多封信保存下来，而耶稣会的创始人伊格内修斯·罗耀拉流传至今的信件超过6 000封。同时，商人和贵族也制造了大量的信件。[4]但不同的是，随着英国皇家学会等机构的出现，科学革命时期的通信慢慢地变为一种集体行为，而不再局限于双方的交流。

安东尼·范·列文虎克对痛风治疗的研究是科学通过这种信件网络传播的一个极佳例证，该研究揭示了首次在荷兰殖民地巴达维亚（现为印度尼西亚的一部分）观察到的这种治疗方法的有效性。列文虎克本来是向英国皇家学会成员提供的研究报告，却将新知识传播到了更远的地方。与非协会会员的通信——这是经典的弱关系——使得伦敦及其周围的知识分子群体接触到这份报告。[5]《英国皇家学会宪章》明确规定其主席、理事会成员及其继任者拥有这样的自由：“在不受任何骚扰或干扰的情况下，与形形色色的陌生人和外国人，无论是私人的还是集体的、商业的还是政治的，共享知识与智慧。”[6]知识共享的唯一条件是其必须符合社会利益。

从奥尔登堡开始，历任秘书在管理这些信件方面发挥了至关重要的作用（尽管他们取得了不同程度的成功）。在埃德蒙·哈雷的管理下，学会收到的信件（包括列文虎克的信）未被阅读而大量积压，但是他的继任者物理学家詹姆斯·尤林却让学会成了一个国际科学学者网络的枢纽，这些学者包括外科医生、内科医生、教授、牧师和药剂师，他们中 1/4 的人在欧洲，大约 5% 的人在北美殖民地。1723 年 12 月，尤林发表了《关于协同观测天气的建议》，提出利用通信者网络协同进行气象观测。这一建议的前提是“真正的气象理论不能从一个地方的天气变化中获取”，而是“必须由许多观测者协同合作”。[7] 在接下来的几个月里，他收到了来自柏林、莱顿、那不勒斯、波士顿、吕内维尔、乌普萨拉和圣彼得堡的观测结果。

相比之下，巴黎科学院最初是皇家的私有财产。1666 年 12 月 22 日创立之初，它是国王的私人图书馆，实行的是官方的保密政策。所有讨论和审议都是私下进行的，非成员被禁止参加会议。[8] 因此，其成员实际上被排除在迅速增长、后来产生科学革命的泛欧网络之外。在欧洲大部分天主教地区，情况也类似。能够加入更广泛的科学网络的葡萄牙知识分子被称为“疏远者”，意思是“外国化的人”。[9] 与之相呼应的是，一个世界性的科学网络的出现催生了网络理论本身，同时出现的还有欧拉在“七桥问题”上的研究。欧拉出生在巴塞尔，师从约翰·伯努利。20 岁时，他在巴黎学院问题竞赛中获得第二名的好成绩，从此声名鹊起。1741 年，他在圣彼得堡的俄罗斯科学院工作，他解决了柯尼斯堡谜题，而后在弗雷德里克大帝的邀请下搬到了柏林（尽管两人最终决裂，欧拉后来又回到了俄罗斯）。

在 18 世纪，这种知识的交易不仅限于数学定理。随着欧洲商人和本地人利用北美迅速下降的运输成本和几乎免费的土地，以及西非廉价的奴隶劳动力，此时的跨大西洋贸易和移民所建立的网络呈指数级增长。18 世纪的大西洋经济被描述为“一个庞大的贸易网络，在这个网络中，不仅人人都相互认识，而且可以认识朋友的朋友”。[10] 准确地说，这就是以港口为中心的多个交错网络。[11]

当时苏格兰商人在马德拉岛的葡萄酒贸易中扮演的主导角色就是个很好的例子。到 1768 年，岛上 43 名外国常驻商人中有 1/3 是苏格兰人，包括十大葡萄酒出口商中的五家。虽然一些葡萄酒商是互相联系的，但网络中的大多数连接都是在“通信者”和“代理人”之间发生的。诚然，这些联系有相对松散的缺陷，因为委托人通常很难让他们的代理人遵守指令。信息流浩如烟海，但经常被闲言碎语干扰；交易成本很高，因为交易员经常相互讨价还价。[12] 另一方面，这个网络是动态的，能对市场变化做出反应。[13]

一个解决方案是将联网的好处与分级管理的某些元素结合起来。在形式上，在伦敦的英国东印度公司（EIC）的董事控制了印度和西欧之间的大部分贸易。事实上，正如公司贸易商 4 500 多次的航行记录显示，船长们经常进行非法的航行，私下交易。[14] 到 18 世纪后期，由此产生的贸易网络中的港口数量超过 100 个，范围从马德拉斯这样的开放商业中心到广州这样的受监管市场。[15] 实际上，私人贸易产生薄弱环节，将原本互不相连的区域集团联系在一起。[16] 这个网络（如图 18.1 所示）拥有自己的生命，身处伦敦的董事们根本无法控制。事实上，这是东印度公司成功的关键之一：它更像一个网络，而不是等级制度。重要的是，其荷兰竞争对手禁止自己的员工从事私人贸易。这可能解释了后者最终被取代的原因。[17] 只有当东印度公司的贸易商遇到等级森严的有序港口，如拜蒂克洛（被僧伽罗王室垄断的港口），这种网络战略才会失败。[18] 当东印度公司退出亚洲内部贸易，专注于亚洲和欧洲之间的贸易时，事实证明，其海上网络的密度至关重要。[19] 只有当该公司的商业模式从贸易转向像印度那样的税收时，它的结构才变得更加等级分明。事实上，在罗伯特·克莱夫的时代，东印度公司已经成为一个拥有强大作战能力的殖民地政府。

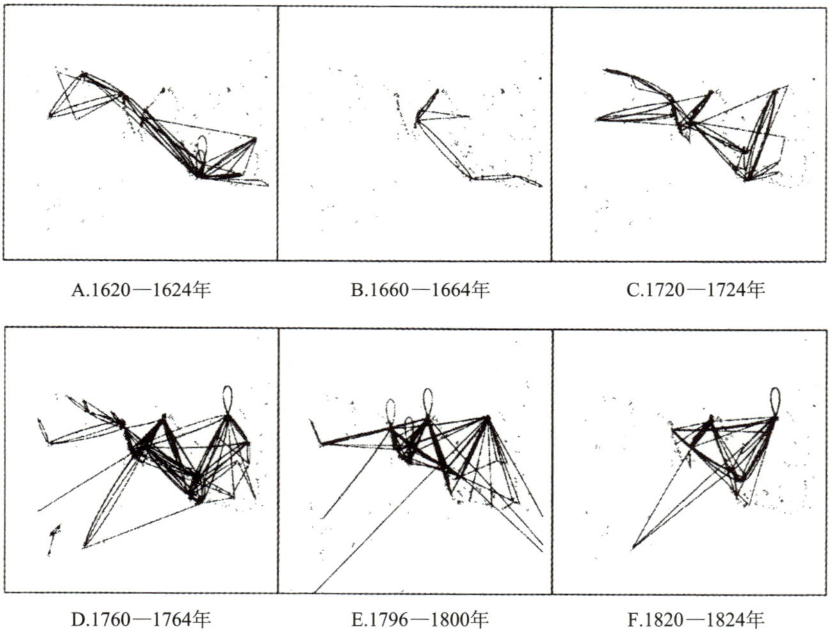

图 18.1　1620 年至 1824 年，英国东印度公司的交易网络。交易者从东印度公司的基础设施中获利，而公司能够从交易者在多个港口中间建立网络的能力中获利。

对于曾经在苏格兰很常见的那种野心勃勃、敢于冒险的家庭来说，这是一个充满机遇的世界。[20] 来自邓弗里斯郡的韦斯特霍尔庄园的约翰斯通家族就是其中之一。丹尼尔 · 笛福称其为“一个荒凉而多山的乡村，除了荒凉和阴沉之外，什么都没有”。詹姆斯和芭芭拉 · 约翰斯通的 11 个孩子都活到了成年，他们几乎都在苏格兰以外度过了相当长的一段时间。詹姆斯、威廉、乔治和约翰四兄弟最终当选下议院议员；从 1768 年到 1805 年，议会中至少有一个是属于约翰斯通家族的。这个家族的二儿子亚历山大在格林纳达购买了一个大型糖料种植园，他把这个种植园改名为“韦斯特霍尔”。他的弟弟威廉·约翰斯通·普尔特尼爵士领导了投资者协会，该协会于1792年购买了纽约州西部100多万英亩①的杰纳西河土地。到他去世时，他在多米尼加、格林纳达、多巴哥和佛罗里达也积累了财产。三个最年轻的家族成员——约翰、帕特里克和基甸，都在印度次大陆上受雇于东印度公司。约翰的事业蒸蒸日上，他精通波斯语和孟加拉语，积累了大量财富。帕特里克不幸于1756年19岁时在加尔各答的“黑洞”事件中死去。约翰斯通家族曾在北美的英国殖民地服役：乔治担任西佛罗里达州州长，亚历山大担任加拿大和纽约北部的军官，基甸担任大西洋海岸的海军军官。约翰斯通家族最年轻的成员也曾在毛里求斯的巴士拉和好望角待过一段时间。在他职业生涯的某一个阶段，他经营着一家向印度朝圣者出售恒河水的企业。[21]（有关约翰斯通家族的网络，可参见插图11。）

全球商业网络的枢纽是港口城市，如爱丁堡、伦敦、金斯敦、纽约、开普敦、巴士拉、孟买和加尔各答。但是，不仅仅是货物和黄金沿着连接这些大都市的海上通道流动。奴隶们也以百万计渡过大西洋。数百人在格林纳达的约翰斯通种植园辛勤劳作；约翰斯通家族的成员输掉了官司，标志着苏格兰法律承认奴隶制的终结；约翰斯通家族（约翰）拥有的贝琳达，就是最后一个被苏格兰法院承认为合法奴隶的人。然而，思想——包括解放思想，也在18世纪的商业网络中流动。玛格丽特·约翰斯通是一个狂热的雅各宾派分子，她从爱丁堡城堡的监禁中逃脱，在流亡法国时死去。威廉·约翰斯通和亚当·斯密、大卫·休谟和亚当·弗格森一样，是爱丁堡“精英社团”的成员，他们都对他的才智推崇有加。威廉的儿子约翰加入爱丁堡废除非洲奴隶贸易协会。他的叔叔詹姆斯和约翰也反对奴隶制；威廉则

① 1英亩≈4 046.86平方米。——编者注

站在另一边。乔治对美国革命表示支持，并于 1778 年作为命运多舛的和平委员会成员被派往殖民地。约翰斯通夫妇认识亚历山大 · 汉密尔顿和他的死敌亚伦 · 伯尔，他们都曾经去过贝蒂在爱丁堡的家。[22] 约翰斯通夫妇可能是全球化家庭的极端案例。但是，即使在波尔多北部的一个法国城镇昂古莱姆，18 世纪也有相当多的居民去过或居住在法国以外的地方（见插图 14）。

19

启蒙运动中的网络

印刷品使得宗教改革成为可能，也推动了科技革命的进展。也许矛盾的是，启蒙运动同样，如果不是更多的话，要归功于古老的手写文字。诚然，很多启蒙哲学家都有作品发表，并且数量可观。然而他们一些最重要的想法却是通过私人信件来完成的。而现代学者确实是通过大量信件的留存——6 000 多名作家之间成千上万封的信件往来，才得以重构启蒙运动网络的。

我们倾向于认为启蒙运动是一种世界性的现象，将欧洲各地，从格拉斯哥到圣彼得堡的哲学和文人联系在一起。然而如果仔细研究 18 世纪主要思想家之间的信件，我们就可以看出，他们其实是以国家为单位聚集的。[1] 比如在伏尔泰 400 多人的信件往来网络中（见图 19.1），70% 是法国人。[2] 我们已经得知伏尔泰与他人往来信件中 12% 的写信地和收信地。这些信中，超过半数（57%）都是在巴黎市内收寄的。当然，伏尔泰也与乔纳森 · 斯威夫特和亚历山大 · 蒲柏有信件往来，然而数量屈指可数。其他一些英国通信人也都没什么名气：丝绸商人埃维拉德 · 法肯纳爵士和在弗尼遇到的小诗人乔治·基廷。

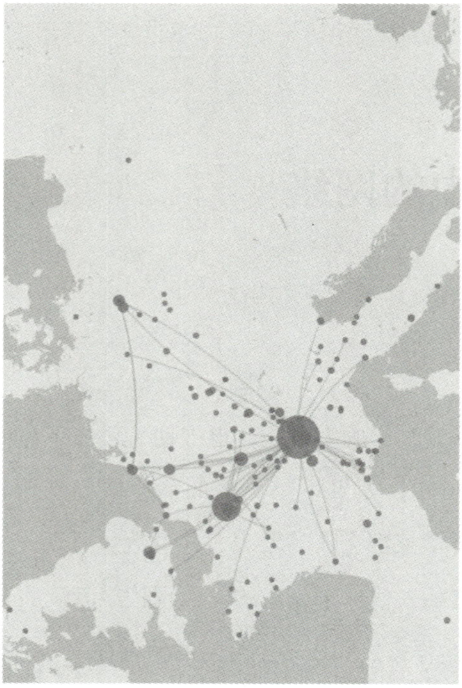

图 19.1 伏尔泰的通信网络。传统意义上，启蒙运动是一场国际运动，该图则凸显了一个以法国为中心的网络。

伏尔泰是启蒙运动中众多中心人物之一，还有两位是让·雅克·卢梭和《百科全书》的编辑让·勒朗·达朗贝尔，后者的个人交际网络是一个更大的网络的主要组成部分，同时代的人将其看作一个学者网络。[3] 这个网络的中心在巴黎。在这个网络中，我们抽取了约 2 000 个样本，其中 12% 的成员在巴黎去世，而为《百科全书》做出贡献的学者中也有 23% 在巴黎度过了他们生命的最后时光。[4] 该网络成员阵容在社会上也非常罕见：18 个王子和公主、45 个公爵和公爵夫人、127 个侯爵和侯爵夫人、113 个伯爵和伯爵夫人、39 个男爵和男爵夫人。[5] 在 18 世纪，贵族占了法国人口的 0.5%，但在所谓的“文人共和国”网络中，贵族占了 1/5。而且，该团体对当时的既定秩序通常持批判态度，但其成员中王室成员和高级官员的数量却是惊人的。[6] 最后，尽管我们倾向于认为科学革命和启蒙运动之间有着重要的延续性，事实上启蒙运动网络中并没有多少实践科学家，不过确实有一些成员来自知名的科学机构，例如法兰西学术院和皇家科学院。因此，这就是一个文人共和国，而非数字共和国；换句话说，这个网络中的评论家远多于实干者。

这些通信网络只展示出启蒙运动的一部分。那些认识伏尔泰、罗素或者达朗贝尔的人绝不满足于跟他们通信，而是想当面见见他们。因此当时出现了“沙龙社团”，沙龙发挥着重要的中介作用，妇女们的家成为社交的中心场所，凡有志的知识分子都渴望被邀请参加。[7] 而在巴黎“格拉布街”中那些蹩脚的雇佣作家则鲜少被邀请。但是高端的启蒙运动网络和卑微的寒士网络之间也有“微弱的联系”：八名所谓的地下文人跟伏尔泰、卢梭和达朗贝尔通过信。[8]

每个国家都以各自的节奏发展着启蒙运动。在爱丁堡，新自由思想的网络在原有的皇室和教会组织的夹缝中生存发展，这一点跟巴黎一样。在苏格兰的首府里，有法院、最高法院、财政部、政法委和海事法院，苏格兰辩护士协会，皇家市民大会在这里召开，苏格兰教会和爱丁堡大学的集会也在这里召开。1751 年，亚当 · 斯密成为一名苏格兰的大学教授（尽管不是在爱丁堡，而是在格拉斯哥）。1752 年，大卫 · 休谟开始担任苏格兰律师公会图书馆管理员。跟法国一样，苏格兰贵族的资助是知识分子的重要生活来源。1764 年到 1766 年，亚当 · 斯密担任了年轻的布克莱公爵的家庭教师。跟法国的同行一样，爱丁堡的伟大思想家几乎算不上革命者，也不是反动分子。

他们中的很多人谴责雅各宾主义，拥护汉诺威王国的秩序（有人曾提议将爱丁堡的新城布局为英国国旗的形状）。[9] 尽管如此，当时知识分子的活动并不发生在原有的组织中，而是发生在老城区的新的和非正式的俱乐部中：哲学学会（1737 年成立，原名更为烦琐：爱丁堡提高艺术和科学特别是自然知识的学会）及精选学会（1754—1762 年）。而且，正如法国的“奉献者派”谴责并试图起诉哲学家一样，长老会的传统主义者认为苏格兰的文人是“来自地狱的祸害”。短短几代人的时间，16 世纪加尔文主义革命的火种继承人就成了一个名为“柯克”的残酷宗教机构的守护者。约翰 · 霍姆被苏格兰教会长老会公开审判，他因写了剧本《道格拉斯》（1757 年）而被停职。① 这里跟在欧洲的其他新教区一样，印刷机证明了自己就是一个潘多拉魔盒。

根据包括休谟和史密斯在内的 10 名杰出苏格兰人的通信记录来判断，苏格兰文人跟法国的启蒙者一样，他们的思想是世界性的，但行动仅限于国内（见图 19.2）。② 格拉斯哥和爱丁堡的往来信件数量是往来巴黎的十倍。然而，伦敦其实比格拉斯哥更重要：这是一个英国人的网络，而不是苏格兰人的。无论如何，启蒙运动不仅是一个通信的过程，它的主角也不仅仅是笔友。作为布克莱公爵的家庭教师，亚当 · 斯密曾前往巴黎，与达朗贝尔、重农主义者弗朗斯瓦 · 魁奈和本杰明 · 富兰克林等其他启蒙主义者见面。这说明文人共和国是灵活移动的，18 世纪的伟大思想家同时也是

---

① 柯克教的长老们对那些不符合加尔文教教义的话有异议：“他命途多舛，但这不怪他！在这个陌生的世界里，人各有命。让学者来告诉我们，谁被判了不该受的厄运。”

② 其他人包括休 · 布莱尔、吉尔伯特 · 艾略特（明托勋爵）、亚当 · 弗格森、亨利 · 霍姆（凯姆斯勋爵）、约翰 · 霍姆、艾伦 · 拉姆齐、托马斯 · 里德和威廉 · 罗伯逊。

最早的旅行者。

图 19.2 约书亚·雷诺兹爵士（1751 年）对拉斐尔的《雅典学院》的仿作，后由詹姆斯·斯科特临摹。说明启蒙网络以旅行和通信为基础。

而对于生长在大洋彼岸的知识分子来说，除了亲身在英国和法国待上至少一小段时间，事实上他们别无选择。美国殖民启蒙运动的代表人物本杰明·富兰克林就是一个例子。富兰克林是一个清教徒家庭的第十五个孩子，他们举家从北安普敦郡移民而来。他自学成才，是一名博学家，实验室和图书馆对他而言就像家一样。1727 年，他成立了小团体“共读会”，在这个团体中，像他这样的人能够互相见面，交换意见。两年后，他创办了《宾夕法尼亚公报》。1731 年，他建立了美国第一家收费图书馆。12年后，他成立了一个新的机构，美国哲学学会。1749年，富兰克林成为费城学院和慈善学校的第一任校长。然而，费城的人口只有2.5万，这里不是爱丁堡，更不是面积比其大20倍的巴黎。在1763年之前，富兰克林在英属美洲殖民地之外没有通信者。直到他去了伦敦之后，与他通信的人员中非美国人的比例才从零上升到接近25%。尽管富兰克林从未与他同时代的伏尔泰通过信，但他对欧洲的访问确保了他成为启蒙运动网络的一部分。1756年，他被选为皇家学会会员，也是皇家艺术学会会员。除了多次前往伦敦，富兰克林还曾到访爱丁堡和巴黎，以及爱尔兰和德国。[10]当然，所有这一切都发生在他成为反抗的殖民者、呼吁国家独立之前，这些殖民者愿意考虑切断美国殖民地从属于遥远伦敦的主权“议会国王”的关系。具有讽刺意味的是，对于富兰克林这一代殖民知识分子来说，伦敦仍然是“美国的首都”，即使他们渐渐地对其强加的政治限制产生了愤懑。[11]

20

大革命中的网络

与早期的宗教和文化革命运动一样，在 18 世纪末的伟大政治革命中，网络也是必不可少的。同时，手写文字作品和印刷术又一次发挥了至关重要的作用。无数政治思想家在书籍、小册子、报纸上，还有手写信件中记录了激进的政治变革思想，也详细地阐述了对皇家权威的批判。在文人的眼里，笔似乎比剑更有力，作家（诗人、剧作家、小说家、辩论家）在同样无所畏惧的出版商的协助下，成了那个时代的英雄群体之一。也难怪对新闻界征税这一举动会引起众怒。[1] 西方世界的作家和印刷商们加入一个名副其实的社交网络，他们似乎打算通过写作摆脱世袭统治。从波士顿到波尔多，革命其实在很大程度上是语言学家网络的成果，演说家也是其中最优秀的群体之一，他们大声疾呼的话语可以聚集广场上的人群，煽动他们去冲击旧政权的高塔。

然而，革命要取得成功，不仅需要作家，也需要战士。此外，革命网络需要有一定的弹性，当受到等级权力的压制时，它们不会轻易地分崩离析。在这种背景下，保罗·里维尔长期以来被视为一个里程碑式的人物。

可能学生们不再记得亨利·沃兹沃斯·朗费罗的诗作，也没有人能想起美国最早一批以托马斯·爱迪生为原型的电影，比如《保罗·里维尔午夜之旅》，但人们对他的故事依然很熟悉。[2] 他从北教堂的灯塔成功传送了重要情报："如果从陆路入侵，点一盏灯；如果从海路来，点两盏灯。"这句话至今仍然能够引起共鸣，令人心生敬畏：

> 在乡村街道上匆匆奔跑的马蹄，
> 月光下的一个身影，黑暗中的一个硕大躯体，
> 从鹅卵石上驰骋而过，经过时，有一个火花，一匹无畏的飞翔的骏马击中它：
> 一切都结束了！然而，透过黑暗和光明，
> 一个国家的命运在那天晚上飞驰着；
> 那匹骏马在飞行中擦出了火花，
> 火花的热量点燃了这片土地。

在我们本能的理解之下，或者说在我们自己认知下的理解中，火花是一种隐喻，这是一个新闻传播的过程：

> 保罗·里维尔骑马穿过黑夜；
> 就在这个晚上，他的呼喊声
> 传遍每一个米德尔塞克斯的村庄和农场——
> 他的呼喊中没有恐惧，只有反抗，
> 是从黑暗中传出的号角，是坚定的敲门声，
> 也是一句将永远回响的话！

然而，正如马尔科姆·格拉德威尔指出的，我们尚不清楚里维尔为什么成功地传递了这条重要情报：正规军将被部署到波士顿西北的城镇——列克星敦和康科德，并计划先逮捕殖民地领袖约翰·汉考克和塞缪尔·亚当斯，之后再收缴殖民地民兵的武器。这一过程中，里维尔所做的就是策马驰骋13英里，敲开每家每户的门，警告城镇的每个人，英国兵就要来了。但是他的消息传播得比他想象的要远得多，速度也快得多：凌晨1点到达林肯，凌晨3点到达萨德伯里，早上5点到达距离波士顿40英里的安多弗。而这除了口头传播之外，没有其他渠道可以实现。大卫·哈克特在他的关于里维尔骑行的书中指出，里维尔“有一种不可思议的天赋，能够成为事件的中心……（以及）动员大量人员的行动”。[3]格拉德韦尔认为，与有着相似经历的威廉·道斯不同，里维尔能够在“少数人的法则”下引发“口碑式传播”。[4]在网络中，里维尔属于这些罕见的类型之一：一个“连接器”“合群者”“天生的、无法抑制的社交者”。[5]同时他也是一个“专家”，一个知识的积累者，他不仅拥有“殖民地波士顿最大的联络簿”，而且“积极参与收集关于英国人的信息”。[6]

在上述的故事版本中，保罗·里维尔这一人物很吸引人，但其实这个故事并不完整。它忽略了一个事实：早在1775年4月，里维尔就正式成了一名反叛的联络员。事实上，他并非严格意义上的文人，而是一名技巧熟练的雕塑家和银匠，他因用版画夸张地描绘了波士顿大屠杀的事实而在新英格兰为人所知。[7]1774年10月6日，保罗·里维尔从波士顿骑马到费城，向大陆会议递交了煽动性的“萨福克决议”——该决议反对缴税，呼吁人们抵制英国货，作为对“不可容忍法案”（也称“强制法案”）和魁北克法案的反击。[8]12月13日，里维尔一路前往新罕布什尔州的朴次茅斯镇，警告镇上的通信委员会说，英国正规军可能很快就会收缴储存在朴次茅斯港附近的纽卡斯尔岛的武器弹药。[9] 早在 4 月 8 日，他就在康科德镇做过同样的事：提前一周警告镇上的人，如果正规军来袭，就很可能会发生流血事件。[10] 里维尔后来回忆，4 月 16 日，他骑马到列克星敦向汉考克和亚当斯报告英军即将来临的消息，传言他们就是正规军部署的战略对象。[11] 关于英国的动向，除了威廉·道斯之外他一定还有其他情报来源，特别是因为来自萨默维尔、剑桥和梅米西亚的居民也得到了情报，尽管托马斯·盖奇将军已经尽全力阻拦了。[12] 这说明道斯和里维尔是合作关系而非竞争关系，他们还和第三个人塞缪尔·普雷斯科特博士一起骑马从列克星敦到康科德，轮流敲开农舍的门。

里维尔最终在林肯镇附近被捕。[13] 他是正规军抓获的第四名非法联络员。但里维尔跟他的妻子很幸运地逃脱了。当时一名神经兮兮的军官"拍拍他（里维尔）的脑袋"，威胁说如果里维尔不回答他的问题，"就一枪打爆脑袋"。这位军官的枪声造成了不断加剧的骚乱，这让他们不得不先放了里维尔，但是当然没有让他骑马。[14] 里维尔小心谨慎地徒步走回列克星敦后，困惑地发现汉考克和亚当斯在得到情报之后的三个小时仍没有任何行动。[15] 最后，里维尔活到了 83 岁。如果他没有成功地活着回到剑桥，如果他没有在革命战争中幸存下来，如果这段故事不是由他自己讲述的，它可能就没有那么经久不衰了。

保罗·里维尔的故事中所形成的网络值得更加深入细致地研究。[16] 事实上，他是集群之间的两个关键中间人之一，否则这些集群的弱相关性就不足以引发一场革命运动。在革命以前的时代进程中，马萨诸塞州作为殖民地形成了越来越多的社会阶层，波士顿的等级制度愈加凸显：被称作"婆罗门"的贵族精英阶层、工匠和农民组成的中产阶级以及贫穷劳工和契约仆役之间存在着巨大的差距。因此，只是一个小工匠的里维尔和作为医生的约瑟夫·沃伦是如何建立起密切关系的，就成了其中至关重要的一环。当时，大约有 5 个波士顿的组织或多或少有些同情“辉格党”：包括圣安德鲁分会，在绿龙酒馆聚会的共济会分会；自由之子的核心成员“忠诚九子”；北方终结组织，在致敬酒馆碰头；达塞特巷的长房间俱乐部；波士顿通信委员会。一共有 137 名男性在其中的一个或多个群体中，但是大部分人（86%）却只出现在一份名单上，而没有一个人同时出现在全部的五份名单上。出现最多的是约瑟夫·沃伦，他同时属于四个组织；而保罗·里维尔紧随其后，同时出现在三份名单中，塞缪尔·亚当斯和本杰明·丘奇跟他一样。然而，就“中介中心性”而言，只有沃伦和里维尔是其中的关键人物（见图 20.1）。

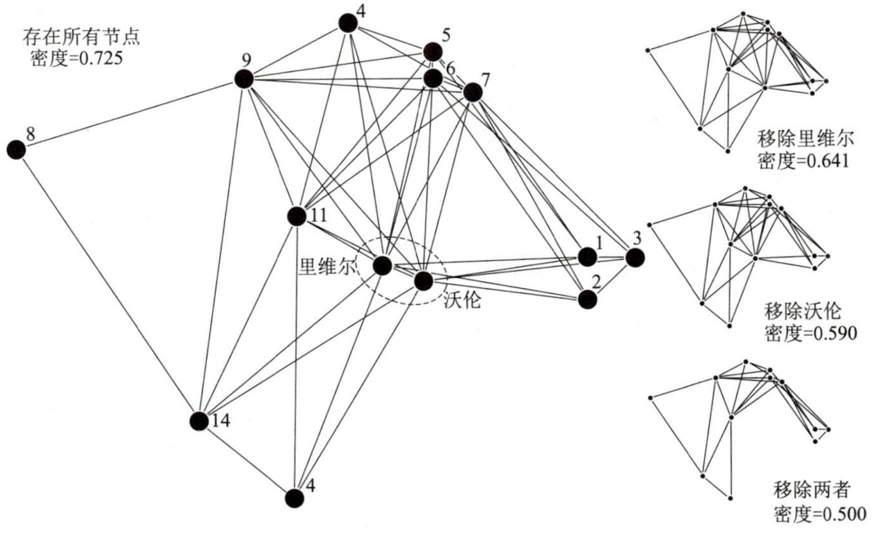

图 20.1　波士顿的革命网络（约 1775 年）。注意保罗·里维尔和约瑟夫·沃伦的中介中心性。移除其中一个或两个都会显著降低该网络的密度。个人根据其所在的组织数量分组形成不同的单一节点，只有里维尔和沃伦同时属于两个以上的节点。

因此，网络分析显示，保罗·里维尔起到了这个关键双人组一半的作用，他跨越了革命时代马萨诸塞州普通工匠和专业阶层之间的阶级鸿沟。然而，尽管这一分析很有见地，却无法辨别里维尔和沃伦所属的哪一个或者哪几个组织是最重要的。关于这个问题，只有一个看似合理的推测——共济会是美国革命中最关键的那个网络。

在 1924 年出版的《美国独立战争中的共济会》中，悉尼·莫尔斯（他自己也是一名共济会会员）认为共济会“在秘密集会上召集爱国者领袖一起为自由而战”。根据莫尔斯的说法，在 1772 年击沉了葛斯比号的组织是共济会；也是共济会组织了“波士顿倾茶事件”，它还控制了领导这场革命的组织，包括大陆会议。[17] 保罗·里维尔是莫尔斯在书中最常提到的名字之一。[18] 尽管法国历史学家伯纳德·费伊在 20 世纪 30 年代重申了共济会的作用，但研究美国革命的历史学家长久以来一直对这一说法视而不见。[19] 当罗纳德·希顿研究了 241 位“开国元勋”的背景时，他发现他们中只有 68 位共济会会员。[20] 在《独立宣言》上签字的 56 个人中也只有 8 个人参与过共济会的集会。① 多年来，主流观点一直对“共济会成员是否在美国的革命中以共济会成员的身份发挥了重要作用”持怀疑态度。[21] 然而这个结论本身看起来就很可疑。不说别的，这一假设的前提是所有开国元勋都具有平等的重要性，然而网络分析显示，里维尔和沃伦是波士顿最重要的革命者，而波士顿是革命中最重要的城市。它也低估了共济会作为一种革命意识形态的重要性。证据表明，就对发动革命的人起到的激励作用来说，

① 他们是：本杰明·富兰克林（属于费城分会）；约翰·汉考克（波士顿圣安德鲁分会）；约瑟夫·休斯（1776 年 12 月，他被登记为北卡罗来纳州伊登顿共济会 7 号分会的访客）；威廉·胡珀（属于北卡罗来纳州梅森堡汉诺威分会）；罗伯特·特里·佩恩（1759 年 6 月出席马萨诸塞州罗克斯伯里分会的集会）；理查德·斯托克顿（1765 年特许为马萨诸塞州普林斯顿圣约翰分会的大师）；乔治·沃尔顿（属于佐治亚州萨凡纳所罗门第一分会）；威廉·惠普尔（属于新罕布什尔州朴次茅斯圣约翰分会）。

革命意识形态至少和世俗政治理论或宗教学说一样重要。[22]

在理性时代，共济会是一个强大的神话故事、一个国际组织结构和一种精心设计的仪式，这种仪式将入会成员都当作“兄弟”联结在一起。跟改变了18世纪世界上的许多其他事物一样，它起源于苏格兰。欧洲的石匠们在中世纪已经开始组织集会了，并且（像其他中世纪的工匠一样）区分了工徒、工员和工师，但是直到14世纪晚期，他们才正式成为一种组织。1598年，苏格兰的集会组织中形成了一套新的法规，由苏格兰国王管辖下的劳工大臣威廉·肖发布。然而，直到17世纪中叶，共济会才演变成一个由熟练工匠组成的松散网络，基尔温宁和爱丁堡的分会接纳“投机的”或“被认可的”（即非执业的）工匠。一位名为詹姆斯·安德森的阿伯丁人在他的著作《共济会章程》（1723年，以下简称《章程》）中为新时代提供了一部相当宏伟的史前史。在安德森的讲述中①，“宇宙最高建筑师”上帝赋予亚当砌筑的技能——几何和“机械艺术”，然后亚当将这些技能传给他的后代，他们又将这些技能传给《旧约全书》中的先知。因此，上帝挑选的人，在他们得到应许之地之前都是好石匠，摩西是他们的“大师”。早期的建筑师所达到的最高成就是希兰·阿比夫在耶路撒冷建造的所罗门神殿，阿比夫也因此被称为“世界上最有才华的建筑师”。[23]

就像许多成功的网络一样，共济会网络中也有等级制度。所有共济会成员都参与地方分会组织，其中大部分都是被18世纪在伦敦、爱丁堡、约克、都柏林以及后来的欧洲大陆和美洲殖民地形成的各分会联系在一起的。每个分会都有一个工师作为主管人员，还有管理者和其他等级的行政人员。“准共济会成员”必须获得成员的提名和一致批准，甚至在作为“工

① 这种说法并非毫无异议。例如，另一个苏格兰人安德鲁·迈克尔·拉姆齐就将共济会的起源追溯到十字军东征时的巴勒斯坦。

徒”举行加入共济会的秘密仪式之前，就必须先同意接受安德森的《章程》中提到的那些“指控”的约束。入会仪式是由成员们精心策划的，对于那些晋升到更高等级甚至是工师的同行来说更是如此——包括手势、誓言和礼仪服装。然而，《章程》中“指控”的一个显著特点是，他们的要求并不是很高。所有成员都必须是“善良而诚实的男人，生而自由，成熟而谨言慎行，成员中没有奴隶，没有女人，没有不道德或有丑闻的人，他们都有好的名声”。没有一个共济会成员是“愚蠢的无神论者，或不信教的放荡者”。共济会成员像兄弟一样平等相处，尽管组织“不像以前那样夺取成员的个人功劳”，但那些社会地位较高的人往往担任最显赫的职位。[24]这一点很重要，因为这些分会的吸引力之一，恰恰是让贵族和资产阶级混在一起。另一方面，共济会允许会员参与政治叛乱。确实，安德森的《章程》也提道：“共济会成员是人民权利的和平主体，无论他住在哪里，也无论他在哪里工作，决不会被卷入‘危害国家和平与福利的阴谋’中。”但是参与政治叛乱显然不是被除名的理由。[25]

尽管安德森本人是长老会牧师，但从他非常宽松的宗教标准中可以推断出，共济会与自然神论是相容的。事实上，一些殖民地的会所还接纳了犹太人。[26]但并非每个人都准备朝着这种启蒙运动的宗教怀疑论的方向一直走下去，因此，1751 年，组织中分裂出两个派别“古典派”和“现代派”。古典派倾向于 1738 年版的安德森《章程》，该条款要求无论哪里的共济会成员都必须遵守基督教戒律。而令人困惑的是，现代派更倾向于 1723 年早期版本的章程，其中鼓励共济会成员遵循他们本国的宗教。在圣约翰大教堂作为波士顿第一个共济会教堂建立起来约 28 年之后——1761 年，这种分裂倾向在马萨诸塞州发生了。波士顿的分会是在伦敦的授权之下成立的，但同时圣安德鲁新成立的“古典派”分会的权威是从爱丁堡沿袭下来的。虽然最初双方产生了激烈的争论，但分裂并没有持续下去，这两个分会于 1792 年合并了。但随后在革命时期，它们似乎反映出一种真正的社会和政治分裂，因为圣安德鲁分会——由被排除在圣约翰分会之外的所谓的社会底层人士创建，成了煽动叛乱的温床，特别是在约瑟夫·沃伦成为它的主要领导人（后来他成为波士顿古典派的领导者）之后。[27] 圣安德鲁分会于 1764 年收购的绿龙酒馆成为波士顿革命运动的总部。[28] 事实上，根据 1773 年 11 月和 12 月的集会记录，这两次例会由于出席率过低而不得不暂停，这暗示了多数成员都参与了波士顿倾茶事件。[29] 当在 1775 年的战斗中丧生的沃伦被重新安葬时，他的朋友和共济会同僚佩雷斯·莫顿称赞他在公共生活中是一位美好的“无与伦比的爱国者”，而在私生活中也是“人类的楷模”。沃伦已经“献身于美德和人类事业”，但无论如何，他都应该以一名共济会成员的身份被铭记。莫顿宣称，“他作为工师树立了一个多么光辉的榜样，他生活得如指南针一般精确，他的行动可以唤醒整个广场的人群”。在沃伦参加的所有组织中，莫顿说，“没有一个比共济会更有价值”。事实上，莫顿明确地将沃伦的死比作所罗门神殿的建造者希兰·阿比夫的死（根据共济会的传说，他因拒绝泄露共济会工师的秘密符号而被谋杀）。[30] 里维尔也不是普通的共济会成员，1788 年，他成为马萨诸塞州大分会的副会长。[31]

长期以来，阴谋论者和低俗小说作家一直痴迷于一个想法：共济会是美国革命背后的秘密网络。对于那些有名望的历史学家来说，这个想法可以解答他们的某些疑虑。不过当然，我们也不应该夸大殖民地共济会分会的同质性。波士顿的分会中也有亲英的保皇派，包括海关长官本杰明·哈洛威尔和他的兄弟罗伯特，他们都属于圣约翰分会，还有至少六名圣安德鲁分会的成员。然而，我们同样无法忽视一个事实：圣安德鲁分会集中了许多革命领袖，不仅包括沃伦和里维尔，还包括出版了《马萨诸塞侦察报》和《新英格兰年鉴》的以赛亚·托马斯、自由之子组织的干事威廉·帕尔弗里和忠诚九子的其中之一的托马斯·克拉夫茨。[32]仅圣安德鲁一个组织就在1777年接纳了30名新成员，1778年新成员有25名，在接下来的两年加入的成员达到41名。在1782年6月的一次晚宴上，该组织在法尼尔厅招待了波士顿市政委员和法国领事。[33]13年后的1795年7月4日，穿着共济会制服的保罗·里维尔奠定了马萨诸塞州州议会的基石。里维尔敦促他的听众“在一个好公民的尺度下生活”，以展示“人类的世界……我们希望跟‘他们’站在同一个高度，当我们离开这个世界时，我们才可能进入寂静与和平的圣殿”。就在他说这话的几天前，一位牧师跟里维尔和他的手下说，共济会是“理性之子、智慧的门徒和人类的兄弟”。[34]这说明此时的共济会和一些早期共和国牧师是和谐相处的。教会中的共济会成员，一个很好的例子就是住在塞勒姆的公理教会牧师，著名的威廉·本特利。1800年，本特利去波士顿参加乔治·华盛顿的祭奠仪式，并与他的共济会同僚里维尔和以赛亚·托马斯共进晚餐。[35]

仅仅30年后，情况完全变了。新英格兰宗教“大觉醒”引发了激烈的反共济会运动，这导致圣安德鲁分会和其他组织的新运动急剧减少。[36]在这里，我们找到了另一种解释，解释了后来美国革命中共济会角色为何被贬低：美国人根本不想承认这是19世纪共和国建国时的特征之一。然而，还有一些令人信服的旁证。本杰明·富兰克林不仅成为费城分会的会长，还是第一部美国版安德森《章程》的出版商（1734年）。乔治·华盛顿不仅在20岁时加入弗吉尼亚州弗雷德里克斯堡的共济会第4分会，1783年，他也成为新成立的亚历山大第22分会的会长。

1789年4月30日，在第一次总统就职典礼上，华盛顿的手放在纽约圣约翰共济会第一分会的《圣经》上，宣誓就职。宣誓是由纽约州首席法官（该州最高司法机构）罗伯特·利文斯顿和另一位共济会成员主持的，他是共济会纽约最大分会的第一位大师。1794 年，艺术家约瑟夫·威廉姆斯坐在华盛顿的对面，为他画了一幅穿着全套共济会制服的画像，一年前，他穿着同样的制服参加美国国会大厦的奠基仪式。[37] 乔治·华盛顿的石匠围裙在美国独立战争的民间传说中应该和保罗·里维尔的马一样出名，如果他们没有共济会成员的身份，就不会有如此的影响力。后来的历史学家对美国国玺的共济会起源提出了质疑，自从 1935 年美国国玺被印在 1 美元纸币上以来，这一肖像在全球范围内流传开来。然而，在印章正面未完成的金字塔上，上帝的全视之眼确实与 19 世纪印刷品中画的，身着共济会制服的开国总统华盛顿身穿的围裙上那个凝视我们的眼睛非常相似（见插图 12）。

18 世纪的科学、哲学和政治革命交织在一起，因为传播它们的网络交织在一起。美国革命的缔造者大部分都是天才。尽管处于欧洲网络的边缘，美国却产生了那个时代的科学和哲学革命——尽管自觉地模仿着英国及其共济会分会的集会生活，但事实证明，美国的开国元勋们是那个时代在政治上最有创新精神的人。从许多方面来看，他们在 19 世纪 80 年代确立的宪法旨在将反等级的政治秩序制度化。他们敏锐地意识到在古代和现代早期欧洲在共和政体实验上所遭遇的命运，设计了一个既分离又下放权力的系统，极大地限制了当选总统的行政权力。在第一部《联邦党人文集》中，亚历山大·汉密尔顿明确指出了美国这个新生国家将面临的主要危险：

> 在对人民权利热情的华丽面具下，往往隐藏着危险的野心，而政府那坚定、高效、热情得令人生畏的外表下，却是坦坦荡荡的。历史

将告诉我们，前者比后者更容易将社会引入专制统治，而那些推翻共和国自由的人，绝大部分是从法庭开始向人民献媚的：始于煽动者，终于暴君。[39]

他在1795年回归这一主题。汉密尔顿写道：“只要查阅各国的历史，就会发现，每个国家在任何时候都为一些人的存在所诅咒，这些人被一种不规则的野心驱使，不顾忌任何他们认为将有助于自身进步和重要性的事情……在共和国里，阿谀奉承或转弯抹角的煽动者，无论放在哪里，仍然进行着偶像崇拜——权力……以及贩卖人民的弱点、恶习、脆弱性或偏见。”[40]

美国的制度运作得如此之好，令欧洲人感到惊讶，尤其是那些来自法国的访客。1792年，法国建立了共和国，持续了整整12年。法国社会和政治理论家亚历西斯·托克维尔认为，美国联邦制的生命力，以及联邦制的分权性是新民主主义成功的关键因素。更值得注意的是，这种制度还源于一个充满了宗教难民的殖民地，这些宗教难民来自一个在1660年就放弃了共和体制的国家。正如托克维尔指出的那样，“当时等级制度还对母国的居民进行了等级分类”，但是美国殖民者“呈现了一个各部分都平等的社会新奇景象”。[41] 正是殖民地社会这种独特的平等主义特征，才使得独特密集的公民协会网络成为可能，托克维尔认为，这是美国成功建立共和国的关键。他在《论美国的民主》第二卷的第五章和第六章中说美国是第一个网络化的政体。托克维尔宣称，世界上没有一个国家比美国更成功地把关联的原则运用到更多的物体上：

除了依法以乡、市、县的名义建立的永久性协会之外，还有大量

> 其他协会由私人机构组建和维持。美国公民从小就被教导，要依靠自己的努力来抵抗生活中的邪恶和困难；人们以不信任和质疑的眼光看待社会权威，只有在没有它不行的情况下，人们才会要求社会权威的帮助……在美国，建立协会是为了促进公共安全、商业、工业、道德和宗教的发展。通过人类的团结，在一个社会中集结个人的力量来实现发展目标，这条道路是没有尽头的。[42]

托克维尔认为，美国的政治团体是对抗现代民主中固有的暴政危险的不可或缺的制衡力量——如果是大多数人的暴政的话。然而，他认为，美国体系最大的优势在于它的非政治性关联：

> 不同年龄、不同条件、不同思想的美国人不断地团结在一起。他们不仅有所有人都参加的商业和工业协会，而且还有1 000种其他类型的组织：宗教的、道德的、严肃的、随意的、非常普遍的、极其特殊的、巨大的、非常小的。美国人利用协会举行庆祝活动，创办神学院，建造旅馆，建立教堂，分发书籍，派遣传教士到地球的另一端。通过这种方式，他们创建了医院、监狱、学校。总的来说，只要是在优秀榜样的带领下，面对一个揭露真相或培养情感的问题，他们就会建立联系，成立协会。[43]

最吸引托克维尔的，是美国与他的祖国法国的政治和社会结构对比。为什么那里的革命（位于启蒙运动的关键中心之一）产生了令人如此失望的相反结果？

Part 04

等级制度的重建

21

红与黑

在司汤达的小说《红与黑》（1830 年）中，于连 · 索雷尔决意从事牧师职业，是因为他意识到这是他在法国复兴的波旁王朝晋升的最佳选择。作为木匠的儿子，索雷尔更喜欢拿破仑 · 波拿巴统治时期的精英体制——“职业对人才开放”。然而，索雷尔的结局很糟糕，与其说这是他拈花惹草的下场，不如说他只是复辟时代僵化的社会等级制度的受害者。然而，与波旁王朝的势利相比，司汤达对索雷尔的冲动本性算是宽容的了：“真正的贵族只有一种，就是拥有公爵头衔的人。侯爵的身份非常荒谬，（但是）一听到公爵一词，人们的注意力就会被吸引过来。”这是这本书的一句警句（其中许多都是司汤达编造的），还有一句是这样的：“服务！天才！功绩！呸！”另一个是：“我只属于一个小圈子。”还有：“骑在马上的行政长官自言自语道：‘为什么我不是部长、内阁首脑或者公爵呢？……如果我是的话，我会给那些创新者戴上枷锁。’”[1]

波旁王朝试图复辟的行为证明了等级制度是不可持续的。1830 年，另一场法国革命推翻了查理十世。18 年后，第三场革命将同样的命运给了他的继任者奥尔良派路易·菲利普。最后，在1870年，德国的入侵和另一场革命推翻了拿破仑三世，为法国（迄今为止）五部共和宪法中的第三部，也是寿命最长的一部铺平了道路。在欧洲历史上，这个时代的魅力很大程度上恰恰是每一次重建君主秩序的新尝试的不稳定性。然而，在19世纪，印刷机释放出的革命能量虽然缓慢，却坚定地蕴藏在新的权力结构中。如果不复兴波旁王朝，那么应该怎么做？

基于网络的革命（宗教改革、科学革命和启蒙运动）深刻地改变了西方文明。不仅在美国和法国，而且在整个美洲和欧洲，政治革命已经对一个新民主时代产生了愿景，这个时代的基础是共济会预先理想化的一种普世兄弟情，席勒的《欢乐颂》狂热地呼应了这种情感。然而，这一愿景终究没能实现。为了理解为什么网络的优势逐渐转回到等级制度，我们需要再次避免在思想上在两者之间构建错误的二分法。即使是19世纪20年代法国那令人窒息的阶层分化，也有其独特的网络架构。正如我们看到的，大多数网络在某些方面也是分等级的，因为总有一些节点比其他节点处于更中心的位置，这其实也是一种等级制度，在这种分等级的网络中，信息流或资源流被限制在某些连接线上，以便最大限度地提高统治节点的中心地位。这正是于连·索雷尔对法国波旁王朝感到沮丧的地方：提升社会地位的途径如此之少，以致他不得不过度依赖少数“贵人”。此外，司汤达小说的主旨体现了网络理论中的“三元悖论”。为了赢得贵族雇主女儿玛蒂尔德·德·莫尔的芳心，索雷尔假装爱上一个寡妇费尔瓦克夫人。虽然索雷尔同时追求两个女人，但她们不能联合起来反对他。甚至当他以前的情人瑞那夫人向玛蒂尔德的父亲告发他时，他还试图谋杀她。在他监禁期间，玛蒂尔德和瑞那夫人还分别探访了他。1961年，文学评论家勒内·吉拉德创造了“模仿欲望”一词：玛蒂尔德只有在意识到另一个女人也想要索雷尔的时候，才会对他产生欲望。

等级秩序的网络其实更简单，有时是因为处在高层的人会有意识地应用分而治之的原则，有时是因为在等级秩序中只有少数枢纽才是真正重要的。在法国大革命和拿破仑战争之后，有人试图重组欧洲的政治秩序，因此在维也纳会议上，一些政治家创造了另一种简单的网络：由五个大国组成的“五国联盟”，就其本质而言，它是在用有限的方式来达到平衡。它的成功部分基于这种简单性。正如我们将看到的那样，从权力平衡来看，我们理所当然地认为大多数欧洲国家并不重要，因为这种平衡取决于奥地利、英国、法国、普鲁士和俄国之间的关系，并且只有这五个国家（见插图 13）。

19 世纪等级秩序的重新确立并没有消解前三个世纪中已创建的知识分子、商业和政治网络，它们仍然活跃着。事实上，由于一连串的“觉醒”和“复兴”，新教世界的宗教生活变得更加活跃和难以驾驭。工业革命（在许多方面是所有革命中最具变革性的）可以很容易地与 18 世纪的其他革命相提并论，因为它也是创新者网络的产物，一些人受过科学训练，另一些人则是零零散散地自学。而且，即使共济会在 1800 年之后衰落，其扩展兄弟情谊的概念并使之制度化的目标（超出狭义的男性兄弟）也为许多新运动所认同，不仅包括工会运动，还包括许多民族主义组织，尤其是德国学生联谊会。不同之处在于，王室、贵族和教会的等级制度能够更好地协调所有这些网络，利用它们的创造力，并且让它们顺从等级顶端的意愿。

22

从群体到暴政

并不是每个人都像埃德蒙·伯克那样迅速意识到法国大革命会比美国的革命更加血腥。直到恐怖事件发生，人们才明白两者的差异。试图用“人民的意志”取代路易十六的举动引发了法国自 1572 年圣巴塞洛缪节日大屠杀以来从未有过的自相残杀（见插图 8）。可以说，革命的暴力始于 1789 年 4 月 21 日，在圣安托万郊区的一场暴乱中，大约 300 名支持自封的国民议会的示威者被皇家军队杀害。三个月后，在一场更为人所知的冲突中，保卫巴士底狱的士兵相继开火，大约 100 人丧生。这一次，当一些保卫者加入革命人群时，形势发生了逆转。7 月 22 日，驻军司令弗莱塞尔指挥官被斩首，这标志着革命的一次重大进展，同时，在格雷夫广场，公众将官员福伦·德·杜埃和他的女婿伯蒂·德·苏维尼吊起来并将他们肢解（前者的头和后者的心脏被钉在柱子上，被拉着游街示众）。

当巴黎的人们拿起武器，动荡也席卷了法国农村。由于害怕贵族通过神秘的“强盗”阴谋重新掌权，法国各地的农民在那年夏天诉诸暴力，这一动乱被称为“大恐慌”。最初被烧毁的是封建登记册，被洗劫的是酒庄的酒窖，但从规模和持续时间来看，这不仅仅是一场传统的农民起义，也不像扎克雷起义（1358 年法国北部的农民暴动）。鉴于当时法国各省之间的沟通联系相对较弱，这种恐慌传播的速度特别惊人，也很难解释——这再次说明，即使没有先进的信息技术，谣言也能像病毒一样传播开来。[1]但与即将到来的革命暴力相比，这种大恐慌算是温和的了。尽管许多土地所有者受到威胁和羞辱，但只有三起谋杀案：一位高贵的庄园总管代表和一名涉嫌食品垄断的官员（在勒芒以北的巴隆），一名海军军官（在阿维尼翁以北的勒普津）。然而，燃烧城堡的行为却是惊人地流行。从 7 月 27 日至 8 月 9 日，不到两周的时间，仅在法国东南部的多菲内省，就有 9 座城堡被夷为平地，80 座城堡遭到破坏。[2]

我们在这里只需要列出 1793 年之前发生过的大屠杀事件，其他一切都是多余的：1789 年 10 月的妇女游行和攻击凡尔赛宫，1791 年 7 月国民警卫队在战神广场向人群开枪，1792 年 9 月的大屠杀（当时“无套裤汉”袭击了巴黎监狱，杀害了数百名囚犯），1793—1796 年在旺代发生的反革命战争，还有在圣多明各（海地）发生的血腥奴隶起义。这些起义与英国在美国的殖民运动不同，但与此后的大部分革命一样：正如古典政治理论预言的那样，它们不可避免地导致了无政府状态，进而导致暴政。而美国殖民者已经发展了自己的公民关系网络，在美国独立战争发生前后，美国也从这些网络中有组织地成长起来，但是法国的群体网络结构却大不相同。公共安全委员会试图维持暴民在无序流血运动中的秩序。[3]然而，雅各宾派和其继任者的权宜之计都不足以稳定首都，更别提整个国家了。像南特数千人被蓄意杀害的那种残忍的大规模屠杀，证明了社会和政治秩序已经几近崩溃，其性质可与我们这个时代“阿拉伯之春”运动中最严重的暴行相提并论。我们可以将其看作一些虐待狂假借虚假乌托邦的名义在胡作非为。

而真正恢复法国秩序的人（尽管他的做法与欧洲其他国家截然相反）拥有一种不寻常的力量。

拿破仑·波拿巴能从默默无闻的科西嘉人晋升为意大利革命军炮兵司令——他在最恐慌动乱的时期获得晋升，当然，是1789年之前阻碍他前进的贵族制度的崩溃成就了他。像司汤达小说《红与黑》里的于连·索雷尔一样，拿破仑既是一名“登山者”，也是一名“采花者”；与索雷尔不同，拿破仑既没有顾虑，又得到了幸运之神的眷顾。而此人在有生之年的每一刻都做着惊人的举动。在一个混乱的时代，能从微观入手的人才能得到晋升，也就是那些自发承担每一项任务的人。这位新任准将在1796年短短9个月的时间里就写了800封信和公文，在其中的一封信中，他潦草地写道：“我对装载16门大炮的方式极为不满。”“我对你在执行命令上的拖延感到惊诧，”他向他的部队指挥官抱怨道，“同样的事情我总要跟你说三遍。”他的远见卓识从宏大的战略开始（就在这个时候，他制订了入侵意大利的计划），直到一切细节（监禁一名未经许可擅自离开的昂蒂布的下士，或者男孩鼓手在阅兵场上的确切位置）。[4]

如今，拿破仑被称为“工作狂”。他每天工作16小时。1807年4月，也就是他统治时期异常平静的一个月，他仍然设法写了443封信。这时，除情书以外的所有信件都是由他口述的。他曾经说过，这样才能才思泉涌，因为没有了字母和横线的束缚。有一次，他没有参考任何笔记，就向内政部长口述了不少于517条在枫丹白露建立一所新军事学院的规定。[5]一般来说，除了周日晚上和家人一起吃饭，他只在餐桌旁待10分钟；周日晚上，他在餐桌边会待上半个小时。当他离开桌子时，他会跳起来，“好像受到了电击一样”。[6]正如他的一位压力很大的秘书回忆的那样，他的睡眠“只限于几次短暂的打盹儿小睡，夜晚对他来说和白天一样”。[7]以这种充沛的精力，他四处旅行游访。1807年7月，他乘马车从普鲁士的蒂尔西特去圣克卢，这是一次长达100小时的旅程，以拿破仑不耐烦的个性，他不允许这期间有任何的停歇。他一大早赶到那里，立即召开了部长会议。[8]两年后，他从西班牙的巴利亚多利德骑马前往巴黎，“他一边鞭打他副官的马，一边踢着自己那匹马的马刺”。他仅仅用6天的时间就走完了600多英里。[9]同样，他的常态就是匆忙，让其他人跟在身后喘不过气来。即使在泡澡或刮胡子的时候，他也不浪费时间：总有人在手边给他读最新的报纸，包括对敌国英国报纸的翻译。[10]正是拿破仑不知疲倦的精力和对细节的关注，法国大革命的无政府状态才得以结束。法律制度被重新编纂，货币体系得以改革，公共信贷得到恢复。但是，在这些持久的成就背后，拿破仑一直在注意着无数微不足道的事情：入侵英国的话，每位官员要带多少仆人；给投奔法国的爱尔兰反叛者定制制服；第十三排的贝尔纳达下士需要戒酒；在巴黎歌剧院让歌手奥布里小姐手臂骨折的工作人员到底是什么身份。[11]

凭借着他的自负，拿破仑不仅想治理法国，还妄图统治整个欧洲，就像指挥一支庞大的军队一样——完全凭借他的意志力。在许多方面，他是最后一个开明的专制主义者：被称为法国的腓特烈大帝。然而，他也是现代世界第一个独裁者。从技巧上看，腓特烈大帝和拿破仑指挥的军队没有什么真正的区别。然而，后者所做的一切都是以更大的规模①和更快的速度进行的。两位当时伟大的军事理论家卡尔·冯·克劳塞维茨和安托万·亨利·德·约米尼从拿破仑的成功中吸取了不同的教训。对克劳塞

① 1792年，卡尔·冯·克劳塞维茨第一次把军事行动看成瓦尔密战役的一个标志，在一场持续了一天的战斗中，一方的6.4万人与另一方的3万人作战。到了1813年，当克劳塞维茨作为少将参与莱比锡战役时，双方各有36.5万人和19.5万人，这场战役持续了三天。

维茨来说，拿破仑的天才之处在于，他有能力迅速将他的部队集中在敌人的重心，并在一场决定性的战役中击败敌人。对约米尼来说，战胜敌人的关键是拿破仑利用了军事行动内各条战线的协作优势。约米尼认为，拿破仑运用的是一种通用的战争原则。[12] 而在克劳塞维茨眼中，拿破仑的战争风格在历史上是独一无二的，因为它利用了法国大革命引发的大众民族主义。[13] 在《战争与和平》中，列夫·托尔斯泰嘲笑了他的帝国野心，该书发表于拿破仑流亡在荒凉的南大西洋圣赫勒拿岛 48 年后。一个人仅凭他的命令怎么能把成千上万的人从法国派到俄国，让无数人的生活陷入混乱？然而拿破仑做到了。问题是，无论他如何披上合法统治的外衣，挪用埃及、罗马和哈布斯堡王朝的特权和肖像，拿破仑永远都无法实现统治等级制度最终依赖（并坚持）的一件事：合法性。

23

重建秩序

> 当今时代，人们普遍认为，下一阶段的趋势和压力只能是走向解体。自中世纪以来，我们的世界就一直存在着一种统一的、具有约束力的制度……同源而生的就是人们对伟大民主思想和制度的不可遏制的倾向性，这也引发了我们正在经历的大变革。

利奥波德·冯·兰克在1833年关于欧洲“列强”的文章是19世纪史学的开创性著作。尽管他同时代的许多人仍然相信，从德国的宗教改革运动到法国大革命，席卷欧洲的革命能量是不可阻挡的，但是兰克看到一个新的国际秩序正在形成，这种秩序将会阻止看似普遍的解体趋势。基于他所谓的五个大国组成的体系：奥地利、英国、法国、普鲁士和俄国，他对该秩序做出了具体阐述。这一秩序在18世纪开始出现，但是被拿破仑征服欧洲的企图破坏了。然而，随着拿破仑的失败，五国联盟的体系就有了实现的可能：

> 我们应注意到这个时代所产生的最积极的结果。它完成了一次伟大的解放，不是从解体的意义上，而是从建设性的统一的意义上。它不仅首先创造了大国；它更新了所有国家、宗教和法律的原则；并重振了每个国家的原则体系……这正是我们这个时代的特点……所有国家和民族的联合取决于每个国家的独立……一国的决定性的霸权会导致其他国家的毁灭。它们的合并将会破坏每一个个体的本质。只有独立自主地发展，才能实现真正的和谐。[1]

自兰克以来，在维也纳大会上聚集的政治家们创造了一种新的稳定的权力平衡，这几乎是一个公认的事实。亨利·基辛格在他的第一本书《重建的世界》中指出，欧洲在1815年至1914年间享有相对和平的时期，在很大程度上是由于这五大国权力秩序的“普遍认可的合法性”。[2]在基辛格看来，这是两位特别有天赋的外交官的成就：奥地利外交大臣梅特涅亲王和英国外务大臣卡斯尔雷勋爵。梅特涅的目标是重建一个合法性的秩序，在这种秩序下自由主义本身就是非法的。这与卡斯尔雷的目标有着根本的不同，后者的目标本质上是一个均衡权力的方案，英国在其中扮演了“平衡器”的角色。[3]他们的成功和拿破仑的失败的一个关键原因是拿破仑没有意识到自己的局限性，也没有在他与奥地利皇帝的女儿结婚后稳定自己的地位。[4]梅特涅和卡斯尔雷面临的主要挑战是沙皇亚历山大一世作为一个潜在的革命者的出现，他渴望成为拿破仑之后的“欧洲独裁者”。而新秩序建立的最终结果只能说是一种悲剧性的成功，英国无法维护梅特涅渴望建立的反革命的欧洲秩序，梅特涅还试图将这种想法灌输给沙皇。在梅特涅看来，西班牙、那不勒斯和后来皮埃蒙特的政治危机都对新秩序构成了致命威胁；对英国人来说，这似乎是当地的小麻烦，过多地干预可能同样容易使同一秩序失衡。[5]在特罗保举行的另一次大会上，梅特涅把他那注定要失败的“反对民族主义和自由主义的斗争”描述成整个欧洲而不是奥地利的事业。[6]卡斯尔雷非常清楚地看到，如果俄国像在巴尔干半岛那样反对奥斯曼帝国，那么俄国同样愿意站在民族主义一边进行干预。1822年8月12日，卡斯尔雷厌倦了辉格党和激进派对他尖酸刻薄的挑衅，无法忍受他所承担的责任，在绝望中他切断了自己的颈动脉自杀了。维罗纳会议最终保留下来的就是“合法化原则”——既反革命又反法国的，作为奥地利、普鲁士和俄国之间“神圣同盟”的基础。[7]

然而，权力平衡的想法并没有随着卡斯尔雷的离世而消失。尽管英国的“大陆均势政策”在接下来的一个世纪里断断续续，但直到1914年，它都在阻止欧洲大陆上任何一个大国像拿破仑时代的法国一样挑战五大国秩序的根本合法性。实质上，欧洲的稳定是建立在四个大陆大国之间的平衡之上的，英国通过偶尔的外交或军事干预来保持这种平衡。用基辛格的话来说，英国是平衡器。结果，欧洲秩序的相对稳定持续到19世纪末。奥托·冯·俾斯麦的倒台和德国与俄国之间的秘密再保险条约的不续签[8]——也许是俾斯麦重叠联盟体系中最重要的线索，使得该体系过于僵化，以致到了脆弱不堪，甚至濒临崩塌的地步。[9]

后来的研究当然在许多方面改变了这一情况。一些人认为，随着假定冲突和竞争的旧规则让位于渴望协调和平衡的新规则，国际政治形势发生了根本性的“转变”。[10]也有人认为过去的恶意关系依然存在，只有“狭隘的私利”才能避免大规模战争。[11]然而，关键的一点仍然是，他们在维也纳建立了一个新的等级制度，将“大国”（首先是滑铁卢战役的四个战胜国，在1818年之后加上了战败的法国）与小国隔离开来。[12]因此，四国联盟条约（1815年11月）的第六条承诺，四国将定期举行会议，“目的是就它们的利益进行协商，或者采取相应措施……这被认为是对国家繁荣以及维护欧洲和平最有益的”。[13] 西班牙可能会抱怨，巴伐利亚也会抱怨，但它们也无能为力。卡斯尔雷可能会警告大国不要成为“管理世界事务的欧洲委员会”。梅特涅的秘书弗里德里希·根茨担心这种新的“独裁”可能会成为“对下级阶层的施虐、不公正和痛苦的来源”，年轻的约翰·拉塞尔勋爵也有同样的担忧。然而，大国的领导人逐渐习惯于行使集体霸权。[14] 正如根茨所言，回看 1815 年的欧洲，会议制度实际上是统一的。

> 各国在主要大国的统治之下……第二、第三和第四等级国家在没有任何事先规定的情况下，默默地服从主要大国共同做出的决定；欧洲似乎最终形成了一个伟大的政治大家庭，在它自己创造的一个“最高法院”的主持下团结起来。[15]

即使在一些问题上意见不一——卡斯尔雷不赞同梅特涅的反革命战略，两个人也有一种隐含的共识，即今后任何争夺霸权的努力都应该被抵制，并且应该避免一场全面战争。[16] 当然，经过更仔细的研究观察，这一体系总是比兰克的五国权力体系所暗示的更加复杂，发展也更迅速。奥斯曼帝国不仅仅是大国政策的被动对象，这正是“东方问题”（本质上是关于其未来）如此棘手的原因。[17]19 世纪建立的新国家，不仅是德意志帝国（其大规模扩张了五大帝国之一）和意大利王国，还有比利时、保加利亚、希腊、罗马尼亚和塞尔维亚，这从根本上改变了网络的性质。然而，不可否认的是新事物在产生，更不可否认的是它是有效的。在《乌德勒支和约》（1713—1715 年）和维也纳会议之间的时间里，发生了 33 次欧洲战争，涉及当时 11 个公认的大国（包括西班牙、瑞典、丹麦、荷兰和萨克森）。

在 1815—1914 年，即使西班牙和瑞典仍被视为强国，也只有 17 场这样的战争发生。任何国家参与战争的可能性都降低了大约 1/3。[18] 实际上，18 世纪曾发生了20世纪那样的世界大战——七年战争是一场真正的全球性冲突。但是回过头看，19 世纪并没有发生世界大战。

换句话说，当时的国际秩序显然是一种等级制度，但有 5 个中心在发挥主导作用。这 5 个节点可以以各种不同的组合连接在一起——它们之间确实会有争端，但是从 1815 年到 1914 年，它们从未全部参战。虽然这个体系不太稳定，不能完全避免战争，但是发生在滑铁卢和马恩河的冲突都比以前和以后的冲突的破坏性要小得多。甚至 19 世纪规模最大的欧洲战争——克里米亚战争（1853—1856 年），英法对抗俄国——也比拿破仑战争小了一个数量级。此外，大国之间的协商比它们之间的冲突更频繁。在 1814 年至 1907 年间，大国之间召开了 7 次代表大会和 19 次会议。[19] 外交行为的增加和战争数量的减少成为常态，这与 1815 年之前的 20 年形成鲜明对比。接下来，如果不解释 1914 年这种局面为何发生了转变，对第一次世界大战起源的解释就是不完整的。

24

萨克森-科堡-哥达家族

然而，在拿破仑之后，要想恢复欧洲的秩序，需要的就远不是新外交等级体系了，尤其是该外交等级中这种五个国家高于其他国家的情况。同样重要的是君主制度本身被重新合法化的方式。在这个过程中，有一个老式的网络常常被忽视，却非常重要，即欧洲王室相互交织的谱系。其中就有一个家族，它在平衡等级世袭原则与19世纪自由主义者所呼吁的宪政新理想方面发挥了关键作用。当拿破仑横扫神圣罗马帝国并创建莱茵联邦时，科堡是那些濒临灭绝的德国小国之一。然而，公爵夫人奥古斯塔和她的儿子们设法在法国和俄国之间斡旋，1807年，在俄国的施压下，她的长子欧内斯特重新得到公国。除了一个女儿（苏菲嫁给了门斯多夫伯爵），奥古斯塔其他的孩子要么嫁给了王室成员，要么凭借自己的权利获得了王室身份，要么为他们的后代争得了王室身份。她的一个女儿嫁给了俄国亚历山大一世的兄弟；另一位嫁给了符腾堡公爵；第三个则嫁给了英国乔治四世的兄弟肯特公爵。但萨克森-科堡王朝的真正创始人是奥古斯塔的小儿子利奥波德。利奥波德的第一任妻子夏洛特公主是乔治四世的女儿，在

1817年11月，也就是他们结婚仅18个月后死于难产，他也因此遭受重创。但是，1831年，情况发生了变化，他放弃了之前在希腊继承王位的想法，而成了比利时国王。这之后，他的家族成员更频繁地掌控王权，以至1843年，利奥波德因为“一位来自纽约非常富有和有影响力的美国人对我说，他们非常需要一个能够保护财产的政府（原话）”而感到兴奋，他得知在某些地方，许多人渴望他这样的君主制统治，而不是暴民的暴政，这位美国人认为科堡家族王朝的某个分支可以接管这样的地方。利奥波德问他的侄女：“这难道不令人感到高兴吗？”[1] 他的侄女正是维多利亚女王。

正如《泰晤士报》在1863年指出的那样，萨克森-科堡家族的历史显示了“在王室生活中，一次成功会带来另一次成功的概率有多大”。[2] 萨克森-科堡家族的孙辈奥古斯塔不仅包括维多利亚女王和她的丈夫阿尔伯特，还有与葡萄牙女王结婚的费迪南德，以及与利奥波德同名的儿子，比利时王位继承人利奥波德二世。联姻进一步将萨克森-科堡家族与奥尔良家族、哈布斯堡家族联系在一起。① 此外，维多利亚和阿尔伯特的9个孩子中，只有一个没有与王室成员联姻，因此，除了普鲁士的弗雷德里克·威廉，维多利亚女王的女婿有石勒苏益格-荷尔斯泰因州的克里斯蒂安王子，保加利亚王子亚历山大的弟弟、来自巴滕堡的亨利。而她的儿媳妇包括丹麦的亚历珊德拉公主、沙皇亚历山大二世的女儿、沙皇亚历山大三世的妹妹玛丽公主。1893年，当未来的尼古拉斯二世抵达伦敦对英国进行第一次访问时，这场家庭聚会已经变得像一次国际峰会了。

① 利奥波德一世跟路易·菲利普的一个女儿结婚，利奥波德二世娶了奥地利大公夫人玛丽·亨利埃特，而他的妹妹夏洛特嫁给了运气不佳的马克西米利安大公，他曾短暂地做过一段时间的墨西哥国王。

> 我们驶进查令十字街，在那里我们遇到了：伯蒂伯父（之后的爱德华七世）、阿利克斯婶婶（之后的丹麦亚历珊德拉公主），乔治（之后的乔治五世）、路易丝、维多利亚和莫德（他的姐妹们，他最小的妹妹后来嫁给丹麦的卡尔王子，后来又嫁给挪威的哈康七世）……
>
> 两小时后，阿帕（丹麦国王克里斯蒂安九世）、阿玛和瓦尔德马尔叔叔（丹麦）到了，一家人能够聚在一起实在是一件无比美妙的事情。
>
> 4 点 30 分，我去克拉伦斯宫看望了玛丽阿姨（萨克森–科堡公爵阿尔弗雷德的夫人）并和她，阿尔弗雷德叔叔和达克（他们的女儿维多利亚·梅利塔）一起在花园里喝茶。[3]

第二年，欧内斯特·路易斯，黑森–达姆施塔特大公爵的继承人完成了最后一次联姻（见图 24.1），婚礼的宾客包括一对皇帝（emperor）和皇后、一对未来的皇帝（emperor）和皇后、一位女王、一位未来的国王（king）和王后、七位王子、十位公主、两位公爵、两位公爵夫人和一位侯爵夫人。并且，他们互相都是亲戚，如图 24.1 所示。

可以肯定的是，到了 19 世纪 80 年代，科堡家族已经有了敌人。在巴滕堡的亚历山大从保加利亚王子退位后[4]，赫伯特·冯·俾斯麦就有了嘲讽科堡“家族”的理由。他告诉沙皇：“英国王室及其最亲近的家族网络崇尚高度集中的家族原则，维多利亚女王被视为科堡家族所有分支的绝对首领。这种家族制度在他们遗嘱的附录中都有所体现，这证明他们无论距离多远都要绝对服从这一原则（沙皇听到这里开怀大笑）。”[5]然而，当时这一家族的势力远超俾斯麦。1894 年，维多利亚女王被未来的沙皇尼古拉斯二世称为“奶奶”，因为尼古拉斯二世与维多利亚女王的另一个孙儿，

图 24.1　萨克森-科堡-哥达家族。1894 年 4 月 21 日，维多利亚女王及其家人在科堡参加了维多利亚·梅利塔公主和黑塞大公爵欧内斯特·路易斯的婚礼，维多利亚女王有 40 个孙子（女），其中就包括这场婚礼的新郎和新娘。坐在女王左边的是她的大女儿维多利亚，德国皇帝的遗孀；右边的是孙子恺撒·威廉二世。站在恺撒身后，长着胡须戴着礼帽的，是俄国沙皇尼古拉斯二世，他刚刚宣布了与维多利亚的另一个孙女，黑森的公主阿利克斯（站在他旁边的）订婚的消息。在沙皇后面，左边是维多利亚女王的长子，威尔士亲王，也就是后来的爱德华七世。后排的人物中，有另一位维多利亚女王的孙女，玛丽亚公主，她于 1914 年成为罗马尼亚女王。而维多利亚女王的孙女中还有未来的希腊、挪威和西班牙女王，她们没在该照片中。摄影：爱德华·乌伦胡特。

黑森的阿利克斯订婚了。[6] 当“威利”（维多利亚女王的孙子，德国的威廉二世）愉快地和他的表兄弟“尼基”和“乔治”通信时[7]，似乎有一段时间，那个一直激励着利奥波德一世的愿景已经实现了：从雅典到柏林，从布加勒斯特到哥本哈根，从达姆施塔特到伦敦，从马德里到奥斯陆，从斯德哥尔摩到索菲亚，甚至是圣彼得堡，这些地方都被萨克森–科堡家族统治着。当未来的爱德华八世于 1894 年出生时，维多利亚敦促她的曾孙取名为阿尔伯特——仿佛是为了给家族的成就盖上印章：

> 这就是科堡家族的族谱线索，就像以前的金雀花王朝、都铎王朝（欧文·都铎王朝）、斯图尔特王朝和乔治一世的汉诺威王朝一样（乔治一世是詹姆斯一世的曾孙）。这就是科堡王朝，它加入了上述这些王朝的队伍，继承了它们的衣钵。[8]

25

罗斯柴尔德家族

19世纪40年代，另一个家族——罗斯柴尔德家族出现了，法国辩论家将其与萨克森–科堡家族进行了类比[1]，然而这两个家族的联系比他认为的更相近。因为这两个来自南德的家族王朝几乎有着共生的关系，这可以追溯到1816年萨克森–科堡家族中与夏洛特公主订婚的利奥波德。[2] 萨克森–科堡在拿破仑统治期间和之后的时间里，凭借高超的技巧和过人的运气登上了权力顶峰。而出身更为卑微的罗斯柴尔德家族也做了同样的事情。大约在1810年至1836年间，梅耶·罗斯柴尔德的5个儿子从法兰克福犹太人区脱颖而出，在国际金融领域取得了新的社会地位和空前的权力。尽管出现了许多经济和政治危机，竞争对手也在努力应对这些危机，他们仍然占据着优势，即便在1868年，他们中最小的那个去世后，另外四个兄弟的主导地位也只是在慢慢被削弱。在同时代的人看来，他们的非凡成就只能通过神秘论来解释。根据19世纪30年代的一个记载，罗斯柴尔德家族的成功是因为一个神秘的“希伯来护身符”。这个护身符让伦敦分公司的奠基者内森·罗斯柴尔德成为“欧洲货币市场的巨兽”。[3] 直到19世纪90年代，这样的故事还在俄国的犹太人定居点流传着。[4]

罗斯柴尔德家族的成就是划时代的。19世纪中叶，罗斯柴尔德家族积累的金融资本比以往任何时候都更加集中。早在1828年，他们的资本总和就超过了和他们最接近的竞争对手巴林家族。对于他们的成功，一种从经济学角度的狭义解释是，他们引入国际政府债务市场的创新手段和快速积累的资本使他们能够将业务扩展到商业票据、大宗商品、金银和保险市场。然而，他们在业务中创建的独特结构也很重要，它既是管理严格的家族合伙企业，也是一家跨国公司——一个单一的"大型联合企业"，旗下有来自法兰克福、伦敦、维也纳、巴黎和那不勒斯的家族分支。罗斯柴尔德家族在一定程度上通过联姻抵抗离心力。1824年后，罗斯柴尔德家族进行了大量族内通婚。在1824年至1877年，梅耶·罗斯柴尔德后代的21次婚姻中，有不少于15次都是他的直系后代之间的联姻。尽管堂兄弟姐妹之间的婚姻在19世纪并不罕见，但在德国犹太商业王朝中，这是非同寻常的。诗人海因里希·海涅指出，罗斯柴尔德家族的人以最高调的方式展现他们的和谐。"奇怪的是，他们甚至从自己的族人中选择婚姻伴侣，他们之间的关系形成了复杂的、让未来的历史学家难以解开的结。"[5]当罗斯柴尔德家族在对自我的认知中提到"我们的王室家族"时，表明他们自己也意识到了其与萨克森-科堡家族的相似之处。[6]

而同样重要的是，罗斯柴尔德家族建立网络的速度之快——不仅有欧洲各地的代理人和金融合伙人，还有"政治高层"的朋友。"你知道，亲爱的内森，"所罗门在1815年10月写道，"父亲曾经说过，要坚持跟政府中的一个人建立关系。"[7]在另一封信中他说："你应该记得父亲的原则，那就是你必须做好准备，尽一切努力找到最佳的人脉，融入政府。"[8]与此同时，梅耶·罗斯柴尔德也在教他们如何才能更好地拉拢这些政客："我们已故的父亲告诉我们，如果一个有权有势的人对一个犹太人负债，他就在这个犹太人的掌控之中了。”[9] 这一时期，罗斯柴尔德家族最重要的客户包括卡尔·布德鲁斯，黑森–卡塞尔高级财政官的选举人；卡尔·西奥多·冯·达尔伯格，前光明会成员，他从1806年到1814年一直是莱茵联邦的首领；夏洛特公主的配偶，后来的比利时国王，萨克森–科堡家族的创始人利奥波德；还有约翰·查尔斯·赫里斯，1811年10月任英国总干事，后来（短暂地）任财政大臣兼贸易委员会主席；查尔斯·威廉·斯图尔特，伦敦德里的第三侯爵，卡斯尔雷勋爵的兄弟；奥尔良公爵，后来的法国国王路易·菲利普；奥地利首相梅特涅亲王；和奥地利驻伦敦大使埃斯特哈奇王子。

罗斯柴尔德家族赢得政治精英喜爱的一个关键方式是拥有一个非凡的情报系统和通信网络（远远超过了他们的商业竞争对手）。那个时代，邮政服务缓慢且不安全：1814年，从巴黎寄往法兰克福的信件通常只需要48小时；而在1817年，从伦敦到法兰克福的邮件可能需要一周的时间，从巴黎到柏林的邮件需要9天。[10] 尽管罗斯柴尔德的兄弟们必须进行通信，但他们很快就放弃了邮政服务，转而依靠自己的私人信使，包括在多佛为他们包租船只的代理人。[11] 长期以来，人们一直认为内森·罗斯柴尔德是伦敦第一个得知拿破仑在滑铁卢战败消息的人，这要归功于罗斯柴尔德信使迅速通过敦刻尔克和迪尔，传递了第五份也是结论性的特别公告（6月18日至19日夜间在布鲁塞尔发布的），并在大约24小时后——至少在亨利·珀西少校向内阁递交惠灵顿的官方文件之前36小时——送达他的府邸。[12] 最近有人对这个故事表示怀疑，但事实仍然是，罗斯柴尔德收到这个消息的时间还是非常早的——即使是在6月21日，这让他“对提前知道的胜利信息做出了万全的应对措施”。当天晚些时候，《喀里多尼亚水星报》驻伦敦记者发回一份关于这场战争结果的报道，称其消息来源是一位“权威人士，他读过从根特发给罗斯柴尔德的信件，这名伟大的股票经纪人拥有最佳的情报系统”。[13] 到 19 世纪 20 年代中期，罗斯柴尔德家族经常使用私人信使：仅在 1825 年 12 月，就从巴黎派了 18 名信使去加来（并因此去了伦敦），3 名去萨尔布吕肯，1 名去布鲁塞尔，1 名去那不勒斯。[14] 从 1824 年起，他们也用上了信鸽，尽管他们并没有像某些人想象的那样依赖信鸽传递信息。

开发这种快速安全的通信网络有许多好处。首先，罗斯柴尔德家族用它为欧洲精英提供一流的邮递服务。1822 年在伦敦，夏多布里昂子爵从杜拉斯公爵夫人那里收到了“一份重要的电报”，传信人就是她的门徒罗斯柴尔德。[15] 到 1823 年，“从罗斯柴尔德那里收到消息”已成为伯爵夫人内塞尔罗德日常生活中不可或缺的一部分。[16] 1840 年后，在罗斯柴尔德邮递服务的使用者和支持者中，最著名的可能就是年轻的维多利亚女王和她的丈夫阿尔伯特亲王了。[17] 此外，他们的信使服务也意味着罗斯柴尔德家族有能力为重大政治事件和机密信息提供官方渠道，从一个城市传递到另一个城市。1817 年，詹姆斯提出将法国从巴黎到伦敦的外交文件传达给内森·罗斯柴尔德，以便在外交文件到达法国大使之前内森能得知消息。[18] 1818 年，一名前往亚琛会议的英国外交官被内森的情报量震惊：“他对我们党内的细节，和可能组成这个党的人员的了解都是正确的，但我相信其中一些人的名字甚至都没有在外交部出现过”。[19] 1820 年 2 月，贝里公爵（法国国王查尔斯十世的第三个儿子）被暗杀，罗斯柴尔德家族首先将新闻传到了法兰克福和维也纳。[20] 同样，当夏洛特公主于 1821 年去世时，也是罗斯柴尔德家族将这个消息传到了巴黎。[21] 作为首相，乔治·坎宁不喜欢罗斯柴尔德家族不断窃取英国大使的报告，但是他也从不忽视罗斯柴尔德家族的重要情报，如土耳其在阿克曼的投降。[22] 罗斯柴尔德家族也向伦敦的阿伯丁勋爵和波希米亚的梅特涅透露了1830年7月法国大革命的消息。[23] 没过多久，政治家和外交官们就开始利用罗斯柴尔德家族的通信网络，部分原因是它比用于传递外交信件的官方通信系统更快，也因为非约束性质的信息可以通过兄弟之间的私人通信系统从政府传递给政府。

当然，如果罗斯柴尔德家族仅仅依靠他们自己的五个分支来获取情报，这个系统网络就会非常有限。但他们很快就发展出了一种远远超出他们最初欧洲根据地的网络。由于梅耶·罗斯柴尔德的孙子们都不希望（或不被允许）建立新的"家族"，于是他们就通过成立一个特定的受薪代理团队来实现这一举措，他们雇用该团队看管家族银行在其他市场的利益：主要是马德里、圣彼得堡、布鲁塞尔，后来是纽约、新奥尔良、哈瓦那、墨西哥和旧金山。与这些特殊员工的通信线路就形成了一个新的且复杂的情报和商业网络。[24] 像纽约的奥古斯特·贝尔蒙特或马德里的丹尼尔·魏斯威尔这样的人不可避免地享有相当大的自治权，因为他们地处偏远，并且对当地有更多的了解；然而，需要记住的是，他们始终都是罗斯柴尔德家族情报网络的中间人。这种具有大型影响力的网络也并不是全部，与其同等重要的是一个更大但更松散的，包含着其他银行、股票经纪人、中央银行和金融报纸的联系网络。

一种新的金融力量这时已经出现了。1826年，法国自由主义者文森特·富尼耶·韦尔纳伊首次宣称法国政府是"金融贵族的腐败傀儡，他们是所有贵族中最枯燥无味、最不高贵的"，其首领正是"罗……公爵"。[25] 两年后，激进的国会议员托马斯·邓科姆在英国下议院抱怨道：

有一股崭新的强大力量正在悄悄席卷欧洲，直到今天还不为人所知：这种力量的主体掌握着无限的财富，他夸口说他是和平与战争的仲裁者，国家的荣誉取决于他的想法；他的信使不计其数；他的信使比君主的信使跑得更快；国家部长的薪水由他来付。他渴望统治每一个人，在欧洲大陆扮演最重要的角色……[26]

19世纪30年代中期，一家美国杂志也给出了类似的评价，尽管在措辞上有所收敛："罗斯柴尔德家族是现代银行业的奇迹……他们两手空空却掌握着整个大陆……没有他们的建议，内阁是不会行动的。"[27]英国作家托马斯·雷克斯同时指出："罗斯柴尔德家族已经成为欧洲的金融君主。从他们在巴黎、伦敦、维也纳、法兰克福和那不勒斯的不同机构中，他们获得了对欧洲交易所的控制权，这是以前任何政党都无法做到的，现在他们似乎掌握着公共财政的控制权。没有他们的帮助，任何一个主权国家现在都贷不到款。"[28]一位匿名的德国漫画家在描绘一个怪异的漫画犹太人的故事时（显然这是一个合成的罗斯柴尔德）提出了与《将军借贷》（一部关于德国贷款的双重含义的戏剧，到底是借贷还是压榨）基本相同的观点（尽管更生动）。这幅漫画暗示，罗斯柴尔德家族是一个巨大的引擎，向世界各地输送资金。[29]

19世纪20年代，罗斯柴尔德家族的成员受到了一些指控，说他们在政治上与反动势力和复辟力量结盟。据一名消息人士称，他们已经成为"圣徒联盟"的成员。[30]确实，德国亲王皮克勒·马斯科在给妻子的信中首次介绍内森时，就把他称为"我们神圣联盟的主要盟友"。[31]内森同时也被讽刺为"空洞联盟"的保险经纪人，他的作用是防止欧洲发生政治冲突。[32]1821年，他甚至收到死亡威胁，因为"他与外国联系密切，特别是对奥地利进行了援助，而奥地利政府是反对欧洲自由计划的"。[33]早在1820年8月，不来梅代表参加在法兰克福召开的德国联邦议会时就指出，

“奥地利需要罗斯柴尔德家族的帮助，来支持它反对那不勒斯，如果没有罗斯柴尔德家族，普鲁士早就完成宪法的制定，就不用延迟到战争发生的那一天了”。[34] 对自由主义作家路德维希·鲍恩来说，他们是“国家最大的敌人，为了破坏自由，他们做了数不清的事，毫无疑问，如果像罗斯柴尔德家族成员这样的人没有向独裁者提供资金支持，欧洲的大多数人此时将处于完全自由的状态……”[35]

然而，这种判断夸大了罗斯柴尔德家族对梅特涅保守复辟愿景的政治忠诚度。正如不来梅驻法兰克福代表一针见血的观点：

> 这个家族通过其庞大的金融交易以及银行和信贷联系，取得了一些实权和地位；在很大程度上，他们已经获得了对一般货币市场的控制，以至它能够按照自己的意愿阻碍或促进当权者甚至欧洲最强大国家的行动。[36]

如果价格合适，罗斯柴尔德家族可以为奥地利承销贷款。对于更自由的国家来说，他们也可以这样做。当奥地利皇帝说梅耶·罗斯柴尔德“比我更富有”时，他并不是完全在开玩笑。[37] 拜伦在他的《唐璜》的第十二章问：“谁在控制着世界的平衡？保皇派和自由派，到底谁在统治着议会？”回答（用嘲讽的语气）：“犹太人罗斯柴尔德家族和它的基督徒同伙巴林家族。”银行家才是“欧洲真正的领主”。[38] 关键的一点是，拜伦认为罗斯柴尔德家族对保皇派和自由派政权都有影响。亚历山大·威尔在《罗斯柴尔德与欧洲国家》（1841 年）中简明扼要地指出了这一点：虽然“罗斯柴尔德过去需要各国才能成为罗斯柴尔德”，但他现在“不再需要国家，而国家仍然需要他”。[39] 一年后，自由主义历史学家儒勒·米什莱在他的文章中写道："罗斯柴尔德先生有着自己的王室网络、政府网络。他的脑子里有它们所有的账目，他甚至不用看账本就能对它们说'如果你任命这样一位官员，你的账户将会变成赤字'这样的话。"[40] 在另一个方面，等级秩序与其说是"恢复"了，还不如说是在 1815 年后重新排列了。萨克森-科堡-哥达家族这样的大家庭可能会给新秩序赋予王室谱系的合法性，但是支持欧洲君主制的则是罗斯柴尔德家族这样的暴发户，因为它拥有新的信贷和信息网络。

26

工业网络

在获得所有成就之前，内森·罗斯柴尔德最开始在英国展开他的职业生涯，他购买成品布出口到欧洲大陆。那些早期留存下来的记录为我们生动地展现了第一次工业革命早期的经济形态。从1799年他第一次到达英国，到1811年他在伦敦正式成立罗斯柴尔德公司，这段时间，罗斯柴尔德不仅走遍了兰开夏郡，还去了诺丁汉、利兹、斯托克波特，甚至格拉斯哥，寻找纺织品运送给德国的客户。他不仅购买成品布，还进行了一番调研。“我一到曼彻斯特，”他后来告诉下院议员托马斯·福韦尔·巴克斯顿，“就把我所有的钱都花光了，东西实在太便宜了，我获得了很好的利润，因为我很快发现有三种东西（材料、染色和制造）利润巨大。于是我对制造商说，‘我给你提供材料和染料，你将向我提供制成品’。所以我获得的就是三种东西而非一种东西的利润。这样我出售的商品会比任何一个商家都便宜。”[1] 随着新的纺纱和织造技术在英格兰北部和苏格兰中部迅速传播，以及众多小制造商相互竞争，一个积极进取的中间商所获得的机会是巨大的。正如他在1802年12月所解释的那样：

> 每逢星期二和星期四，住在曼彻斯特周围20英里的乡下织工把他们的货物带到这里，有20到30件，有的多一点儿，有的少一点儿，他们以两个月、三个月和六个月的信用期卖给这里的商人。但是，由于他们中的一些人普遍缺钱，并且愿意牺牲一些利润来获得这些钱，一个携带现钱的人有时可能会得到便宜15%或20%的货物。[2]

此外，随着业务的扩大，他开始向除了他父亲的公司以外的公司出口，罗斯柴尔德一开始不仅提供低价商品，还提供合理的信贷条件，告诉这个买家，他的钱“在你手中跟在我口袋里是一样安全的”。[3]然而，风险和收益是并存的。价格和利率极不稳定，供应商未能交货的次数几乎和买方未能付款的次数一样多。此外，随着1806年和1807年拿破仑下令禁止与英国的所有贸易后，英国和法国爆发了经济战争，罗斯柴尔德不得不转向走私活动。

像19世纪的知识和政治革命一样，工业革命也是网络的产物。尽管一些政府行为（尤其是针对从印度进口布料的歧视行为）也推动了这一进程，但没有统治者下过明确的指令。除了内森·罗斯柴尔德所属的信贷网络之外，还有一个资本网络允许企业家和投资者汇集信息、资源和技术以提高生产力和交换创新。詹姆斯·瓦特正是通过网络的力量才实现了他对蒸汽机的改进，该网络包括格拉斯哥大学的约瑟夫·布莱克教授和伯明翰银月社的成员。[4]大多数纺织制造公司规模小，相对容易融资，但资本密集型企业，如合资运河公司或保险公司则严重依赖投资者网络。[5]在前工业化时代，国际进出口在很大程度上由商业网络管理着。在所有这些网络中，亲属关系、友谊和共同的宗教信仰都发挥了作用。当新的制造技术跨越大西洋到达美国时，情况也是如此。[6]如图26.1所示，瓦特和费城发明家

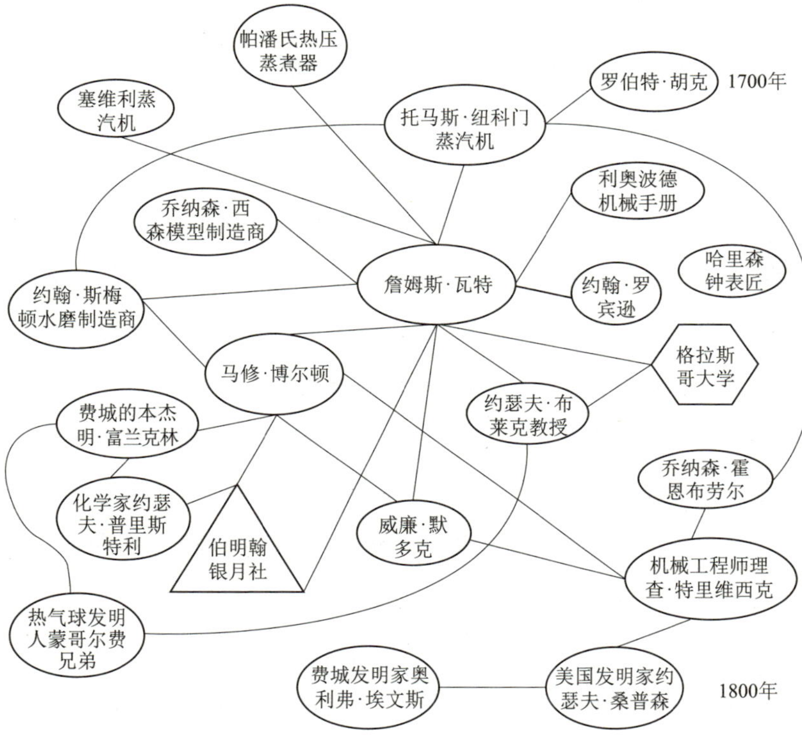

图 26.1 “蒸汽网络”：詹姆斯·瓦特、马修·博尔顿和蒸汽机技术的社会网络，约 1700—1800 年。

奥利弗·埃文斯之间没有直接联系，后者却在前者的基础上发明了高压蒸汽机。事实上，他们之间有着四度分隔的联系。[7] 但是创新的冲动，即“改善心态”，几乎像宗教信仰一样传播开来（据一位学者说）。[8] 在工业革命的每个阶段，网络都发挥着关键作用，不仅传播新的工艺，更重要的是汇集人才和资本。正如日益高效的蒸汽机的发展是一个网络集体努力，而不是个别英雄发明家个体努力的结果一样，后来航空领域的突破要归功于美国土木工程师学会、美国机械工程师学会和美国科学促进会的一些核心成员，如莱特兄弟。在那个“小世界”里，《飞行机器发展》（1894 年）的作者奥克塔夫·沙努特是最重要的连接者——在第一架飞机的发明中扮演了保罗·里维尔的角色。[9]

工业化时代，英国历史的核心难题是为什么经济革命与政治革命没有关联。换句话说，为什么 18 世纪末英格兰和苏格兰出现的网络强大到足以催生现代制造业，却不足以推翻英国君主、贵族和教会的等级制度？ 1848 年，在整个欧洲大陆，那些签署了各种请愿书的人被卷入另一波革命浪潮——这一次革命蔓延到柏林和维也纳，并导致了梅特涅的垮台。[10] 在英国没有类似的事情发生。著名的辉格党演说家亨利·布鲁厄姆试图创建一个传播有用知识的社团，而不是一个传播共和思想的社团。就连宪章派在组织扩大选举权的运动时，也是有条不紊地聚集在一起，几乎没有什么革命成分在其中。对此，有的解释是，18 世纪的英国政府在很大种程度上向“下层社会”灌输了一种观念，即作为“英国人”，他们在现有社会秩序中有着爱国主义的利害关系。[11] 汉诺威时代最大的骚乱是狄更斯在《巴纳比·鲁吉》中生动描绘的反天主教的戈登骚乱。还有一种解释是，英国精英以高超的技能适应了迅速变化的工业时代。总的来说，维多利亚和阿尔伯特在政治倾向上是自由的，而他们的汉诺威亲戚则不然。此外，罗斯柴尔德家族的新金融精英们在政治上比许多批评家所赞赏的更加灵活。

废除奴隶贸易和奴隶制的运动是一个能很好地说明英国为什么避免革命的案例。废奴主义运动始于议会之外的宗教少数群体（主要是贵格会教徒）和新组织，如废除奴隶贸易协会等，后来社会减少了奴隶并逐渐废除了奴隶制。早在法国大革命开始的时候，它就渗透了下议院。1789 年 5 月 12 日，就在巴黎三级会议开幕一周后，威廉·威尔伯福斯在下议院发

1. 威尼斯托切罗岛圣・玛利亚・阿苏塔大教堂的壁画。

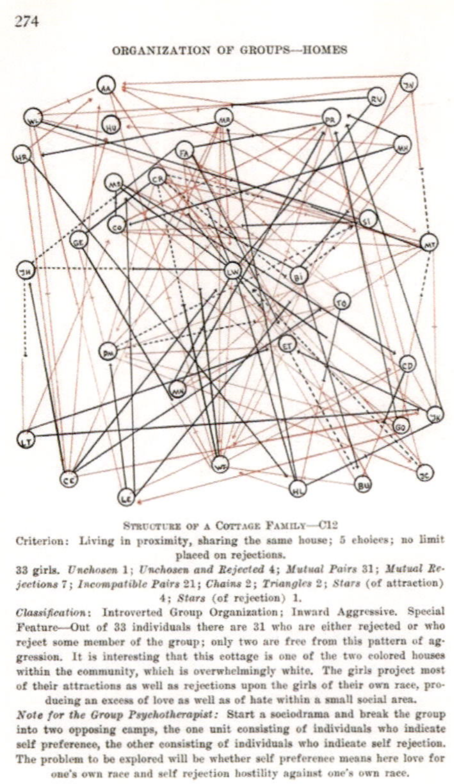
274

ORGANIZATION OF GROUPS—HOMES

STRUCTURE OF A COTTAGE FAMILY—C12

Criterion: Living in proximity, sharing the same house; 5 choices; no limit placed on rejections.

33 girls. *Unchosen* 1; *Unchosen and Rejected* 4; *Mutual Pairs* 31; *Mutual Rejections* 7; *Incompatible Pairs* 21; *Chains* 2; *Triangles* 2; *Stars* (of attraction) 4; *Stars* (of rejection) 1.

Classification: Introverted Group Organization; Inward Aggressive. Special Feature—Out of 33 individuals there are 31 who are either rejected or who reject some member of the group; only two are free from this pattern of aggression. It is interesting that this cottage is one of the two colored houses within the community, which is overwhelmingly white. The girls project most of their attractions as well as rejections upon the girls of their own race, producing an excess of love as well as of hate within a small social area.

Note for the Group Psychotherapist: Start a sociodrama and break the group into two opposing camps, the one unit consisting of individuals who indicate self preference, the other consisting of individuals who indicate self rejection. The problem to be explored will be whether self preference means here love for one's own race and self rejection hostility against one's own race.

2. 雅各布 · 莫雷诺关于纽约哈德逊感化学校的一所女子住宅的社交图之一。

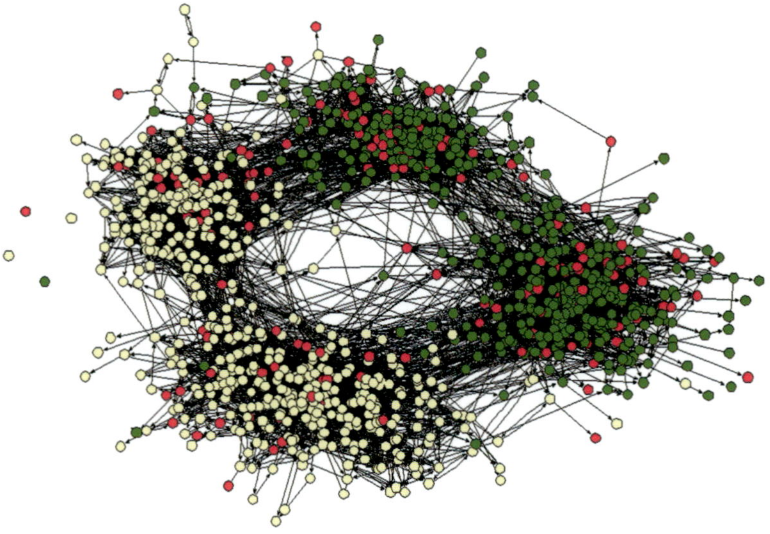

3. 行动中的亲同性：美国青少年健康纵向调查（“Add Health”）数据集中的美国高中生朋友圈网络。

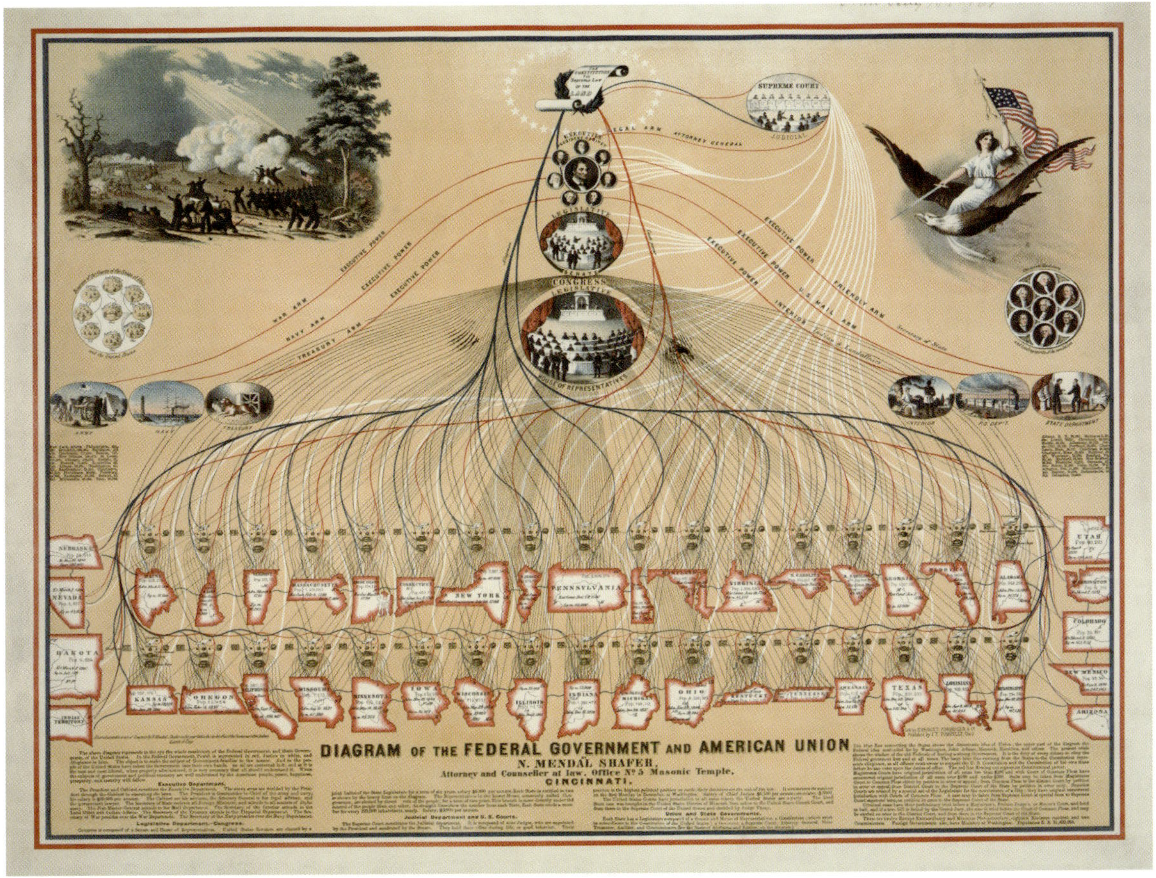

4. 作为一个等级体系的美国联邦政府，1862 年。

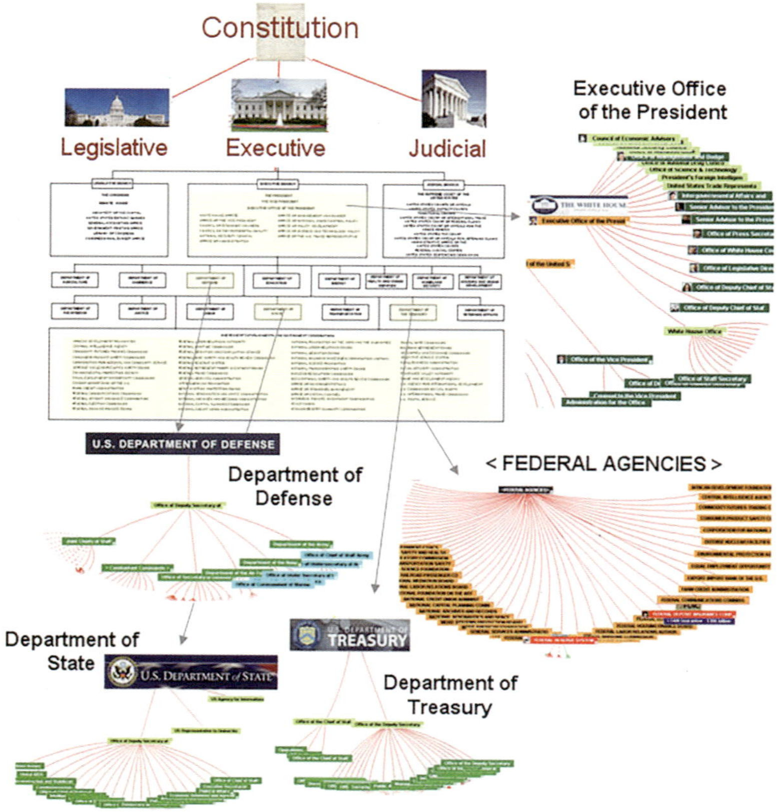

5. 作为一个等级体系的美国联邦政府，2010 年左右。

6. 广场和塔楼：锡耶纳的坎波广场，曼吉亚塔楼的影子。

7. 坎提诺世界地图，1502 年。

8. 宗教改革的大破坏：胡格诺派（新教徒）在圣巴塞洛缪节进行的大屠杀，巴黎，1572 年。

9. 等级制度的恢复？格拉尔·德·特鲍赫，1648 年 5 月 15 日《明斯特条约》的通过。

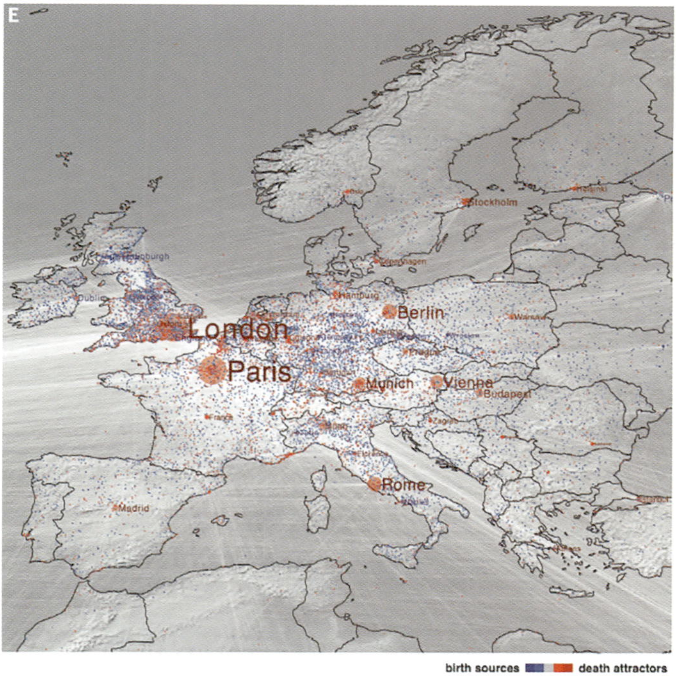

10. 37 062 个欧洲的地点，基于公元前 1069—2012 年 的 120 211 位名人的出生和离世数据绘制。

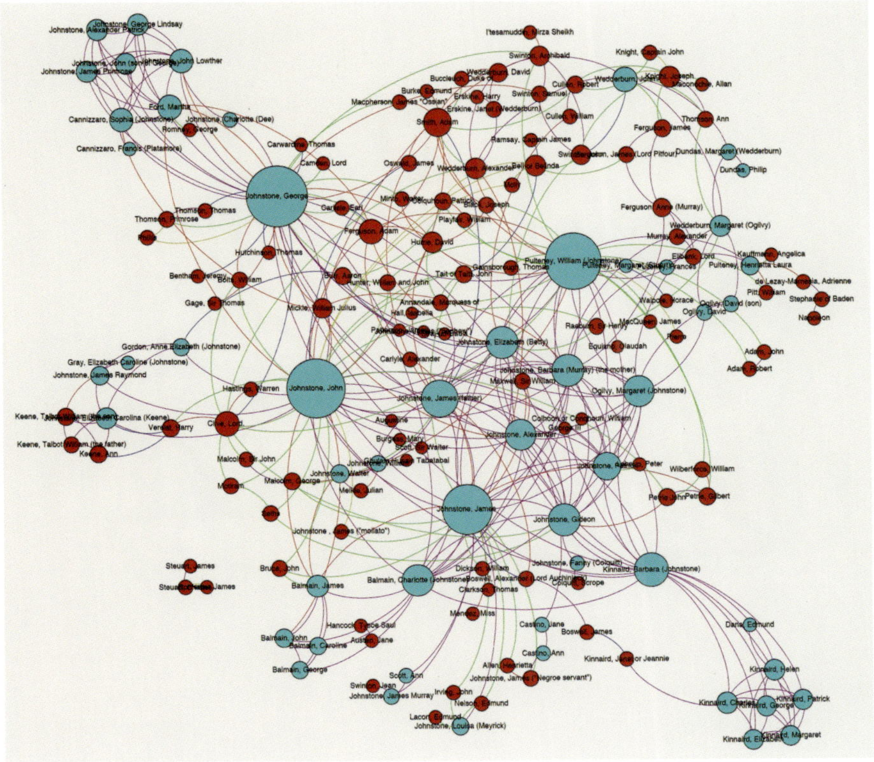

11. 18 世纪的网络：约翰斯通家族。

12. 乔治·华盛顿，“美国国父”、共济会会员。

13. 维也纳会议：只有在罗斯柴尔德家族金融网络的帮助下才能切开“国王的蛋糕”。

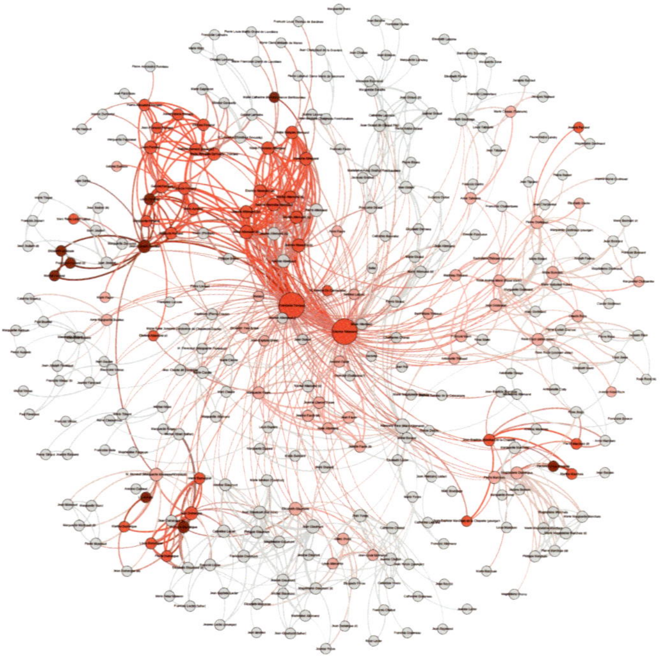

14. 昂古莱姆：18 世纪法国的省级网络。

表了他的重要演讲《关于恐怖的奴隶贸易》。不少于 40 万人在 1792 年签署了废除奴隶制的请愿书，约占成年男性人口的 12%——也是曼彻斯特人口数量的一半。[12]1816 年，反对恢复法国奴隶贸易的请愿书上的签名数量为 137.5 万。[13]1833 年，骚动更大了，当时议会收到了将近 150 万人签名的请愿书，其中包括一份长达半英里的请愿书，由 35 万名妇女联名写成，由托马斯·福韦尔·巴克斯顿的女儿普里西拉缝到一起。[14] 然而，与美国殖民地和法国不同的是，这个网络从未威胁要将国家拖入革命的旋涡。一个显而易见的原因是，这个问题涉及远离不列颠群岛的人们的利益：非洲奴隶和西印度种植园主。第二个原因是，尽管这一请愿在 18 世纪 90 年代步履维艰，但政治精英对议会施加的压力得到了相对迅速的反应，最终，1807 年英国废除了奴隶贸易，然后在 1833 年解放了近 80 万名英国属地的奴隶。第三也是最后一个原因，西印度种植园主是一个太小的利益集团，无法行使否决权。

长期以来，关于加勒比地区的英国糖料生产商是在废除奴隶制之前就已经陷入危机，还是在经济辉煌时期戛然而止的争论非常激烈。令历史学家一直不解的是，英国从大西洋奴隶贸易的主导者转变为公开和活跃的反对者的速度为什么如此之快。[15] 很明显，尽管英国的食糖消费量激增，但糖价在整个 18 世纪却在持续下跌。而在法国大革命和拿破仑战争期间，其价格又大幅飙升——因为圣多明各奴隶起义造成的生产中断仅被古巴、毛里求斯和印度种植园产量的增加部分抵消了，但在 1807 年之前又下降了，后来随着和平的到来价格进一步下降。相比之下，奴隶的平均价格却没有下降。然而，有人认为这些趋势注定了西印度糖业的灭亡——“废除奴隶制是西印度群岛困境的直接结果”[16]，这样的论点却并不令人信服。随着整个欧洲对糖的需求不断增加，在古巴，更不用说在巴西了，保持奴隶制的机会对于英国种植园来说也是存在的，但是废除奴隶制不可避免地会推高劳动力成本。对英国种植者来说，真正的问题是英国经济的迅速多样化，用于生产和再出口的棉花进口在重要性上迅速超过了食用糖。到 19 世纪 20 年代末，棉花已经占了英国出口的一半。作为英国纺织业的主要城市，曼彻斯特在伦敦的政治影响力比在牙买加更大，并且很容易对美国南部的奴隶制度和持续的奴隶贸易视而不见，而兰开夏郡的原棉份额正是从那里来的。不得不说，正是内森·罗斯柴尔德（从棉花贸易商转型成了银行家之后）资助了 1833 年废奴法案公布后政府补偿奴隶主所需的 1 500 万英镑贷款。[17] 事实上，在解放奴隶的立法通过后，内森立即与托马斯·福韦尔·巴克斯顿共进晚餐。[18] 之后，内森的儿子们在英国犹太人解放运动中发挥了领导作用；维多利亚女王也将他的孙子纳撒尼尔晋升为上议院议员。

1815 年英国的社会极其不平等。土地财富高度集中在世袭贵族手中，比大多数欧洲国家，包括旧政权下的法国都要多。税收制度异常落后，大部分收入来自消费税，大部分支出流向陆军、海军，以及富有的政府官员和政府债券的持有者。然而，19 世纪早期的议会外运动（不是废奴运动，也不是随之而来的选举改革运动）都没有严重威胁到已经建立的秩序。这是因为，与法国不同，英国的等级制度知道什么时候该顺应潮流。废奴主义者认为，年轻的维多利亚女王在 1837 年的继位是一个改革的契机，而不是一个障碍，年轻的君主很快就会因为压力而支持他们的运动。她把这项任务交给了阿尔伯特亲王，他在结婚仅三个月后，在一次“奴隶贸易废除和非洲文明协会”的会议上发表了第一次公开演讲。阿尔伯特亲王说：“我深感遗憾的是，英国用仁慈和坚持不懈的努力，一直试图阻止这种残酷的人口贩运行为（同时也是荒凉的非洲和文明的欧洲最黑暗的污点），但至今还没有得到任何令人满意的结果。但是我也真诚地相信，这个伟大的国家不会放弃努力，我们会坚持到这种违背基督教精神和人类天性中最美好感情的事情永远停止的那一刻。”[19]

27

从五国分权到霸权主义

1815 年以后，18 世纪 90 年代爆发的混乱得到了控制。在拿破仑统治下，一个新的等级秩序强加在法国的网络化无政府状态上。法国大革命对其他欧洲国家的挑战最终为五个大国强制推行的新的“合奏”所克服，其中包括法国君主制的复辟。在整个 19 世纪，君主政体仍然是世界上主要的政治形式。在每个欧洲国家，恢复的不仅仅是世袭原则的合法性；而且随之形成了一种新的社会分层模式，在这种模式中，来自世界各地的王室精英与新的富豪精英建立了共生关系（更古老的国家贵族对这两者都嗤之以鼻）。从这个意义上说，“复辟”是一个不完美的描述，那些试图无条件回归旧制度的人（尤其是法国的波旁王朝）很快就失败了。

时光无法倒流，也没有人能够阻止它继续向前。工业革命的发生增加了人口和人们的收入。历史上第一次西欧城市的规模超过了东亚。事实证明，除了更有效率地生产服装之外，新的制造技术还有其他用途。战争也开始被铁甲船和更致命的枪支工业化。国民经济越来越多地受到大型工业公司的影响，这些公司的所有者和管理者以及资助他们的银行家开始组成新的社会和政治精英，尽管他们与旧政权有着密切的联系。1900 年的世界地图是一幅帝国拼图，11 个西方帝国控制着地球领土不成比例的份额（总共 58%），更不用说人口（57%）和经济产出（74%）了。[1] 就连美国也有了海外殖民地。

这肯定已经不是保罗 · 里维尔骑马去列克星敦时所期盼的未来，英国人赢了。到第一次世界大战前夕，英国——一个拥有 4 560 万人口、陆地面积刚刚超过 12 万平方英里的王国，统治了超过 3.75 亿的人口和 1 100 万平方英里的土地。这个庞大帝国最引人注目的事情也许是它的驻防异常松懈。1898 年，有 9.9 万正规军驻扎在英国，7.5 万驻扎在印度，4.1 万驻扎在帝国其他地方。而海军有 10 万人，印度本土军队有 14.8 万人。这些只占帝国总人口的很小一部分，而且也没有受到严格的管理。1858 年至 1947 年间，印度"契约"公务员很少超过 1 000 人，相比之下，英国统治结束时，印度人口超过 4 亿。这种精简的人员配备并非印度独有。整个非洲殖民服务局的行政精英，分布在人口约 4 300 万的十几个殖民地，人数略多于 1 200 人。[2] 这怎么可能呢？世界历史上最大的帝国怎么能仅仅是一个"守夜人国家"（德国社会主义者费迪南 · 拉萨尔在 1862 年创造的贬义词）的角色呢？

Part 05

圆桌骑士

28

帝国生活

在约翰·巴肯的小说《三十九级台阶》中，一个被称为黑石的邪恶组织密谋窃取“调动英国本土舰队的部署”。在一连串谋杀情节和只有在通俗小说中才会出现的极其复杂的追逐戏之后，巴肯笔下的一位不屈不挠的爱国英雄理查德·汉内揭穿了这个阴谋。继鲁德亚德·吉卜林之后，巴肯是最能捕捉到20世纪早期英国帝国主义精神的作家。[1]就像他的大部分作品一样，《三十九级台阶》将世界按种族划分为不同的等级，最上层是聪明且肌肉发达的苏格兰人，其次是粗犷的南非人，再次是没有足够军力的美国人，之后是男女之间诸多猜忌的德国人，之后是犹太人，以及一些其他的低等人。①然而，正如巴肯的小说一样，《三十九级台阶》中真正的主角不是一个人，而是各种各样的网络：黑石等秘密团体，以及从事临时反间谍活动的贵族绅士团体——这部小说包括一个从罗得西亚归来的苏格兰人，一个美国自由职业者和一位拥有土地的天真的政治家。

① 理查德·汉内这个角色的原型据说是刚勇者埃德蒙，他是一名士兵，曾公开对爱尔兰人、犹太人、拉丁人和“少数民族”（也就是人类中的大多数）表示厌恶。

巴肯1875年出生于珀斯，在柯科迪长大，是苏格兰长老会自由教会牧师的儿子。自詹姆斯·博斯韦尔时代以来，大英帝国为雄心勃勃的苏格兰人提供了职业发展的专属阶梯，而巴肯就登上了这一阶梯。从格拉斯哥的哈奇森文法学校毕业后，他在牛津大学布雷齐诺斯学院攻读了人文文学（古希腊和古罗马文学学位课程，也被称为“伟大的文学”）。在牛津大学，他是一名不折不扣的学者，经常取得第一名，并赢得了牛津大学辩论社主席的职位，这个颇有声望的辩论社是专为未来首相面临的议会辩论做准备的。1901年至1903年，在布尔战争期间和之后的一段时间里，他担任南非高级专员米尔纳勋爵的政治私人秘书。1907年，他和威斯敏斯特公爵的表妹苏珊·格罗夫纳结婚了。巴肯不满足于成为一名多产的作家，他还攻读了律法，并作为律师参与开庭。他既是托马斯·尼尔森父子公司的合伙人，也一度是《旁观者》的编辑。在第一次世界大战期间，由于健康状况不佳，他没有上前线，转而领导了新成立的新闻部，战后，他代表苏格兰高等教育界当选英国下议院议员，并在下议院待了8年。在上述过程中，他还不知疲倦地创作：平均每年写一部惊悚小说，再加上一部多卷本的战争史。1935年，他的人生巅峰时刻来临了，他被授予爵位（埃尔斯菲尔德的特威兹穆尔男爵），并被任命为加拿大总督。[2]

总的来说，巴肯在帝国等级制度中成长起来，在学术成果、社会关系、职业道路、政治地位和政府官方职务方面不断取得成就——尽管没有达到他的最终目标（印度总督或至少一个内阁职位）。然而，他的这些成就离不开他所属的网络：与米尔纳勋爵相联系的“幼儿园”或“圆桌会议”。这是众多臭名昭著的历史网络之一，而这一恶名来自很有影响力的乔治城大学历史学家卡罗尔·奎格利的著作①，他说这个网络“五十多年来一直是一个秘密社团……也是大英帝国制定和执行外交政策方面最重要的力量之一”。[3] 奎格利认为，该网络的目标是“在英国周围的联邦结构中团结全世界，尤其是英语世界”，其方法是“在幕后秘密操控政治和经济影响……加强对新闻、教育和宣传机构的控制”。[4] 20 世纪 40 年代末，奎格利承认圆桌会议“相当成功地掩盖了其存在，它的许多最有影响力的成员，对拥有实权而不是表面的权力感到骄傲，可能对英国历史最熟悉的学生也不知道他们”。尽管如此：

> 它策划了 1895 年的詹姆逊突袭案；它引发 1899—1902 年的布尔战争；它建立并控制着罗德基金会；它在 1906—1910 年创建了南非联邦；它于 1908 年创办了南非期刊《国家》；它还在 1910 年创办了大英帝国期刊《圆桌会议》，这仍然是该组织的喉舌；它是一代人以来牛津万灵学院、贝列尔学院和新学院中最强大的单一影响力；它还控制着《泰晤士报》除了 1919—1922 年这三年以外的五十年；在 1908—1918 年，该组织创造并宣传了“英联邦”的概念；它是 1917—1919 年劳埃德·乔治政府的主要决策影响者，并占据了 1919 年和平会议英国代表团的大部分席位；它对国际联盟和授权制度的形成和管理起到了巨大的作用；它在 1919 年成立了皇家国际事务研究所，至今仍然控制着它；它还是 1917—1945 年英国对爱尔兰、巴勒斯坦和印度政策的主要影响者之一；它对 1920—1940 年间德国的绥靖政策产生了非

① 奎格利关于文明发展的课程在乔治城大学的外交学院非常受欢迎，他从 1941 年到 1972 年在那里任教（他的学生中有年轻的比尔·克林顿）。我们尚不清楚他为何如此痴迷于米尔纳的网络。然而，他的波士顿爱尔兰人身份无疑让他对英帝国主义产生了一种发自内心的厌恶。

常重要的影响；而且它在很大程度上控制着自布尔战争以来英国帝国和外交政策的历史消息的来源和撰写。[5]

抛开这些引人注目的对该网络的渲染，我们知道这最后一条肯定不再适用于当下了。现在的学者可以公开、冷静客观地撰写有关圆桌会议的文章，尽管奎格利的这一指控还会被阴谋论者不断提起。

29

帝国

虽然圆桌会议网络无法完全主宰世界，但不可否认的是，极少数英国人确实在很大程度上影响着世界上绝大多数地方的命运。让我们再思考一下前文提到的问题：他们是如何做到的？

这个问题的部分答案是英国人是如何融入他们的帝国中其他地方的权力结构的。例如，在坦桑尼亚的坦噶尼喀，唐纳德·卡梅伦爵士努力加强各方联系，“从农民……到他的首领，从首领到副区长，从副区长到区长，从区长到区公所”。在西非，金伯利勋爵认为，“与作为一个整体的受过教育的当地人毫无关系更好。我只会和世袭酋长打交道”。在担任埃及新任高级专员之前，乔治·劳埃德坚持认为，“所有东方人都对勋爵的地位尤其看重”。英国西非帝国的建筑师弗雷德里克·卢格德认为，这个帝国的全部目的是“在一个不断变化的世界中保持传统规则，作为社会安全的堡垒……最重要的永远是地位”。[1] 卢格德提出了一个完整的“间接统治”理论，根据该理论，英国的主导地位可以通过将所有地方权力下放给现有精英来维持，只保留中央权力的基本要素（特别是财政权）。在他的著作《英国在非洲热带地区的双重使命》（1922 年）中，卢格德将间接统治定义为“有系统地利用人们的习惯制度以作为地方统治的机制”。[2] 在所有这些传统地位等级之上，英国人增加了他们自己的帝国元等级。印度的礼仪严格受“优先授权令”的约束，该授权令在 1881 年由不少于 77 个不同的等级组成。在整个帝国，官员们渴望获得最杰出的圣迈克尔和圣乔治勋位，不管是作为“叫我上帝”（CMG，对最低等级圣迈克尔和圣乔治勋爵的戏称），“亲切地叫我上帝”（KCMG，对英国第二等的高级圣迈克尔和圣乔治勋爵士的戏称），还是保留给最高级别的政府官员的“上帝叫我上帝”（GCMG，对圣迈克尔和圣乔治大十字勋章的爵士的戏称）。寇松勋爵称，“全世界讲英语的社会都对头衔和优先权有着永不满足的野心”。他可以加上一些修饰语，因为这些几乎是全人类都渴望拥有的。尽管约翰·巴肯在各方面都取得了巨大成功，但是他还是因自己只拿到那么少的奖章而内心备受折磨。

然而，仅仅依靠等级制度——更不用说势利体系了，大英帝国不会达到如此幅员辽阔的程度，也不会持续如此长的统治时间。革命网络在 19 世纪并没有消失，相反，随着卡尔·马克思学说在知识分子和工人中的传播，现代最大的网络之一诞生了：社会主义网络。无政府主义、女权主义、激进民族主义等其他革命运动也在 19 世纪后期蓬勃发展。然而，这个时代的等级结构——帝国和民族国家，很容易控制这些网络，即使它们诉诸恐怖主义的手段。这是因为工业革命创造的新通信技术——铁路、轮船、电报和后来的电话，以及国家邮政服务和报纸，不仅建立了一个比社会主义者所能建立的网络更大的网络，还成功地将工业经济中大量涌现的各种形式的劳工组织编织在一起，[3] 并很好地让它们处于自己集中的控制之下。

很明显，蒸汽动力和缆绳加速了通信。在航海时代里，横渡大西洋要花 4 ~ 6 个星期；而随着蒸汽船的引入，19 世纪 30 年代中期这个时间减少到两星期，19 世纪 80 年代，这一路程仅需 10 天的时间。19 世纪 50 年代到 90 年代，从英格兰到开普敦的旅行时间从 42 天缩短到 19 天。此外，轮船变得更大更快：同一时期，轮船的平均总吨位大约翻了一番。因此，从一个大都市穿越海洋到另一个帝国不仅花费的时间变少了，成本也低了很多。从纽约运送大量小麦到利物浦的成本在 1830 年至 1880 年间减少了一半，在 1880 年至 1914 年间再一次减半。此外，电报的发明创造了更大的奇迹，1866 年以后，以每分钟 8 个字的速度跨越大西洋传递信息成为可能。

而此时，控制集中的趋势却不那么明显。英国铁路网是在 1826 年后建造的，看起来只有很少的国家干预，但是在私营公司建造铁路的过程中，大英帝国还是提供了慷慨的政府拨款，这也保证了政府的分红。印度的第一条铁路线连接了孟买和 21 英里外的塞恩，于 1853 年正式开通；在不到 50 年的时间里，英国相继铺设了近 2.5 万英里的轨道。其实，该铁路网络从一开始就具有强大的战略和经济目的。电报也是如此，到 1857 年，电报在印度得到了充分发展，在镇压那一年由当地士兵发起的叛乱中发挥了决定性作用。（一名叛乱者在执行死刑的路上，将电报认定为“勒死我的该死的绳子”。）然而，通信中心化的关键突破是建造耐用的海底缆绳。一种重要的帝国产品（来自马来亚的一种叫作古塔胶的橡胶）使其成为可能。1851 年，英国政府批准铺设第一条跨海峡缆绳，15 年后，第一条跨大西洋缆绳完工了。当第一条成功的电报线路横跨大西洋时，这显然是一个新时代的开端。从爱尔兰到纽芬兰的缆绳清楚地表明了哪种力量最有可能主导电报时代。到 1880 年，全世界共有 97 568 英里长的缆绳，将英国与印度、加拿大、澳大利亚、非洲和澳大利亚连接起来。这时，一条信息在四先令一个字的价格下可以在短短的几分钟内从孟买传递到伦敦。用一位新技术的倡导者查尔斯·布赖特的话来说，电报是“地球的电神经系统”。正如一位杰出的帝国评论员所说，维多利亚时代的全球传播革命实现了“距离的毁灭”。这也使得远距离毁灭成为可能。《每日电讯报》宣称，时间本身被电报告知已经不复存在。[4] 敢于挑战帝国世界秩序的反叛者也是如此说的。

然而，尽管全球有线网络在 19 世纪下半叶发展得如此迅速，但其自身的业务仍主要掌握在私人手中。实现跨大西洋电报梦想的不是维多利亚女王，而是一位热爱冒险的苏格兰人约翰·普伦德。出生在利文谷的普伦德在格拉斯哥和曼彻斯特的棉花贸易中赚到他的第一笔财富，正是他作为一名商人的经历——不断等待来自大洋彼岸的消息，促使他首先投资英国和爱尔兰磁电报公司，然后投资大西洋电报公司。当该公司煞费苦心于 1858 年铺设好的缆绳被炸毁时，第二笔投资也泡汤了——这是那位不合格的“首席电工”的过错：他试图通过将电压提高三倍以上来提高传输的清晰度。1865 年，普伦德再次尝试，将大西洋电报公司合并为一家新的电信建设和维护公司。灾难再次降临：绝缘性更好但更重的缆绳断裂并沉入大西洋中部的海底。普伦德和他的合伙人，英国铁路工程师丹尼尔·古奇成立了一家新公司——英美电报公司，并接管了这项业务。在第三次尝试中，他们终于成功了。古奇，他亲自铺设了当时最大的蒸汽轮船大东方号的缆绳，他描述了当他们到达纽芬兰时，他和船员们受到的欢迎：

> 那里……有我所见过的最疯狂的兴奋和喜悦。所有人似乎都欣喜若狂，跳进水里大喊大叫，他们仿佛觉得远在华盛顿的人都能听到他们的声音。缆绳一接触陆地，岸上就发出了信号，港口的所有船只都向它敬礼。我不知道自己听到了多少枪声，但是噪音很大，烟雾很快

> 就把船只包裹起来，视线变得模糊起来。枪声在海湾周围的群山中发出巨大的回响……电报一到……那个被用作电报局的小木屋……另一个激动人心的疯狂场景随即发生。老缆绳手似乎能吃掉缆绳似的，一个人真的把它放进嘴里，然后吮吸起来。[5]

两天后，古奇看到他的一些船员在阅读电传的《泰晤士报》头条新闻庆祝他们的成就的报道。“其中一个对另一个说：‘我说，比尔，我们是民族的骄傲了。’‘是的，’比尔说，‘我们是。’他昂首阔步，背部挺直，至少比平时高出了 2 英寸①。”[6]

尽管英国政府已在 1868 年将国内电报网络国有化，但并没有扩展至整个跨大西洋地区。普伦德没有因此浪费时间。1869 年，他成立了法尔茅斯、直布罗陀和马耳他电报公司、英印海底电报公司和中国海底电报公司。短短几年，伦敦通过电报与马耳他、亚历山大、孟买、新加坡和香港连接起来。到 1872 年，另外两家普伦德公司已经通过新加坡将孟买与阿德莱德连接起来。普伦德合并了一些新兴的缆绳网络的核心元素，组建了东方电报公司，并继续不懈地扩张，1874 年他的公司将里斯本与巴西伯南布哥连接起来，19 世纪 80 年代他将手伸向了非洲。他总共创办了 32 家电报公司，其中大部分最终成为东方电报公司的子公司。到 1896 年去世时，普伦德控制的公司拥有全球电报系统 1/3 的股份（见插图 15）。

发明家进行实验，商人进行投资和竞争，而政府收取战略利益。国际机构（如 1865 年成立的国际电报联盟）进行监管或协调工作。[7] 但最终出现的是国际电报业的双头垄断：1910 年，当美国的西联电报公司收购英美电报公司后，它控制了跨大西洋的通信，而东方电报公司则管理着世界其

① 1 英寸 =2.54 厘米。——编者注

他地区。整个系统的枢纽是伦敦，但是那里的政府不需要直接拥有网络，就像它不需要直接统治印度的王权国家一样。19 世纪 60 年代普伦德成为自由党，后来成为自由工会议员，1888 年成为高级圣迈克尔和圣乔治勋爵，1892 年获得圣迈克尔和圣乔治大十字勋章。普伦德是痴迷于地位的英国政治精英的集合体，正如特罗洛普在《我们现在的生活方式》中尖刻地描绘的那样。

从普伦德的大胆创业到全球电报网络的创建等一系列事件是 19 世纪帝国主义的特征。类似的过程也推动了马来亚橡胶种植园的发展，这里是古塔胶的来源地，没有古塔胶，海洋缆绳网在技术上是不可能成功的。一位任性的海外冒险家亨利·威克姆在马来西亚从事种植业，但生意失败了，之后他从巴西获得了巴西橡胶树的种子，并把它们送到了伦敦。他的工作得到了英国皇家地理学会秘书克莱门茨·马卡姆爵士的资助，他真正的研究和开发工作是在英国皇家植物园（查尔斯·达尔文的朋友约瑟夫·胡克是该植物园的主管）以及锡兰和新加坡的植物园完成的。最后，东南亚特别是马来各州种植园的大规模投资是由私人资本完成的。只有在第一次世界大战后价格暴跌时，马来亚殖民当局才适当介入。[8]

因此，大英帝国规模大、统治长久的主要原因是中央政府相对较少的干预。尽管它的理论是等级制的，就像约翰·巴肯一样，维多利亚州的种族理论家根据继承的智力水平对人类进行了排名，但实际上，它是将相当大的权力授予了地方统治者和私人网络。与拿破仑短暂的欧洲帝国不同，大英帝国不是由一个统治天才治理的，而是由一群绅士、一群业余的“统治爱好者”管理的，他们看似毫不费力的优势依赖于当地代理人和本地合作者的默默努力。英国扩张的几乎每一个方面都是这样管理的，从财政[9]到传教工作。[10] 总部虽在伦敦，但是当地管理者享有相当大的自主权，只要他没有表现出“诉诸本土”的迹象。在某些情况下，英国的影响力几乎没有中心方向。拉丁美洲初级教育的监督制度的推广就是一个很好的例子。在这里，统治阶级是非正式的帝国主义。这一教学系统是由约瑟夫·兰卡斯特和安德鲁·贝尔开发的，用于英格兰和英属印度。19 世纪，西班牙裔美国政治家詹姆斯·汤姆森在伦敦知道了这一系统后，他作为英国和外国学校协会、英国和外国圣经协会以及西班牙皇家学会的往来代表将其带回了南美洲。[11]

然而，19 世纪后期的经济趋势无疑是规模收益的递增和集中，几乎每个工业部门都有明显的集中趋势。公司变得更少，一小部分的规模却变得很大。除了一些明显的案例，如罗斯柴尔德家族的银行合作伙伴关系，最大的公司不再由创始人家族拥有和管理。克莱德河畔影射着整个工业世界：股份公司成了大规模企业的主导形式。[12] 安德鲁·卡内基，一个移居美国的苏格兰移民，可以被称作“工业上的拿破仑”，其同名钢铁公司是美国镀金时代的巨兽之一。“这是社会为竞争法则付出的代价”，他在 1889 年发表的一篇文章中解释道：

> 但是这项法律的优势更大，正是由于这项法律，我们的物质发展取得了巨大的进步，这为我们的培训带来了更好的条件。但是，不管法律是良性的还是非良性的，我们都必须讨论它，就像我们讨论人类状况的变化一样……因为它的存在；我们无法逃避，也找不到替代品。虽然法律有时对个人来说很难，但对种族来说却是最好的，因为它确保了每个部门的适者生存法则。因此，我们接受环境的巨大不平等，商业、工业和商业在少数人手中的集中，这是我们必须适应的，当然，还有它们之间的竞争法则。这不仅是一种良性的系统，而且对种族的

未来进步至关重要……促进种族最大利益的事情不可避免地会给少数人带来财富。[13]

但是卡内基没有建立一个家族王朝，相反，他鄙视财富继承，几乎把所有的财富都捐出去了。他的卡内基钢铁公司本身是1892年合并的结果，九年后被美国钢铁公司（尽管不是垄断性的）兼并。而资本的集中并不局限于电报和钢铁领域。国际金融体系变得像一个无标度网络，大量的金融财富集中在少数金融中心，其中伦敦是最重要的一个。[14]新闻业也是如此。

表面上看，当地报纸的数量是巨大的；但仔细研究后你会发现，国内和国际新闻的供应被三家欧洲新闻机构（路透社、哈瓦斯通讯社和沃尔夫通讯社）组成的集团垄断，其他报纸的报道大部分只是转载。[15]

到19世纪后期，甚至教育界也出现了集中化的迹象。随着德国大学重要性的显著提高，科学革命松散的国际网络发生了变化（见图29.1）。[16]德国教育在等级结构的刚性上似乎是在借鉴普鲁士军队。在精英高中文理中学，男孩们根据他们在成绩排名中的位置坐在教室里。[17]在伟大的大学——哥廷根、海德堡、耶拿、马尔堡、图宾根，教授们都是严格的纪律执行者，他们专横地对待自己的研究生。在提高从古典文学到有机化学等领域的出版研究的质量和数量方面，该系统发挥了一定的作用。尽管德意志帝国在海外领土面积上落后于英国，但在科学和工业方面，却取得了长足的进步。

英国精英则相对开放一些。贵族投资铁路，加入银行董事会，将他们的女儿嫁给犹太人或美国人的“新贵”。德意志帝国生活的不同之处在于，经济现代化似乎已经移植到了一个前工业社会结构中，普鲁士的“乡绅”阶

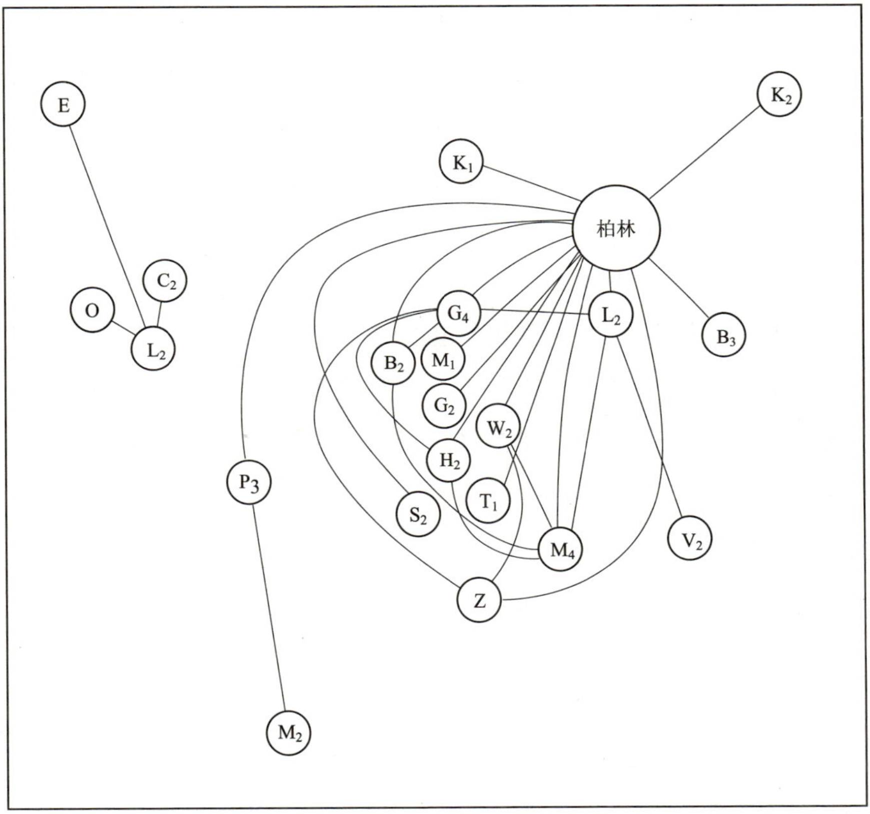

图 29.1　19 世纪科学实践的网络。

A 阿姆斯特丹，A_1 阿维尼翁：B_1 巴塞尔，B_2 巴思，B_3 柏林，B_4 博洛尼亚，B_5 波恩，B_6 布雷斯劳；C_1 卡昂，C_2 剑桥，C_3 哥本哈根；D 第戎；E 爱丁堡；F_1 菲拉拉，F_2 佛罗伦萨，F_3 弗赖堡；G_1 日内瓦，G_2 吉森，G_3 格拉斯哥，G_4 哥廷根；H_1 哈雷，H2 海德堡，H_3 黑尔姆施泰特；J 耶拿；K_1 基尔，K_2 柯尼斯堡；L_1 莱顿，L_2 莱比锡，L_3 伦敦，L_4 里昂；M_1 马尔堡，M_2 摩德纳，M_3 蒙波利埃，M_4 慕尼黑；N 纽伦堡；O 牛津；P_1 帕多瓦；S_1 圣彼得堡，S_2 斯德哥尔摩，S_3 斯特拉斯堡；T_1 图宾根，T_2 都灵；U 乌普萨拉；V_1 威尼斯，V_2 维也纳；W_1 维滕贝格，W_2 维尔茨堡；Z 苏黎世。

级似乎仍然占据着上风。根据19世纪对中欧和东欧农村社区的研究，对于很大一部分欧洲人来说，即使在1850年，现代化也是一个遥远的愿景——而且越往东走，这个时间点就越早。帝国之外的德国社区是一个伦敦人只可能在格林兄弟的童话中遇到的世界。①在奥地利盖尔山谷，自16世纪以来，“内部通婚”的模式主导了婚姻决策和家谱。[18] 在俄罗斯波罗的海利沃尼亚省平肯霍夫的土地上，多个家庭在一个指定负责人的领导下一起住在木制农场的大宅子里，一起在田地里工作。[19] 然而，世界的现实是工业化和民主化——1871年德意志帝国成立时被介绍给大多数德国人，这对旧秩序构成了根本性挑战。在特奥多尔·冯塔纳1899年出版的小说《施泰希林》中，玻璃工厂象征着勃兰登堡州旧农村秩序的崩溃，正如老乡绅施泰希林感叹的那样：

> 他们将制造的蒸馏器送到其他工厂后，就马上开始在这些绿色气球中蒸馏出各种可怕的东西：盐酸、硫酸、硝酸……每滴物质都能烧出一个洞，不管在亚麻、布还是皮革上，一切都被烧焦了。当我想到我的同乡也参与其中，并且非常高兴地为伟大的世界大战提供工具的时候（韦尔丹·布伦南将军）——啊，我的天哪，这让我感到痛苦。[20]

名门望族的家族网络曾经长期主导着地方权力结构。[21] 如今，这个网络不仅遭到新的国家政党的持续挑战，也受到国家、地区和地方各级日益增

① 雅各布·格林和威廉·格林1812年为儿童所写的《儿童与家庭童话集》（俗称《格林童话》）是19世纪最成功的出版物之一。兄弟俩是严肃的民俗学者，在著名法学家卡尔·冯·萨维尼的指导下在马尔堡学习。他们是当时那一代浪漫主义、自由主义和民族主义的典型代表。事实上，雅各布在1848年革命时被选入国民议会。

长的官僚机构的持续挑战。伟大的社会学家马克斯·韦伯（他努力成为日耳曼人的理想教授，最后却精神崩溃）将这一进步理解为政治进程的合理化和对世界的“祛魅”。但同时，他也意识到在传统网络日益消减的政治环境中煽动者能够发挥的力量。

30

太平天国

当欧洲帝国将其钢铁和橡胶覆盖的网络扩展到陆地和海底时，东方世界幸存的帝国王朝——特别是奥斯曼帝国和清朝，正在努力解决相似的难题。然而，清朝的权力结构与西方帝国大不相同，在过去的几个世纪里，地方权力一直被亲属关系网络控制。[1] 然而，正如我们在第 11 章中看到的，清朝官员是在精英竞争考试，也就是科举考试的基础上被挑选出来的，这种制度就是要让官员对皇帝绝对忠诚。[2]

客观来说，清朝被称为“官僚专制”，在等级秩序中，这些“以声望、权力、流动性和安全感为衡量其职业生涯标准的人”进行着官僚统治。[3] 每一个朝代的噩梦就是各地周期性地爆发的由网络驱动的起义。事实上，儒家官员长久以来都认为“白莲教”会一再威胁他们的地位。白莲教起源于佛教的净土宗，可追溯至公元 402 年著名的慧远和尚。在元、明、清三个朝代，人们倾向于将任何一种非正统的教义称为白莲教义、邪教或天主教。[4] 就像 1789 年大革命时期的法国被“巨大的恐惧”席卷一样，1769 年，一场“叫魂”的恐慌席卷了整个中国，村民们不仅指责乞丐和流动僧侣，还指责官员甚至皇帝神秘地夺取了人的灵魂。[5] 乾隆皇帝成功地扭转了这种恐慌情绪，重新确立了他在清王朝官僚机构中的权威。然而这股叫魂狂潮暴露了这个系统的一个严重弱点：按照欧洲的标准，它的官僚手中的实权很小，其合法性也值得怀疑。19 世纪，这一体系强大到足以将清朝的统治向北和向西扩展，远远超出明朝和历朝历代的核心历史疆域。[6] 但是，从 19 世纪 40 年代开始，它却无力抵抗欧洲，特别是英国的入侵——只有足够强大，才能禁受住一场影响力完全超过白莲教和叫魂恐慌的危机：太平天国运动。

正如我们所见，19 世纪的欧洲相对和平，但中国不是。无论如何，1850 年至 1865 年席卷清帝国的太平天国运动是 19 世纪最具影响力的事件。它远比巴拉圭、阿根廷、巴西和乌拉圭之间的三国同盟战争（1864—1870 年）或美国内战（1861—1865 年）更具破坏性，后两者分别是 19 世纪第二和第三大冲突。在太平天国运动被镇压后，流行病（尤其是霍乱）和饥荒接踵而来。太平天国运动对网络历史有三重意义。首先，起义源于一个名叫“拜上帝会”的传教组织，这个教派最初只吸引来自边缘群体的信徒，但随后在中国汉族腹地的大部分地区蔓延开来。其次，外部（同样主要是英国）的影响既加速了冲突，又助力了对起义的镇压。第三，内战的毁灭性影响导致大量中国人外流——这种外流几乎与同时期欧洲贫困地区的人口外流一样大。这反过来又刺激了美国国内和其他地方一场不那么暴力，但在某些方面更为严重的民粹主义叛乱。这是更紧密联系的网络带来的意想不到的后果。

1851 年年初，起义开始于远离清朝首都的南方广西省（现广西壮族自治区），当时 1 万名强大的农民起义军在金田村（今桂平）击败了政府军。起初，少数民族壮族发挥了关键作用，他们占了太平军的 1/4。农民起义军从广西打到南京，自封为“天王”的洪秀全在南京建都。到1853年，太平军控制了整个长江流域。而该运动的领导人洪秀全是客家人，客家人是汉族的一个分支，他在院试考试中四次未中第。而另一领导人杨秀清之前则在广西以耕山烧炭为业。

我们可以将太平天国的故事描述为一场反抗清朝统治的民众起义，反抗对象为咸丰帝和慈禧太后。他们选择南京作为首都，因为它曾经是明朝的首都。他们的目标在某些方面是革命性的，如呼吁“公有财产”和妇女平等（包括废除缠足）。其实，如果不是外部影响削弱了清政府的统治，太平天国运动就不会产生如此的影响力。首先是东印度公司向中国积极出口鸦片。其次是欧洲人同样准备出售武器。英国冷酷无情的政策很难被正名。“我们不请自来，用着并不和平的手段，”埃尔金勋爵承认，“我们打破了这些古老国家试图向世界隐瞒的障碍，而这些障碍背后没有神秘的东西，至少就中国而言，或许还有它日渐衰落的文明的破败和腐朽。”[7]

而相比之下，新教传教士在某种程度上更尊重中国传统——像1807年抵达广州的伦敦传教会的罗伯特·莫里森和1833年出版的第一部中文《圣经》的共同译者威廉·米尔恩。然而在当时，传教士和贩毒者、武器贩卖者一样不光彩。洪秀全在一次次科举失败导致精神崩溃之后，听到了米尔恩介绍的基督教，并陷入宗教赋予他的幻觉中，他此时确信自己是耶稣基督的弟弟，他认为自己的运动是一个“崇拜上帝的社团”，并自称“太平天国”的统治者。洪秀全的搭档杨秀清也声称自己发出的是上帝的声音。另一位太平天国领袖洪仁玕接受瑞典传教士西奥多·汉伯格（出版了记录太平天国运动著作的众多传教士之一）的洗礼，成为路德教徒。美国浸礼会传教士以萨迦·杰科克斯·罗伯茨成为洪秀全和洪仁玕的顾问。另一位富有同情心的传教士是美国南方卫理公会的查尔斯·泰勒。[8]

简而言之，我们可以把太平天国运动看作传播基督教的一种变异形式，它不仅采纳了基督教的话语，也借鉴了基督教的实践，特别是洗礼和偶像崇拜。传教士没有预料到的是，他们的东方受教者会如此容易地接受他们宗教中最激进的思想，好像他们有意在中国重新发动了一次三十年战争一样。雍正帝在 1724 年驱逐了前一批基督徒，其中大多数是 17 世纪抵达的耶稣会士，没有什么比太平天国运动更能清楚地证明他这一决定的正确性了。从西方的角度出发，太平天国很容易被误认为是一场类似于 1848 年在欧洲发生的革命。但进行仔细的研究观察之后人们会发现，它更像一场早期的宗教战争。从某种意义上来说，洪秀全是一个更成功的中国版本的“再洗礼派约翰·莱登”。

人们很难意识到太平天国离成功只是咫尺之距。1860 年，太平军占领了杭州和苏州。在占领上海失败后，他们又撤退到南京，这次撤退很大程度上是因为外国干预增多了。1860 年 8 月，在美国弗雷德里克·汤森德·华尔的指挥下，上海由一支由清军和西方军官组成的部队保卫着。华尔死后，英国军官查尔斯·戈登带领“常胜军”取得了一系列胜利。直到 1871 年 8 月，以李文彩为首的最后一支太平军才彻底覆灭。这在某种程度上与美国内战中北方军队击败南部邦联的行为类似。在这两起事件中，英国政治家都认真考虑过站在起义者一边进行某种干预，哪怕只是承认起义者是好战分子。但在这两种情况下，英国都选择了维持现状。在美国，英国人这么做部分基于北方明显的经济优势。在中国，英国人这么做则反映了这样一种观点，即在赢得第二次鸦片战争（1856—1860 年）并羞辱了北京的清政府之后，英国有兴趣支持这个脆弱的清政府，以使其接受非正式的经济从属地位。帕默斯顿勋爵谴责太平天国“不仅反抗皇帝，而且反对一切人类和神的法律”，这并不是基于他对清朝的等级制度有多尊重，而是基于这样一种认识——即使是日渐衰落的等级制度也有其用处，总的来说，它比革命网络更可取。

31

“中国人必须走”

19 世纪末帝国主义的交通和通信网络是相对开放的，因为它们大部分仍掌握在私人手中。在 19 世纪 60 年代和 70 年代，远洋班轮和电报局是按价格配给的，仅此而已——由于技术进步，旅行和通信的价格都在稳步下降。与此同时，任何能够阅读报纸甚至听到他人读报的人都可以获得来自国外的新闻。这是非常重要的一点，因为这意味着，在世界各地，生活在苦难中的人们有他们的祖先没有的选择。他们可以知道在这个世界上有人过得更好，更重要的是，他们朝着这些人的方向，能够去往更美好的家园。

单一的贫穷问题难以推动大规模移民，通常大规模移民的条件包括国内的政治动荡和一个可及的更稳定的新定居地。1840 年至 1940 年间，大约有 1.5 亿生活在欧亚大陆两端的人（欧洲和中国）遇到了上述两个条件。革命、战争和随之而来的苦难与运输成本的急剧下降同时发生，其结果是人口外流，或者更准确地说，是三次人口外流，每一次的规模都差不多。众所周知的大规模移民（5 500 万 ~ 5 800 万）是人们从欧洲移民到美国。不太为人所知的是中国人和印度人大量外流到东南亚、印度洋沿岸和澳大利亚（4 800 万～5 200 万），俄国和其他国家人口大量外流到中国东北、西伯利亚和中亚（4 600 万～5 000 万）。[1] 历史上一直存在的一个疑问是：为什么没有更多中国人流向美国？虽然太平洋比大西洋要宽得多，但从上海到旧金山的旅程并不昂贵，而蓬勃发展的加利福尼亚的经济能提供的机会更多。似乎没有什么能阻止中国移民集群发挥与东海岸爱尔兰和意大利移民集群相同的作用，吸引越来越多的人横渡海洋来到这片希望之地。而实际上，这个谜题的答案是政治。因为如果不是民粹主义者反对中国移民美国，太平洋两岸的人口流动肯定会更大——今天的美籍华人也会相应增加。

如今，应该很少有人记得丹尼斯·卡尼的名字，他是加州工人党的领导人，他提出了一个口号："中国人必须走！"卡尼本人是爱尔兰移民到美国的，他参与了旨在结束中国人移民美国的本土主义政党和"反中国苦力"的运动。1877 年调查中国移民的联合特别委员会的报告给人一种浓浓的时代感。委员会认为："太平洋海岸要么变成蒙古海岸，要么就是美国海岸。中国人带来了专制政府的习惯、在法庭上说谎的倾向、逃税和智力不足的弱点……以致无法自治。"此外，中国妇女"被拐卖从事卖淫，待遇比狗还差"，而中国人"对病人残忍冷漠"。委员会的报告宣称，给予这些低等生物公民身份，"实际上会摧毁太平洋沿岸的共和体制"。[2]

不必多说，现实情况并非如此。旧金山华人"六家公司"（代表该市华人的法人团体）有令人信服的证据表明，中国移民对加利福尼亚州贡献很大。中国人不仅为美国快速发展的铁路和农场提供了劳动力，他们还致力于改善自己定居的社区的环境。此外，没有证据表明中国在赌博和卖淫行业中扮演了负面的角色，而统计数据显示，与中国人相比，爱尔兰人给该市医院和慈善机构带来更大的负担。[3] 然而，一个由"劳动者和工匠"、小商人和“农民”（旨在将税收负担转嫁到大企业和富人身上）组成的强大联盟团结起来支持卡尼的事业。正如一位精明的当代观察家指出的那样，他的部分吸引力在于，他不仅攻击中国人，还攻击那些从雇用中国人中获利的大型轮船和铁路公司，更不用说管理旧金山政治的腐败的两党体制了：

> 民主党人和共和党人都无所作为，也似乎不会有什么作为来消除这些邪恶或改善人民的命运。他们只是在为自己寻找（人们所认为的）地位或工作机会，而且他们总是可以被强大的公司收买。劳动者必须自力更生；必须有新的方法和新的出发点……老党派虽然在它们举行的每一次会议上都谴责中国移民，并声称要立法禁止，但都没能阻止它……简而言之，对于煽动者来说，时机已经成熟。命运之神对加利福尼亚人已经算善良了：这些卑鄙、吵闹和自信的煽动者，根本没有政治远见，也没有建设性的才能。[4]

卡尼可能缺乏远见和“建设性的才能”，但是他和他的伙伴们所取得的成就是无可否认的。从 1875 年开始，《佩奇法》禁止亚洲妇女出于“淫秽或不道德的目的”移民，此后美国立法者几乎没有停歇，直到中国移民完全被禁止。1882 年的《排华法案》暂停了 10 年的中国移民，美国为离境工人颁发了“登记证”（实际上是重新入境许可证），要求中国官员审查来自亚洲的旅行者，并且在美国历史上第一次将非法移民定为犯罪，将驱逐出境作为惩罚的一部分。《福伦法案》（1885 年）禁止“外来合同劳工”，即禁止美国公司雇用中国“苦力”并支付他们去美国的通行证费用。1888 年通过的立法禁止所有中国人去美国旅游，除了“教师、学生、商人或游客”。总而言之，1875 年至 1924 年，十多项立法限制最终完全终止了中国人移民美国。[5]

从中我们能得到清晰的教训。全球通信和运输网络使得19世纪末的大规模移民成为可能[6]，但民粹主义和本土主义的政治网络也应运而生以抵制移民。丹尼斯·卡尼和他的盟友们极尽粗鲁行径和夸夸其谈，却有效地封锁了美国太平洋沿岸的美国边境；事实上，当时有一幅漫画描绘了他们在旧金山港对面建了一堵墙的情形（见插图16）。在19世纪50年代和60年代，多达40%的中国移民已经离开亚洲，尽管抵达美国的人数实际上相对较少。（在1870年至1880年间，有138 941名中国人移民至美国，仅占移民总数的4.3%，与同期欧洲移民大规模跨越大西洋相比相形见绌。[7]）排华行为所做的是确保中国移民不会进一步增长，然后逐渐减少，最后停止。

由英国领导的欧洲帝国在19世纪末实现了全球化。随着蒸汽运输和电报的新技术“消灭”了距离，货物、人员、资本和信息的国际流动达到前所未有的规模。然而，在帝国时代出现的网络，特别是在世界上如此多的城市以如此快的速度创建的“小意大利”和“唐人街”的移民网络，对当地政治产生了意想不到的影响。我们给反对自由贸易、自由移民和国际资本的人冠以“民粹主义”的通称，这是美国和欧洲政治的一个显著特征。但是每个国家，甚至每个地区，都有自己独特的民粹主义色彩。如果说中国人在19世纪70年代在西海岸受到憎恨，那么爱尔兰人就是东方人鄙视的对象，而德国和法国的民粹主义者同样将矛头指向从东欧向西迁移的犹太人。到19世纪90年代和20世纪初，随着犹太人从俄国帕莱移民到美国的浪潮，反犹太主义蔓延到整个大西洋。矛盾的是，反对移民的人同时也降低了新移民的贫困程度，并夸大了他们所认为的领导人的权力。旧金山的中国人非常贫穷，却是当地洗衣行业的垄断者。纽约的犹太人一度被称作寄生虫，却也是全球金融体系的幕后操控手。没有什么图片比漫画《英国章鱼》能更好地说明人们对犹太金融网络的日益信任了，该漫画发表在1894年民粹主义小册子《钱币金融学校》中，作者威廉·哈维是金本位的批评家和民粹主义煽动者，也是三次失败的民主党总统候选人威廉·詹宁斯·布赖恩的顾问。这张图所展示的就是帝国网络，它构想的不仅仅是反犹太人的图景，也是能造成更深远影响的网络（见图31.1）。

图31.1 “英国章鱼：它只吃黄金！”反罗斯柴尔德漫画，1894年。

32

南非联邦

人们有一个普遍的误解，即认为19世纪末民粹主义的反弹与第一次世界大战的起源有关。事实上，这两者几乎完全不相关。大西洋两岸民粹主义运动的催化剂是1873年的金融危机。如果以选举的成功为依据，那么民粹主义时代在19世纪90年代中期基本上已经结束了。到那时，各种民粹主义的政策和成见——保护主义、移民限制、金银复本位制、反犹太主义，已经全部或部分被政党吸收（最明显的是美国的民主党和德国的保守党）。原来的民粹主义者并不是帝国主义者，相反，他们认为帝国是他们所鄙视的世界性精英的中心，并且正确地分辨了帝国主义、自由贸易、自由移民、资本自由流动和金本位之间的密切联系。民粹主义者的问题不是他们的认知：在全球化、网络化的世界中，不平等确实在加剧，因为移民劳工正在侵蚀本地工人的工资，而工业和金融资本高度集中的利润正流向一小撮精英阶层。问题是民粹主义者的补救措施似乎不够：就像对进口商品征收关税一样，排斥中国移民对美国工薪阶层的生活几乎没有什么影响。与此同时，对金本位的批评失去了大部分的力量，因为大量黄金的发现（尤其是在南非）缓解了通货紧缩的压力。在此之前，这种压力通过压低农产品和其他商品的价格推动了民粹主义。在世纪之交，这项倡议已经从民粹主义者手中传到了进步主义者手中，或者传到了欧洲所知的社会民主党人手中，在那里，有组织的劳工更容易受到卡尔·马克思及其门徒的理论的影响。进步主义者的补救措施——包括提高直接税、国家养老金，加强对劳动力市场的监管，削弱私人垄断和公用事业的公共所有权，最终比民粹主义者更有说服力，在政治上更有市场。

对于世界上所有的精英来说，政治左派的持续进步比民粹主义浪潮更令人不安。令人震惊的是，19 世纪末盛行的极端乌托邦教派从科克郡到加尔各答，从萨拉热窝到西贡，威胁着帝国本身的完整性。然而，帝国时代的大都市知识分子相信他们有解决办法。一些人诉诸“自由帝国主义”，另一些人则提倡“社会帝国主义”，在世纪之交，有一个理念被广泛传播，那就是帝国应该追求比剥削贫穷的外围国家更高的目标。如果他们能满足帝国核心劳工阶层的需求，那么各种颠覆性的威胁就会消失。

阿尔弗雷德·米尔纳并不是帝国的救赎者。米尔纳的父亲曾在图宾根大学教授英语，是一名拥有英德两国血统的学者。米尔纳的许多观念是在牛津大学的贝利奥尔学院形成的：在那里，他阅读了本杰明·乔伊特的名著，并与经济历史学家阿诺德·汤因比成为朋友。他有极佳的学术前景，但他最后选择留在伦敦为法律、新闻和政治事业奋斗，直到成为官僚机构的一员，首先是自由党乔治·戈申的私人秘书，然后是埃及行政长官，然后是他担任了五年的内地税收委员会主席。赫伯特·阿斯奎斯后来将米尔纳概括为“一个扩张主义者，但在某种程度上也是一个保护主义者，在社会和工业事务中带有半社会主义意识”。[1] 这无疑在说他是精明的。然而，颇具讽刺意味的是，米尔纳在 1897 年后成为大英帝国历史上最无情的资本家之一赛西尔·罗兹的代理人，罗兹对自己商业帝国的发展和大英帝国在非洲的发展没有明确的区分，并且对于如何最好地促进两者的利益，他倾向于幻想而非实证。据奎格利称，1891 年，罗兹与记者威廉·T. 斯特德和朝臣雷金纳德·布雷特组成了“三人集团”。这个三人小组将在“帮助者协会”的协助之下管理“选举人协会”。[2] 这一计划与罗兹的遗嘱草案是一致的，该草案指示纳撒尼尔·罗斯柴尔德（该家族中第一个晋升为贵族的成员）根据罗兹的想法建立一个帝国主义版本的耶稣会。[①][3]

1897 年，米尔纳被任命为南非高级专员。恰逢发生了针对德兰士瓦阿非利卡（布尔人的后代）共和国的“詹姆逊突袭”。根据奎格利的说法，米尔纳招募的 18 名员工（他所谓的“幼儿园”）成了 20 世纪最强大的网络之一的核心。[4]

现实并不那么激动人心。米尔纳组织（见图 32.1）的最初成员是罗伯特·布兰德、莱昂内尔·柯蒂斯、约翰·多弗、帕特里克·邓肯、里查德·菲瑟姆、莱昂内尔·希琴斯、J. F. 佩里和杰弗里·罗宾逊（后来的道森）。1905 年后，洛锡安侯爵菲利普·克尔和杜格尔·马尔科姆加入他们的行列。其他成员包括利奥·埃默里、赫伯特·贝克、约翰·巴肯、乔治·克雷克、威廉·马里斯、詹姆斯·梅斯顿、巴兹尔·威廉姆斯和休·温德姆，后者是后来的第四任莱肯菲尔德男爵。[5] 米尔纳从殖民地办公室招募了佩里和罗宾逊，他们之前曾在那里共事过；佩里随后又招募了布兰德；还有曾是米尔纳在税务局的私人秘书邓肯。其余的许多人都处于他在牛津大学的人际网中。的确，布兰德、柯蒂斯、多弗、菲瑟姆、希琴斯、克尔、

① 罗兹告诉罗斯柴尔德，他的遗产应该被用来建立一个致力于促进大英帝国利益的精英社会。罗兹潦草地写道：“在考虑问题时，有人建议，如果可以的话，接受耶稣会宪法，并将罗马天主教嵌入大英帝国。”此举最终带来了如今牛津的罗德奖学金。

马尔科姆、威廉姆斯和温德姆都上过米尔纳的母校新学院。他们一起工作、社交和生活——1906 年之后，在约翰内斯堡帕克顿由赫伯特·贝克设计的讨论小屋（Moot House）中，这群人看起来就像牛津大学一所学院的低年级学生正在度过一个很长时间的阅读假期。[6] 在开普敦议会中，米尔纳的批评者指责他"建立了一个幼儿园……目的是治理这个国家"。[7] 尽管这个名字被保留下来，但是它的成员更喜欢听起来更浪漫的"圆桌会议"，他们回到伦敦之后，组织的刊物都以"圆桌会议"为名。

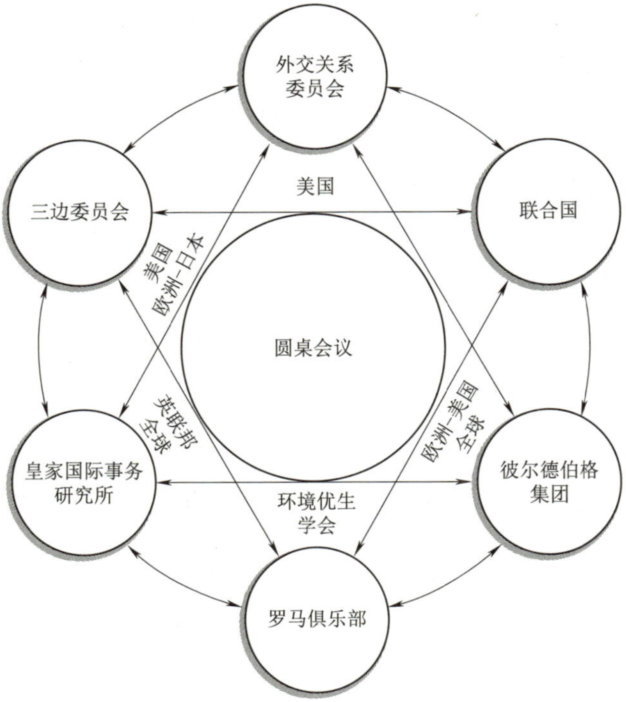

图 32.1 米尔纳勋爵关系网的神话。乔治城历史学家卡罗尔·奎格利坚决拥护这种夸大了米尔纳影响力的看法。而选择六角星图形并非偶然，因为六芒星产生的宗教联想（如大卫之星或所罗门封印）为阴谋论增添了重要的神秘色彩。

对于一群有学术倾向的官员来说，米尔纳的圈子还倾向于诉诸武力来实现他们的目标。有一些有说服力的证据能够证明是米尔纳在抵达南非后加快了战争的步伐。早在 1898 年 2 月，他就已经得出结论："政治纠缠是没有出路的，除非诉诸德兰士瓦的改革或战争。"[8] 在 1899 年的一封信中，他阐述了自己的目标："最终的目的是建立一个自治的白人社区，得到从开普敦到赞比西的受到良好待遇和公正管理的黑人劳工的支持。我们必须有一面旗帜，那就是英国的国旗，在它下面要宣扬的是种族平等和语言平等。"[9] 在研究中可以发现，米尔纳渴望的是用来自英国及其白人领地的移民征服阿非利卡人。（"如果十年后，"他在 1900 年写道，"有三个英国人和两个荷兰人在相互竞争，这个国家将会保持和平和繁荣。但如果有三个荷兰人在和两个英国人对峙，那么麻烦就来了。"[10]）米尔纳承诺为黑人提供良好待遇和公正的政府，这实际上意味着对黑人的征服。柯蒂斯在 1901 年的日记中说："如果黑人能像红印第安人一样在我们面前消失就好了。"多弗认为"大多数白人对黑人近乎野蛮的蔑视和厌恶"是"健康的标志，这标志着阿非利卡人不允许他们的种族变成混血民族的决心"。[11] 有一次，米尔纳本人将他的目标定义为使南非成为"白人的国家……不是一个充满贫穷白人的国家，而是一个白人人口大量增加的国家"。[12]

我们现在可以看出，米尔纳政权在很大程度上奠定了种族隔离制度的基础，使其成为一项如此可憎的制度。但显然米尔纳自己并不这么认为。在他看来，非洲黑人的从属地位是他的所有目标中争议最小的。这一看法的结果就是，阿非利卡人的力量被大大削弱，与此同时，也形成了他自己在 1904 年所说的目标："要在南非建立一个伟大的文明进步的社区，从开普敦到赞比西，人们独立管理自己的事务，却也出于自主的坚定愿望，仍然是自由国家大家庭的一员，他们聚集在英国国旗下。这是我所有努力的目标。”英国统治下的南非联邦反过来将有助于“帝国团结的伟大理念……一群国家，都独立治理当地事务，但都团结起来捍卫自己的共同利益和共同文明的发展”。[13] 米尔纳和他的组织中的年轻人在一场残酷的战争中击败了布尔人，将他们的妇女和儿童赶进致命的集中营，他们不知疲倦地努力实现这一愿景。他们还创建了一个跨殖民地委员会，将德兰士瓦和奥兰治河殖民地联系起来；他们合并了铁路；他们建立了关税同盟；他们在每个殖民地组织了更紧密的联邦社团；他们在《国家》等杂志上赞扬南非联邦的好处；1910 年，他们起草了最终成为南非联邦宪法的初稿。[14]

然而，大英帝国的一位著名历史学家正确地指出，英国统治南非的米尔纳式愿景是一种“帝国幻想”。[15] 米尔纳的独裁无法阻止路易 · 博塔和简 · 斯马茨领导下的南非政治复兴。[16] 大量的英国人无法在此定居工作，因为当地有着大量廉价的非洲劳动力，甚至在布尔战争之前，就已经存在“贫穷白人”的问题了。[17] 应兰德洛娃的要求，米尔纳引进了 5 万名中国“苦力”到金矿工作，这暴露了“帝国计划”的内部矛盾，引发了南非和英国对“中国奴隶制”的抗议风暴。事实上，这个问题使得自由党在 1906 年的选举中成功击败了统一党，它确保了米尔纳的灭亡。[18] 米尔纳的继任者塞尔伯恩勋爵承认，斯马茨领导下的联邦是唯一可行的前进道路，尤其是作为一种尽量减少伦敦自由主义干预的方式。现代南非是被锻造出来的，但并不是米尔纳想象中的新加拿大或新澳大利亚。

在大多数历史中，成功往往被夸大，历史总是由胜利者书写。而在网络的历史上，情况往往相反。成功的网络能够逃避公众的关注；不成功的网络反而因为它们的恶名吸引了更多的关注，这也导致失败网络的故事常常被放大。18 世纪末德国的光明会就是如此，米尔纳的幼儿园、圆桌会议也是如此。法国激进政治家约瑟夫 · 卡约指责米尔纳的阴谋是“试图恢复他们所属种姓的摇摇欲坠的权力，加强大不列颠在世界上的至高无上地位”。加拿大前总理威尔弗雷德·劳里埃也抱怨说，加拿大正由一个坐落在伦敦的军政府统治，这个军政府被称为“圆桌会议”。甚至“人民总理”劳埃德·乔治也谈到了“一个非常强大的组合——正在以它自己的方式成为也许是国内最强大的组合”。[19] 但这些都不是圆桌会议，或者说幼儿园网络权力的证据，结果可能恰恰相反。甚至普通帝国主义者或花园帝国主义者也对米尔纳有所怀疑。保守的《国家评论》会谴责一个“鼓励大英帝国所有离心力的集团”。而同样是右翼的《晨报》对所谓的“理想主义者方阵或宫廷卫队”并不友好，因为他们相信某种扭曲的精神，在每个问题上都采取损害英国利益的路线。自由党首相亨利·坎贝尔·班纳曼爵士半开玩笑地将其比作一种宗教信仰。实际上，奎格利和他在美国的接班人在这方面都犯了一个错误：他们将米尔纳和他的组织的崇高野心当成了现实，并认真对待他们的批评者的所有谴责，却忽略了这些批评所针对的只是米尔纳几乎彻底失败的结果。

33

剑桥使徒社

对于游客来说，牛津大学和剑桥大学几乎没什么区别。两所学校自古以来的竞争，在局外人看来可能只是强烈的自我意识的细微差别：比如在“第二学期”的叫法上，牛津大学是“希拉里学期”（Hilary），而剑桥称其为“四旬节学期”（Lent）。牛津本科生的“辅导时间”，就相当于剑桥的“教学监督”；牛津人在方头平底船的中央划船，而剑桥人则站在另一种船的尾部划船……这种微不足道的差异数不胜数。然而除此之外，这两所大学之间确实存在哲学层面的深层差异。第一次世界大战前后，伊希斯河[①]和康河[②]之间知识分子的差距达到了顶峰。米尔纳在牛津大学建立了一个肌肉发达、武力至上、帝国主义和异性恋主导的网络；而剑桥却几乎完全相反：在剑桥使徒社的内部和周围发展起来的网络是女性化的，是和平自由且崇尚同性恋的。

1820 年，圣约翰学院的学生创建了剑桥使徒社，尽管这之后它的机构

① 泰晤士河的支流牛津段。——译者注

② 也被称作剑河，大奥希河的支流剑桥段。——译者注

主体变成三一学院，成为牛津和剑桥中规模最大、最富有的组织。该协会的创始人中，有诗人阿尔弗雷德·丁尼生和奥斯卡·布朗宁[1]，以及“道德哲学家”亨利·西奇威克和神学家兼基督教社会主义运动创始人弗雷德里克·丹尼森·莫里斯。[2]从某种角度来说，该协会起源于剑桥的“知识贵族”（这是诺埃尔·安南后来的说法）：凯恩斯、斯特拉奇和特里维廉这样的姓氏似乎天生被赋予了会员资格。[3]而从其他角度来看，由于其复杂的选举制度和有点愚蠢的仪式，它只能算作另一个同时期在哈佛、普林斯顿和耶鲁都能见到的男性兄弟会。然而，有两件事让这个使徒社与众不同。那个时代没有一个组织能在智力上与其比拟。哲学才能是进入使徒社的最大门槛。其次，在任何其他组织中，成员的自身优越感都不会导致如此强烈的与既有秩序的疏离——这种优越感最终渗透到了方方面面。20世纪初，一个剑桥使徒会问另一个：“我们所感受到的巨大的道德优势是一种偏执的狂热吗？”[4]使徒们喜欢开玩笑说只有组织才是“真实的”，而世界其他地方则只是“现象的”。当哲学家埃利斯·麦克塔加特晚年结婚时，他调侃说，他只是娶了一个“现象上的妻子”。总之，他们会令常人难以忍受。

在1820年至1914年间，这个组织总共产生了255名剑桥使徒。会员资格标准如此之高，以至在某些年里根本没有新人加入。在1909年至1912年间，只有一位新成员加入。[5]潜在的新会员被称为“胚胎”，他们会在一连串尴尬得出了名的下午茶中接受评估。在这个过程中，当一名大学生被认为有价值的话，他就能在组织中“出生”了，这种情况极其罕见。他要不可避免地进行令人毛骨悚然的保密宣誓。此后，他将在学期期间参加每星期六晚上的例会，在会上，成员们在“炉边”发表演讲，阅读标题为“美”或“行为道德”的论文，并在（传统意义上不相关的）问题间进行表决，使徒们必须互称“兄弟”。出席会议的还有所谓的“天使”，他们是在毕业时退出组织的前成员（这种行为被称作“拿掉翅膀”），并且被强制要求分享凤尾鱼吐司（这种东西被称作“鲸鱼”）。不同世代的成员之间有可能建立紧密的希腊文化式的友谊，这是使徒们引以为豪的事情之一。[6]作为学者留在剑桥的六位“天使”（如哲学家伯特兰·罗素和怀特海德）也会定期出席会议。

19世纪，剑桥使徒们的政治与他们同时代的牛津社群没有太大的不同。1864年时，有人就说他们是“政治上的托利党，宗教上的福音派”。[7]事实上，他们中的一些人也成了保守党议员。大约14%的使徒成为议员或公务员；1/4到1/3的人进入法律行业。[8]在1900年之前，没有太多证据能够证明这个组织存在后来的反帝国主义倾向。它的领导人竞相争夺印度公务员队伍中的高级职位，获得这些职位需要通过严格的考试。[9]使徒们在爱尔兰自治问题上的意见分歧跟整个英国精英社会是一样的。[10]然而，在早期——部分是因为其隐秘性，这个组织以激进主义著称。早在1830年，理查德·谢维克斯·特伦奇不得不驳斥这样的说法，即使徒社是一个“为推翻所有已建立的政府而建立的秘密组织”。[11]直到1900年之后，随着有新世纪的苏格拉底之称的哲学家G. E. 摩尔带领着新一代成员崛起，这种颠覆精神才显现出来。

摩尔不是政治人物，相反，他鼓励他的使徒蔑视政治。[12]摩尔的热情是追求个人美德。他1903年出版的《伦理学原理》的口号是感性、人际关系、情感的解放、创造性本能和对自己完全客观的诚实。[13]这些想法（在另一个剑桥使徒福斯特的小说中得到了文学表达）吸引了三个才华横溢的年轻人：利顿·斯特拉奇、伦纳德·伍尔夫和约翰·梅纳德·凯恩斯，凯恩斯于1903年2月28日成为第243号使徒。[14]斯特拉奇是曾在印度驻军的理查德·斯特拉奇将军与他第二个妻子（一个名叫简·玛丽亚·格兰特的苏格兰人）

的孩子，在十个孩子中他排行第八。利顿·斯特拉奇身材矮小，嗓音洪亮，可能是最没有军人气质的将军的儿子。伍尔夫则相对来说比较低调，不那么张扬，他是犹太律师西德尼·伍尔夫十个孩子中的第三个。凯恩斯是剑桥意义上的真正贵族：他的父亲，一个老头子，只渴望他的大儿子赢得大学里的每一个数学奖项。然而，年轻的梅纳德关心的并不是数学，而是男人。

斯特拉奇和凯恩斯的身份不仅仅是同性恋；他们也是激进的同性恋支持者，并认为他们的性取向优于普通的异性恋者，任何女人进入他们的上流社会，他们都会沉迷于对女性的厌恶和冷嘲热讽中。这种使徒的行为可以追溯到布朗宁，就像在《英国人物传记辞典》中关于他的大胆言论说的那样："在罗马，他帮助年轻的意大利人，就像他帮助年轻的英国人一样，给他们渴望的开放。"到 1903 年，这种文化已经不再是笑话了。斯特拉奇和凯恩斯曾为了争夺美貌的亚瑟·霍伯豪斯公开对决。亚瑟·霍伯豪斯的颜值是他能成为使徒的工具。他们推广、吹嘘"与男人的性行为是更高级的"，但他们并不排斥与下层阶级中的同性恋人群接触。到了 1909 年，他们的高调引来了反对的声音。[15] 从鲁珀特·布鲁克和詹姆斯·斯特拉奇早期的通信来看，剑桥使徒社当时的主要关注已经从知识交流转变为性问题了。[16] 用西奇威克的话来说，上一代的使徒相信"一群亲密朋友绝对忠诚、毫无保留地追求真理"。[17] 而凯恩斯和斯特拉奇只是在追求他们的"亲密朋友"。

诚然，并非所有的使徒都是同性恋者，但是该群体的比例的确在上升。甚至那些（像伍尔夫）并不是"同志"的人最终也认可了"同志兄弟"。德斯蒙德·麦卡锡在 1900 年 12 月针对剑桥的使徒社发表了一篇论文，其中指出，老一代人受制于旧制度：家庭、国家、荣誉法等。但是这些旧制度“未能向年青的一代提供令人信服的权威证明”，他们认为“一切都更个人化”。[18]“唯有联结”（only connect）是新的绝对命令，也是福斯特最优秀的小说《霍华德庄园》（1921年）中的关键句。当然，剑桥使徒社的缥缈的网络就像白厅的官僚阶层一样，让人中毒之后就会厌倦。凯恩斯在印度公务员队伍中赢得一席之地后，很快就厌倦了公务员制度。“现在新奇感已经消失了，”他抱怨道，

> 我9/10的时间都很无聊，另外1/10的时间就在想我无路可走，并因此无理取闹，暴躁不已。当你还很有自信的时候，有30个人能让你变得无能，这是非常令人恼火的。还有，官员们只顾保全自己的面子的特点是致命的。[19]

凯恩斯谴责他的印度公务员同事不仅“害怕承担责任”，而且很虚伪。回顾他在1938年的“早期信仰”，可以更明确地看到这一点：

> 该行为完全拒绝承认因遵守一般规则而产生问题所需要承担的个人责任。我们声称有权根据每一个案件的是非曲直对其进行评判，并声称这样做是明智的。这是我们信仰的一个非常重要的部分，简单而粗暴，对于外部世界来说，这也是我们最明显和最危险的特征。我们完全摒弃了传统道德、习俗和传统智慧。从严格意义上说，我们是不道德主义者。当然，也要考虑被发现的后果。但是我们没有意识到我们有道德义务，也没有内心的约束力去顺从或服从。[20]

一年后，福斯特在将摩尔的哲学极端化时，抓住了其中最危险的含义：

“如果我必须在背叛我的国家和背叛我的朋友之间做出选择，我希望我有勇气背叛我的国家……对个人的爱与忠诚可能和国家的要求背道而驰。我认为，当这件事情真有一天发生了，这个国家也就快不行了。”[21]

甚至在1914年之前，一些组织内部成员就已经厌倦了这一切。鲁珀特·布鲁克可能像阿多尼斯一样，但他不是同性恋，而且很快有人发现他和女性费边主义者在一起了。[22]在组织中“出生”后，维也纳哲学家路德维希·维特根斯坦只跟其他使徒见了一面就逃跑了——在一次会议之后就退出了组织。虽然斯特拉奇说服他撤回了辞呈，但他最终没有参加之后的会议。[23]随着战争的爆发，组织中的咒语被打破了，大多数剑桥使徒都没有入伍。布鲁克则热情地参了军，他于1915年圣乔治节在斯基罗斯岛附近的一艘法国医疗船上死去，这也是英国历史上最著名的死亡事件之一。[24]征兵制度的介入使这件事情变得扑朔迷离，而在财政部工作的凯恩斯并没有要求豁免责任，但他也以出于良心拒服兵役为由正式地寻求过豁免权。他痛苦地向邓肯·格兰特抱怨道：“我为一个我鄙视的政府工作，做着犯罪的行径。”[25]私下里，凯恩斯利用他的影响力和资源来支持其他宣称自己是良心反对者的使徒，特别是詹姆斯·斯特拉奇和杰拉尔德·肖夫[26]，但这对于利顿·斯特拉奇来说是不够的，他在1916年2月的一天晚上，在凯恩斯的餐盘上留下了一份沙文主义的报纸剪报，并附上了一张纸条，上面写着：“亲爱的梅纳德，你为什么还在财政部？”[27]

战争不仅破坏了剑桥使徒社的网络。布鲁姆斯伯里团体（见图33.1）是另一个与剑桥使徒社智力相似的网络，它在许多地方与剑桥使徒社有重叠——福斯特、凯恩斯、斯特拉奇和伍尔夫是十个人中的四个。[28]布鲁姆斯伯里团体也接纳女性——特别是斯蒂芬姐妹、凡妮莎和弗吉尼亚，并开始接纳已婚夫妇：凡妮莎和克莱夫·贝尔（住在戈登广场46号）以及弗吉尼亚和伦纳德·伍尔夫（1915年搬到里士满）。战争的影响是将布鲁姆斯伯里团体的核心群体（主要是作家和艺术家）赶出伦敦，来到苏塞克斯查尔斯顿的一座大型农舍，凡妮莎·贝尔和邓肯·格兰特于1916年搬到了那里。彼得·道尔顿对布鲁姆斯伯里团体的最新分析表明，斯特拉奇在1905年和1925年都有最高的程度中心性和中介中心性。在后期，邓肯·格兰特、梅纳德·凯恩斯和弗吉尼亚·伍尔夫在斯特拉奇之后，排在第二、第三和第四位。[29]然而，布鲁姆斯伯里团体的显著特点并不在于它的成员有多喜欢在南唐斯游荡。就像剑桥使徒社一样，性关系再次定义了这个网络。跟格兰特发生过性关系的人不仅有凯恩斯、斯特拉奇、阿德里安·斯蒂芬和凡妮莎·贝尔，甚至还有大卫·加内特。而另一边，凡妮莎·贝尔虽然跟格兰特发生过性关系，但同时也跟罗杰·弗莱有染，有时也和她自己的丈夫克莱夫一起睡觉。同时，凯恩斯和格兰特、加内特、斯特拉奇以及俄国芭蕾舞女演员莉迪亚·洛波科娃发生过关系。布鲁姆斯伯里团体的爱情生活错综复杂：加内特对凡妮莎·贝尔保持着单恋，奥托利尼·莫雷尔对弗吉尼亚·伍尔夫也有同样的问题，多拉·卡林顿和利顿·斯特拉奇在一起，利顿·斯特拉奇和马克·格特勒在一起，马克·格特勒和多拉·卡林顿在一起。正如道尔顿所说："凡妮莎·贝尔与克莱夫·贝尔结婚，但与邓肯·格兰特住在一起；伦纳德·伍尔夫和弗吉尼亚·伍尔夫结婚，哈罗德·尼科尔森和维塔·萨克维尔·韦斯特结婚，但是维塔和弗吉尼亚相爱了。"[30]

在《霍华德庄园》的结尾，才华横溢的玛格丽特试图向她那相当普通的丈夫亨利解释布鲁姆伯里原则。"唯有联结！这就是她所讲的全部内容。只有将单调和激情联系起来，使两者都得到提升，人类的爱才能达到顶峰。不再生活在碎片中。唯有联结，和野兽和僧侣，任何被剥夺了孤寂生命的人，都会死去。"但是，正如福斯特所说，"她失败了"。因为亨利的座右铭不是“唯有联结”，而是“集中”。他直截了当地告诉她：“我不想在这种事情上浪费我的力量。”[31] 当人们思考布鲁姆斯伯里团体的性关系时，就会明白他的观点。

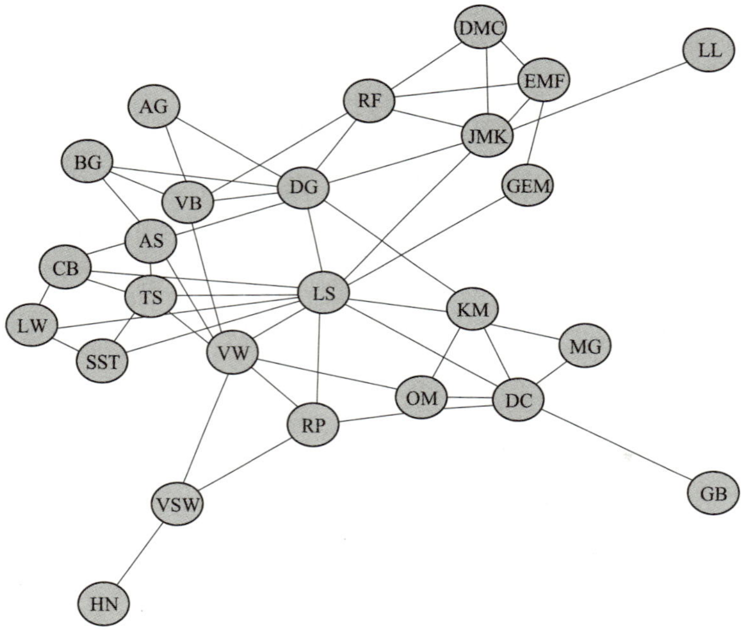

图 33.1 1925 年前后的布鲁姆斯伯里团体网络图。网络的核心：克莱夫·贝尔（CB）、凡妮莎·贝尔（VB）、福斯特（EMF）、罗杰·弗莱（RF）、大卫·邦尼·加内特（BG）、邓肯·格兰特（DG）、约翰·梅纳德·凯恩斯（JMK）、德斯蒙德·麦卡锡（DMC）、利顿·斯特拉奇（LS）、伦纳德·伍尔夫（LW）、弗吉尼亚·伍尔夫（VW）。“外部群体”：索比·斯蒂芬（TS）、萨克森·悉尼·特纳（SST）、阿德里安·斯蒂芬（AS）、杰拉尔德·布雷南（GB）、多拉·卡林顿（DC）、安杰利卡·加内特（AG）、奥托利尼·莫雷尔（OM）、拉尔夫·帕特里奇（RP）、哈罗德·尼科尔森（HN）、维塔·萨克维尔·韦斯特（VSW）、马克·格特勒（MG）、凯瑟琳·曼斯菲尔德（KM）、莉迪亚·洛波科娃（ll）和摩尔（GEM）。

34

大决战

米尔纳在南非成立“幼儿园”组织的失败暴露了大英帝国扩张的极限。而剑桥使徒社和布鲁姆斯伯里团体的解体表明，不管是剑桥大学还是牛津大学，都已经失去了对帝国政治本身的所有同情。然而在 1914 年，英国人——更不用说他们的帝国臣民了，为了应对德意志帝国日益增长的经济实力和地缘政治野心所带来的挑战而开战。英国在那场战争中的最终胜利很大程度上要归功于米尔纳和他的助手们所促成的会讲英语的民族之间的团结。澳大利亚、加拿大、新西兰乃至南非都在 1914 年至 1918 年为英国的战争做出了重大的经济和军事贡献，整个帝国都是如此，尤其是印度。[1] 只有在战争结束后，布鲁姆斯伯团体里的喧闹声才被人们听到，他们出版了两本极具破坏性的著作：斯特拉奇的《维多利亚名人传》，还有凯恩斯的《和平的经济后果》。

在这种情况下，我们没有必要再去探讨在第一次世界大战的历史编纂中已经被过度讨论的法律问题。[2] 就像狄更斯在《荒凉山庄》中所描绘的律师一样，历史学家一直在布满灰尘的文件中挑选素材（比如狄更斯口中的那场“德国与德国的交锋”）。因为对所谓的“战争罪过”长达一个多世纪的寻找依旧是徒劳的，此案是不会有最终判决的。1914 年欧洲全面爆发战争，原因很简单，就是 1815 年在维也纳建立的秩序崩溃了。而对这段历史正确的发问应该是：为什么会这样？而不是到底是谁的错？

到 20 世纪初，兰克的五大强国已经演变成了五大帝国，每个帝国都从上述国际贸易、移民、投资和信息网络中获得了微薄的利润。克里米亚战争后的一段时间里，在世袭统治的家族网络和全球化的新网络之间似乎出现了一种暂时的形态。管理伟大欧洲帝国的政府在很大程度上是守夜人国家，它们对与之共存的市场经济只提出了最低要求。除了陆军和海军，它们可能还坚持控制一些邮政、电报和铁路服务，但是它们也把其他很多事情留给了私人。在大型的欧洲城市，王室和帝国等级制度中的上等人与商业新精英在社会地位上已非常接近：确实，伯爵娶了犹太银行家的女儿。从安德鲁·卡内基到诺曼·安吉尔，乐观主义者确信，帝王们不会愚蠢到刻意去危及这种稳定的状态。[3]

但事实证明，这只是他们的错觉。根据亨利·基辛格的经典论述，五分体系不再稳定，因为“随着德国的统一和法国的固守，该体系失去了灵活性”。[4] 1871 年后，这个体系依赖于大师级外交官俾斯麦来保持平衡。关键战略是俾斯麦于 1887 年 6 月与俄国外交大臣尼古拉·吉尔斯签署的《再保险条约》，根据该条约，德国和俄国同意在对方卷入与第三国的战争时保持中立，除非德国攻击法国或俄国攻击奥匈帝国。这就意味着，即使俄国试图控制黑海海峡，德国也承诺保持中立。但其实这背后真正的目的是阻止俄国与法国签署共同防御条约，这正是俾斯麦下台导致《再保险条约》不续签之后发生的事情。用基辛格的话来说，“矛盾的是，正是这种模棱两可的态度让欧洲保持了平衡的灵活性。并且这种消极放弃引发了一系列日益激烈的对抗，最终导致了第一次世界大战”。[5] 基辛格认为，俾斯麦下台后，大国之间的矛盾不仅没有缓和，反而加剧了。随着时间的推移，“政治领导人对他们自己的策略失去了控制”……“最终，军事计划和外交手段一起消失”。[6] 换句话说，从 1890 年起，德国和奥匈帝国之间、法国和俄国之间很可能会发生冲突。令人惊讶的不是 1914 年战争的爆发，而是这场战争没有更早爆发。

尽管基辛格的方法在历史学家中并未受到追捧，但在政治科学家和网络理论家中获得了相当多的支持。毫无疑问，1890 年后军事化争端数量的急剧增加支持了他的论点，即在那段时间内发生了某种变化。[7] 数学家蒂博尔·安塔尔和物理学家保罗·克拉皮维扬斯基和西德尼·雷德纳的一篇论文也支持了这一论点，他们表明，从网络理论来看，1890 年后的大权力体系的演变正朝着“社会平衡”的方向发展，矛盾的是，出现了两个实力大致相当的联盟。在这种情况下，平衡是“自然的结果”，但是如果双方都没有被另一方吓倒，平衡就不是一个好结果（见图 34.1）。[8]

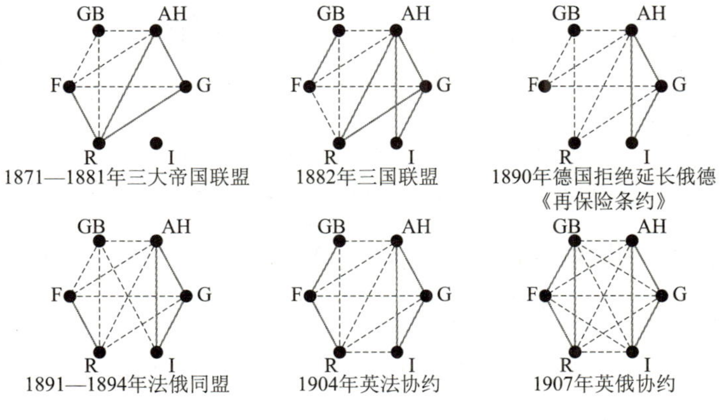

图 34.1 1872—1907 年第一次世界大战主角之间主要关系的演变。GB= 英国，AH= 奥地利-匈牙利，G= 德国，I= 意大利，R= 俄国，F= 法国。

当然，关于五大国体系的崩塌还有其他的解释。一种假设是，这一体系失败是因为大国允许巴尔干地区的小国将它们拖入冲突。[9] 正是小联盟的复杂破坏了这一体系的稳定。[10] 然而，与西班牙或葡萄牙的关系，甚至是与罗马尼亚或日本的关系根本就不可能导致大国在 1914 年走向世纪决战。[11] 小国之所以重要，只是因为它们增加了大国冲突的可能性。1908 年奥匈帝国吞并波斯尼亚，以及塞尔维亚赞助暗杀奥匈帝国继承人，六年后创造了一个独特的局面，因为不像之前的摩洛哥危机或巴尔干战争，三个大国认为战争是毁灭性外交打击的唯一选择。[12] 维也纳和柏林的观点并非毫无道理：俄国似乎有意利用波斯尼亚危机，以期永久削弱奥匈帝国的实力。[13] 考虑到哈布斯堡王朝的下一位继承人像是一位国家恐怖主义行为的受害者，奥地利人完全可以行使他们的“梅特涅”式权利，要求塞尔维亚满足他们的需求。臭名昭著的奥地利向贝尔格莱德发出的最后通牒与 19 世纪 20 年代对第二梯队国家提出的要求并无明显不同。① 与此同时，法国和英国这两个大国都无法提供足够强有力的理由来劝阻其他国家在巴尔干地区开战：法国人是因为他们已经不加甄别地与俄国结盟了，而英国人是因为他们找不到一种办法既能阻止德国又不会对法国和俄国产生影响。[14] 如果有任何个人应该为发生的系统性失败受到指责，那就应该是英国外交大臣爱德华·格雷爵士。在这种危机中，英国本应该是一种平衡力量。1914 年 7 月 29 日，格雷警告德国大使，如果欧洲大陆爆发战争，英国可能会进行干预，但是，如果矛盾能够得到调解，他将能够为奥地利争取到一切可能的有利条件；撤退并不会让奥地利显得屈辱，因为塞尔维亚人在任何情况下都会受到惩罚，并在俄国同意的情况下被迫服从奥地利的意愿。[15] 两天后，他告诉德国人，如果他们提出合理的建议，他会支持，并会告诉法国和俄国，

---

① 这跟美国在 9·11 恐怖袭击事件之后向阿富汗政权提出的要求一样不合理、毫无根据。

如果他们不接受，英国“与最终的后果无关”。[16] 但是这时候已经太迟了，因为德国人已经收到了俄国发出全国动员令的消息，这之后，所有外交行为都停止了。我们可以想象，如果有一个更有能力的外交官（或许是卡斯尔雷）在一周前发出这些信息，是有可能避免战争爆发的。事实是，格雷对于法国和俄国有私心，他没有发挥自己作为外交大臣的作用。

1914 年，帝国的指挥、控制和通信系统是如此有效，以至当皇帝们（或者更确切地说是他们的大臣）决心就两个难以解决的问题（波斯尼亚–黑塞哥维那的主权和比利时的中立）开战时，他们能够在四年多的时间里动员超过 7 000 万人充当士兵或水手。在法国和德国，大约 1/5 的战前人口（接近 80% 的成年男性）最终都穿上了军队制服。第二国际完全不能阻止第一次世界大战，这标志着等级制网络的暂时胜利。1914 年 7 月底，当欧洲社会主义领导人在布鲁塞尔会晤时，他们也只能承认自己无能为力。维也纳讽刺作家卡尔·克劳斯说，1914 年的战争之所以成为可能，是因为权力和电话并存。[17] 在科技的推动下，欧洲的君主们仅仅通过发电报就能让他们年轻的男性臣民走向世界末日。许多评论家，包括凯恩斯，都认为这场战争不会持续太久，但他们严重低估了帝国政府维持工业化屠杀的能力。

1914 年 8 月 5 日凌晨，一艘英国缆绳船轻而易举地切断了从埃姆登到维哥、特内里费、亚速尔群岛和美国的五根海底缆绳，标志着在这场针对大英帝国的战争中，德意志帝国处于严重劣势。此后，德国人给他们驻华盛顿大使馆的电报必须通过来自瑞典或丹麦的美国跨大西洋电报发送，这两条电报线路都要通过位于康沃尔郡澎赞斯的东方电报公司中继站，在那里他们的电报被拦截并送到海军部 49 号房间进行解密。正如我们看到的，英国控制着国际通信网络：不仅是电报，还有货币和金融系统，毋庸置疑，伦敦是枢纽，也是商船队的中心（尽管相比之下比较不起眼）。在海军实力方面，德国也未能缩小差距。因此，德国人希望赢得第一次世界大战的方式只有少数几种：在陆地上将英国、法国和俄国军队一举歼灭，通过海下潜艇袭击破坏它们的进口，或者通过在其内部煽动革命来破坏这些帝国——实际上这有效地激活了反帝网络来破坏帝国的等级结构。正如我们看到的那样，德国人几乎在这三个方面就快成功了。但是他们最大胆的举措还是在约翰·巴肯《三十九级台阶》的续集《绿斗篷》中被情节化的策略。

《绿斗篷》的开头，英国情报部门负责人沃尔特·布利万特爵士告诉汉内："有一场圣战（原话）即将开始，遥远的东方准备好接受真相，前景一片光明。因为西方的星光（人、预言或是计谋）将要洒在世界的其他角落。德国人也深知这一点，并认为这将是他们震惊世界的底牌。"[18] 德国人精心策划，号召并扶持穆斯林参与反对大英帝国的圣战。对现代读者来说，这一想法似乎有些牵强。但令人惊讶的是，其实巴肯的《绿斗篷》借鉴的就是真实的事件。

Part 06

瘟疫与魔笛手

35

绿斗篷

在德国故事《花衣魔笛手》中，一个有着异域风情打扮的捕鼠人来到普鲁士的哈梅林。他能够用笛声引诱老鼠，城镇里的人因此雇他消灭在城镇中横行的老鼠。这些老鼠跟随笛子的旋律，被带到附近的威悉河里，并在那里被淹死了。然而，事后镇上的人拒绝将全额费用支付给吹笛者。于是，他对镇上的孩子们玩起了同样的把戏。他把孩子们带到一个山洞里，最后，只有三个孩子活着出来了。这是个13世纪流传下来的故事，而且很可能以真实的事件为背景，尽管不完全清楚是什么原因导致了这么多孩子死亡。一个可能的假设是：这个故事是关于一场黑死病的爆发。众所周知，黑死病是由老鼠传播的，尽管在故事的最早版本中没有提到老鼠。直到16世纪晚期，故事才变成上面的样子。

20世纪既是瘟疫的时代，也是魔笛手的时代。第一次世界大战的最后阶段恰逢流行病席卷全球，致命的流感病毒导致数千万人死亡，尤其是年轻人。[①] 这并不是 1917 年至 1923 年间唯一的瘟疫。新的极端形式的民族主义几乎导致每个欧洲国家都产生了恶毒的法西斯运动。这些意识形态如此具有传染性，以致剑桥独立法庭中的英国人也可能会受到感染。同时，世界上还有一场经济瘟疫：恶性的通货膨胀。这场瘟疫不仅在德国，而且在奥地利、波兰和苏联都造成了严重破坏。面对这些灾难，人们求助于魔笛手：他们提供了超凡的领导能力和激进的解决方案。然而，像故事中哈梅林的人们一样，那些赋予魔笛手权力却不给他相应利益的人以他们孩子的生命为代价做出了补偿。

在这之前的世界是一个帝国的世界。正如我们看到的那样，1914 年夏天欧洲帝国之间爆发的冲突是拿破仑战争后出现的国际秩序崩溃的结果，拿破仑战争首先造就了一个五节点的大国网络。为了将战争的起因控制在最必要的范围内，英国没有在两个对立的阵营之间扮演平衡者的角色，因为俄国和法国、德国和奥匈帝国两大阵营因塞尔维亚恐怖分子在波斯尼亚–黑塞哥维那实施的暗杀而开战，这个地方虽然看似微不足道，却是哈布斯堡新得的领土。当德国对法国的进攻计划显然需要破坏比利时的中立性时，英国在另一方，与其说是为了维护使比利时中立的 1839 年条约，不如说是为了阻止德国战胜法国和俄国。从军事角度来说，德国人可能有能力赢得一场大陆战争，尽管他们的盟友很软弱。而且在战争的前 6 个月，他们确实成功地给法国军队造成了惊人的伤亡——远远超过了 1870 年和 1940

① 不同寻常的是，这种特殊的流感对 20 岁到 40 岁的人来说是最致命的。估计有 67.5 万美国人死于流感，这一数字是“二战”中死亡人数的十倍。在欧洲的美国士兵，有一半死于流感。美国参战后，青年人的大规模参军无疑促成了这种疾病的迅速传播，这种疾病会感染肺部，并导致受害者溺死在自己的血液中。1918 年年初，美国该流感最早的病例发生在堪萨斯州的一个军营里。到了 6 月份，它已经传播至印度、澳大利亚和新西兰。两个月后，第二波浪潮几乎同时袭击了马萨诸塞州的波士顿、法国的布雷斯特和塞拉利昂的弗里敦。

年导致法国崩溃的数字。然而，尽管法国的战斗力不断遭到削弱，但英国在金融、制造业、航运和人力方面无可匹敌的资源足以让战争在西欧继续下去——但也只是让它继续，并不是结束战争。战争本身具有传染性。参战帝国在海外的巨大财富加速了战争在全球的蔓延。其他国家也加入进来。在1914年之前，黑山、日本和奥斯曼帝国也加入战争。1915年5月，意大利姗姗来迟，选择了协约国；保加利亚加入了同盟国（德国和奥匈帝国）；葡萄牙和罗马尼亚在1916年与协约国联盟；1917年，美国只是12个新加入的国家中的一个。其他国家是：玻利维亚、巴西、中国、古巴、厄瓜多尔、希腊、利比里亚、巴拿马、秘鲁、暹罗（现在的泰国）和乌拉圭。它们都联合起来反对同盟国。[1]在战争的最后一年，哥斯达黎加、危地马拉、海地、洪都拉斯和尼加拉瓜也加入协约国作战。在欧洲，只有西班牙、瑞士和斯堪的纳维亚国家等保持中立。

西线军事的僵局逐渐明朗化，而在此之前，德国政府甚至已经开始试验一种被证明能对战争起到决定性影响的武器。这个想法是通过释放一种符合逻辑的“病毒”来破坏对方的稳定。在奥斯曼帝国盟友的帮助下，德国人试图在整个大英帝国以及法国发动圣战。[2]约翰·巴肯的《绿斗篷》的情节（这可能是他最牵强附会的作品之一）是基于真实事件改编的。[3]而事实也证明，德国人是对的，这样的事情会奏效。然而，他们引发革命的第一次尝试却失败了。关键是，只有1914—1918年的一些革命思想传播得很快，而且传播得足够远，足以颠覆和推翻帝国的等级制度。圣战的号召并没有破坏英国人或法国人在他们控制的伊斯兰世界的统治，但是英国以支持阿拉伯民族主义的形式发起的反击确实破坏了奥斯曼帝国，就像德国传播的布尔什维克主义摧毁了俄罗斯帝国一样——然后向西横扫，摧毁了德意志帝国本身。为了理解为什么第一个计划失败了，第二个成功了，第三个也成功了，却适得其反，我们需要牢记一点：在决定传染速度和程度方面，网络结构和病毒一样重要。[4]

再古怪的想法一旦得到王室的拥护就有可能获得成功。德国皇帝威廉二世有东方主义倾向，强烈倾向于将伊斯兰主义理想化。1898 年对近东的访问给他留下了深刻的印象，以至他想象自己是“哈吉 · 威廉”，他向表弟沙皇尼古拉二世吐露，他“在穆斯林面前感到深深的羞愧，如果我没有任何宗教信仰的话，我肯定会变成穆斯林！”[5] 这种亲伊斯兰主义在德国学者中也很流行，尤其是卡尔 · 海因里希 · 贝克尔。[6] 此外，有战略理由将奥斯曼帝国纳入德国的势力范围。虽然不是兰克五国集团的成员，但“高门”① 实际上是欧洲大国网络的一个组成部分。事实上，它的未来一直是 19 世纪外交的核心问题，即所谓的“东方问题”。威廉二世 1913 年宣称，要么德国国旗将飘扬在博斯普鲁斯海峡的防御工事上，要么我将遭受与圣赫勒拿岛伟大的流亡者相同的悲惨命运（暗指他的偶像拿破仑）。[7] 土耳其似乎也有发展经济的潜力，因此德国计划修建一条连接柏林和巴格达的铁路，到 1914 年夏天，这条铁路的建设已经在进行中了（尽管存在一些财政和技术困难）。[8]

然而，对威廉二世来说，让穆斯林作为盟友的概念一直引诱着他。在德国驻开罗领事馆的法律专家马克斯 · 冯 · 奥本海姆的鼓励下，威廉对大英帝国的穆斯林臣民可能会被圣战召唤而起来反抗的想法很着迷。[9] 事实上，这是德国皇帝第一次意识到英国在欧洲大陆爆发的战争中不会保持中立。威廉二世被“包围德国”的前景激怒，草草书写下后来成为《绿斗篷》情

---

① 当代欧洲外交官经常将奥斯曼政府称为“Sublime Porte（高门）”，这是土耳其语 Bâblâli 的法文翻译（“高门”或“显赫之门”），这是伊斯坦布尔通向包括外交部在内的主要政府部门所在建筑的大门的名称。

节的内容:“我们在土耳其和印度的领事、特工等，必须点燃整个伊斯兰世界来激烈反抗这个可恶的、说谎的、没良心的、充满商人的国家。因为如果我们失血过多而死，英国至少会失去印度。”[10] 总参谋长赫尔穆特·冯·毛奇在 8 月份采纳了这个想法，他发布了一份备忘录，要求在另一边作战的帝国穆斯林人口中“唤醒伊斯兰教的狂热”。1914 年 10 月，奥本海姆以一份 136 页绝密的“关于在敌人的伊斯兰领土上进行革命的备忘录”作为回应，他在备忘录中称伊斯兰教是“我们最重要的武器之一”。他设想了印度、埃及以及俄国高加索地区的宗教起义。[11] 贝克尔出版了一本名为《德意志和伊斯兰教》的小册子。

当时这个想法远不如事后看起来那么诱人。的确，奥斯曼帝国加入同盟国绝非定局。[12] 事实上，德国大使汉斯·弗赖赫尔·冯·旺根海姆和德国驻该国军事使团团长利曼·冯·桑德斯将军对奥斯曼联盟能带来的好处相当怀疑。但是自从苏丹阿卜杜勒·哈米德二世于 1908 年强行恢复宪政以来，一直控制着帝国的青年土耳其党人有充分的理由与柏林结盟。青年土耳其党领导人伊斯梅尔·恩维尔和穆罕默德·塔尔贝格辩称，协约国（英国、法国和俄国）是对奥斯曼领土有致命企图的国家，而德国人和奥地利人是诚实的掮客，他们可能会支持至少归还一部分自 19 世纪 70 年代以来土耳其丢失的财产。[13] 在德国皇帝的鼓励下，一个联盟于 8 月 2 日仓促缔结。[14] 此外，恩维尔和他的同事完全相信宗教情绪可以被用作奥斯曼权力的来源。他们认为这是土耳其人和阿拉伯人之间的重要纽带。[15] 他们还认为可以将他们对帝国内的基督徒，特别是亚美尼亚人的种族灭绝运动合法化。正如旺根海姆在 8 月中旬报告的那样，“陛下所期望的伊斯兰世界的革命已经准备好了，并且已经持续了一段时间。这些措施是在严格保密的情况下采取的”。[16] 他唯一担心的是，对亚美尼亚人的任何屠杀都将归咎于德国人。[17]

1914年11月14日，在伊斯坦布尔的法提赫清真寺，奥斯曼帝国的伊斯兰教领袖乌尔赫·哈伊里·贝向苏丹穆罕默德·雷沙德五世赠送了先知之剑，这是一次正式发起反对协约国圣战的仪式。[18] 清真寺外聚集了“一大群人”，人们大声宣读了一份法特瓦（伊斯兰教），其中包括一系列问题：

> 俄国、法国、英国的伊斯兰臣民，以及所有在陆地和海上袭击中与他们站在一起的国家，都是为了消灭伊斯兰教而对哈里发进行攻击的，难道这些臣民也必须参与对他们所依赖的各个政府的圣战吗？
>
> 是的。
>
> 在这场战争中处于英国、法国、俄国、塞尔维亚和黑山统治下的穆斯林，以及那些通过对土耳其盟友德国和奥地利发动战争来帮助这些国家的穆斯林，他们是否应该受到真主的惩罚，因为他们是对哈里发和伊斯兰教造成伤害和破坏的原因？
>
> 是的。[19]

诚然，这是一种不同寻常的圣战，因为它只适用于生活在特定欧洲帝国的异教徒，而不适用于德国和奥地利的异教徒。它还涉及攻击代表协约国作战的穆斯林[20]，目标是比利时公民，而不是居住在土耳其的美国人。[21] 另一方面，不能否认奥斯曼帝国为传播战争号召所做的努力。[22] 此外，德国外交部东方情报局招募了数量可观的穆斯林合作者，包括突尼斯神职人员萨利赫·谢里夫·突尼斯和埃及学者阿卜杜勒·阿齐兹·沙维什。[23]

从马克斯·冯·奥本海姆的有利位置来看，全球圣战的未来令人炫目。奥本海姆是巴肯笔下的恶棍在现实生活中的对应，他是犹太银行家西蒙·奥本海姆的孙子。作为一名旅游作家和业余考古学家①，他成功地将他对伊斯兰世界的了解转化为迷人的双重生活：在柏林，他是德国皇帝最喜欢的知识分子；而在开罗，他享受异国东方的乐趣，还有他自己的后宫。奥本海姆哀叹“伊斯兰世界已经到了堕落的阶段”，在1915年的一本小册子中他猛烈抨击协约国，这本小册子的制作显然就是为了广泛传播。在印度、埃及和苏丹，“数以亿计的穆斯林”已经“落入真主的敌人，异教徒英国人手中”。马格里布人民已经被法国人征服，他们是“真主和他的使徒们的敌人”。克里米亚、高加索和中亚的穆斯林在沙皇统治下辛勤劳动。意大利人压迫塞努西，这是一个的黎波里的苏菲教派和部落。[24]现在是所有这些伊斯兰教徒反击的时候了。奥本海姆和他的合作者以这种方式用多种语言编写了这本小册子。[25]

德国人不满足于文字的宣传。1915年，奥本海姆扮成贝都因人，从大马士革出发，向叙利亚农村传播他的思想，他最远到达西奈半岛和麦地那附近。[26]他的使徒卡尔·普吕弗试图在埃及激起反英国情绪。弗里德里希·克莱因少校被派往伊拉克南部，会见卡尔巴拉和纳杰夫的什叶派穆斯林。领事威廉·瓦塞斯在伊朗也做了类似的努力。[27]德国驻摩洛哥费斯市领事埃德加·普尔伯特被私密地派去说服塞努西酋长拿起武器对抗协约国，并在第二次远征中，与摩洛哥希巴部落和苏斯部落达成同样的壮举。甚至还有德国派往苏丹和非洲之角的代表团。[28]最雄心勃勃的是由巴伐利亚炮兵军官奥斯卡·里特尔·冯·尼德迈尔率领的阿富汗远征队，曾在东方跋涉；沃纳·奥托·冯·亨蒂格是一名外交官，曾任职北京、君士坦丁堡和德黑兰。他们的目标是说服阿富汗国王阿米尔·哈比布拉脱离英国的影响完

① 奥本海姆在叙利亚东北部的泰尔哈拉夫发现并挖掘了极其丰富的遗址，那里是古阿拉曼城的所在地——古扎纳州或戈赞州。

全独立，加入同盟国一方。[29] 在卡齐姆·奥尔巴伊上尉领导的土耳其党、三名印度革命者和几名普什图部落成员的陪同下，尼德迈尔和亨蒂格于 1915 年 9 月 7 日抵达喀布尔。德国战略的最后一个组成部分是持续努力争取协约国军队的穆斯林战俘，他们被聚集在德国第一座清真寺所在地温斯多夫的一个名为“新月营”的特殊营地中，这是一个模仿耶路撒冷岩石圆顶而精心设计的木质结构建筑。[30] 阿尔及利亚逃兵布库亚中尉写的传单也被扔在了法国殖民部队驻守的战壕里。训练有素的德国士兵在没有人的土地上用阿拉伯语大喊：“你为什么要打我们？我们是你的兄弟，我们和你一样是穆斯林。”[31]

这些努力也并非注定要失败。的确，旺根海姆预计苏丹哈里发的呼吁将“只从暖炉后面哄走少数穆斯林”。[32] 但是奥本海姆的计划不能仅仅被视为“幻想”。[33] 作为动员奥斯曼帝国内部不同群体的工具，圣战的呼吁在许多方面都是成功的。恩维尔在 1914 年 8 月 10 日写给巴士拉的纳基扎德·塔利布·贝的信中说：“如果我们的敌人想用他们肮脏的脚弄脏我们的土地，我相信伊斯兰和奥斯曼的荣誉和力量会摧毁他们。”[34] 事实证明这是真的。如果奥斯曼帝国仍然是“欧洲病夫”，那么英国对加里波利的恶意入侵可能会成功。在那场血腥的战役中，宗教无疑是土耳其士气的来源之一。圣战的号召也引起了幼发拉底河中部什叶派部落——法塔赫、巴尼哈桑、巴尼哈坎和卡扎伊，以及由蒙塔菲克联邦控制的幼发拉底河下游部落强烈的积极反应。1914 年 11 月 19 日，大穆吉塔希德穆罕默德·卡迪夫·亚兹迪写信给穆哈马拉的谢赫·卡兹尔，明确敦促他“尽一切努力击退异教徒”。[35]

然而，事实却是，德国人集中伊斯兰国家反抗协约国的愿景并没有实现。这是为什么？一方面是因为德国的无能，另一方面是因为英法反间谍能力的强大。探险家利奥·弗罗贝尼乌斯在去厄立特里亚的途中被抓获，随后被意大利当局驱逐回欧洲。[36]阿洛伊丝·穆西尔是一名奥地利东方学家，被派去讨好长期与奥地利不和的阿拉伯领导人伊本·沙特和伊本·拉希德，他不仅没能达到目的，反而完全误解了他们的意图。[37]在伊朗，瓦塞斯的密码本落入英国人手中，还有一个盒子，里面装着“成千上万本用英语、乌尔都语、印度语、旁遮普语和锡克语印刷的，致印度军队的暴力煽动性小册子”，还有一个“向军队中的伊斯兰教徒发出的特别呼吁，敦促他们加入一场反对异教徒英国人的圣战”。[38]

然而，还有一个更深刻的问题。现实情况是，圣战的呼声并没有在奥斯曼的核心省份之外引起太多共鸣。[39]例如，谢赫·卡兹尔将阿巴丹岛租给了英国一波斯石油公司，他选择无视大穆吉塔希德对穆斯林团结的呼吁，并加入了英国人的行列。尽管一些法国官员起初担心他们的北非臣民可能会受到德国宣传的影响，但事实很快表明，他们同样愿意相信——用西·卜拉欣中尉在阿尔勒对北非士兵讲的话来说，他们“为我们国家拿起武器”是“捍卫他们的信仰、他们家园的荣誉和伊斯兰土地的完整”。[40]在利比亚，塞努西人最终被说服拿起了武器，但他们的最终目的只是金钱，当遇到英国的有效抵抗时，他们很快就消失了。在阿富汗，德国代表团等待了数周，阿米尔召集了部落首领组成的支尔格大会却投票决定，在战争中保持中立。[41]至于印度，对于英国人来说，说服伊斯兰领袖——尤其是阿迦汗、达卡的纳瓦卜·巴哈杜尔和全印度伊斯兰联盟理事会，让他们谴责圣战的号召是德国的伎俩可以说易如反掌。[42]

简而言之，战前像奥本海姆这样的人宣扬的“泛伊斯兰主义”被证明是沙漠中的海市蜃楼。没有任何小册子能够激活一个在东方主义者想象之外的根本不存在的网络。像奥本海姆一样，英国旅行家格特鲁德·贝尔称伊斯兰教为“情感传递的电流”，并认为“由于没有或几乎没有领土国籍意识来制衡它，它的影响力得以增强”。更有经验的殖民管理者对此表示怀疑。英国驻埃及总领事馆的东方事务处秘书罗纳德·斯托尔斯认为，作为英国政策的一个因素，哈里发教义（泛伊斯兰神权政治）主要是印度殖民政府的产物。[43] 即便如此，这对印度的“操作”也是不公正的。在 1916 年 6 月的一份备忘录中，印度办公室的副秘书 T.W. 霍尔德内斯认为，“无论是从过去的伊斯兰教历史，还是从当前的战争事件来看……泛伊斯兰主义是一种很容易被高估的动力”。霍尔德内斯敏锐地指出伊斯兰世界“缺乏凝聚力、教派分裂和仇恨”，他认为，总体而言，穆斯林“受国籍而非信仰的鼓舞”。[44] 这在汉志的所有重要地区都是事实，汉志是伊斯兰圣地麦加和麦地那的所在地。

德国人试图将他们的三个敌对帝国的穆斯林臣民煽动起来，形成一场宗教起义。但他们失败了，在麦加更是如此。英国人缩小了目标，那就是说服奥斯曼帝国的阿拉伯臣民叛变，这奏效了。甚至在战争开始之前，60 岁的麦加谢里夫侯赛因·本·阿里就已经派他的第二个儿子阿卜杜拉去告诉英国人，他可能会考虑反抗奥斯曼帝国的统治者。作为一名社会保守主义者，侯赛因对伊斯坦布尔的土耳其青年党人及其现代化计划深表怀疑。事实上，他怀疑他们将密谋推翻他，并结束他的哈希姆家族对汉志的宗主权。[45] 1914 年 9 月 24 日，战争事务大臣基奇纳勋爵通过开罗的斯托斯向阿卜杜拉发送了一封密函，询问侯赛因，如果土耳其加入同盟国的话，“他以及他的父亲和汉志的阿拉伯人会支持我们还是反对我们”。这封信的结尾有一个大胆的暗示：“很可能一个真正的阿拉伯人会捍卫麦加或麦地那的哈里发统治，在真主的帮助下，善良会从现在发生的一切邪恶中走出来。”[46]

基奇纳想的是建立侯赛因与大英帝国的从属关系，就像 19 世纪南亚和撒哈拉以南非洲的关系一样。但这不是侯赛因所设想的。奥斯曼帝国对阿拉伯人的统治远未结束，[47] 但是替代它的不应该是英国的统治，而是阿拉伯的独立。当侯赛因的长子费萨尔秘密会见阿拉伯民族主义秘密军事组织和平民运动的代表时，他们讨论的选择主题就是阿拉伯的独立。奥斯曼帝国的提议本质上还是让他们服从或者向他们下达命令。而阿拉伯主义者提出了更多的建议：如果侯赛因能够说服英国接受《大马士革议定书》中定义的大型的独立的阿拉伯国家（不仅包括整个阿拉伯半岛，还包括美索不达米亚和叙利亚的大部分地区），那么他们将会加入他对苏丹的反抗，并在战争结束后让他成为"阿拉伯人的国王"。[48] 埃及高级专员亨利·麦克马洪爵士与侯赛因达成协议，这一重大决定——尽管是在对"阿拉伯哈里发国"的精确边界进行了长期争论之后，在一定程度上是对德国奥斯曼圣战号召，以及英国在加里波利和阿马拉接连失利所引发的恐慌的回应。[49] 用开罗情报处处长吉尔伯特·克莱顿的话来说，"如果这次成功了，我们就能成功争取阿拉伯人对德国人和土耳其人的支持，并且能够排除他们反抗我们，或者是反抗法国人、意大利人的可能性。一个纯正的伊斯兰圣战一定是在伊斯兰教的圣地策划出来的……我认为，与阿拉伯人结盟的所谓的'正面'优势被过分重视了，与此同时，将他们推向德国和土耳其支持的大型'负面'优势则被忽视了。"[50] 英国与哈希姆的协议，与法国就美索不达米亚和叙利亚达成的单独协议①，以及与犹太复国主义运动达成的在巴勒斯坦建立犹太民族家园的协议，为我们现在所知的"中东"地区奠定了新的政治基础。[51]

① 麦克马洪接受了侯赛因提议的地区边界，但排除了以下地区：奇里乞亚（今天在土耳其东南部）和那些位于大马士革、霍姆斯、哈马和阿勒颇以西的"叙利亚部分"，法国已经宣布对这些地区感兴趣，并支持英国对美索不达米亚的巴格达和巴士拉省的所有权。英法两国对叙利亚和美索不达米亚地区的设计臭名昭著，在1916年5月的马克·赛克斯爵士和弗朗索瓦·乔治·皮科之间达成的协议中得到了体现，他们设想奥斯曼帝国在战后会完全分裂。

并且将持续一个世纪。

1916 年 6 月 5 日开始的阿拉伯起义让德国人在自己的计划中被击败，战争趋势被扭转，反而对奥斯曼帝国不利了。[52] 但是，为了理解为什么英国在德国人和土耳其人失败的地方取得了成功（在法国的支持下），我们需要研究的不仅仅是英国最狂热的阿拉伯独立支持者 T.E. 劳伦斯在军事上取得的成功。[53] 我们还需要知道劳伦斯正在与一个活跃的网络（阿拉伯民族主义者的网络）合作，而奥本海姆和他的同盟者则试图激活一个基本上处于休眠状态的、不相连的网络：所有穆斯林的乌玛。德国人犯下的致命错误是低估了阿拉伯意识甚至在战争爆发之前就已经破坏了奥斯曼统治的正式结构。[54] 奥本海姆自以为了解伊斯兰世界，但他完全误解了哈希姆人的意图。宣布一场全球圣战而不首先确保圣地安全，这是一个基本的错误，堪比巴肯的讽刺。正如劳伦斯所做的，布坎南式的英雄“不仅穿着阿拉伯人的衣服，还会对他们的精神基础加以仿效”。

36

瘟疫

德国人在第一次世界大战中使用的阴谋诡计可以说只有一个成功了，其他全都以失败告终。给印度民族主义者输送武装的“德国-印度计划”、资助暹罗入侵印度的计划都搞砸了。同时，德国还将 2.5 万支从俄国缴获的步枪运送至爱尔兰，但这并不能改变注定要失败的复活节起义，也没能让爱尔兰在英国的统治下复活。而最绝望的莫过于德国在提出重新征服新墨西哥州、得克萨斯州和亚利桑那州之后，德国跨大西洋的电报必须通过英国中转站，而英国情报部门截获了他们计划的种种细节，并随即转发给美国。就因为这个愚蠢的原因，墨西哥被卷入了这场战争。然而，还有一个公认成功了的德国阴谋，有的人甚至认为它几乎彻底改变了整个世界。那就是 1917 年 2 月推翻沙皇尼古拉斯二世的革命爆发后，将当时流亡瑞士的布尔什维克领导人弗拉基米尔·伊里奇·列宁送回俄国的事件。

德国政府经两名职业革命者亚历山大·格尔方德（帕武斯）和亚历山大·凯库拉提醒，得知列宁回国可以缓解德俄战事。于是他们不仅向列宁提供了从苏黎世到彼得格勒（现圣彼得堡）的火车票——途经法兰克福、柏林、萨斯尼茨和斯德哥尔摩，还提供了大量资金以期颠覆新的临时政府。① 列宁抵达时，尽管俄国临时政府有大量合理的理由逮捕列宁和他的 19 名同伴，但是他们犹豫了。这时，布尔什维克党开始行动了，他们在市中心购置了新的地盘当作总部（知名皇家交际花、芭蕾舞女演员玛蒂尔德·克舍辛斯卡娅的故居），同时买下了一台私人印刷机，并付钱让人们参加他们的示威游行。7 月初，由布尔什维克支持的示威游行失败后，俄国报纸曝光了列宁的身份，对他和其他 10 名布尔什维克领导人发出了正式的叛国指控。但是 7 月 7 日控制临时政府的社会主义革命司法部长亚历山大·克伦斯基依然没有果断处决他。他被一个完全不可靠的中间人说服，相信新任总司令拉夫尔·卡尼洛夫将军正在策划一场军事政变，克伦斯基解除了他的职务，并授权彼得格勒苏维埃（工人委员会）临时执行委员会给予布尔什维克相当于大赦的待遇。和列宁一起从监狱释放的还有利昂·托洛茨基，一名天才的孟什维克记者。当 7 月的事件发生之后，列宁逃往芬兰避难。而就在 10 月份的第二周，列宁在确定他的叛国指控被撤销之后，就从芬兰返回了俄国。此后，他们和他们的联盟密谋推翻临时政府，并将“一切权力归苏维埃”，对这一点，他们几乎没有掩盖。1917 年 10 月 25 日凌晨，克伦斯基在没有周全计划的情况下，再次对他们进行镇压，这之后布尔什维克政党发动了自己的起义。每一方都试图切断另一方的电话线路，但是问题的关键在于武装支持者的数量。临时政府这边有妇女死亡营的支持，但是布尔什维克党有更多的人，加上在冬宫受训的彼得保罗要塞的武装部队，这使得他们更有优势。[1]

① 据估计，列宁和他的同志收到了约 5 000 万金马克（相当于当时的 1 200 万美元），其中大部分是通过一个名为叶夫根尼娅·西蒙森的女性经营的一家俄国进口企业筹集的。根据非技术工资通货膨胀的调整，该数字相当于今天的 8 亿美元。

如今我们知道，在谢尔盖·爱森斯坦拍摄纪念十月革命十周年的影片《十月》期间，俄国的死亡人数比十月革命中的死亡人数还多。①然而，我们也不能因此低估十月革命的重要性。布尔什维克革命的第一个惊人之处是其信息传播的速度。早在4月18日，布尔什维克口号和标语就出现在了俄罗斯北方军队中。当临时政府准备进攻加利西亚时，官员们报告了“皮肤布尔什维克主义”（为那些想保全自己肤色的人所采用）的首次爆发。第十二军的指挥官抱怨说“布尔什维克的鼓动越来越强烈，他们已经把自己编织成一个坚固的巢穴”——这是他们对外界表现出来的形象。[2]当彼得格勒的援军抵达前线时，他们打出了写着“打倒战争和临时政府！”的横幅。[3]一个名为A.Y.谢马什科的逃兵都能够在第一机枪团招募500人加入布尔什维克的事业。[4]尽管7月的惨败暂时阻止了布尔什维克革命的蔓延，但是由于克伦斯基处决了卡尼洛夫，于是重新树立了布尔什维克党在下层的信誉。第五军随即遭到了一波逃兵的袭击，他们的电报设备也被布尔什维克武装控制了。对于陆军情报官员来说，似乎一股“布尔什维克浪潮”正在卷走所有的纪律。[5]到9月底，俄国各大城市对列宁所在政党的支持已经坚固到让它足以控制莫斯科和彼得格勒的苏维埃政府。同时，它在克朗斯塔特海军基地和波罗的海舰队中也很强大。可能只有在广大的农民和哥萨克人中，布尔什维克才缺少支持者——这也解释了为什么1918年俄罗斯会迅速陷入城乡内战。②基本上，布尔什维克的起义通过火车和电报传播，感染着那些识字的士兵、水手和工人。德国人还发现，布尔什维克的起义也会像被风吹错了方向的芥子气一样，感染他们本国的士兵、水手和工人。事实上就

① 事实上，莫斯科当时确实发生了比之前更严重的战斗，包括克里姆林宫内部激烈的近身搏斗。

② 在1917年11月12日的立宪会议选举中，社会革命党赢得了4 100万张选票的40%，布尔什维克赢得了24%。农民们认为前者才是代表他们的政党。

是如此：1918年夏天，即使俄罗斯彻底崩溃也无法避免中央政权的失败，布达佩斯、慕尼黑和汉堡也宣布成立苏维埃式的政府。格拉斯哥市政厅上空甚至升起了红旗，列宁梦想着建立一个“欧亚苏维埃共和国联盟”。托洛茨基也夸张地宣布，“通往巴黎和伦敦的道路会经过阿富汗、旁遮普和孟加拉的城镇”。[6]甚至遥远的西雅图和布宜诺斯艾利斯也受到罢工的冲击。这是无产阶级创造的“革命风暴”。

第二件令人吃惊的事情是布尔什维克如何无情地将他们的革命网络转变成新的等级制度，并在许多方面比旧的沙皇政权更加严厉。1917年后，布尔什维克党的规模呈指数级增长，但在规模不断扩大的同时，它也变得更加集中——列宁在战前的著作《怎么办？》中也预见了这一结果。1918年受挫之后，列宁实现了扮演罗伯斯庇尔角色的愿望，他本着“革命正濒临危险”的精神接管了政权。1918年7月17日，被废黜的沙皇及其家人在叶卡捷琳堡的地下室被枪杀。四天后，在雅罗斯拉夫尔，有428名新生政权的反对者被处决。[7]列宁坚持认为，确保农民交出粮食来养活红军的唯一方法是下令示范性处决所谓的“富农”，即所谓的贪婪的资本主义农民，这简直是最适合被布尔什维克党妖魔化的群体。“没有执法队，我们如何将革命进行下去？”列宁这样问道。[8]“如果我们不能射杀一名白卫军中的破坏革命者，那如何成就伟大的革命呢？除了说空话和吃空饭，什么都没有。”他坚信如果不使用“最严厉的革命恐怖手段”，布尔什维克就不会“以胜利者的姿态站出来”，他明确呼吁“对富农、牧师和白卫兵实行大规模恐怖行动”。“黑市商人”将被“当场枪毙”。1918年8月10日，他给奔萨的布尔什维克领导人发了一封电报，信息量很大：

对于你管辖的五个地区所发生的富农暴动，必须毫不留情地镇压……必须做一个表率。(1)将至少100名已知富有的、吸血的富农处以绞刑(而且必须公开行刑)。(2)公布他们的名字。(3)拿走他们所有的粮食。(4)确认他们的身份……这样做是为了让数百英里外的人们看到并为之颤抖、了解并为之哭泣:他们正在杀戮并将继续杀戮吸血的富农……另外,要招募更坚强的人。[9]

列宁宣称富农是"吸血动物、蜘蛛、水蛭和吸血鬼"。8月30日,一个名叫芬妮·卡普兰的社会革命党成员试图暗杀列宁,但没有成功。

新政权的保卫组织是"全俄肃清反革命及怠工非常委员会",简称契卡。在费利克斯·捷尔任斯基的领导下,布尔什维克创建了一种新型的政治治安——坚决地处决犯罪嫌疑人。正如其创始人之一所解释的,"契卡不是调查委员会、法院或法庭。它是内战内部战线上的战斗机构……它不评判,只做出行动。它也从不赦免任何罪过,只会摧毁所有被抓到街垒另一边的人"。[10] 布尔什维克党的报纸宣称:"我们将毫不留情地杀死数百名敌人。让他们成千上万地死去,让他们被自己的血淹死。为了列宁……让资产阶级的鲜血泛滥吧——越多越好。"[11] 捷尔任斯基很乐意这么做。1919年9月23日,67名所谓的反革命分子被当场枪毙。名列榜首的就是尼古拉·谢普金,他是1905年后成立的杜马(议会)的自由派成员。处决他们的宣告言辞激烈,其中指责谢普金和他的同伙"像嗜血蜘蛛一样躲起来,并在从红军到学校和大学的任何地方结网"。[12] 在1918年至1920年期间,多达30万人被执行了这样的政治处决。[13] 这些人中不仅有敌对政党的成员,也有布尔什维克人,他们如此鲁莽,以至挑战了党领导的新独裁政权。到1920年,已经有超过100个新的阵营来"修复"这些"不可靠因素"。他们精心选择地点,以便让囚犯暴露在最恶劣的条件下——像以前的霍尔莫戈里修道院,坐落在白海边冰冷的荒原中。古拉格集中营就是这样出现的。

而这时，斯大林（“铁人”）对他的革命同胞来说，并不是列宁作为苏联领导人的预期继承人。他缺乏其他主要布尔什维克领导人所具备的魅力和才华。然而，当列宁在1922年4月任命斯大林为中央委员会总书记时，他严重低估了斯大林个人专断的缺点。作为唯一一个在三大最有权力的政党机构（政治局、中央委员会和书记处）都有职位的人，作为迄今为止拥有最多工作人员的官员，斯大林通过严格的行政制度和独断的个人作风来确立他的威信。他很快在当地，尤其是在秘密警察中集结了自己的拥护者。他编制了一份“要职人员清单”，这样（正如他在1923年4月第12次党代会上所说的）“担任这些职务的人能够执行、理解、接受这些指令，并将其付诸实施”。[14] 商业委员会授予他的权力远远不止是官员的开支；隐藏在钢铁门后的“秘密部门”成了党内揭发和调查的机构。而政府电话系统和电报密码部门让他能够控制通信，他拥有包括监听他人的权力。

像列宁一样，斯大林是秘密革命网络的产物。作为一名年轻的反沙皇政权的革命者，他个人也承受过许多苦难。这是20世纪独裁者的一个显著特征，也许是因为他们来源于地下，他们在任何地方都能看到针对自己的阴谋。通过将一句小小的抱怨定义为叛国或反革命，斯大林主义体系能够把任何苏联公民打入古拉格集中营。俄罗斯国家档案馆现有的文件显示了这个系统是如何工作的。贝尔纳·克拉达只是列宁格勒的一个老太太，怎么看都不像一个颠覆分子。然而，1937年，她因表达反政府情绪被判在彼尔姆古拉格监禁十年。[15]

“反苏联煽动”是被判有罪的政治罪行中最轻微的，其次是“反革命活动”，接下来是“反革命恐怖活动”，更严重的是“托洛茨基主义恐怖活动”。事实上，绝大多数被判犯有此类罪行的人——如果他们犯有任何罪行的话，都只犯了轻微的罪行：反驳上级或无意中听到了关于斯大林的笑话，对这一无处不在的体系的抱怨，最糟糕的是一些轻微的经济违规，比如“投机倒把”（买卖商品）。只有极少数政治犯真正公开地反对过斯大林政权。1938年，只有不到1%的集中营囚犯受过高等教育，1/3是文盲。到1937年，就像钢铁生产有配额一样，逮捕罪犯也有配额，也因此，罪行可能只是为了配合惩罚而编造的。囚犯变成了纯粹的输出品，被内务人民委员部①（苏联秘密警察机构）称为“账户”（男性囚犯）和“书籍”（怀孕女性囚犯）。在古拉格集中营的鼎盛时期，有476个集中营系统分散在苏联各地，每个集中营都由数百个单独的集中营组成。总计约有1 800万男女老少进过古拉格集中营。考虑到被流放的600万或700万苏联公民，遭受某种形式奴役的人口比例接近15%。[16]

没有人是安全的。列宁首先引入了定期“肃反”运动，以清除“游手好闲者、流氓、冒险家、酒鬼和小偷”。[17] 至于斯大林就更加过分了，他甚至偏执到不信任自己的共产主义同僚。忠诚的列宁主义者被指控为忠于帝国主义国家的“破坏者”，或称“托洛茨基分子”（托洛茨基是斯大林的死敌，1940年死于谋害）。1934年12月对列宁格勒省委第一书记谢尔盖·基洛夫的谋杀，始于1933年对腐败或低效官员的打击，后升级为血腥的大清洗。一个接一个，革命卫队的男女成员被逮捕、拷打和审讯，直到他们被诱导承认一些“罪行”，并被迫指认更多的同僚，然后被枪杀。1935年1月至1941年6月，在苏联，有2 000万人被逮捕，至少有700万人被处决。仅在1937年至1938年，被处决的“人民的敌人”的配额就为356 105人，尽管实际死亡人数是这个数字的两倍多。[18] 1936年1月，共产国际执行委

① 内务人民委员部（NKVD）。1922年，契卡被重新命名为国家政治保卫局（GPU），1923年改名为国家政治保安总局（OGPU）。1934年，它才成为内务人民委员部。

员会的394名成员中，有223人在1938年4月之前成为恐怖主义的受害者，1933年后逃往苏联的68名德国共产主义领导人中有41人也是受害者。

在斯大林恐怖统治的巅峰时期，“公共福利”意味着完全的个人不安全感。事实上，没有人会感到安全——就连那些管理着内务人民委员部的人也是如此。亨里希·雅格达在1938年作为托洛茨基分子被枪杀；尼古拉·叶若夫，他的继任者，在1940年作为英国间谍被枪杀；斯大林死后不久，拉夫连季·贝里亚被枪杀。那些活下来的人不一定是顺从者，他们可能只是运气好。被捕者中有53名列宁格勒聋哑人协会的成员。对这个所谓的“法西斯组织”的指控是，他们与德国特工勾结，密谋在红场革命日游行中用自制炸弹暗杀斯大林和其他政治局委员。其中34人被枪杀，其余的人被送往集中营被迫接受了长达10年或更长时间的监禁。事实上，协会主席已经将消息提前告诉给一些成员，后来这些人在当地火车上以出售小饰品维持生计。这一指控导致内务人民委员部介入。主席本人随后也卷入所谓的阴谋并被枪决。第二年，内务人民委员部认定最初的调查本身是可疑的，当地警察随后被逮捕。[19]

斯大林的权力由三个不同的要素组成：对政党政治的完全控制，对通信手段的完全控制（克里姆林宫的电话网络是其中心枢纽），以及对一个秘密警察组织的完全控制，该组织则由一些一直生活在恐惧中的人组成。在这之前，没有哪个东方暴君对他的帝国拥有如此完整的个人权力，因为之前没有哪个等级制度能够将对非官方网络的渗透——甚至只是表面上的渗透，变成一件如此危险可怕的事情。

37

领袖原则

法西斯主义也始于一个网络，特别是在德国的大萧条时期，希特勒的支持率呈指数级增长的时候。大多数法西斯政权，从意大利的贝尼托·墨索里尼开始，都由皇室或贵族任命，然后迅速集中权力。而国家社会主义则不同。没有任何法西斯政党能像国家社会主义那样在选举中获胜。就投票而言，法西斯主义在德国是一种不均衡的现象。令人吃惊的是，1930 年至 1935 年间，欧洲对法西斯或其他极端民族主义政党的个人选票加在一起，96% 的选票是由讲德语的人投出的。[1] 在 1923 年恶性通货膨胀之后，许多选民已经离开了中右翼和中左翼的中产阶级政党，他们对主宰魏玛政治的商界和劳工之间的讨价还价不再抱有幻想。分裂政派和特殊利益集团激增，这是一个缓慢的分裂过程，是 1930 年政治爆发的前奏，当时纳粹的选票份额跃升至 1928 年的 7 倍。党员人数的增长具有类似的指数性质。1928 年，纳粹党有 96 918 名成员；到 1933 年 1 月，成员激增了八倍，达到 849 009 人。在接下来的两年里，随着机会主义者急切地加入获胜的政党，成员又增加了将近三倍。它继续增长，直到第三帝国末期，从 1935 年的 250 万增长到1939年的530万、1941年的710万、1943年的730万、1945年5月的800多万。阅读党报《人民观察家报》的读者也遵循了类似的轨迹。到1933年,《人民观察家报》的发行量达到33万份，1940年超过100万份，1944年每天售出约170万份。[2]

与之前宣称其是农村、北方或中产阶级的政党相反，纳粹党准备吸引整个德国乃至整个社会阶层的支持。但其对主要选区的级别分析却忽略了这一点，同时加剧了地区之间的差异性。最近一项基于最小选举单位的研究揭示了纳粹党投票的异常广度。[3]出现的画面几乎具有一种分形特征，每个选区在一定程度上都有点像国家地图，支持的热点地区（下萨克森州的奥尔登堡、巴伐利亚州的上中弗兰克尼亚、巴登北部、东普鲁士东部）遍布全国。的确，纳粹选票相对较高的地方更有可能在中部、北部和东部，纳粹选票相对较低的地方更有可能在南部和西部。[4]但最重要的一点是，纳粹几乎能够在任何地方的政治环境中取得一些选举上的成功，其覆盖的德国选区范围可以说是空前的。而且，失业率或工人在人口中的比例与纳粹的选票没有线性关系。在一些地区，多达2/5的纳粹选民是工人阶级，这令共产党领导层感到震惊。对纳粹选票增长的唯一重大限制是，天主教中央党比迄今为止德国新教徒支持的政党更具弹性。[5]

简而言之，国家社会主义是一场运动，它的领袖希特勒极具个人魅力，可以说在1930年至1933年间迅速走红。对许多观察家来说，这似乎是一种宗教觉醒。正如一名冲锋队中士解释的那样:“我们的对手……将我们等同于经济党、民主党或马克思主义政党，他们犯了一个根本性的错误。所有这些党派都只是利益集团，它们缺乏灵魂和精神纽带。而阿道夫·希特勒则是一种新政治宗教的倡导者。”[6]纳粹也随之形成了一种自觉的礼拜仪式，11月9日（1918年革命和失败的1923年啤酒馆政变的日期）是悼念日，到处都是火、花圈、祭坛、血迹斑斑的遗物，甚至还有关于纳粹烈士的书。进入精英党（党卫军）的新成员必须念诵这样的话语："我们相信上帝，我们相信他创造的德国……我们必须相信元首……是上帝把他送给我们的。"[7] 在所谓"棕色邪教"的标志和礼仪中，耶稣或多或少地被希特勒公然取代了。正如党卫军的杂志所说，基督教的道德基础也必须抛弃："原罪的深奥教义……事实上，也就是教会提出的所有罪行……对北欧人来说是不可容忍的，因为这与我们血液中的'英雄'意识形态格格不入。"[8] 纳粹的反对者也认识到这场运动的伪宗教性质。正如天主教流亡者埃里克·沃格林所说，纳粹主义是"一种类似于基督教在此时此地救赎异端邪说的意识形态……融合了后启蒙时代的社会转型理论"。记者康拉德·海登称希特勒是"现代大众灵魂的一部分"，他的演讲总是以"欣喜若狂的救赎"结束。一位匿名的社会民主党人称纳粹政权为"反教会"。[9] 然而纳粹主义并不是真正的宗教：它诞生的制度温床是德国现存的世俗交往生活网络。一个城镇的社团生活越密集，纳粹党发展的速度就越快。[10]

就像之前的教会和布尔什维克党一样，纳粹党的规模发展得越大，其等级就会越森严。自《我的奋斗》出版以来，希特勒一直坚信领袖原则——元首原则，他的追随者学会了"向着元首努力"。希特勒本人站在第三帝国的顶峰。他得到了一批值得信任的精英，如马丁·鲍曼、约瑟夫·戈培尔和海因里希·希姆莱。隶属于国家领导人的是省长或区域领导人，负责与德国各州接壤的区域；接下来是郡长，负责整座城市和大都市的区域；然后是地区负责人，负责领导当地事务；更小的则是区长和社区负责人。截至1936年，已经有33个省长、772个郡长、21 041个地区负责人。到1943年，由于帝国的扩张，增长到43名省长、869名郡长、26 103名地区负责人、106 168名区长和近60万名社区负责人了。[11] 然而，将希特勒的德国简单地视为斯大林的苏联那样的政党金字塔是错误的。相比之下，希特勒更喜欢混乱的政府形式，在这种形式中，帝国政府的旧等级与该党的新等级，以及与后来更新的安全部门的等级之间产生了竞争。历史学家有时将这一体系描述为“多头治理的混乱”，模糊的命令和重叠的司法管辖导致了“累积的激进化”，因为互相敌对的个人和机构竞相去满足他们所谓的元首的需求。其结果则是低效率、极端腐败和针对所有被认为不属于“种族社区”（即德语中的“民族共同体”）的群体的暴力升级，其中，针对犹太人的迫害尤为严重。

38

“黄金国际”的坠落

希特勒的反犹太主义是毫无新意的。他的纳粹主义在具有暴力反犹太主义传统的小城镇尤其盛行，而这种传统甚至可以追溯到14世纪。[1]最近我们可以看到，左翼和右翼民粹主义者不断将矛头指向犹太人在19世纪时超出德国范围的过度的金融权力。早在1933年以前，关于犹太人是低下的、邪恶的种族的论调就在大西洋两岸盛行了。不过，希特勒对犹太人无情的仇恨，恨不得将其种族赶尽杀绝的做法是前所未有的。[2]然而，早在纳粹领导层讨论大规模屠杀的可能性之前，该政权就暴露出一个悖论。尽管其宣传一再声称德国遭受了犹太银行家“黄金国际”的掠夺，尽管纳粹政权已经以某种不清不楚的方式与共产国际的“犹太布尔什维克主义”结盟[3]，但纳粹政权能够轻而易举地剥夺德国犹太精英的权力。纳粹从19世纪90年代的美国民粹主义者那里继承而来的“巨型蜘蛛”登上了《先锋报》的头版，它看起来很危险：吸食着被困在网中的无助的德国工人的鲜血（见图38.1）。但是希特勒能够把它踩在脚下。纳粹宣传的成功之处就是让普通德国人相信：一个强大的犹太人的阴谋足以发动一场世界大战[4]，同时让他们不断地面对犹太人软弱的现实。

图38.1 《被吸干的人》。一幅国家社会主义漫画描绘了一只巨大的犹太蜘蛛，它吸干了德国人的血。发表于1930年2月《先锋报》第8期的头版。

从 19 世纪 30 年代到 20 世纪 30 年代，犹太人在德国经济中扮演了主导角色，这不是玩笑也不是阴谋论，而是事实。在私人银行界，华宝、阿恩霍尔德、弗里德兰德 · 富尔德、西蒙和温伯格都是最杰出的。在股份制银行中，德意志银行和德累斯顿银行分别由奥斯卡 · 瓦塞尔曼和赫伯特 · 古特曼执掌，而柏林商业银行则由卡尔 · 富森伯格把持，直到他于 1933 年去世。达姆施塔特和国家银行在整个 20 世纪 20 年代由雅各布 · 戈尔德施密特经营，后来于1931年破产。犹太人的影响力也不仅限于金融。德国两家主要的百货公司以犹太名字命名——韦特海姆和蒂茨。[5]领先的德国电器公司是由犹太人埃米尔·拉特诺创建的。除此之外，还有许多富有却不太出名的德国犹太人。第一次世界大战前，当犹太人在德国人口中所占比例不到1%时，犹太人就占了普鲁士当地百万富翁的1/5以上。[6]此外，犹太人在德国公司管理层中的人数也很多。1914年，大约16%的德国上市公司董事会成员是犹太人。在公司的董事会网络中心，这一比例升至1/4。在那里，犹太人可能会有三个以上董事会职位。超过2/3的德国大公司至少有一名犹太董事。[7]同样的情况也出现在德国的学术界和文化界，犹太人在智力上也非常突出。一个明显的例外是在政治方面，他们继续发挥着微乎其微的作用。正如雨果·瓦连京1936年指出的：

> 从1818年到1933年，在执政的20个内阁中，共有两名犹太部长……和四个犹太后裔……在帝国各部约250名高级官员中，包括国务秘书和政府委员会成员，在希特勒胜利前最多只有15名犹太或犹太血统的人。1918年至1933年间，政府中的犹太国务秘书只有两人。普鲁士各部约300名高级官员中，约有10人是犹太人或犹太人出身。在普鲁士国的12个首脑、35个政府首领，还有400多个议员中……一个犹太人都没有……1925年，德国所有的政府官员中只有0.16%是犹太人，较高层官员中的犹太人比例是0.29%，中低层官员里则只有0.17%。[8]

为什么犹太人在德国的经济生活中如此突出？仅仅是因为他们受过更好的教育吗？他们在紧密相连的德国公司董事会网络中的核心地位难道仅

仅因为他们在银行业的高度代表性？而这反过来又导致他们在多个董事会拥有职位？或者，加入一个以宗教和传统为基础的社区有什么特别的优势，导致更高程度的信任和“社会嵌入性”？保罗·温多尔夫在20世纪初对德国企业网络进行了深入的剖析，他认为：

> 犹太人和非犹太人管理者都融入了这种合作资本主义制度（“德国公司”）。犹太成员并没有创建独立于公司整体的独立网络。相反，犹太人和非犹太人成员通过他们在大公司监事会中的席位相互接触。这两组人都被纳入这个网络……尽管有明显的同质性倾向，但犹太人与非犹太人的接触要多于他们与自己群体成员的接触。[9]

上述数据迫使我们不得不回头寻找更抽象的理论解释，例如遗传学、犹太家庭生活的教育益处，或者某种比新教伦理更符合资本主义精神的韦伯式“犹太伦理”。然而，这些论点似乎也有问题，尤其是因为德国魏玛的犹太人越来越不愿意嫁给其他犹太人。就整个德国而言，与信仰不同的犹太人结婚的比例从1902年的7%上升到1933年的28%，1915年达到1/3以上的峰值。[10]（在美国，相对应的比例在1950年代约为20%，1990年为52%。[11]）虽然汉堡和慕尼黑的异族通婚率最高，但柏林、科隆、萨克森的德累斯顿城区和莱比锡以及西里西亚的布雷斯劳的异族通婚率也远高于平均水平。[12] 当亚瑟·鲁平收集其他欧洲城市的数据时，他发现只有里雅斯特的异族通婚率更高。尽管相对较高，列宁格勒、布达佩斯、阿姆斯特丹和维也纳的这一比例也仍落后于德国主要城市。[13] 1939年留在德国的16.4万名犹太人中，有1.5万人是异族通婚者。[14]

纳粹将这些异族通婚生育的子女定义为“杂种”，据他们统计，“杂种”

的数量达到了30万，尽管事实上真正的数字在6万到12.5万之间。[15] 1933年的德国犹太人在社会上的方方面面——甚至在性方面——都被强行同化了。在历史上受到迫害的民族中，没有哪个比犹太人受到的同化更为严重。

虽然希特勒上台后，有些德国犹太人觉得自己卷入了受迫害的漩涡，但实际上他们只是多重等级结构的受害者，有时也是相互竞争的官僚机构的受害者。[16] 这始于纳粹企业秘密组织、中产阶级雇员和工匠联盟以及社区企业的一些部门发起的对犹太企业的抵制。[17] 在早期阶段，为了避免经济混乱，像蒂茨这种大型企业被排除在抵制列表之外。[18] 因此，起初对犹太公司“雅利安化”的进展是缓慢的。[19] 汉堡银行家马克斯·沃伯格的经历说明了他所属精英阶层的困境。他们曾认为自己已经完全融入德国商业精英中。当精英阶层的民族成员将他们默默地排除在外时，他们也感到无能为力。具有讽刺意味的是，在沃伯格担任汉堡-亚美利加航运公司（由另一个犹太人艾伯特·巴林创办的公司）董事的最后一次会议上，一段尴尬的沉默之后，他代表董事会发表了自己的最后一次演讲，感谢自己多年来的服务，并希望自己“安享晚年，祝福家人好运”。[20] 直到1938年11月11日的大屠杀之后，没收犹太商人财产的过程才真正开始，赫尔曼·戈林正式禁止了帝国的所有犹太商业活动。[21] 然而，获准移民的德国犹太人在获得出境签证之前，发现自己被骗了：几乎所有的财产都被当局有组织地剥夺了。[22] 自1939年1月1日起，如果名字没有出现在内政部发布的正式“犹太人代表”名单上，那么犹太人都必须在他们的名字中加上“以色列”（男性）或“萨拉”（女性）。犹太人越来越多地受到盖世太保（德国纳粹秘密警察）的摆布，盖世太保开始把他们召集到所谓的“犹太屋”里。[23]

战争爆发前七个月，即1939年1月30日，希特勒在国会演讲中非常清楚地阐明了犹太人的命运，他阐述了自己反犹太主义的理论基础：

> 数百年来，德国一直很友好地接纳着他们，尽管他们除了政治上和身体上的传染病之外一无所有。他们今天所拥有的，很大程度上要归结于我们的国家太不精明，他们通过牺牲我们的国家，通过最应该受到指责的操纵获得了这一切。
>
> 今天，我们所做的是给这些人应得的报应……由于犹太人煽动和推行通货膨胀，德国人多年来踏实工作积累的全部储蓄都被他们掠夺一空……我们决心阻止一个陌生的民族在我们国家定居，这个民族能够夺取这个国家的所有领导地位，甚至夺取整个国家……德国文化只能是德国文化，而不是犹太文化，因此只有德国人才能管理犹太人……
>
> 即使世界上有足够的定居空间，我们也必须从现在开始摆脱这样的观点，即犹太人是上帝创造出来的，只是为了在其他国家成为寄生虫，并从事其他国家的生产性工作。犹太民族将不得不建设自己的国家，否则迟早会屈服于一场不可想象的危机。
>
> 今天，我要说的对德国、对全世界都具有纪念意义：在我的一生中，我常因为我所预言的未来而受到嘲讽。在我承诺即将接管整个国家政权解决犹太人的问题之时，他们则是首先笑话我的人。现在，轮到他们被嘲笑了。今天，我将再次成为预言家：如果欧洲内外的国际犹太金融家能够成功地将这些国家再次拖入一场世界大战，那么结果将不会是地球的布尔什维克化，也不会是犹太人的胜利，而是欧洲犹太种族的灭绝！[24]

罗斯柴尔德家族不久前是世界上最富有的家族，并且仍然是犹太王朝中最著名的家族——约瑟夫·戈培尔的宣传部专门为他们拍摄了一整部电影。然而事实证明，纳粹党并没有赋予他们什么权力。在德国（银行很久以前就未曾在那里设立分支机构了)，他们的基金会被国有化了。[25] 即使少数家庭成员的私人财产仍然在德国，其中包括在博青海默大街的历史悠久的房屋，这是罗斯柴尔德家族在犹太人解放一个多世纪前购买的第一个不动产。1938 年奥地利被吞并后不久，维也纳之家的负责人路易丝·冯·罗斯柴尔德立即被逮捕，并被带到大都会酒店的盖世太保总部。在他被捕后，党卫军几乎立刻就开始在他富丽堂皇的住宅中抢劫艺术品。[26] S.M. 冯·罗斯柴尔德的公司被置于国家管理之下，后来被出售给德国默克银行芬克公司。事实证明，没收罗斯柴尔德创建的威特科维茨钢铁厂更为困难，因为它位于捷克境内，所有权已转移给英国联盟保险公司。但在 1939 年，捷克斯洛伐克分治，这一障碍就被扫除了，该厂随后便处于德国的直接控制之下。[27] 随着希特勒的军团逐渐征服欧洲大陆的国家，罗斯柴尔德的艺术收藏品也接二连三地被没收，一座又一座私人城堡被国家征用。阿尔弗雷德·罗森伯格（著名的纳粹种族主义理论家）带头追踪和掠夺了这些收藏品，他认为“罗斯柴尔德家族是一个敌对的犹太家族，他们为保存自己的财产而进行的所有阴谋都应该让我们感到不齿”。[28] 诚然，纳粹种族灭绝政策只导致该家族两名成员丧生，那是因为大多数人都逃到纳粹帝国的势力无法到达的地方：英国、加拿大和美国。

在所有关于犹太人权力网络的描述中，都提到唯一真正重要的网络是那些能够促进移民的网络，这些网络通常有着较为简单的家庭关系。罗斯柴尔德家族的关系非常复杂。对于较为普通的家庭来说，有一个国外的亲戚就足够了。以菲尔特学校教师路易斯·基辛格为例，是他妻子住在纽约韦斯切斯特县的姑姑给了他的儿子海因茨（后来的亨利）和沃尔特在美国生活的机会。如果不这样的话，他们只能死在德国，就像十几个无法脱身或不愿离开的亲人一样。由于移民美国有严格的配额限制，只有那些有亲属愿意为他们提供经济担保的德国犹太人才有机会。[29] 对于不太幸运的家庭来说，生存的唯一希望是陌生人的安慰——以及朋友的朋友的安慰。根据埃尔娜·西格尔关于战时柏林生活的详细回忆录，她和她的孩子一共向20个陌生人寻求过帮助。有三次，陌生人都主动提供了帮助。相比之下，在这个家庭曾寻求过帮助的17个老熟人中，也只有3个愿意为他们提供一夜以上的住宿。然而，熟人确实能充当中间人，把他们介绍给愿意提供长期住宿的人。在12次长期援助中，有6次是由老朋友促成的。[30] 不幸的是，西格尔一家只是一个特例。战争爆发时仍在帝国的21.4万名德国犹太人只有不到1/10幸存下来。汉斯·法拉达在1947年的小说《每个人都孤独地死去》中描述了一个更典型的案例，一个犹太寡妇受到她的公寓楼的一位居民、一名反纳粹法官的保护，但受到一群狂热纳粹分子的迫害，他们的暴行最终导致她自杀了。

法拉达的这部小说（也是他的最后一部小说）回应了读者对极权主义生活的深刻见解。这本书以奥托·汉佩尔的真实故事为基础，他是一名没有政治背景、不谙世故的工人，他的儿子在德国入侵法国期间死亡，此后他试图反抗纳粹政权。汉佩尔的想法是，如果他在柏林周围精心挑选的建筑物和邮箱里留下谴责该政权的手写明信片，将会激起民众的不满。一年多来，汉佩尔和他的妻子埃莉泽写了数百张这样的明信片，上面写着简单的信息，比如："妈妈！元首谋杀了我儿子。妈妈！元首也会谋杀你的儿子，除非他给世界上每个家庭带来悲伤，否则他不会停止。"然而，那些发现明信片的人非常害怕，几乎所有明信片都被立即交给了当局，这使得盖世太保最终能够追踪并逮捕明信片的写作者。汉佩尔一家在人民法院受审，并被可恶的纳粹法官罗兰·弗赖斯勒判处死刑（见图38.2）。[31] 作为一名作家，政府不信任法拉达，但他在纳粹统治时期一直留在德国，他深刻地传达了纳粹统治孤立个人的方式，邻居之间的信任变得极其危险，这也使得汉佩尔夫妇不可能大量地传播反纳粹的思想。极权主义成功的秘诀，换句话说，就是使政党和国家等级制度之外的几乎所有社会网络，尤其是渴望独立行动的政治网络失去合法性、瘫痪或彻底消失。这部小说最新英文译本的标题名为《柏林孤影》，它巧妙地概括了使第三帝国如此坚韧不拔的手段。即使很明显能看出，希特勒此时正在带领德国走向灾难性的失败。

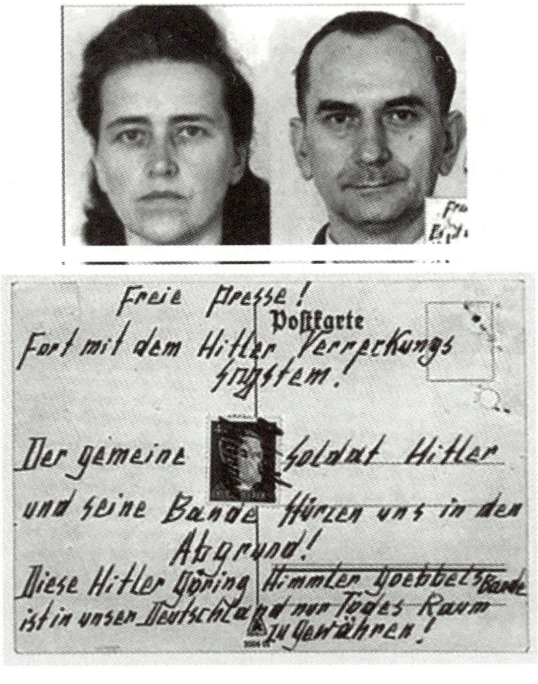

图38.2　柏林孤影：奥托·汉佩尔和他的妻子埃莉泽于1943年4月8日被处决，罪名是“破坏军队士气”和“预备叛国”。他们因写了图中这样的明信片而被定罪，上面写着：“言论自由！消灭希特勒的毁灭体系！普通士兵希特勒和他的团伙把我们扔进深渊。希特勒、戈林、希姆莱、戈培尔团伙在德国所到之地即死亡空间。”[纳粹“Lebensraum”（生存空间）的双关语。]

39

剑桥五人组

像希特勒这样的极权主义政权如此令人厌恶，以至人们很难理解为什么生活在自由社会的人会被这个政权吸引。而且被其吸引的人还不在少数。更值得注意的是，英国一些最排外独立的组织竟然允许法西斯主义的特工渗透进来。众所周知的一个例子就是英国的贵族阶层，他们中的某些人跟随希特勒的脚步，当然，他们追求的是所谓的绥靖政策，而不是与之正面对抗。根据达夫·库珀的说法，威斯敏斯特公爵曾“猛烈抨击犹太人，并且还说，希特勒最终会明白我们才是他最好的朋友”。[1]洛锡安侯爵曾在米尔纳勋爵在南非联邦的“幼儿园”里摸爬滚打，他也是另一个同情纳粹政权的贵族，同时，英德两国的阿索隆伯爵也是如此（他在战争期间放弃了德国赋予他的泰克王子的头衔），更不用说航运继承人南希·库纳德和米特福德姐妹尤妮蒂与戴安娜了，前者称希特勒为“有史以来最伟大的人”，后者则在戈培尔的家中秘密嫁给了英国法西斯领导人奥斯瓦尔德·莫斯利爵士。[2]1935年2月，洛锡安侯爵告诉《泰晤士报》的读者，希特勒亲自向他保证“德国想要的是平等，而不是战争；这个国家已经为停战做好了充足的准备”。无论如何，希特勒关心的不是西欧，而是苏联。

在组织的历史上，没有什么能比剑桥间谍更有教益了：他们在莫斯科中心的控制组成员称他们为“伟大的五人组”，牛津大学沃德姆学院院长莫里斯·鲍勒戏称他们为“同志国际”。他们五个人都属于一个以排他性自豪的组织。然而，这个精英组织已经被苏联情报部门渗透得非常彻底，以至十多年来，它的五名成员都是苏联的外国情报部门的中坚力量，他们将无数的秘密和西方特工泄露给苏联。

在前文中我们已经知道，1900 年前后剑桥使徒社的成员在性和政治上如何与维多利亚时代的价值观分道扬镳。到第一次世界大战时，很大一部分使徒同意福斯特的立场，即友谊先于对国王和国家的忠诚。新一代成员将这种隔阂进一步加深：从出于良心拒服兵役到叛国。安东尼·布朗特于 1928 年在使徒社中“出生”。四年后，他又成为盖伊·伯吉斯的介绍人。两人都是三一学院的学生，在学业上都很出色，并且都是同性恋。（虽然伯吉斯和布朗特一个浮夸一个稳重，但有一段时间他们一直是情侣。[3]）然而，布朗特和伯吉斯的历史意义在于，他们还是共产主义者，愿意为斯大林服务。

诚然，使徒们本身不是共产主义者，甚至不是社会主义者。马克思主义出现在 20 世纪 30 年代的剑桥，在各种明确的政治学生团体中（尤其是剑桥大学社会主义协会，它已经被英国共产党彻底渗透）得到马克思主义者的鼓励，比如彭布罗克经济学家莫里斯·多布。但是使徒不仅仅是时代精神的代表。在 1927 年至 1939 年间“出生”的 31 名使徒中，至少有 15 名是马克思主义者，其中包括约翰·康福德、詹姆斯·克卢格曼、利奥·朗、迈克尔·斯特雷特和阿利斯特尔·沃森。[4] 周六晚间座谈会的主题通常反映了这种政治化：比如，1933 年 1 月 28 日，伯吉斯发起了“过去对我们来说是路标吗？”的讨论。[5]伯吉斯在许多方面都是一个积极分子。作为一名大学生，他帮助组织了三一餐厅员工和剑桥公共汽车司机的罢工。上一代使徒中的“天使”们不可能不知道他们曾经如此不关心政治的社团正在发生什么。然而，即使他们曾经试图反抗过，也没有任何历史记录了。

当然，并非所有剑桥间谍都是使徒。伯吉斯的梦想是组织一个“五环组织”，模仿传说中活跃在纳粹德国内部的反纳粹共产主义组织。[6]那时候的苏联人比任何人都更清楚，从同一个组织中招募五名特工意味着什么。但尽管如此，他们还是从布朗特和伯吉斯所属的更广泛的网络中招募了特工。苏联特工威利·穆恩森伯格和恩斯特·亨利早在20世纪30年代初就已经开始在剑桥“找寻人才”，但实现伯吉斯愿景的是一个名叫阿诺德·多伊奇①的特工。[7]多伊奇（克格勃代号奥托）不是从使徒开始做起的，而是最先从三一学院找了一个名叫金·菲尔比的人。金在学术上并不出类拔萃，他出生在印度，后来更名为吉卜林最伟大著作《金姆》中的主人公金的名字，他的父亲是印度公务员，曾是沙特阿拉伯国王伊本·沙特的顾问，在那里他皈依了伊斯兰教，“成为当地人”。也许苏联人在他身上看到了第二次转变的可能性。剑桥大学毕业后，在莫里斯·多布的建议下，他去了维也纳，为共产主义支持的国际工人救济组织工作。在那里，他结识了第一个妻子利兹·弗里德曼，并与之结婚。弗里德曼把他介绍给多伊奇，多伊奇招募了他，并给他起了个代号叫“桑尼”。[8]菲尔比随后又提拔了他的剑桥朋友唐纳德·麦克莱恩，他的代号是“孤儿”。麦克莱恩的朋友詹姆斯·克卢格曼（代号MER）也身处多伊奇迅速发展起来的间谍网络中，尽管他是一名众所周知的共产主义者，但是除了监视其他间谍，他没有做更多的事情。

① 作为一名拥有辉煌学术生涯的捷克犹太人，多伊奇能够在伦敦立足，而不会引起怀疑，是因为他是欧典影院创始人的表弟。

伯吉斯猜到麦克莱恩在为苏联工作，而根据记载，多伊奇为了让伯吉斯不要声张，不得不招募了他。滥交成性的伯吉斯被赋予“女孩”的代号。[9]伯吉斯随后招募了他的使徒同僚布朗特（代号托尼），他那时在三一学院教书。[10]布朗特又招募了迈克尔·斯特雷特（代号奈杰尔），他是美国人，也是使徒，同时还是使徒社新当选的主席。[11]布朗特还介绍了他的学生约翰·凯恩克罗斯入会，一名苏格兰血统的三一学院本科生，他的代号是莫里哀（这个代号比较奇怪，因为凯恩克罗斯曾发表了诸多关于这位法国剧作家的学术文章）。[12]另一个招募对象（或多或少跟使徒和克格勃同时进行）是利奥·朗，在他面前，布朗特只能是副手。[13]最后，阿利斯特·沃森进入了克格勃的名单。细心的读者会注意到，其实剑桥间谍不止5个，而是至少有9个。

多伊奇的策略是，“五环组织”的所有成员都应该表面上否认马克思主义，并在政府机构或政府机构周边寻找职位。剑桥间谍案的一个显著特点是他们对一些事件的否认都很令人信服。1937年，菲尔比摆出法西斯同情者的姿态，报道西班牙内战中民族主义的一面，他当时的身份先是自由职业者，后来又是《泰晤士报》的记者。[14]但我们现在知道，之后他被派往西班牙是苏联暗杀弗朗哥阴谋的一部分。[15]麦克莱恩得到了放弃撰写马克思主义论文的指令，转而申请外交部。1935年，他被录取了，尽管他承认“没有完全摆脱”共产主义观点。[16]凯恩克罗斯在索邦大学读书时就是共产主义者，甚至在他上剑桥大学之前。即便如此，外交部也毫不挑剔地接受了他。1934年，伯吉斯乘船去了柏林和莫斯科，在那里他遇到了共产国际联络部门的负责人奥西普·皮阿特尼茨基。[17]然而，在多伊奇的命令下，伯吉斯假装放弃共产主义，拥抱保守主义，他在保守党中央办公室找了一份工作，最后成为保守党议员约翰·麦克纳马拉的私人助理，他们都是同性恋。而正是以这一身份，伯吉斯招募了汤姆·怀利，他是陆军常务副部长赫伯特·克雷迪爵士的私人秘书。[18]从1936年末开始，伯吉斯被英国广播公司聘为时事广播制作人。他最大的功绩是让克格勃特工埃内斯特·亨利发表了一篇有利于盟军第二战场的演讲。[19]1939年1月11日，伯吉斯加入了英国秘密情报局（SIS，也被称为军情六处）的D（毁灭，或者更准确地说，是"肮脏的把戏"）部门，虽然他的正式工作是在信息部的外事处。[20]迈克尔·斯特雷特则被迫离开剑桥回到美国，假装对他的朋友和使徒约翰·康福德在西班牙内战中的死亡感到悲痛。他被聘为富兰克林·罗斯福总统的演讲稿撰写人，并在内政部和国务院任职。

他们为什么这么做？有人认为，他们都是原则性强的人，对法西斯主义的崛起感到震惊，对绥靖政策感到失望，他们认为斯大林是唯一可信的对抗希特勒的力量，但这一想法未免太过天真。1939年8月23日，当《苏德互不侵犯条约》宣布时，他们中没有一个人有过二心。（只有被伯吉斯列入多伊奇名单的牛津大学毕业的威尔士人戈伦韦·里斯得出了正确的结论。）事实上，在希特勒和斯大林站在同一阵线的时期，剑桥间谍依然特别活跃。1940年在法国担任《泰晤士报》记者后，菲尔比被布莱奇利庄园的政府密码学校拒绝，但多亏伯吉斯的帮助，他在D部门得到了一份工作。当D部门被并入新的特别行动处（SOE）时，伯吉斯被解职，但菲尔比继续担任教官。在这个位置上，他继续向莫斯科提供对英国政策的评估。后来，他被转移到秘密情报局第五区。此时，克卢格曼也去了特别行动处（南斯拉夫区）。约翰·凯恩克罗斯则在布莱奇利庄园。布朗特起初因其战前的共产主义倾向而遭到情报部门的拒绝，但在他的朋友维克多·罗斯柴尔德的支持下，他慢慢进入了军情五处（英国安全局），他的朋友维克多·罗斯柴尔德也是使徒，他们是三一学院的校友，同时也是该领域的同行，他接受了布朗特的说法，即他只对马克思主义感兴趣，因为它涉及艺术史。[21]布朗特很快就开始移交军情五处的文件以及他从在陆军部军情十四处工作的利奥·朗那里收到的关于德国作战计划的情报。1940 年末，布朗特招募伯吉斯加入秘密情报局，却不让他成为秘密情报局的官员。[22]

剑桥间谍对苏联战争的贡献之大令人震惊。1941 年，伦敦很容易就成为克格勃最容易获取情报的地方，从这里流出了近 9 000 份机密文件。从 1941 年到 1945 年，仅布朗特一人就向莫斯科中心提供了 1 771 份文件。[23] 5 月 26 日，盟军入侵诺曼底的 11 天前，他向苏联提供了作为“霸王行动”一部分而设计的欺骗计划，还提供了呈报给丘吉尔的英国反轴心国情报行动的月度评估。[24] 菲尔比（现称其代号“斯坦利”）还把列出所有情报系统特工的“原始资料”传给了他的手下，并为莫斯科提供证据，试图证明伦敦当局正在策划与德国的单独媾和。[25] 伯吉斯则向苏联人泄露了罗斯福和丘吉尔 1943 年 1 月在卡萨布兰卡会谈的细节，包括他们将入侵法国的时间推迟到 1944 年的决定，同时传递了有关盟军战后波兰计划的情报。1945 年前 6 个月，他提供了不少于 289 份“绝密”的外交部文件。[26] 战争和英国大选结束后，伯吉斯被任命为年轻的工党政治家、外交部副大臣赫克托·麦克尼尔的机要秘书，这一职位使他能够获得更高级别的文件，尤其是为四个同盟国的莫斯科会议所准备的政策文件。所有这些都交给了他的苏联上级。剑桥间谍如此成功，以至有一段时间（讽刺意味十足）他们的苏联领导都不再信任他们，以典型的斯大林主义偏执狂方式怀疑整个剑桥行动一定是一个复杂的双面间谍行动。[27]

为什么苏联渗透英国情报系统会如此容易？简单的答案是长期以来反间谍手段不足。正如苏联间谍头子们熟知的那样，英国战前对公务员的审查不足以发现那些像五环组织一样刻意远离共产主义外在形式的人。虽然秘密情报局第五部门有一个反间谍部门，但是当维克多·罗斯柴尔德试图让安东尼·布朗特参与其中时，结果却比没有反间谍行动更糟糕。[28] 军情五处年迈的负责人弗农·凯尔爵士直到1939年还坚持认为，从情报和政治颠覆的角度来看，苏联在英国的活动是“不存在的”。[29] 罗杰·霍利斯，后来的军情五处主任（1956—1965年），批评秘密情报局没有监控苏联的威胁，理由很充分：1944年（令人难以置信），菲尔比被任命为第九部门的负责人，负责反共产主义和苏联间谍工作。[30] 但是霍利斯自己所负责的部门也出现了泄密事件，以至他自己也一度被怀疑是“第五个人”（罗斯柴尔德也被怀疑过）。甚至在1946年12月，A4（负责监视苏联外交人员的部门）只有15名成员，连汽车都没有。[31] 然而，正如菲尔比自己后来观察到的那样，他和他的叛徒同伴也受到了“真正的心理障碍”的保护，这种心理障碍顽固地制造了一种信念，让别人认为像他们这样的当权派德高望重的成员不可能去做间谍。[32] 从这个意义上来说，这是一个更广泛的网络——精英学校和牛津剑桥的“老男孩”网络，它已经被渗透了。

从1945年开始，关于剑桥间谍的证据开始增多，最终他们被曝光。1945年9月，苏联军事情报部门的密码员伊戈尔·古曾科从渥太华叛逃，开始了对剑桥间谍们的揭露过程。他透露，苏联人已经渗透了多个加拿大机构，甚至由于艾伦·纳恩·梅的叛变，苏联人已经获得了美国原子弹中使用的铀样品。艾伦·纳恩·梅是一名物理学家，跟三一学院的麦克莱恩属于同龄人。[33] 菲尔比从军情五处调动至秘密情报局第四区，这样能够躲避从军情五处调动过来的反间谍特工简·阿彻。当另一名苏联特工（伊斯坦布尔的克格勃官员康斯坦丁·沃尔科夫）试图叛变，意图暴露伯吉斯和麦克莱恩时，菲尔比半路拦截，并将其送回了莫斯科。菲尔比还向梅透露，他已经被发现了。[34] 但是秘密情报局却对这么大的漏洞选择了无视，再次提拔菲尔比，这一次他成了该机构在当时最重要的首都——美国华盛顿的代表。

更奇怪的是，麦克莱恩被任命为外交部美国办公室主任。这一晋升则发生在他担任驻开罗大使馆参赞兼大使馆办公室主任并完全精神崩溃之后。在那里，他和他的酒友菲利普·汤因比砸了为美国大使馆工作的两个女孩的公寓，疯狂地将她们的内衣撕成碎片。但在伦敦并没有人知道麦克莱恩越来越不稳定的行为是这一压力加剧的后果，此前他曾两次试图切断自己与莫斯科的联系，但都没有成功。在醉酒状态下，他自称为“英国的阿尔杰·希斯”——美国国务院最著名的共产主义间谍时，都没有人注意到。[35]

然而，伯吉斯仍然是最令人困惑的案例。即使他不是苏联间谍，他的酗酒、吸毒和混乱——更不用说不良的性行为，都应该让他被解雇。相反，他不断得到新的工作：1947 年在外交部信息研究部门，1950 年 8 月在远东部门，然后在华盛顿大使馆担任二等秘书。就在这个时候，伯吉斯的朋友盖伊·利德尔，军情五处的副总干事，自信地认为他“不是那种故意将机密信息传递给未授权方的人”。事实上，在朝鲜战争爆发时，五环组织对苏联的价值可能达到了顶峰。伯吉斯和菲尔比一同住在华盛顿，担任在纽约的瓦莱里·马卡耶夫的信使。与此同时，凯恩克罗斯借他在财政部国防部门工作的职务之便向莫斯科提供了英国原子弹计划的细节。[36] 菲尔比厚颜无耻地向利德尔提议，他可以将秘密情报局和党卫军（军情五处）在华盛顿的代表合并。[37] 然而，这是一种防御策略。他知道网络正在慢慢收紧缩小。除了叛逃者提供的新情报外，美国人还煞费苦心地从维诺那计划中截获和解密了苏联的情报信息。意识到麦克莱恩已经被解密文件识别为代号“HOMER”的间谍，菲尔比让伯吉斯向他通风报信。伯吉斯在又一次丑闻事件后被送回伦敦。伯吉斯也通知了布朗特。[38] 1951 年 5 月 25 日午夜，在一次由他们的伦敦联络官员尤里·莫迪策划的撤退行动中，麦克莱恩和伯吉斯从塔茨菲尔德的麦克莱恩家逃到南安普敦，在那里他们登上了法莱斯号游船前往圣马洛——他们在船上不需要出示护照，从雷恩乘火车前往巴黎，再到伯尔尼，在那里，苏联大使馆给他们发了假护照。在苏黎世，这两个人登上了一架经布拉格飞往斯德哥尔摩的飞机，但在捷克首都，他们又换了飞机飞往莫斯科。五环中的两只鸟儿飞走了，仅仅因为军情五处的反间谍部门在周末没有进行及时的监视。[39]

军情五处（更不用说美国联邦调查局和中央情报局了）这时盯上了菲尔比。在美国政府的坚持下，他从华盛顿被召回，并正式退休。他接受了询问，然后又受到审问，秘密情报局中能保护他的人一开始进行了阻挠，后来又表示支持。1955 年，根据美国的情报，他被指控是纽约《星期日新闻》的间谍，还是下议院的间谍。然而，他受到了安东尼·伊登政府、军情六处的尼古拉斯·艾略特和中央情报局的詹姆斯·安格尔顿的保护。厚颜无耻的是，菲尔比在他母亲的客厅里举行了一次记者招待会，告诉媒体：“我最后一次在知情的情况下和一名共产主义者交谈，是在 1934 年。”[40] 令人难以置信的是，他的前同事大多相信这一点——尽管维诺那计划提供了新的旁证，证明他是苏联特工斯坦利，克格勃叛逃者阿纳托利·戈利岑和弗洛拉·所罗门（菲尔比战前曾试图招募他加入苏联）也提供了证词。甚至菲尔比的第二任妻子艾琳也在怀疑他。（据他们的一个朋友说，一天晚上，她在吃饭时脱口而出：“我知道你是个间谍！”）1957 年 12 月，由于受到长期的精神虐待，加上她自身的酗酒行为导致了她的死亡。[41] 然而，菲尔比被允许搬到贝鲁特，在那里，他是军情六处的联络人和非正式信息源。他毫不掩饰地抓住了重新为苏联工作的机会。当军情六处最终根据 1961 年和 1962 年获得的新信息揭露菲尔比时，他向艾略特“坦白”，声称他于 1946 年断绝了与苏联的联系。1963 年 1 月，菲尔比逃到莫斯科。[42]

也许剑桥间谍最大的秘密（甚至比他们长期未被发现还要神秘）是他

们对他们所服务的政权没有什么不切实际的幻想。在莫斯科，伯吉斯继续他的惯常行为，喝酒、抽烟，并把事情弄得一团糟，不时对他公寓里隐藏的麦克风大喊“我讨厌苏联”。他认为莫斯科“跟维多利亚时代周六晚上的格拉斯哥没什么两样”。[43] 菲尔比写了一篇克格勃赞助的亲苏联回忆录，他承认与梅林达·麦克莱恩有染，1970 年他试图自杀，之后娶了他的第四任妻子，一个苏联人。当他收到列宁发给他的勋章时，他将之比作骑士爵位——“有史以来最好的”[44]，但他感到愤怒的是，他在克格勃中只不过是一名“特工”。伯吉斯于 1963 年 8 月死于肝衰竭。麦克莱恩也把自己喝死了。菲尔比的肝脏不知何故一直存活到 1988 年。其他人则拒绝了飞往工人天堂的选择。伯吉斯和麦克莱恩逃离后，布朗特对莫迪说：“我非常清楚你们的人民是如何生活的，我可以向你保证，对我来说，这样做将非常困难，几乎无法忍受。”[45] 迈克尔承认布朗特还在三一学院读本科时就被招募了，之后，布朗特于 1964 年向军情五处坦白了——尽管直到 1979 年 11 月他才公开露面。（在 2009 年公开的回忆录中，布朗特说他后悔曾经为苏联情报部门工作，称这是“我一生中最大的错误”。）最后，凯恩克罗斯手中的文件揭露了布朗特并未从伯吉斯的公寓搬走的事实，但是不利的证据不足以逮捕他，所以他谨慎地选择了退休，并被获准在美国从事学术事业。1964 年，他向军情五处承认他曾为苏联进行过间谍活动，但拒绝返回英国，他接受了联合国世界粮食及农业组织在罗马的一份工作。1970 年，他获得免于起诉的保证。直到 1982 年，他才被确认为是“第五个人”。直到 1990 年，这些事情才被公之于众，因为多年来的疯狂猜测错误地指控了至少另外 10 名剑桥毕业生，包括霍利斯和罗斯柴尔德。[46] 因此，剑桥间谍从未被审判或定罪，更不用说被监禁了——不像乔治·布莱克，他是一名苏联间谍，但由于没有合适的当权派关系，因其罪行被判了 42 年有期徒刑。

40

相见恨晚

“唯有联结”曾经是使徒们的口号。但是，即使是最简单的联系，剑桥间谍忠诚于苏联斯大林政权也可能是致命的，或者是近乎致命的。11月的一个夜晚，在列宁格勒战争刚刚结束几个月后，牛津哲学家以赛亚·伯林遇见了苏联诗人安娜·阿赫玛托娃。对他们俩来说，这是一次不可避免的相遇，是一次完全抛开政治和欲望的，知识和精神上的交流。然而这次相见几乎毁掉了阿赫玛托娃的一生。很难找到比这更完美的极权主义、终极等级制度的例证了。两个知识分子不能在私人公寓里讨论文学，除非当局对这件事情怀有个人和恶意的兴趣，并将其作为进一步迫害的证据。

阿赫玛托娃长期生活在疑云之下。原名为安娜·安德烈耶夫娜·戈连科的她在革命前已经是一位著名的诗人。她的第一任丈夫，浪漫的民族主义作家尼古拉·古米廖夫，在1921年因反苏联活动被处决。[1]第四本诗集《公元一九二一》出版后，她的世界更加乌云密布。一位评论家提到了她的女主人公的“矛盾”或“双重”形象：“一半是被激情燃烧的‘淫妇’，一半是能够向上帝祈求宽恕的‘修女’。”另一位评论家则写道，整个苏联被分为马雅可夫斯基和阿赫玛托娃两派，暗示她对弗拉基米尔·马雅可夫斯基的革命持保守态度。[2]她的作品在1925年后停止出版。[3]十年后，她的儿子列夫·古米廖夫和第三任丈夫尼古拉·普宁都被捕了。根据一位朋友、作家鲍里斯·帕斯捷尔纳克的建议，她向斯大林发出了绝望的呼告，请求释放她“仅存的两个亲人”。斯大林奇迹般地答应了她的请求，在她的信上潦草地写下了释放这两个人的命令。[4]然而，古米廖夫于1938年3月再次被捕，并被判在世界最北端的定居点诺里尔斯克的北极劳改营服刑十年。[5]尽管在1939年，阿赫玛托娃的名誉得到了短期的恢复，但她的诗集摘录（1940年的《六本书》节选）将要出版时，仍然很快遭到了极强烈的反对：列宁格勒党政领导人安德烈·兹达诺夫下令没收这本书，谴责其为“阿赫马托娃式的淫荡”。[6]正是在1935年至1940年的这段时间里，这位诗人写下了她大部分关于这种恐怖状态的诗集《安魂曲》，为数百万因“清洗时代”而失去亲人的人们表达其痛苦的心情。[7]

阿赫玛托娃和才华横溢的年轻英国哲学家之间有着强烈的情感联系，这并不令人惊讶。伯林在牛津的圣保罗和科珀斯克里斯蒂学院接受教育，他于1909年出生在里加的一个富裕的犹太家庭，作为一个早熟的孩子，他目睹了俄国革命。然而，伯林在1920年选择离开苏联，一年后定居在伦敦。尽管他年轻时就沉浸在哲学中，但他从未失去与苏联根源的联系。他的语言技能让他能于1945年夏天临时在英国驻莫斯科大使馆担任一等秘书。伯林是在英国文化协会的布伦达·特里普的陪同下访问列宁格勒的，在根纳迪·拉赫林经营的二手书店中结识了阿赫玛托娃。[8]1945年11月14日，她邀请他到她在丰坦尼宫的公寓做客，这里曾是丰坦卡运河上的辉煌宫殿。尽管他们的第一次会面短得有些可笑。但伯林在20日返回莫斯科之前，约阿赫玛托娃进行了第二次夜游。午夜过后，当周围没有其他人时，他们的关系进一步上升了。他跟她讲述了她失去联系已久的朋友们，他们和他的家人一样逃离了革命：作曲家阿图尔·卢里、诗人乔治·阿达莫维奇、镶嵌艺术家鲍里斯·安雷普、交际花安德烈亚斯·莎乐美。她向他描述了自己在黑海边的童年、她的婚姻、她对诗人奥西普·曼德尔斯塔姆（1938年死于古拉格）的爱，然后用难以理解的英语背诵了拜伦的《唐璜》中的一些章节，接着是她的一些诗歌，包括她的手稿中尚未完成的《没有主角的长诗》和《安魂曲》。他们关于契诃夫、托尔斯泰、陀思妥耶夫斯基、卡夫卡、普希金、亚历山大·布洛克、玛丽娜·茨韦塔耶娃、帕斯捷尔纳克和其他一些小诗人的热烈讨论一直持续到第二天早上，这给他们留下了不可磨灭的记忆。同时，他们也谈到了音乐。没有谁比阿赫玛托娃（就像伯林也见过的帕斯捷尔纳克）更能说明苏联政权摧毁了20世纪20年代前欧洲的文学和艺术网络，她对以前认识的作家和艺术家的近作几乎一无所知，更不了解新作家的作品。在斯大林时代的苏联当诗人，就像自己组成了一个孤立的网络。对伯林而言，他惊讶地发现阿赫玛托娃仍然顽强地存活着。“这就好像我突然被邀请去见克里斯蒂娜·罗塞蒂小姐”，他后来写道。[9] 而他是她自第一次世界大战以来认识的第二个外国人。如果她在斯大林掌权之前离开俄罗斯，她一定能在布鲁姆斯伯里团体中有一席之地。当她向伯林说，她“容易坠入爱河”，她对“他人的个性和行为”有过度的兴趣……再加上对人物和情境的道德中心有着敏锐的洞察力……以及在归因动机和意图方面有着教条式的固执，这些都和布鲁姆斯伯里团体有着契合之处。伯林认为，她的一生是“对苏联现实的不间断控诉”。但是她“不愿意离开：她已经准备好在自己的国家死去，不管会发生怎样的恐怖事件，她永远不会放弃它”，尽管“战后的列宁格勒对她来说只不过是一个巨大的墓地，她朋友的墓地：就像森林大火的余波——几棵烧焦的树木让这片荒地更加荒凉”。

1946年1月5日，在伯林离开俄罗斯之前，两人再次短暂会面。当她给了他一首自己早期写作的诗时，他并不感到惊讶。这首诗后来将成为一个组歌中的第二首，名为《诗五首》。他后来写道，这首诗歌“深刻地影响了我，永久地改变了我的观点”。在伯林眼中，她的诗歌是“天才的作品”。他后来说，他们的相遇让他回到了自己的“家园”，也很可能是刺激他从哲学领域转行进入政治思想史研究的原因。在这一领域中，他继续尽最大努力捍卫个人自由，反对历史决定论。正如一位评论员所写，“这不是普通的恋爱关系，他们并没有身体接触。这一定是有史以来两个人类之间最纯粹的相遇之一。两颗不同寻常的心似乎已经完美地结合在一起，将对彼此的爱和理解推向更高的高度。事实上，它可能是一种人类交流的柏拉图式理念”。[10] 帕斯捷尔纳克第二年写信给伯林时，阿赫玛托娃就对伯林产生了某种程度的迷恋：“她每三个词都会提到‘你’，并且总是如此的戏剧化和神秘。例如，在一个夜晚，她从酒会回来的路上，乘坐着出租车，受了灵感的启发而疲惫不堪，她用略带醉意的法语说：诺特拉卡（那是你）说过，或者答应过，等等。”[11]《诗五首》无疑也是受伯林的启发而写成的。[12] 一些人还推断，她将伯林视为英雄，因为他在《安魂曲》中的缺席而引人注目[13]，阿赫玛托娃的杰作《没有主角的长诗》可能也不是为伯林一个人而写的：

> 够了，我在恐惧中冻结太久，
> 所以我要唤起巴赫的恰空舞曲，
> 会有一个人随之出现。
> 他不必成为我的伴侣，
> 但我们将一起，

给二十世纪带去大麻烦。
我能遇到他是一个意外，
就像被无形的命运触及一般。
而跟他在一起，最坏的情况可能会发生。
穿过黑夜和浓雾，
他沿着丰坦卡运河行走，
喝着我的红酒迎接新年。
他还会记得主显节前夕，
枫树，婚礼蜡烛的光束，
以及那首在死亡飞行中的诗。
但是他不是春日里的第一朵紫丁香，
无法带来爱情的甜蜜祝愿，更不能因为他带上婚戒——
因为那晚的相遇，可能是世界末日的来临。[14]

最后一句的潜台词是：阿赫玛托娃与这位“来自未来的客人”（她诗歌《1913 年》中的一句话）会面的后果是灾难性的。考虑到她的个人经历和伯林的官方地位，这是理所当然的——尤其是在伯林第一次拜访时，首相不务正业的儿子伦道夫·丘吉尔出人意料地出现在阿赫玛托娃的公寓外面，使他们的会面更加引人注目。[15] 斯大林可能从来没有说过“原来我们国家的修女一直在接待英国间谍”，但是在战后紧张的气氛中，这种假设并非没有道理。[16] 就在几天之内，秘密警察就粗暴地在阿赫玛托娃家里的天花板上安装了窃听器。还强迫一名正在翻译她作品的波兰妇女向他们提供伯林访问的细节。[17] 次年 4 月，当阿赫玛托娃接受邀请，在莫斯科的工会大厦进行诗歌朗诵时，她陷入了更加危险的境地。四个月后，列宁格勒再次出现的狂热观众让她更加警觉，而她完全有理由这么觉得。[18]对她和她朋友的监视加强了。斯大林再次介入，这一次也不是为了拯救她，而是为了进行文学批评，他强调阿赫玛托娃在革命后的优秀诗歌“屈指可数”。[19] 8月14日，中央委员会在杂志《星》和《列宁格勒》上发布了一项决议，批评了两个杂志的编辑，原因是他们在杂志上刊登了阿赫玛托娃和讽刺作家米哈伊尔·佐先科的“无思想性”作品。随后，在列宁格勒作家协会的一次会议上，阿赫玛托娃的宿敌日丹诺夫在苏共中央宣传部部长格奥尔基·亚历山德曼夫的影响之下，对两位作者进行了辱骂性的谴责。[20]日丹诺夫的攻击话语非常露骨：

> （阿赫玛托娃的作品）就是一个被宠坏的女贵族写的诗，她在闺房和礼拜教堂之间近乎疯狂地犹豫不决……因此很难说她是一名修女还是一个堕落的淫妇。也许最好的解释是，她两者兼有：她的欲望和祈祷交织在一起……这种孤独和绝望的情绪与苏联文学精神格格不入，但却贯穿在阿赫玛托娃的全部作品中……她的作品展现的是一个遥远的与苏联生活格格不入的世界，这在我们国家的杂志上是断不能容忍的……这些作品只能播下忧郁、沮丧、悲观的种子，鼓动读者逃避社会生活和活动的重要责任，只关注他们个人的狭小世界。[21]

在极权主义国家，甚至个人经历都是禁区，阿赫玛托娃在公开场合也常常受到羞辱，但令伯林欣慰的是，她没有被捕，她微薄的养老金和食物配给也只是暂时被中止。[22]只是他们之间不可能有进一步的交流。因此，伯林不知道她的儿子列夫从古拉格释放出来，在“伟大的卫国战争”中充当防空炮手之后，于1949年再次被捕，并被判在哈萨克斯坦的一个集中营里再待上十年；也没有听说她的第三任丈夫普宁被捕，随后在古拉格死去。① 1954 年，在斯大林死后短暂的缓和期中，一群英国学生，包括年轻的哈里·舒克曼，在列宁格勒作家之家见到了她。阿赫玛托娃相信是伯林派他们来的，但实际上他对这次访问一无所知。[23] 当《新共和国周刊》发表了一篇关于伯林与阿赫玛托娃相遇的耸人听闻的报道时，他勃然大怒。[24] 如果他知道作者迈克尔·斯特雷特是被剑桥学生安东尼·布朗特说服成为苏联间谍的话，他会更加愤怒。三年后，1956 年 8 月，当伯林回到苏联时，阿赫玛托娃通过帕斯捷尔纳克告诉他，她不想见他，以防她刚刚获释的儿子遭受痛苦，尽管（有点不合逻辑地）他们在电话里说过一次话。而伯林结婚的事实显然没能让情况得以缓解，这对这位根深蒂固的浪漫主义诗人来说显然是一个打击。[25] 9 年后，她访问了牛津大学，并在那里获得了荣誉学位，其间充满了感伤。这次她确定地告诉伯林，他们的会面激怒了苏联政府，导致"冷战的开始，从而改变了人类历史轨迹"。伯林不想产生争端，因此也没有和这位年事已高、几近崩溃的女人争论。[26] 值得称赞的是，他一直忠实于使徒社和布鲁姆斯伯里团体的原始精神，尽管他从未加入这些组织，即使他的剑桥同代人中有一个令人厌恶的小团体已经背叛了这种精神。

图 40.1 显示了斯大林时期的苏联科学组织网络。

---

① 伯林的叔叔里奥是苏联公民，也于 1952 年被围捕并被指控属于英国间谍团伙。酷刑之下，他承认自己确实是英国间谍。他在监狱里待了一年，于斯大林死后被释放。但是不久之后，他在街上遇到了一个曾经折磨他的人，并因此心脏病发作去世。

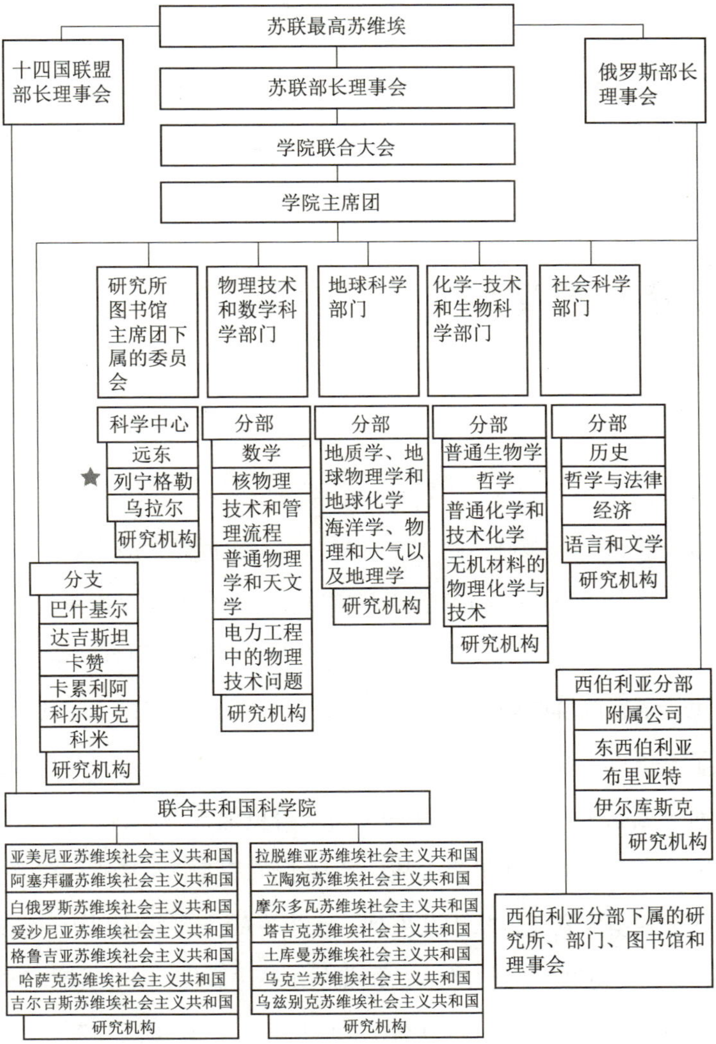

图40.1　斯大林时期的苏联科学组织网络（“苏联科学院的研究系统”）。

41

少管所里的艾拉

20 世纪中叶，等级制度达到了顶峰。第一次世界大战之后，以罗曼诺夫、哈布斯堡、霍亨索伦和奥斯曼帝国为首的一众王朝以崩溃告终，而它们很快就被更强大的新“帝国国家”取代，这些国家在原有的帝国范围内，坚持对民族语言族群的同质性进行专制统治。20 世纪三四十年代，人们不仅见证了有史以来政权最集中的国家的崛起，主要民主国家的行政结构也因为应对大萧条和另一场全球性冲突而变得更加集中。1939 年至 1945 年间的冲突，也就是第二次世界大战，动员了许多年轻人参战。在整个欧亚大陆、北美和澳大利亚，从十几岁到三十多岁的男人都接到指令，被要求参加武装部队。超过 1.1 亿人在参战国家的军队中服役，其中几乎都是男性。战争结束时，1/4 的英国劳动力都在军队服役，而在美国和苏联，这个比例是 18% 和 16%。庞大的军队中，有很大一部分人一直未能回到自己的祖国。第二次世界大战中的军事死亡总数约为 3 000 万人（尽管平民的死亡人数甚至更高）。大约 1/4 的德国军人丧生，而红军的死亡率几乎同样高。因此，我们可以说是欧洲所谓的“魔笛手”导致了一代正值壮年的男孩的丧生。

然而，军队只是中世纪组织金字塔中最大的一部分。等级制度在经济、社会和文化领域都占据着主导地位。处在中心位置的策划者统治一切，不管他们是为政府工作还是为大企业工作，不论他们的使命是毁灭还是创造。在美国，阿尔弗雷德·斯隆的通用汽车公司定义了“M 型”公司，很快，这种公司成为整个发达国家商业组织的模板（见图 41.1）。

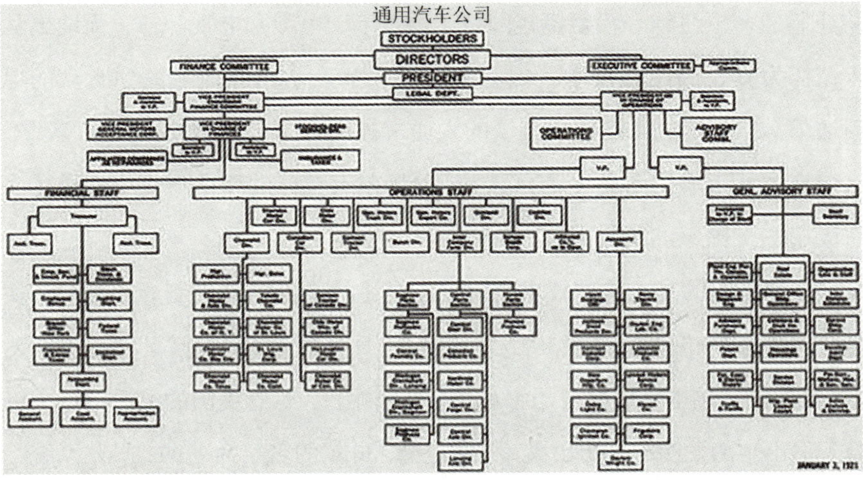

图41.1 阿尔弗雷德·斯隆对通用汽车公司所做的“组织研究”（1921年）。

第二次世界大战后，国际体系进行了重组和分级。名义上，所有民族国家在联合国享有平等的代表权。实际上，两个全副武装的联盟体系迅速出现，分别以美国和苏联为首。在联合国安理会中，还有另外三个战争胜利者：英国、中国和（令人难以置信的）轴心国最早征服的国家之一法国。尽管这之后，冷战迅速使安理会陷入僵局，正如一位委内瑞拉外交官所说“一屋子的人都没有了观点”——但原则上，五个大国组成了新的五权分立也应用了当时维也纳的模式。

毫无疑问，对于参加过世界大战的人来说，将他们在服兵役时学到的一些作战方式延续到平民生活中似乎是很自然的。然而，大规模常规战争的经验不足以解释20世纪中期如此大量的自上而下的组织结构。而技术上的转折也有利于这种组织结构的控制。正如维也纳讽刺作家卡尔·克劳斯所说，20世纪中叶的通信技术对等级制度的确立有极大的好处。尽管电话和无线电确实创造了巨大的新网络，但它们也是相对容易中断、被窃听或被控制的多枢纽轴心辐射模式网络。像报纸、电影和电视一样，无线电从未被作为真正的网络技术，因为它通常只涉及从内容提供商到听众的单向通信。那些使用无线技术交谈的人通常被视为怪人（“无线电爱好者”），这项技术从未成功商业化。约瑟夫·戈培尔有充分的理由将无线电描述为“极权主义国家的精神武器”。

必须指出的是，这些技术也有助于民主社会的社会控制。在美国，横跨北美大陆的电话系统于1915年1月25日开始运营[1]，但很快就被西奥多·维尔的美国电话电报公司（AT&T）垄断了。[2]尽管美国的电话网络（以爱丁堡出生的发明家亚历山大·格雷厄姆·贝尔的名字命名的“贝尔系统”）在使用上仍然非常分散（1935年，只有不到1.5%的电话跨越了一条州线），但是在所有权和技术标准化方面，它是一个单一的系统。[3]西奥多·维尔宣称:“有战争的地方就有冲突，而工业上的战争也如此。”[4]他希望有一个“从每个角落的每一个人到世界上任何一个地方的通用有线系统（书面或对话沟通），就像国家的高速公路系统一样普遍和广泛，延伸至世界上的每家每户”。[5]维尔对来自他垄断之外的任何创新保持敌意，却对政府监控网络的行为持开放态度。[6]电话窃听这一电路交换系统的简单行为始于19世纪90年代。在西雅图非法贩卖者罗伊·奥姆斯特德的案件中，最高法院根据宪法裁决，他因窃听电话的证据充分而被定罪。也存在先例。1865年，美国邮政部门被授权查封淫秽物品，当然，这件事只能通过查看私人邮件才能做到。美国军事情报部门在20世纪20年代与西联公司达成了截获可疑电报的协议，尽管在1929年，美国国务卿亨利·史汀生否认了政府曾阅读截获的日本军事电报，他的理由非常牵强："绅士们不能阅读别人的邮件。"但是珍珠港事件和随后发生的一切使这种顾虑荡然无存。成立于1952年的国家安全局对美国电报业务进行了大规模的扫荡，以抓捕苏联间谍。与此同时，埃德加·胡佛领导下的联邦调查局在窃听电话方面也毫无顾忌。例如，1963年10月19日，司法部长罗伯特·肯尼迪授权联邦调查局监听马丁·路德·金牧师的家庭和办公室电话，这一监视计划一直持续到1966年6月。[7]

广播网络的集中性低，部分原因是赫伯特·胡佛在担任商务部长期间反对联邦政府控制电视广播。1927年的《广播法》赋予联邦无线电委员会（FRC）划分频谱的权力，并决定哪些申请人将获得特定波长、功率水平、位置和时间的电台运营许可。[8]7年后，一个新的联邦通信委员会（FCC）接管了这一工作。此后，广播公司的执照有效期为三年，他们需要说服联邦通信委员会，他们的电台将服务于"公共便利、利益和必要需求"，而这些标准从未用于报纸的发行。因此，广播的自由言论会受到监管者和商业利益（因为广告作为收入来源的重要性）的严格限制。[9]

尽管许多知识分子担心美国在冷战早期有极权主义倾向，但在人民的生活上，美国和苏联显然有着本质上的区别。美国白人公民享有宪法保障的全部公民权利和政治权利，如果他们愿意，就可以在法庭上质疑政府的干涉。然而，对于许多美国黑人来说，美国生活相对于苏联生活的好处其实并不是显而易见的，这一点也经常在苏联的宣传中被提及，尽管实际上这是不真实的。20世纪40年代末至60年代初，社会因循守旧的必然结果是制度化的种族歧视。这导致了和现在一样的状况：非洲裔美国人更有可能被刑法判决有罪。只需要一个例子就足以说明这一点。1933年4月10日，韦斯切斯特郡法官乔治·W.史密斯将艾拉·菲茨杰拉德——一个15岁的“有色人种”女孩送去了纽约州哈得孙市的纽约州改造学校，因为她“无法被管束，不服从母亲公正合法的命令”。改造学校当然不是一个让人愉快的地方。前言中曾提到，1933年，雅各布·莫雷诺设计出第一个社交图表，以解释一系列逃离改造学校事件的原因。而在20世纪30年代，网络理论甚至都可以用来设计圆形监狱。[①]幸运的是，菲茨杰拉德逃到了曼哈顿，并将她的歌唱事业开展得有声有色。而在苏联，像她一样的女孩就没有这么幸运了。

19世纪，美国社会以其丰富的社交生活而闻名。的确，正如我们看到的，亚历克西斯·德·托克维尔认为这是这个国家作为一个民主国家取得成功的基础之一。然而，在美国，社交网络的形成非常容易，这就导致了一个缺点，在19世纪末20世纪初，意大利南部移民大量涌入美国时，一个外国组织——黑手党无情地利用了这个缺点。马里奥·普佐的小说《教父》和以此为基础的电影实际上是对这一段历史的美化。但可以肯定的是，这部小说和系列电影并不是完全虚构的。[②]确实有“五个家庭”控制了纽约大都会地区的大部分赌博、放高利贷、收保护费和在禁酒期间走私的行当。他们大都来自意大利南部的移民社区，比如说曼哈顿的下东区和东哈莱

① 由英国功利主义理论家杰里米·边沁在18世纪后期设计的圆形监狱是一个监狱或收容所，在这里，所有囚犯都可以被一个看守人监视，而他们却不知道自己是否被监视。

② 看过这部电影后，公牛萨米说：“我被这部电影惊呆了……直到走出影院我还觉得飘飘然。也许这是虚构的，但对我来说，那就是我们的生活。太不可思议了。我记得和许多人交谈过，他们也有着完全相同的感觉。”

姆区的“小意大利”。维托·柯里昂这一虚构角色的原型部分基于卢西安诺/热那亚家族的弗兰克·科斯特洛（原名弗朗切斯科·卡斯蒂利亚），另一部分则基于甘比诺家族的卡洛·甘比诺。而书中的歌手约翰尼·丰塔纳显然是现实中的法兰克·辛纳屈。书中的犹太黑帮也有真实的人物原型：残暴的拉斯韦加斯赌场运营商莫·格林的原型是绰号为“巴格西”的本杰明·西格尔，书中较理智一些的人物海曼·罗斯的原型是迈耶·兰斯基。普佐在书中并没有过分夸大黑手党在美国的影响力。第二次世界大战前，兰斯基和西格尔与绰号为“福星”的萨尔瓦多·卢西安诺一起成立了“委员会”，试图扩大其对有组织犯罪的中央治理——从纽约的五大家族到整个美国。实际上，卢西安诺的管理统治已经在1936年结束了，当时他因经营卖淫活动被特别检察官（后来的州长）托马斯·杜威逮捕并成功起诉。然而，他的位置很快被科斯特洛取代。毫无疑问，到了20世纪50年代，各种黑手党家族都深入参与了合法的商业活动——从娱乐产业到革命前古巴的赌场，以及有组织的劳工和政治活动。例如，约翰·肯尼迪在1960年击败理查德·尼克松的竞选活动可能曾寻求过黑手党的协助。可以确定的是，肯尼迪与芝加哥黑帮匪徒山姆·吉安卡纳还同享一个情妇：朱迪斯·坎普贝尔·艾克斯纳。1960年8月至1961年4月，中央情报局甚至试图利用黑手党杀手暗杀菲德尔·卡斯特罗。（然而，黑手党似乎不太可能暗杀肯尼迪，这只是一种阴谋论，现有的官方调查和学术审查都证明了该说法的不可靠。幸好普佐没有把它写进小说里。）

然而，黑手党组织的复杂程度还是有被夸大的趋势，这恰恰是因为除了少数黑手党成员的证词之外，几乎没有关于黑手党活动的可靠文献。而这些证词的来源，是那些违反了“*omertà*”（大致意思是“男子气概”）的成员。“*omertà*”是黑手党的封口准则，要求成员至死也不能向当局出卖他们的同伴。1963 年，约瑟夫 · 瓦拉奇在参议院政府行动委员会常设调查小组委员会做证时透露，他们并不称自己为黑手党，而是科萨 · 诺斯特拉——“我们的事业”。21 年后，在意大利出生的巴西人托马索 · 布西塔作为线人向美国检察官描述了一个典型黑手党家族的等级结构：在最高层有一个主要负责人，随后是他下属的副负责人，他会向主要负责人推荐一个或多个顾问。较低的层级被分成以 10 个“士兵”为一组的小组，每组都由一个人来领导。1996 年被捕后，乔瓦尼 · 布鲁斯卡（西西里黑手党成员，绰号“那头猪”，曾于 1992 年谋杀了反黑手党专家乔瓦尼 · 法尔科内）做出了证词，他描述了自己 1976 年的入会仪式，其受邀参加一个乡间别墅的“宴会”，面前有几名黑手党成员，他们围坐在桌子旁，桌子上放着一把枪、一把匕首和一张印有圣人形象的纸。在布鲁斯卡做出了对其后的犯罪生涯的承诺后，最高级的黑手党成员用针扎了他的手指，让他把自己的血涂在圣人的画像上，然后他点燃了圣像。“如果你背叛了我们的事业，”他们告诉他，“你的肉会像圣人一样燃烧。”毫无疑问，这样的故事很吸引人，但是它们有多大的可信度呢？一种可能是，这些组织结构和仪式如果是真的，实际上也是较接近现在时才出现的。

黑手党最初是一种文化或生活方式，起源于西西里历史的特殊性。这个词来源于形容词“狂妄自大”或“虚张声势”，其词源（也许是阿拉伯语，也许是穆斯林统治的遗留）长期以来一直没有定论。这个词 1865 年在一部晦涩的戏剧《维卡里亚的黑手党》中首次出现，两年后托斯卡纳贵族菲利波 · 瓜尔特里奥伯爵正式使用了这个词。但是西西里人偏爱的术语实际上是“荣誉社团”（Onorata Società）。历史学家迭戈 · 甘伯塔将这个社会的本质定义为“私人保护组织下的卡特尔”。[10] 它起源于 19 世纪后期，在西西里并入意大利王国（实际上是皮德蒙特帝国）之后，当时几乎没有警察部队，土地所有者依靠私人军队保护他们的财产。它随后演变成一个普通的合同执行系统，以死亡作为违约的惩罚。类似的“黑社会”也出现在意大利南部的其他地方，例如坎帕尼亚地区的卡莫拉、卡拉布里亚的光荣社团、阿普利亚的圣冠联盟。这些地区的长期贫困表明，这些组织并不能为社会秩序打下良好的基础。然而，称他们为“组织”可能是一种误导。那不勒斯历史学家和政治家帕斯夸莱·维拉里在他 19 世纪 70 年代中期出版的《子午线》一书中宣称：“黑手党没有留下书面的章程，它不是一个秘密社团，甚至不能被称作一个组织。它是一个时代的人们自发形成的。”[11] 西西里的黑手党如此神秘莫测，以至在法西斯统治时期，切萨雷·莫里（1925—1929 年）成为巴勒莫的“铁血总督”时，消灭它才变得相对容易起来。[12]

有人会时不时地声称，1943 年夏天西西里岛被盟军攻陷后，盟军军事政府（AMG）不知何故与黑手党勾结，恢复了它在岛上的旧权力，卢西安诺在其中则扮演了调停者的角色。然而这种说法毫无根据。事实是，盟军军官在遇到这种犯罪文化时，对其进行了非常深刻的评估，认为是这种文化自墨索里尼统治时期之后的再一次出现。1943 年 10 月，美国驻巴勒莫副领事 W.E. 斯科滕上尉认为黑手党不是一个中央组织的实体，而是一个更像网络的组织，由荣誉和保密规则捆绑在一起。“黑手党很难被描述为具有公认的领导阶层的正式组织。”斯科滕写道：

> 它所拥有的组织在性质上是横向的，而不是纵向的。这是一个犯罪团伙，他们的共同纽带是他们在挫败当局干预方面的共同利益。这是一个反对法律力量的阴谋，其形式基本上是一个被称为 *Omertà* 的封口原则，这是一个强加给受害者和普通公众的法则，他们也因此被迫成为非自愿的同谋。从某种意义上来说，黑手党不仅仅是一个联盟，

> 也是一种社会制度，一种生活方式，一种职业。因此，从警察的角度来看，困难在于黑手党本身的特殊性质。如果它有一个正式的组织，从上到下逐步罢免其领导人就会导致它崩溃。[13]

当占领军在后法西斯统治及战争冲突后的西西里岛内部巨大的行政问题中挣扎时，像斯科滕这样的官员面临着一个痛苦的现实：他们缺乏摆脱这种奇怪和暴力文化的资源。事实上，在某种程度上，为了恢复岛上的秩序，他们不得不与之妥协。英国作家诺曼·刘易斯也曾描述过类似的画面。[14]

这就是 20 世纪 20 年代至 60 年代在美国城市中盛行的黑手党。尽管报纸对“谋杀公司”进行了大肆报道，但《教父》中所描述的家庭实际上更接近他们在西西里的模式，因为他们的行为勾当都是相对分散无组织的。没有所谓的层级和领导。正如斯科滕所理解的那样，一旦这些家庭试图将他们的系统正式组织化，他们实际上也就完蛋了。从这个意义上来说，《教父》中描绘的时代是一个狂妄自大的时代，有组织的犯罪反而在组织化的进程中实施了越来越少的犯罪行为。1970 年，当《诈骗影响和腐败组织法》（RICO 法案）成为法律时，美国的黑手党轻而易举就被摧毁了。在 20 世纪 80 年代，来自全国各地的 23 名主要负责人被判有罪，还有 13 名次要负责人和 43 名小组负责人。该网络此时犯了一个致命的错误，变成了电影中描述的等级组织。

即使非法网络正在蓬勃发展并渗透到美国的政治精英中，完全合法的网络也成了当局阻挠的对象。当美国黑人开始争取平等的公民权利运动时，他们面临着令人震惊的法规和额外的法律压迫。民权运动起源于黑人教堂、黑人大学和 1909 年成立的全美有色人种促进会南方分会。[15] 一些根深蒂固的制度使得该运动难以停止：这些组织每周日都在维护和更新。正如马丁·路德·金所说:“在群众大会的召集阶段，我们会招募更多参与运动的志愿者，就像每个星期天早上在黑人教会中牧师会呼吁在场的人加入教会一样。不管是二十多岁，三十多岁，还是四十多岁，各年龄段的人都来加入我们的队伍。”[16]这期间，他的家庭电话被窃听，但这也只是对这场民权运动持续不断的破坏和反击的一小部分。然而，这场民权运动最终失败了。相比之下，这一时期的美国白人努力组织抗议，1957年洛杉矶县的房产税示威游行就说明了这一点。尽管人们对那一年的高税收普遍感到愤怒，但是反对派的运动却逐渐平息了，主要原因是洛杉矶郊区缺乏南方黑人教堂所具有的那种社会网络和领导力。[17]

但可以肯定的是，美国人并没有失去建立社交网络的欲望。事实上，在20世纪中叶，美国历史上最成功的社交网络之一——酒鬼自助网络“匿名戒酒互助社（AA）”兴起了。该社1935年由纽约股票经纪人威廉·威尔逊（绰号“比尔W.”）和来自俄亥俄州亚克朗市的医生罗伯特·史密斯（绰号“鲍勃医生”）在亚克朗市成立，它为酗酒者提供了一条恢复清醒的“十二步”方法，而其中真正有效的则是定期聚会的组织治疗，在这些聚会上，人们承认并分享上瘾的经历[18]，尽管不像以赛亚·伯林与安娜·阿赫玛托娃的会面一样有大量智力上的碰撞。威尔逊早先与另一个长期饮酒者埃比·撒切的会面是最终形成戒酒者全球网络的第一条连接线。①威尔逊回忆道:“我的思绪如泉涌，因为我预见到酗酒者之间会产生连锁反应，一个人会把这个信息和这些原则传达给下一个人。”[19]AA的一个显著特征就是它的类宗教性和非政治性，过去是，现在仍然如此。（但事实上，它是牛津基督教福音派的产物。）然而，如果有人告诉埃德加·胡佛，酗酒者与共产主义有某种联系，AA会议无疑会很快受到监视。事实上，最早的AA组织

① 今天，在150多个国家，大约有11.5万个注册的AA组织，拥有200多万成员。

倾向于排斥那些除了酗酒不受社会尊重的人，包括（威尔逊讽刺地说）“乞丐、流浪汉、收容所里的人、囚犯、同性恋者、疯子和堕落的女性”。直到 1949 年，该组织才决定接纳任何人，而不管其他因素如何，只要他们表示“希望戒酒”。[20]

极权主义国家的病态，就像在同时代的民主国家中发展起来的温和得多的独裁统治的特征一样，酗酒无疑是其诱因。不仅仅是剑桥间谍喝酒跟鱼儿喝水一样。20 世纪中叶的普通人被困在严苛的等级制度链条中，并且害怕加入被视作具有颠覆性的社交网络，于是就在酒瓶子中寻求安慰。在苏联，首选的“安慰剂”是伏特加。纳粹德国在制造武器装备和生产酒精中选择了前者，于是外来的药物变得更受青睐，如柏飞丁（甲基苯丙胺）和尤多卡（吗啡衍生物）。[21] 在美国，禁酒令颁布后，烈酒的消费数字在今天看来是惊人的。经历世界大战的几代人也经常在烟草中寻求安慰，随之而来的是大量的自杀事件。然而，这种兴奋剂带来的舒适只是昙花一现。在奥尔德斯 · 赫胥黎的《美丽新世界》（1932 年）中提到，不要说酒精，甚至连毒品都是由福特主义世界国家控制的，他们还控制着从优生学到安乐死的一切，而像柏纳德 · 马克斯这样不遵循制度的人最终只能被放逐。在奥威尔的《1984》（1949 年）中，温斯顿 · 史密斯没有丝毫机会能成功地反抗老大哥对一号空降场的统治，他命中注定地要被折磨和洗脑。20 世纪中叶的许多文学英雄就这样被压垮了，从约瑟夫 · 海勒的约翰 · 尤索林到亚历山大 · 索尔仁尼琴的伊万 · 杰尼索维奇，再到约翰 · 勒卡雷的亚历克 · 莱马斯——酒瘾很大的演员理查德 · 伯顿将他们刻画成酒鬼的形象，令人印象深刻。恰如其分的是，一波人为造成的意识形态灾难，以一场自我诱发的肝肺功能失调的大流行而告终。

Part 07

主宰丛林

42

长久和平期

发动冷战的两个大国拥有极其有秩序的等级制度，它们给本国公民留下了很少的空间去组建他们自己的网络，除非他们的网络完全没有政治色彩。然而，离帝国大都市越远，中央计划者的控制力就越弱。第三次世界大战并不是在平流层用核导弹进行的，而是用半自动武器在被称为第三世界的丛林中进行的。那里远远超出铁路、公路、电报和电话网络的覆盖范围，超级大国被剥夺了它们赖以生存的指挥、控制和通信的权利。在遥远的贫穷国家，它们暴露了自己的局限性，引发了一场属于它们自己的国内政治结构危机。20 世纪 70 年代和 80 年代，社会网络重新兴起，等级制度崩溃，最终导致苏联迅速解体。同一时期互联网的诞生引发了另一种诱人的可能，即技术再次改变了权力平衡，这一次对极权主义国家及其独裁分支不利。然而，正如我们所见，历史在这方面的真实进程并不顺利。互联网不是 20 世纪末危机的起因，而是等级权力瓦解的结果。

历史学家长期以来一直在争论为什么“冷战”会持续许久，换句话说，为什么美国和苏联没有像英国和德意志帝国那样开战两次。一个普遍的答案是，核武器的出现增加了风险，华盛顿和莫斯科的政治家比他们在伦敦和柏林的同行在1914年和1939年更加懂得规避风险。另一种解释是，联盟网络在1945年之后比以前更加稳定。两个超级大国都建立了庞大、密集和相对稳定的盟友网络，将共同防御的承诺与商业一体化结合起来。从1816年到1950年，每个国家的联盟数量平均略高于2.5个。相比之下，从1951年到2003年期间，这一数字翻了两番变成了平均10.5个。[1] 进一步解释的话，就是贸易的增长减少了冲突。[2] 有趣的是，出于战略目的建立的安全联盟似乎预示了它们内部贸易的增长。[3] 这种网络效应无疑起到了一定的作用。然而，“冷战”时期几乎所有协议（军事和经济协议）的典型特征依旧是它们的等级结构。即使联合国安理会的大国永远无法达成共识，其他国家间的网络也可以形成：例如1957年《罗马条约》的最初6个签署国，还有“七国集团”的创始成员国，该组织始于1974年的世界五大经济体（美国、英国、联邦德国、日本和法国）的金融官员举行的非正式会议。

然而，只有当我们把注意力集中在这些发达国家时，“冷战”助力了“长期和平”的想法才有意义。但如果我们从整个世界来看，从20世纪50年代到80年代，非洲、亚洲和拉丁美洲并不太平。内战在这些地区非常普遍，而正是因为交战团体得到了超级大国的军事援助，成了大国的代理人，战争才会升级恶化。[4] 冷战时期，欧洲经历了海外帝国瓦解的革命和政变。正因为这种政治危机具有传染性，才能够引发人们“多米诺骨牌效应”的联想。[5] 法国在奠边府战役中被越南击败之后，德怀特·艾森豪威尔总统说：“你已经建立了一排多米诺骨牌，并且撞倒了第一个……可以确定的是，最后一个会发生什么很快就知道了。”如果“冷战”联盟创建了一个多枢纽的轴心辐射模式网络，这一多米诺骨牌效应就会传染给这些网络的外部节点。而防止多米诺骨牌倒下需要一套特殊的军事技能，这种技能在之后将被称为“反叛乱”，但也许最初的一些称呼更为生动，其中就包括“丛林战争”。

43

将军

C.S. 福雷斯特在他的小说《将军》（1936 年）中描绘了一个第一次世界大战时期的典型英国将军的形象——20 世纪中期僵化的等级制度的化身。对他的描写是：

> 值得注意的是他对下属的选择，以及通过这些下属挑选更下一级指挥官时的选择。他选择的都是不怕担责任、精力充沛、意志坚定的人，只要身体允许，无论是他们还是他们的家人都可以为战斗计划出力。没有想象力的人必须执行一项没有想象力的军事政策，这一政策也是由一个没有想象力的人制定的。从竞选计划来看，任何具有奇异性和独创性的东西都是可疑的。每一位将军都希望下级军官绝对服从命令，不畏惧困难、损失也不对未来恐惧；每一位将军都知道人们对他的期望（并认可这一点），人们会小心翼翼地在他手下成为他期望的样子。当要系统地使用武力时，他只需要那些能够快速融入系统的人，而不需要考虑其他人。[1]

对于当时的等级制度，这是最贴切的描述。然而，到了20世纪40年代，英国军队在经历了痛苦的战争之后意识到，军队需要一种不同的、更有活力的领导方式。在两次世界大战中，他们看到德国军队的非凡效力并不依赖于作战计划的严格执行，而是取决于在战争迷雾中的分散化决策和灵活性。[2] 例如，1940年，自由移动的德国装甲部队利用无线通信和法国公路网深入敌人前线的后方，敌人最终在混乱中崩溃。战场越难进入，就越有必要将军官（包括非委任军官）从中央指挥和控制的束缚中解放出来。没有任何战役能比在亚洲对日本发动的那些反侵略战争更清楚地表明这一点。在缅甸战争中，一个拥有全新面貌的英国将军出现了——这与福雷斯特笔下意志坚强、缺乏想象力的保守分子正好相反。在缅甸的丛林中，"奇异性和独创性"非常重要。

沃尔特·克耶尔·沃克（见图43.1）出生于1912年，是阿萨姆一名茶叶种植者的儿子，当索姆河和伊普尔河屠杀发生之时，他还非常年轻，并没有目睹这一场面。沃克为了一个错误的目标而奋斗终生。在英国的学校里，他认为对付欺凌行为最好的方法是"左直拳击打对方鼻子或上勾拳击打对方下巴"。在桑德赫斯特的军校，他对操练感到厌烦，渴望开枪实战，而不仅仅只是擦枪。随后，作为1/8的廓尔喀部队的军官，他在瓦济里斯坦与伊皮① 的法基尔作战中表现出色，成为伏击技术专家。1944年，沃克接管了4/8廓尔喀部队的指挥权，经过两个月的培训，他组建了一支强大的战斗部队，为自己建立了直属部队。此时，英国人正在学习一种新的战争模式。在一本出版于1943年的名为《丛林之书》的小册子中写道：

① 伊皮的法基尔被他的追随者称为"Haji Sahib"（尊敬的朝圣者），在一名殖民法官裁定一名未成年女孩的婚姻无效后，他宣布对英国人发动圣战，该女孩的家人声称她被绑架并被迫皈依伊斯兰教。法基尔成功地将瓦济里斯坦的穆斯林部落团结在一起，并持续开展反对英国统治的暴力运动。

图43.1　沃尔特·沃克将军，婆罗洲科纳雷纳西的英雄，反叛乱的先驱。他的格言就是“主宰丛林”。

“权力必须下放至各个级别较低的领导者中，让他们知道自己在面临这样的情况时，必须毫不拖延地做出决定并履行自己的责任……”[3] 这是沃克的准则。战争结束后，作为驻吉隆坡的总参谋部官员，他被授予训练“雪貂部队”的任务，这支部队由英国人、廓尔喀人、中国人和当地迪雅克人组成。1948 年至 1949 年，当马来半岛陷入紧急状态时，沃克指挥远东陆军训练中心在哥打丁宜县建立了后来的丛林作战学校。[4] 这所学校的教义被载入《马来亚反恐怖主义行动指南》，这一指南后来成了英国军队的反叛乱手册。[5] 其中最关键的一点是：军事行动的最终目标应该是确保“游击队袭击不会干扰合法政治统治的进程”。[6]这实际上意味着在协调情报收集（通过警察和军队）的基础上无情地消灭共产党，这背后还有小分队的积极巡逻和精心策划的伏击。[7]1958年，沃克负责老虎行动，99个廓尔喀人消灭了在柔佛州活动的最后一批共产党人。沃克后来宣称：“我的特别行动队的人认定了反叛分子会来，28天后他们来了，并且在沼泽中被消灭。”在沃克看来，能够在酷热天气中耐心等待长达四周的人都是无价之宝。当他被告知伦敦正在实施一项计划，裁减军队中的廓尔喀人，使其数量从1万人减少到4 000人时，他勃然大怒。[8]他用多米诺骨牌式的比喻争辩道：“马来亚是这个地区反对共产主义的最后堡垒，如果马来亚倒台，东南亚的局势将无法挽回。”[9]

沃克正是在婆罗洲（世界第三大岛屿）茂密的丛林中证明了他的观点的。婆罗洲没有铁路，甚至几乎没有道路，仅有几个零散的着陆点，唯一行得通的就是分散决策。该岛被英国和荷兰帝国任意分割，在沙捞越、文莱和北婆罗洲的英国领土和印度尼西亚（前荷兰）婆罗洲之间有一个很大的内部边界，即加里曼丹。英国在这一争端中优雅地退出了，但其更大的计划是将沙捞越、文莱、北婆罗洲与马来亚和新加坡合并，组成马来西亚联邦。然而，在这一计划得以实施之前，反对文莱计划的行动受到了印度尼西亚的支持。1963年4月，印度尼西亚军队越过边界进入沙捞越东部，摧毁了古晋附近打必律地区的警察局，开始了所谓的对抗。

印度尼西亚总统苏加诺的愿望是扩大印度尼西亚的国界，至少能囊括整个婆罗洲。而沃尔特·沃克作为英国军队在婆罗洲的指挥官（后来也是行动总指挥）的任务是以最低的成本打破他的愿望。在前往新司令部的路上，沃克根据自己在马来亚紧急事件中的经历写了一份指令，列出了他所说的“成功的六大要素”：

统一行动；及时准确的信息（这需要一流的情报系统协助）；速度、机动性和灵活性；我们基地的安全，无论它们在哪里，无论它们可能是什么（机场、巡逻基地等）；……统治丛林……赢得广大群众，特别是当地人的民心。[10]

这就是网络化的战争宣言——与旧英国军队僵化、等级森严的作战模式相对立。沃克最喜欢的词是“联合术”。他在马来亚学到的重要的一点是“武装部队之间、武装部队和警察之间以及整个安全部队和民政管理部门之间的团结”以及“在所有时间和所有级别上的联合规划和联合行动”的重要性。[11] 陆军、空军和海军总部聚集在一起，被迫与民政当局和警察密切合作。[12]

在地面上，沃克强调的是“完全的机动性和灵活性”。[13] 在前沿地区，任何驻军中至少有 2/3“总是处于进攻的角色中，日夜控制着丛林和伏击路线，这样敌人就永远不知道我们在哪里，并且敌人总是容易被发现并被野蛮攻击”。正如他令人印象深刻的一种观点——关键是主宰丛林：

仅仅通过攻击和射击敌人，然后返回基地是无法取得成功的。你必须主导整个局势，通过连续几周在丛林中的生活，赢得当地人的心，在那些不友好的村庄里安插我们自己的眼线。在这种情况下，你必须把“基地”的必需品背在背上：一个轻量级的塑料板，一大堆粮食和一袋弹药。丛林必须属于你，你必须主宰它，你必须控制和支配它。[14]

沃克的三大有效创新包括对边境巡防队员、特种部队和直升机的使用。边境地区的人至关重要。用负责培训他们的官员 J.P. 克罗斯的话来说：“如果边境人民能感觉到他们在积极参与守护自己家园的防御，并且政府支持他们，对抗可能就无法持续下去。因此，边境巡防队对胜利至关重要。”[15] 沃克的愿景是“边境巡防队在前方像一道屏障一样扫荡，成为常规部队的耳目，设下圈套。这就需要他们融入身后的环境：脱下象征身份的丛林靴，不带着鼓舞士气的步枪，这样看起来就像农民、渔夫、商人、伐木工等等”。克罗斯训练他的手下不仅要融入当地环境，还要记住他们遇到的任何敌人活动的痕迹，并跟踪敌人“使用刺激战术对付他，潜入后方，跟踪他，干掉掉队的人，留下标记，以便后面的人能够轻易了解发生了什么”。[16] 与边境巡防队密切合作的是来自 22 个英国空军特别部队的大约 70 名士兵，他们的任务是“与当地人生活在一起，赢得他们的信任，并协助解决医疗和其他问题”，同时“监测入侵”。[17] 最后，沃克充分利用他所能掌控的直升机（不超过 80 架），将重型武器从一个热点快速转移到另一个热点，给人留下了每个前沿基地都有大炮的印象。[18]

如今，几乎没有人记得在婆罗洲最黑暗的地方，他们对马印对抗的成功镇压，可能是因为其完成得过于彻底了。正如沃克所说：“在 1 000 多英里的丛林中，深入 100 英里，对敌人加以控制，并且在他们每次试图入侵时都粉碎他们，这对有关的 13 个营队来说是一项值得骄傲的成就。”[19] 此间，伤亡人数也控制在一定范围内：英国和英联邦部队有 114 人死亡，181 人受伤；相比之下，印度尼西亚确认 590 人死亡，222 人受伤，771 人被俘。当我们将婆罗洲的战争和越南北部 700 英里处同时期发生的战争相对比，这些较小的伤亡数字就有了更多价值。此时在越南，美国军队正处于战争初期。其后的事实证明，这是一项代价惨重、最终难以实现的维护南越独立的努力。正如沃克在 1969 年发表的一篇文章中指出的，他在婆罗洲的目标是“防止冲突升级为公开战争，就像今天在南越一样”。他不仅赢得了“丛林战斗的第一回合”，而且赢得了“边远地区部落村民和村庄的心理战”。[20] 最重要的是，他主宰了丛林，因为：

> 一支秘密行进的军队，大部分是小团体，只在战斗的关键时刻才会合的话，很少会遭到伏击。这就是越共通常的行军方式，也是我们的士兵领悟到的进军模式：并且我们比敌人做得更好。通过作战经验和良好的训练，我们用游击战的方式成功打击了原本的游击战。[21]

我将在本书的第50章说明，美国军方是如何通过整整一代人的时间和牺牲一代人的代价来学习这种网络战争的艺术的，而与沃尔特·沃克所拥有的热带雨林不同的是，他们的战斗最终会在钢筋水泥混凝土的丛林中进行。

44

复杂性的危机

诗人吉卜林在《英格兰旗帜》中的发问令人印象深刻："他们应该对英格兰了解多少？可能只有英格兰人自己知道。"对于像沃尔特·沃克这样几乎不了解英格兰，只了解他的丛林的帝国战士来说，问题就不同了。1965年，当他被任命为中欧盟军副总参谋长时，他回到的祖国却是一片未知的土地。法国巴黎、荷兰布鲁姆以及挪威科尔斯充斥着虎头蛇尾的官僚主义式公告。作为北欧盟军总司令（从1969年到1972年），沃克认为他的作用是警告人们斯堪的纳维亚即将成为与苏联冲突的正面战场。（他后来出版了两本关于这个主题的书，名为《后门的熊》和《下一张多米诺骨牌》。）伦敦的政客们并不喜欢他，他们此时已经发现了与苏联缓和关系的好处，而这不仅仅是为他们提供了进一步削减国防开支的借口。

C.S. 福雷斯特小说中的将军在退休后悲惨地坐在浴缸的椅子上玩桥牌。然而，沃尔特·沃克不是这种逐渐消失的老兵。1974年7月，他给《每日电讯报》写了一封信，在信中，他对"共产主义的特洛伊木马已经出现在我们中间，它的同行们以充满活力的方式在它的肚子里蠕动着"表示警告，并呼吁一种“充满活力、振奋人心的领导”……“(这种领导)高于政党政治”以“拯救”国家。在他看来，爱尔兰共和军（随后在英国制造汽车炸弹和暗杀事件的组织）是一个共产主义前线组织。他争辩道，“北爱尔兰现在应该被宣布为一个适当的军事行动区，甚至是战区，在那里，携带或使用武器的杀人犯将会受到即刻审判和处决”。当被《新闻晚报》记者问到军队是否应该接管这个国家时，沃克回答：“也许这个国家会选择以枪治国，而不是无政府状态。”沃克声称得到舰队司令瓦里尔·贝格爵士和皇家空军元帅约翰·斯莱索斯爵士的支持，他成立了一个“反混乱”组织，起初被称为英国公共服务业总工会，后来被称为民事援助组织，其公开的目标是建立一支由“值得信赖的、忠诚的、头脑冷静的人”组成的部队，以在发生大罢工时维持必要的服务。他们甚至怀疑当时的首相哈罗德·威尔逊就是一名共产主义者——当时剑桥五人组的第四个人和第五个人的名字还没被公布。沃克是众多保守派的成员之一，被伊诺克·鲍威尔反对移民和欧洲一体化的观点吸引。他也毫不犹豫地站在罗得西亚领导人伊恩·史密斯的一边，对南非的种族隔离政权进行了六次访问。同时，他还谴责同性恋者“把人体的下水道当成游乐场”的行为。（在《谁是谁》一书中，他把自己的娱乐活动视为“正常”。[1]）

其中充满了讽刺的意味。沃克在萨默塞特郡的家俨然成了“兰布鲁克酒庄”（暗指法国前总统戴高乐的乡村度假胜地科伦坡葡萄酒庄园）。沃克公开宣称支持的公众人物之一是喜剧演员迈克尔·本廷，他以前是《傻瓜秀》的演员，现在在泰晤士电视台主持一个名为《如厕时间》的儿童节目，但这并没有对沃克的形象产生正面影响。在电视连续剧《雷金纳德·佩林的兴衰》（1976—1979 年）中，雷吉的兄弟吉米（詹姆斯·安德森少校，退役）的角色就对沃克做了讽刺滑稽的模仿。

雷吉：当你的士气进一步上升时，你会和谁对抗？

吉米：无政府力量。破坏法律和秩序的人。包括共产主义者、托洛茨基主义者、新托洛茨基主义者、秘密托洛茨基主义者、工会领袖、共产主义工会领袖、无神论者、不可知论者、长发怪人、短发怪人、蓄意破坏者、流氓、足球支持者、多愁善感的缓刑监督官、强奸犯、天主教徒、天主教徒强奸犯、外国医生——精神病医师，应该被关起来的人，例如韦奇伍德·本、苦味啤酒、朋克摇滚、狗仔队、“游戏人生”的人、棚户区居民、克莱夫·詹金斯、罗伊·詹金斯、去他的詹金斯，去他的所有人、中餐馆——你为什么认为温莎城堡布满了中国餐馆？

雷吉：就这些吗？

吉米：是的。

雷吉：我明白了。你知道你会吸引什么样的人，对吗，吉米？歹徒、霸凌者、精神病患者、被解雇的警察、保安人员、被解雇的保安人员、种族主义者、攻击巴基斯坦人的人、攻击同性恋的人、攻击中国人的人、攻击任何人的人、海军少将、同性恋将军、中将、法西斯分子、新法西斯分子、秘密法西斯分子、保皇派、新保皇派、秘密保皇派。

吉米：你真的这么认为？我认为得到他们的支持可能很困难。

因此，丛林战争的英雄最终成为情景喜剧作家的素材。真正的沃克更悲惨地消失了，他做了两次髋关节手术，那两次手术让他失去行动能力。

然而，尽管荒谬的想法很多，沃尔特·沃克这类人在有一点上是正确的：他们认为英格兰的某些东西已经腐烂了，即使腐烂的点不在于他们狂热想象中的共产主义阴谋，也不是他们强烈谴责的社会解放和性解放。20 世纪 70 年代中期的英国确实一团糟，通货膨胀率是发达国家中最高的，工业动荡不堪。正是这种轻浮的玩世不恭让电视情景喜剧在当时广受欢迎，但同时也让英国的日常生活变得相当糟糕。问题不在于其是否成了“无政府力量”，而是世界大战时期建立的过度中心化的英国国家的崩溃。

对大多数英国平民精英来说——不论是怀特霍尔街的公务员，还是牛津大学和剑桥大学的教师以及有着“伟大和善良”称号的成员，他们似乎从1918年和1945年两次世界大战的胜利中得到一个启发：集中化的计划奏效了。战后，似乎每个官僚都在计划着政治中心的设计和运行，并且只在当地实施。[2] 从住房到医疗保健，从学校牛奶到苏格兰水电，一切都需要规划。国民收入模拟计算机（MONIAC）绝佳地展现了技术官僚们的自信，它是新西兰人比尔·菲利普斯设计的一种液压装置（见图44.1），旨在模拟凯恩斯主义经济政策对英国经济的影响。直到20世纪70年代人们才开始意识到：在和平时期，即使是最好的政府计划也有可能陷入滞胀和腐败的泥潭。从苏联农业集体化到巴西利亚和坦桑尼亚的强制乌贾马村庄的建设，现代主义的高度规划在其鼎盛时期造成了各种破坏。然而，它自身却总能在这些灾难中幸存下来，只要它们的作用是消灭任何一种形式的反对。在其自身的衰败的过程中，计划系统才可能会受到一些挑战。[3]

计划者面临的问题是：一个非常适合战争的等级制度是完全无法适应消费社会的——前者属于一种以垄断和标准化为特征的活动，因为国家是唯一的买家，并且毁灭比生产简单得多。那些参加过世界大战的人都得到过迎接繁荣和胜利的生活的承诺。但实际上，只有当数百万的家庭能够自由地做出数十亿的选择，并且成千上万的公司能够做出回应时，这一点才能实现。其结果是复杂性增加，在这种情况下，“横向交互变得更加重要，任何组织内部子系统之间的边界……流动得更加频繁”。[4] 正如物理学家扬尼尔·巴哈彦主张的那样：“集体行为由一个人控制的群体，其行为不能比

图44.1　威廉·菲利普斯与国民收入模拟计算机，1949年在英国建造，是一个表现英国经济的液压模型。

实施控制的个体更为复杂。”五年计划可能在斯大林时期的苏联行得通，在那里，个人只不过是集体农业、重工业生产、全面战争和刑罚系统中的一个小齿轮。但在哈罗德·威尔逊领导下的英国，它一定会崩溃。作为一般原则，一旦“对集体人类系统的需求变得复杂……变得比个人本身更复杂时……等级将不再能够强制个人之间产生必要的关联或协调。相反，像在大脑这样复杂的系统中，网络的相互作用和协调机制是必要的”。[5]

20世纪70年代，世界上出现了无数种向更加网络化的世界转变的方式。其中的驱动因素与其说是技术，不如说是组织。亚当·斯密认为市场的自发秩序一定会优于“任何组织通过深思熟虑所实现的秩序”，弗里德里希·哈耶克是首批重新解读亚当·斯密旧观点的人之一。正如哈耶克提出的：“有的人坚持认为我们必须对日益复杂的现代社会进行规划，但其实这是自相矛盾的，也是对现代社会的完全误解……事实是，我们只有通过强制执行和改进有助于自发秩序形成的规则，才能间接地保持如此复杂的秩序。”[6]其他人则很难发现这一点。在福特汽车公司，高级管理人员开始注意到，他们已经被需要处理的巨大信息流淹没了，装配线自身已经如此紧密优化，导致汽车设计的微小人为变化都需要长时间的生产中断。它们已经“变得太好了”。[7]纵向一体化的企业集团发现，在经济史学家所谓的“第二次市场革命”[8]中，它们面临着破产的压力，因为它们无法应对将供应链外包出去的竞争对手。[9]西方政治精英越来越意识到，国际贸易的增加也会促进社会繁荣，加速等级制的转化。20世纪中叶，人们自给自足的梦想让位于一个快乐而自信的时代，在这个时代，比较优势能够再次被利用。“全球化”一词于1951年首次出现在《韦氏词典》中，被定义为“在范围或应用上实现全球化”。[10]1983年，西奥多·莱维特在《哈佛商业评论》上发表了他关于“市场全球化”的开创性论文。[11]

然而，政府计划被全球市场取代的说法并不完全正确。正如沃尔特·鲍威尔在1990年一篇有启发性的文章中指出的，国家和国际两级商业网络的增长不仅仅是市场对等级公司的胜利。他认为：“在市场上，标准策略是在最即时的交易中尽可能地讨价还价。而在网络中，首选的往往是拉长战线，寻求长期的负债和经济依赖。”[12]

在资源分配的网络模式中，交易不是通过离散的交换或行政命令进行的，而是通过参与互惠、优惠和相互支持行动的个人网络进行的。

> 网络可能很复杂：它们既不涉及市场的明确标准，也不涉及父权制中常见的家长式作风。网络关系的一个基本假设是：一方依赖于另一方控制的资源，资源的集中会带来收益。本质上讲，网络各方同意放弃以牺牲他人为代价追求自身利益的权利。[13]

网络显然有更明显的优势，比原有的等级制度更灵活。但是，它同时也意味着对原有网络成员与新进入者之间勾结程度的衡量。[14] 这种看法对于试图使公共部门适应 20 世纪 70 年代新环境的努力具有重要意义。显而易见的是，由全知但无能的“怀特霍尔人”化身的集权等级体制已经失效。他们此时尚不清楚如何将市场的力量引入当初“国有化”的宁静日子里所创造的那些或自然或强加的垄断之中。从奥古斯托·皮诺切特的智利和玛格丽特·撒切尔的英国开始，艺术的术语就是“私有化”。然而，在实践中，高层建筑往往会被关系密切的网络取代，而不是真正具有竞争力的市场。[15] 人们可能总是误以为“市场力量”会以某种方式对英国国民健康服务局或英国铁路公司等棘手的机构产生影响，但现实情况是，宏伟的计划总是让位于通过个人信任和礼物往来所联系的关系网络。[16] 从总体上来看，这种网络所产生的结果是正面的：各种私有化的公用事业变得更有效率。但从另一个角度来说，掌管这些公用事业的“半官方机构”和“魔法矩阵”永远不可能奢望获得民众的认可。

45

亨利 · 基辛格的权力网络

在新近出现的网络秩序中，有效性和反常性能够合理共存，没有比亨利·基辛格的职业生涯更能说明这一点的了。基辛格是一名来自纳粹德国的难民，在美国陆军服役期间，他开始研究历史、哲学和地缘政治，并成为冷战期间从政的众多哈佛教授之一。然而，1968 年 12 月，他被任命为理查德·尼克松总统的国家安全顾问，这让许多人（尤其是基辛格本人）感到惊讶，因为在过去十年的大部分时间里，他与尼克松在共和党内的对手，出身名门望族的纳尔逊·洛克菲勒关系非常密切。前总统艾森豪威尔在病床上都对这一任命表示怀疑。“但是基辛格是一名教授，”当他听说尼克松的选择时，他惊呼道，“教授可以做研究，但是他们无法管理负责任何事情。”[1] 但他可能大大低估了我们所讨论的这位教授。

基辛格抵达白宫时，对官僚主义完全无法容忍——新任总统也有同感。（他对官僚的敏感性始于他在军队服役时期，在那里他是反间谍特工，虽然地位较低却有着强大的权限。在哈佛任职期间，他有种建立新机构的本能，而不是屈从于更高级的官员和院长。）“政策精神和官僚主义精神是截然相反的，”他在博士论文中写道，“政策的本质是它的偶然性，它的成功取决于推测和估算的正确性。官僚主义的本质是对安全的追求，它的成功是可预测和计算的……试图以官僚方式执行政策导致了对可计算性的追求，这往往会让人们成为某个事件的囚徒。”[2] 在整个 20 世纪 50 年代和 60 年代，基辛格抱怨说，每一位总统都有一种倾向：“面对官僚机构造成的既成事实，明明可以批准或修改这些事实，但却排除了对替代方案的考虑。”[3] 在 1966 年撰写的题为《国内结构和外交政策》的文章中，基辛格指出，政府官僚机构“有意将问题的相关因素降低到平均绩效的标准”。当“官僚机构”所定义的例行公事没有解决一系列最重要的问题时，或者当其规定的行动模式被证明与主要问题无关时，这就成了一个问题。与此同时，一种跨部门的发展趋势是，部门间的“官僚竞争”成为产生决策的唯一手段，或者是官僚机构的各个组成部分之间达成“一系列互不侵犯协议，从而使决策者成为一个仁慈的立宪君主”。基辛格认为，大多数人对总统关于外交政策的演讲不持异议的原因是，这些演讲通常旨在“解决华盛顿的内部辩论”。[4] 在 1968 年春天，就在获得国家安全顾问职位的几个月前，基辛格甚至声称“没有美国外交政策这样的东西”，只有“一系列已经产生了某种结果的行动”，而这些结果“可能不是他们事先计划好的”。对此，“国内外的研究和情报机构都试图给出一种合理性和一致性解释……它根本没有什么”。他认为，政府部门中“仍然有思考能力的最高层”是“官僚机构的中层——助理秘书和他的直属顾问”……除此之外，维护这一机制的日常运行耗费了大量人力物力。在这种情况下，“只有行政问题出现时，他们才会做出决策”。[5]

支撑基辛格观点的最好例证就是美国越南战略的彻底失败。他在几次访问南越后写道，“其实根本没有‘越南政策’存在，只有与越南有关的个别机构的一系列项目。如果这些运营机构之间存在冲突，这些项目能否得到协调也视情况而定”。其中有三个问题。首先，只有当存在两个互相对立的机构时，这个系统才起作用，它们能够分别站在问题的两个对立面进行工作。当一个小而精，没有任何对手的团队开始工作时，情况就会变得很糟糕。第二，人们都太忙了，以至没有人做计划。（“计划包括对未来的推测和事实假设。他们忙于处理实际问题，因此不愿意从事理论性的工作”。）第三，决策者受到“先天性缺乏安全感”的困扰，他们缺乏顾问的专业知识，因此他们寻求“行政共识”。当美国试图通过谈判与极为顽固的越南民主共和国结束冲突时，上述这些问题产生了灾难性的后果。华盛顿总是倾向于在谈判开始后完全不做决策，而只看“对方能提供什么”。

> 因此，在开始外交活动的初期，我们的立场非常僵硬和强硬，但是当一名谈判者被任命时，这种立场会迅速改变，因为他是另一方的发言人。担心全局不是他关心的问题。他只关心谈判是否能成功，而当你认真仔细地考虑对方的意见和想说的话时，谈判才有可能成功。[6]

正如基辛格所说：“实用主义和官僚主义相结合，形成了一种外交风格，其特点是在正式谈判前严防死守、提前僵化，一旦谈判开始，就过度依赖战术上的考量。”[7]

正是这种对官僚主义的批评导致基辛格和哈佛的一群志同道合的同事建议新当选的总统不要选择任命一名过于强势的幕僚长，并给他直接接触总统的权力。他们认为，一名成功的首席执行者，需要将“等级制度和分散的权限”结合起来。最好任命一名责任范围最广的关键战略顾问。[8]基辛格在提出这一建议时是在考虑自己吗？可能不是：如果尼克松能任命洛克菲勒为国防部长的话，那么当时他最渴望的角色是副国务卿。尽管如此，他最后成了首席战略家，并很快发现自己虽然名义上只负责外交政策，但实权很大，扮演着许多角色。

大多数研究基辛格从政生涯的作家喜欢对基辛格迅速增长的影响力做出解释，有好的有坏的，有的从他与尼克松的密切关系出发，也有人专注于他高超的官僚暗战技巧，虽然作为一名学者他曾对此做出强烈谴责。然而，他们都忽视了基辛格工作模式中的最大特点。当他周围的人继续受到等级官僚制度的约束时，基辛格从一开始就投入了大量精力来建立一个网络，这个网络在华盛顿环城高速公路以外的所有方向上横向延伸：面向美国国内的新闻界甚至娱乐业，或许更重要的是，通过各种“后台渠道”伸向关键的外国政府。基辛格从一开始就为这个网络注入一种能力：在缺乏对话者的情况下也能与对方建立情感或智力上的联系，这是他在接受尼克松任命之前很久就磨炼出来的技能。

正如我们在第40章看到的，斯大林死后，苏联国家系统的一个特征就是对私人网络和孤立个人进行系统性毁灭。安娜·阿赫玛托娃与以赛亚·伯林的几次邂逅让她付出了沉重的代价。甚至在20世纪60年代末，当苏联公民遇到美国人时（当然他们很少遇到）必须保持警惕。帕格沃什科学和世界事务会议是一个罕见的例外。今天，帕格沃什科学和世界事务会议因其创建人约瑟夫·罗特布拉特获得1995年诺贝尔和平奖而被知晓，该组织就是用“二轨外交”来解除戒备和冲突的。[9]然而，冷战期间，这些会议的性质更加模糊，因为出席会议的苏联学者必须事先得到苏联共产党中央委员会的批准，有时甚至要得到苏共中央政治局的批准。[10]在这种情况下，正如物理学家维克多·魏斯科普夫所说，“通过帕格沃什，我们美国的科学家与苏联政府有了直接的沟通渠道”。[11]但还有一个不太积极的结论是：“这些会议是反美亲苏的政治宣传手段”。[12]

1961年，基辛格参加了在佛蒙特州的斯托举行的第一次帕格沃什会议，其间既进行了政治宣传，也经历了有意义的交流。起初，苏联代表坚持共产主义路线，但是基辛格用他标志性的尖刻幽默至少解除了其中一些人的戒备。就在他们去机场之前，苏联历史学家弗拉基米尔·赫沃斯托夫和物理学家伊戈尔·塔姆走近他，问了一系列关于美国对柏林政策的官方问题。例如，联合国能否保证美国在西柏林的权力地位？而基辛格回答说，美国“不会接受一种每年都能被联合国大会改变的状态和地位。塔姆问如果能保证五年呢？我说那也太短了。他然后问那十年如何？我回答说，‘如果我们的讨论持续下去，我建议能保证150年，也许我们可以在这150年中继续这个话题。他笑着说我们彼此理解’。苏联人喜欢这种妙语连珠的对话。”[13]在这种情况下，帕格沃什会议就像一个穿越铁幕的独特网络。

叶梅利亚诺夫坦率地承认，自从赫鲁晓夫的去斯大林化演讲之后，他从未见过苏联政府如此混乱。[14]正是通过帕格沃什会议，基辛格收到了从波兰去布拉格的邀请。在布拉格，他会见了捷克在德国情报部门的前负责人安东宁·斯内德雷克，他现在是该国国际政治和经济研究所的主任。这两个人在总部位于伦敦的战略研究所的维也纳年会上再次会面。这个捷克人坦率地警告基辛格，苏联无意帮助美国人摆脱越南。他说，事实上，东南亚的危机可能最终成为“莫斯科方面加强对东欧控制的借口”。（基辛格没有意识到这一点，但是他和斯内德雷克的坦诚讨论本身就预示着布拉格之春即将到来，这是一次政治解冻，捷克此时在怀疑这能否会被苏联接受。[15]）

从1969年1月开始，基辛格开始将他作为学术和公共知识分子学到的一些经验教训运用到政治活动中：其中最重要的一点就是：非正式网络能够提供比外交部和大使馆更好的外交渠道。作为基辛格人生第二个阶段的前奏，我试图根据所有公开发表的与基辛格执政时期有关的回忆录来描绘基辛格所建立的网络。从基辛格本人和他同时代的政府官员的回忆中，我们可以找寻到他最初与其他网络建立联系的情况。图 45.1 至 45.4 就是根据理查德·尼克松和亨利·基辛格的回忆录所描绘的他们的自我中心网络；基于所有成员的回忆录描绘的尼克松和福特政府的自我中心网络；还有尼克松政府和福特政府的定向网络，其中描绘了成员在彼此回忆录中的重要地位。[16]在前三张图（图 45.1 至图 45.3）中，相对重要性既体现在靠近中央“自我”节点（在第三种情况下结合了写回忆录的成员的个人身份）上，也体现在节点的面积上。在第四张图（图 45.4）中，我们可以通过谁在回忆录中提到了谁，以及他们提到这个人的频率来了解他们节点之间的相互接近度、连接线的广度和连接线的箭头方向。

这一实践开启了对其网络更彻底的探索。这本质上是一项具有回顾性和代表性的研究：从本质上来说，我们能从中看到在尼克松和福特时期个人的相对重要性，因为这两个政府的成员都在回忆录中描绘了他们的个人社会关系，同样重要的是，他们很希望这些关系被人记住，尤其是在“水门事件”时期。毫无疑问，基于不同来源的图会呈现出某种不同的图像。①尽管如此，这些图还是说明了历史学家在方法论上能从社会网络分析中获益。

首先，对于尼克松-福特时代谁是“重要的”，我们可能会做出任何假设，对此，该研究做出了一个有价值的修正。基辛格的自我中心网络最为丰富——对于尼克松来说他和他的妻子一样重要，同时他也是两届政府中第二重要的成员，超过了后来成为总统的福特。接下来的中介中心性排名

① 例如，在纽约市立大学正在进行的一项研究“量化基辛格”中，米基·考夫曼试图对国家安全档案馆的基辛格信件进行网络分析，该信件收集了 1.8 万份文件。她还展示了基辛格被任命为国务卿后，他的人际网络是如何扩大的，而且他的个人网络（不同于现有的官僚渠道）有助于他管理那个时代的重要地缘政治事件，如 1973 年的阿以战争、越南战争、对中国的开放、柬埔寨的军事行动以及为解决罗得西亚布什战争所进行的外交努力。

（见图 45.4）是尼克松的幕僚长哈德曼，之后是尼克松的第三任财政部长乔治·舒尔茨和白宫法律顾问约翰·迪恩。在此基础上排名靠前的还有约翰·埃利克曼（总统内务助理）和亚历山大·黑格（基辛格的助理，当时的副手，“水门事件”后霍尔德曼的继任者）。

同样引人注目的是回忆录中出现已经去世的人的频率。继尼克松和基辛格之后，林登·约翰逊（于 1973 年 1 月去世）是所有回忆录中第三个最常被提及的人物，约翰·肯尼迪名列第六（见图 45.3）。前总统德怀特·艾森豪威尔（死于 1969 年 3 月）、富兰克林·罗斯福和哈里·杜鲁门（死于 1972 年 12 月）是第 13 位、第 20 位和第 37 位最常被提到的人。丘吉尔是第 31 位，斯大林是第 24 位。历史学家也许会安心地发现，自传作者经常回顾他们在政府任职之前的时期，哪怕只是为了提及他们年轻时的主要性格。

第三，我们看到了“尼克松眼中的世界”和“基辛格眼中的世界”之间的区别。从尼克松的核心圈子（见图 45.1）可以看出，他的总统经历在很大程度上被限制在白宫的围墙之内。除了他的妻子和女儿，他在回忆录中最常提到基辛格、艾森豪威尔、哈德曼、埃利克曼和黑格。相比之下，基辛格提到的主要外国领导人几乎和他服务过的总统一样多，超过了他的前任国务卿威廉·罗杰斯（见图 45.2）。更引人注目的是，外国领导人在基辛格的回忆录中占据了最重要的位置：苏联人（他们驻华盛顿的大使阿纳托利·多勃雷宁、他们的外交部长安德烈·格罗米科和他们的总理列昂尼德·勃列日涅夫）排在第一位，中国总理周恩来和埃及总统安瓦尔·萨达特紧随其后。除了勃列日涅夫和多勃雷宁之外，尼克松最经常提到的 40 个人中还有一个外国人：南越总统阮文绍。而相比之下，前 40 位中只有 16 名是美国人。当然，我们希望国家安全顾问和国务卿花在外国人身上的时间比总统多：这就是工作的本质。然而，很难相信这些职位的任何前任都是不知疲倦的旅行者和谈判家。

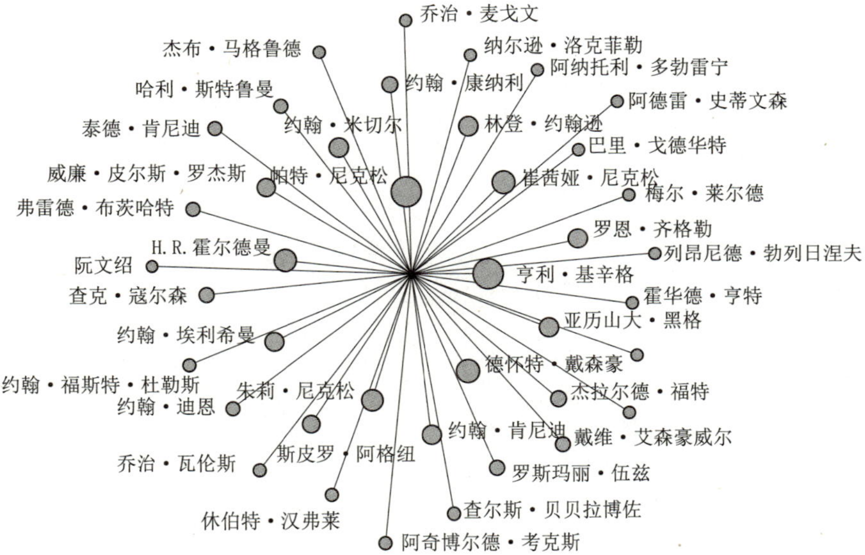

图45.1　理查德 · 尼克松的自我中心网络，基于他的回忆录。

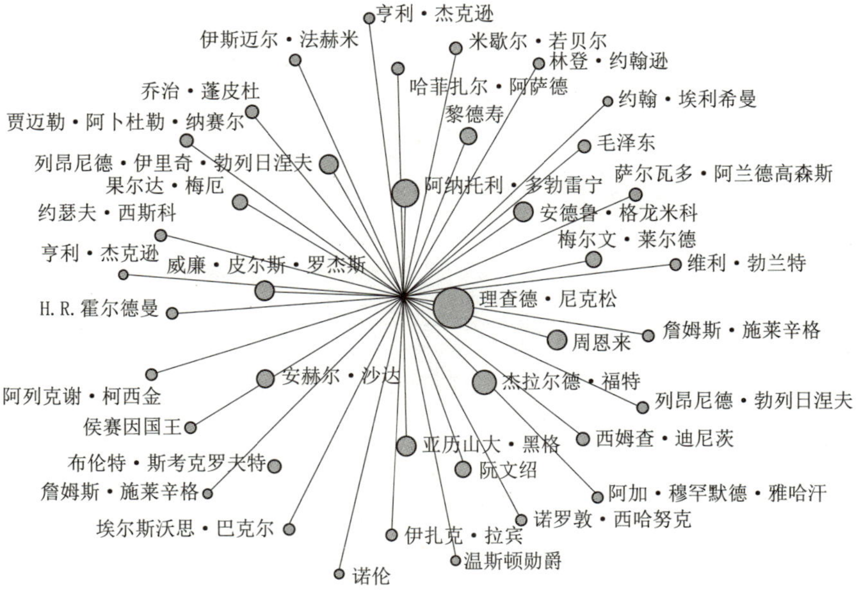

图45.2　亨利 · 基辛格的自我中心网络，基于他的回忆录。

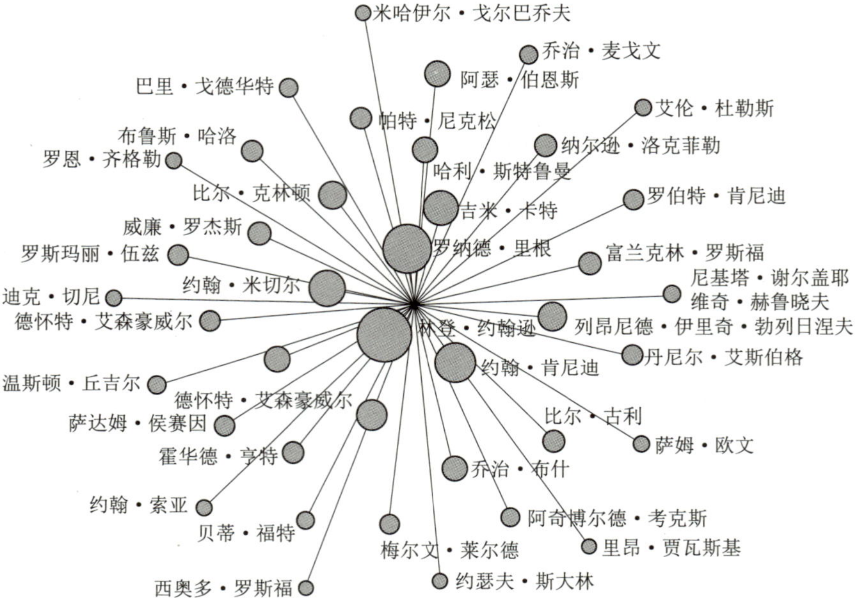

图45.3　尼克松和福特政府的自我中心网络，基于所有网络成员的回忆录。

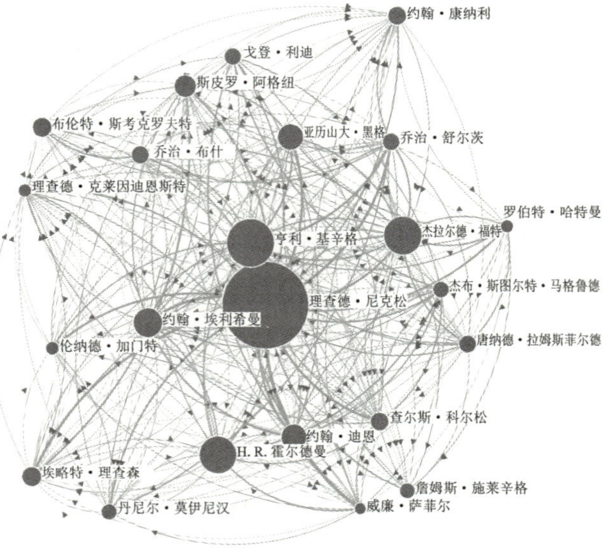

图45.4　尼克松和福特政府的定向网络，其中描述了成员之间相互回忆的方向和频率。

基辛格在任期间，至少在《时代》杂志的封面上出现了15次。根据一家杂志社在1974年发表的人物简介，他是“世界上不可或缺的人……是一个在正确的时间、正确的地点出现的正确的人”——尽管有人指责基辛格更“注重最重要的人而非原则”。[17] 这一关于基辛格的影响力和声誉的假设不仅是他的智慧和勤奋的产物，也是他那些异乎寻常的个人联系的产物。穿梭外交就是其中的一部分。基辛格擅长和记者聊天，尽管他在回忆录中几乎没有提到他们，但他和奥尔索普兄弟、斯图尔特和约瑟夫以及专栏作家汤姆·布雷登都很亲密。正如《时代》杂志所说，基辛格“小心翼翼地保留了听命于总司令命令的下属礼仪”，即使尼克松的总统任期即将结束。在尼克松最后辞职之前，与尼克松的“正式和正确的，而非个人的”关系在制度上仍然至关重要。正如《时代》杂志所指出的那样，基辛格有着“一种精细协调的等级观念”。[18] 但更重要的是网络中的所有其他关系（包括基辛格在哈佛大学夏季研讨会上的前参与者组成的“老男孩网络”）遍布全球。“他总是能精准地定位那个能够实现信息传递的人。”一名未透露姓名的助手对《时代》杂志说。而另外一位“来自华盛顿的朋友和仰慕者”说：“很多大门都为他敞开。”这个网络是他“连锁反应”外交的先决条件，这一表达来自以色列副总理伊加尔·阿隆。这就证明了基辛格“可能比世界上任何其他人都更有影响力”。[19]

20世纪70年代等级制度的弱化和网络的加强有许多好处。从基辛格的角度来看，这些趋势大大降低了第三次世界大战的风险：这毕竟是与苏联更频繁对话的核心理由（也是与中华人民共和国交流的开始）。同时代的人经常将基辛格的外交政策概括为“缓和”，但是他更喜欢用“相互依存”来表达。1973年12月，他在伦敦宣布，一个“新的国际体系”取代了“战后结构”：一个基于“日益增长的相互依赖和迅速发展的国家和地区认同的悖论”的国际体系。[20]三个月后，他提出，“能源危机”是“全球相互依赖的阵痛”之一。[21]到1974年4月，“相互依赖的挑战”已经成为一个演讲题目。到1975年，相互依存“成为我们外交的核心事实”。基辛格在1974年10月发出警告称，“如果我们没有认识到我们之间的相互依存关系，我们现在拥有的西方文明几乎肯定会瓦解”。[22]理查德·库珀和约瑟夫·奈等哈佛大学的学者不得不就这一主题著书立说。[23]1972年在波坎蒂科山洛克菲勒庄园举行的三边委员会①第一次会议和1975年在朗·布依埃举行的“六国集团”（英国、法国、意大利、日本、美国和联邦德国）第一次会议都体现了相互依存的关系。《纽约时报》选择用一篇题为“相互依存日”的社论来纪念《独立宣言》200周年。[24]这是吉米·卡特总统和他的国家安全顾问兹比格涅夫·布热津斯基积极采纳的一个概念。

然而，居住在一个相互更加依赖的世界里既有代价，也有好处。正如布热津斯基在他的《两个时代之间》一书中所说，“科技时代”创造的新的“全球城市”是“一个紧张、不安和相互依存关系支离破碎的网络”。[25]这在很多方面都是正确的。在冷战的前半期，超级大国通过制造或赞助宣传，对任何被认为有害的东西进行分类或审查，渴望控制信息流动。这一时期，每一桩间谍丑闻和侦查都会引起轰动。然而在大多数情况下，发生的一切都是机密信息。这一情形在20世纪70年代发生了变化。从1971年丹尼尔·埃尔斯伯格给《纽约时报》的所谓“五角大楼文件”开始，泄露的官方文件开始通过自由媒体在西方传播，以及（在更弱的程度上）在苏联进行传播，主要通过萨米兹达特文学（地下文学刊物），特别是亚历山大·索

① 根据三边委员会的最初计划，执行委员会将由34名代表组成：14名来自欧共体，9名来自日本，9名来自美国，2名来自加拿大。对美国来说，这是一种不光彩的自我克制行为，因为当时美国的经济规模仍远远大于欧共体。

尔仁尼琴的《古拉格群岛》一书。[26] 与 1945 年之后平静的 25 年相比，泄露给媒体的消息反过来又加剧了大学校园和中心城市的社会抗议活动，这使得 20 世纪 70 年代初显得如此狂热。从 20 世纪 60 年代到 20 世纪 80 年代，美国总共有近 400 个不同的团体参与了某种形式的抗议活动：从非洲裔美国公民权利运动开始，很快就发展出妇女权利、印第安人权利、同性恋权利以及反对越南战争、核武器、贫困和工业污染的运动。[27] 像第二次世界大战中参战的那一代人一样，尼克松和基辛格对这些团体几乎没有耐心。事实上，基辛格把 20 世纪 60 年代末他在哈佛遇到的学生激进分子比作 20 世纪 30 年代初参加纽伦堡大集会的德国学生。然而，在 1970 年 5 月 9 日的凌晨，尼克松冒险走出白宫去面对一群在林肯纪念堂露营的学生抗议者。这是一个以隐逸和厌世著称的人非同寻常的一次尝试。正如他对他们所说的：

> 我很抱歉他们错过了昨天的新闻发布会，因为我曾试图解释……我在越南战争的目标和他们是一样的——停止杀戮、结束战争、带来和平。我们的目标不是通过我们正在做的事情占领柬埔寨，而是尽早离开越南。
>
> 他们对此没有回应。我完全可以理解他们对战争的仇恨，但我希望这种仇恨不会变成对我们的政治体系、我们的国家和它所代表的一切的仇恨。我说过我了解你们，虽然你们大多数人可能认为我是在煽情，但是我真的想让你们知道，我理解你们的感受。[28]

也许尼克松确实理解抗议者们的感受。但是，正如他们随后向迅速拥来的记者们所表明的那样，他们根本不理解他，也没有试图去理解他的感受。

我们都知道，早在《华盛顿邮报》揭露尼克松的欺诈行为之前（同时这也是他自身作为一个孤立网络的脆弱性所带来的后果），他在那些本可以拯救他的机构中朋友太少，基辛格就已经明白网络比联邦政府的等级制度更强大。他非常了解抗议的学生，不会在他们身上浪费时间。而在福特执政的时代，他确实也在全国各地进行了巡回演讲，向中西部民众解释他的战略理念——尽管效果有限。但从某种意义上来说，他最显著的功绩是将自己与尼克松网络中对他来说致命的一部分隔离开来：策划“水门事件”的部分。这简直需要网络建立者运用近乎天才的手段才能精准地避免自身连接到相应的节点。除此之外，基辛格的权力还建立在一个不仅跨越国界，而且跨越职业界限的网络之上，1977 年离开政府后，他的权力又在咨询公司——基辛格事务所中被制度化，这些都是通过他几乎不间断地飞行出差、会议讨论、建立联系、出席饭局来维持的。相比之下，尼克松上台之后，其行政部门的权力被国会审查大大削弱，这也使得报纸媒体更加敢说敢做。这之后的国家安全顾问或国家安全官员，无论多么有才华，都无法与基辛格取得的成就相提并论。

46

进入硅谷

为什么在20世纪70年代等级权力结构会陷入危机？据布热津斯基的猜测，答案是科技的发展。诚然，20世纪70年代是个人电脑和国际互联网刚刚兴起的时候。然而，等级权力危机发生在电子网络在美国普及之前。事实上，上述的因果关系颠倒了，正是等级制度中中央集权控制的放宽，才使得美国信息技术革命成为可能。

如今，我们能很清楚地看到，互联网时代的新型信息、商业和社会网络对全世界的所有国家都构成了深远的挑战，但这一挑战的重要程度是慢慢凸显的。起初，网络技术的创建是为了加强国家安全。1964年，兰德公司[①]的研究员保罗·巴兰的任务是开发一种能够经受苏联核攻击的通信系统，巴兰随后提出了三种可以服务于该系统的结构。它可以是“中心化的”，有一个从中心枢纽发出的多个辐条结构；可以是“去中心化的”，各部分可

① 兰德公司最初由美国陆军空军司令于1945年10月下令成立，目的是研究未来的武器，三年后，兰德公司（研发）从道格拉斯飞机公司分离出来，成为一个由政府和私营部门联合资助的非营利实体。赫尔曼·卡恩是兰德公司的首席战略家，在这个位置上，他写了经典著作《热核战争》（1960年）。

以通过一些薄弱的纽带松散地连接在一起；也可以是“分布式的”，像网格一样。理论上，最后一种选择是适应能力最强的，因为即使其中的众多节点被破坏了，整体结构也不会坍塌。而这也确实是巴兰的首选，后来成了高级研究计划局网络（“阿帕网”）。[1]然而，实际上这种分布式的网络结构只能依靠集中规划来维持，这就有些自相矛盾了。正如梅尔文·康威在1968年的论文《委员会是怎样发明的》中指出的，关于通信系统的设计方式，有一条这样的法则：“设计系统的组织（广义）常常会受到限制，在设计中只能复制其组织内部的通信结构。”[2]就像基辛格看到的政府官僚机构在面临重大战略挑战时的机能障碍一样，康威作为一名有着政府国防合同经验的系统分析师就曾观察到：

一个系统庞大的结构，与本质上系统较小的结构相比更加容易在发展过程中解体。这一理论明显可以应用于过去十几年的大型军事信息系统……这里包含着人类的大脑设计的一些最复杂的物体……

为什么大型系统会解体？这个过程似乎分三步进行……

首先，设计者最开始就意识到该系统将会很大，再加上来自组织的某些压力，就不得不指派更多的人参与设计工作。

第二，将传统的管理智慧应用到大型设计组织中，会导致其通信结构瓦解。

第三，设计组织和系统结构具有同态性，这就确保后者会反映前者之中已经出现的瓦解。[3]

因此，互联网的产生并不是以上述的方式设计的，而是或多或少自发和有机地产生的，其牵头者是学者和私营部门的计算机工程师，而不是军事领导人，这一点非常重要。

1969 年 10 月 29 日，当一条不完整的消息通过阿帕网（见图 46.1）发送到斯坦福研究所和加州大学洛杉矶分校时，开始了电脑之间的第一次对话。[4] 两年后，该网络中的节点数量已经超过 40 个，包括一些大学和私营公司。类似的网络也在其他地方兴起（高能物理网、交换端口分析器、远程登录等等），因此到 1974 年，人们面临着将这些网络连接在一个单一的“内部网络”中的挑战。20 世纪 70 年代是忙乱的，同时也是高度分散的创新时代，每一项新的进展都有助于一体化进程：后来启发了 Linux 系统和 FreeBSD 的 Unix 操作系统、用 @ 符号分隔名称和地址的电子邮件、第一个带有“回复”和“转发”选项的电子邮件程序（MSG）、第一个调制解调器。当然，根据摩尔定律，这些进步与计算机处理能力似乎与不可阻挡的指数级增长相吻合。①然而，最重要的发展还是文顿·瑟夫和罗伯特·卡恩制定的互联网条款，即网际网络不应有中央控制，也不应针对任何特定的应用或数据包形式进行优化。[5] 在他们的 TCP/IP 软件协议中，所有计算机网络都应该能够相互通信，而不管其内部结构有何不同。1983 年 1 月 1 日，当阿帕网切换为 TCP/IP 的协议时，这一切成了现实。[6] 一年后，第一个域名服务器（DNS）问世，此后数字 IP 地址有了更易被记住的名字。到 1987 年，在现在被称为“互联网”的网络上已经有了将近 3 万台主机。

互联网不再是计划的产物，它成长了。我们今天使用的庞大的全球基础设施，包括国际光纤干线、美国电话电报公司等作为国家网络主干网提供商的电信公司、无数的互联网服务提供商以及数十亿的终端用户，最初

① 英特尔的共同创始人之一戈登·E. 摩尔在 1965 年就观察到：集成电路芯片上每平方英寸晶体管的数量每年都在翻倍。他预测这一比率将会持续下去，尽管 1975 年他对这一预测做出了修改，表明在 1980 年之后，这个数字会每两年翻一番。本章没有更详细地描述伴随互联网发展的计算能力的进步。可以说，从那时起，摩尔定律就基本成立了。

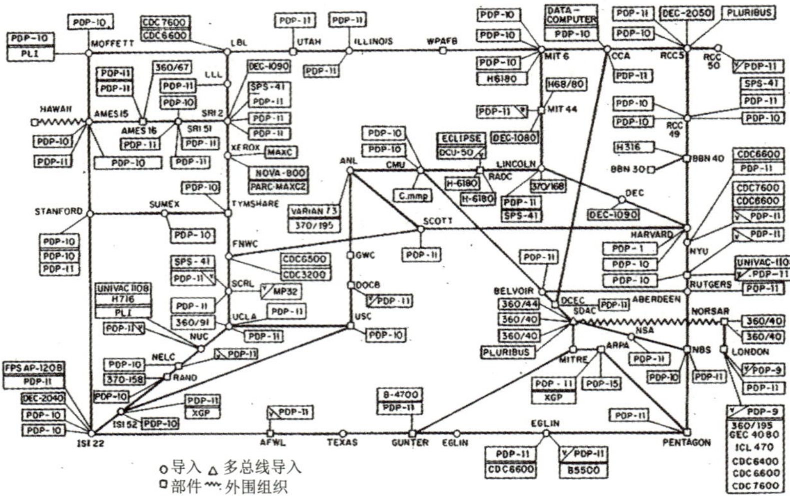

（请注意，虽然此图根据可获得的最佳信息显示了网络的主机数量，但不能完全保证其准确性）
图中显示的名称是导入事物的名称，而不是不必要的主机名

图46.1　阿帕网的网络设计，1977年。

都是简单而低调的自发网络。没有中央权威机构的设计，这也解释了为什么它们没有掉入康威定律的陷阱。添加一个新的单元或者删除旧的单元不需要任何许可。[7] 也没有记录互联网整体结构的中央仓库。实际上，这一网络是无法被绘制出来的。克里斯托弗·布林顿和蒋濛将互联网的三个基本概念定义为：

> 分组交换，其中的资源是共享的，而不是专有的；
> 分布式层次结构，其中控制在地理上分散在网络的不同部分；
> 模块化，将任务划分为不同的功能层，并分别管理。[8]

我们作为用户，将互联网赋予我们的权力视作理所应当，我们可以沿着最短的路径对信息进行无缝传递，并使用反馈信息来衡量网络状况并避免堵塞。[9] 这样复杂的系统根本不可能由一个机构来设计。

20 世纪 80 年代，“万维网”作为互联网的主要连接形式，以类似的方式发展起来。[10] 它由一位在欧洲核研究组织（CERN）工作的学者蒂姆·伯纳斯·李创建，他设计了一个名为“ENQUIRE”的系统来帮助粒子物理学家管理他们的研究。1989 年 3 月，伯纳斯·李发布了这个系统的全球版，在他想到“万维网”这个名字之前，他想称其为“Mesh 网”。伯纳斯·李设计了现在仍通用的网络通信工具：超文本标记语言（HTML）、超文本传输协议（HTTP）和统一资源定位器（URL）。几年内，这种开源的计算机代码让马赛克（Mosaic）和网景领航员（Netscape Navigator）等迅速发展成用户友好型的浏览器。就像互联网一样，万维网也是有机增长而不是中央控制的产物。在这个网络中，节点是用户创建的网页，连接线则是超链接，允许我们从一个页面导航到另一个页面，通常只在一个方向上导航（即目的页面不一定有一个指向起始页面的超链接）。[11] 像互联网一样，这是许多工作的共同成果：cookies（信息记录程序）、插件、会话和脚本都是为管理系统日益增长的复杂性而设计的补丁。和互联网一样，万维网也是巨大的，因为没有任何一个搜索引擎可以让我们浏览网页，接近于归档所有网页——尽管我们知道它的结构核心是一批巨大的、紧密相连的、相互可及的节点。[12]

1960 年，艾森豪威尔在向全美发表的告别演说中警告世人，“军事工业综合体”的权力过于强大了。其实他的担心是多余的。如果它真的如此强大，肯定会阻止或者至少会阻碍互联网和万维网的指数级增长。但也许美国在 20 世纪 70 年代最显著的特点就是：尽管那个时期有许多经济、社会和政治问题，但这种分散的创新却成了可能。年轻人带着他们那一代人的反独裁态度聚集到“硅谷”——圣克拉拉谷在1971年首次被称为“硅谷”。当国会通过1996年的《通信规范法》时——第一个通过对在网上发布淫秽语言处以罚款来规范互联网通信的法案，“感恩而死”乐队的前词作者约翰·佩里·巴洛以电子邮件的形式做出了对硅谷的回应。[13]他的《网络空间独立宣言》是写给“工业世界的政府，令人疲惫的钢铁之躯”的：

> 我来自网络空间，一个新的心灵家园。我代表未来，请你不要打扰我们。我们不欢迎你。在我们聚集的地方，你没有主权。
>
> 我们没有民选政府，我们也不可能有民选政府，所以我在对你们讲话时，没有比让自由本身发声更大的权威。我宣布，我们正在建设的全球社会空间自然独立于你试图强加给我们的暴政。你没有统治我们的道德权利，也没有任何执法能让我们产生真正的恐惧……
>
> 网络空间不在你的统治范围之内。不要以为你可以像建设一个公共建筑一样建设它，你不能。网络是一种自然行为，它通过我们的集体行动而成长……
>
> 网络空间由交易、关系和思想组成，就像我们通信网络中的一个驻波……我们正在创造一个所有人都可以进入的世界，没有种族、经济实力、军事力量或出生地赋予的特权或偏见。
>
> 我们正在创造一个世界，在这个世界里，任何人在任何地方，都可以表达他或她的信仰，无论多么独特，都不用害怕被迫保持沉默或顺从。
>
> 所有关于财产、表达、身份、运动和环境的法律概念都不适用于我们……而你们越来越有敌意和殖民倾向的措施使我们处于与以前的那些热爱自由和自治的人同样的处境，和他们一样，我们将不得不反

抗遥远的、无知的权力机构。[14]

尽管20世纪70年代的学生激进分子还发表了更加狂热的观点，但美国不会产生任何实际意义上的革命。正如巴洛这封著名的电子邮件所示，互联网本身就是一场革命。事实上，巴洛和其他网络自由主义者建立的电子前沿基金会在1997年赢得了第一次重大胜利，当时最高法院驳回了违反《第一修正案》的《通信规范法》。[15]美国政府极少参与国际互联网工程工作组的工作，该工作组被其创建者视为互联网所需的唯一政府部门。用互联网首席协议设计师大卫·克拉克的话说："我们拒绝国王、总统和投票。我们相信的东西只有两样：大致的共识和运行的代码。"[16]在那些明亮而充满希望的早晨，很少有计算机科学家或软件工程师停下手中的工作思考这样一个问题：如果互联网成了犯罪现场，他们会做些什么？

但很明显，网络空间的乌托邦就像伊甸园一样，总会出现跟蛇一样的罪人：恶意游戏玩家入侵"多人在线的地下城"。对其他玩家的化身实施虚拟强奸，紧接着会演变成现实世界的罪犯，金钱几乎刚开始在网上转手时他们就抓住了欺诈的机会。[17]因此，网络空间对政府管理的排斥没有持续多久。1998年1月，互联网号码分配局（IANA）的第一任局长乔恩·波斯特尔给互联网区域根域名服务器的12家运营商中的8家发了电子邮件，指示他们将根域名服务器改为管理局的，而不是网络解决方案公司的。网络解决方案公司是国防信息系统局（DISA）于1991年9月设立的原始DNS注册中心。几天之内，商务部的国家电信和信息管理局发布了一份"改进互联网名称和地址技术管理的提案"。[18]一家名为"互联网名称和号码分配公司"（ICANN）的非营利性公司成立了，该公司由一个具有全球代表性的董事会来管理互联网号码分配局，而该公司与商务部签订了合同，并由商务部监督。这也证明，以阿帕网为开端的互联网，到底还是不能轻易脱离其创始者——美国政府本身的管辖。在这个意义上，巴洛的“独立宣言”发表不到两年就成了一纸空文。

47

苏联帝国的没落

在基辅的郊区坐落着一家控制论研究所。从 1972 年开始，维克托·米哈伊洛维奇·格卢什科夫就在那里试图设计苏联互联网，这一项目的全名是：“对苏联国民经济记录、规划和治理的相关信息进行收集和处理的全国自动化系统”。这让乌克兰出现了硅谷精神。格卢什科夫和他的同事们规划了一片名为“赛博托尼亚”的地区，这里将由一个机器人委员会管理，一个会吹奏萨克斯的机器人是这里的最高领导人。格卢什科夫知道，要想被克里姆林宫接受，他的自动化系统必须映射到苏联计划经济的三层金字塔结构上。不可避免的是，在莫斯科必须有一个中央计算机作为中心，它将连接到苏联主要城市的多达 200 个中层节点，这些节点又将连接到分布在关键生产站点的 2 万个计算机终端。然而，虽然莫斯科将控制谁可以访问网络，格卢什科夫也做了这样的设想：网络中的任何授权用户都可以在没有母节点直接许可的情况下通过网络联系任何其他用户。

这样的苏联互联网能起作用吗？这似乎是值得怀疑的。无论如何，这一实验从未被尝试过——不是因为莫斯科政治局成员发现了格卢什科夫的提议对他们的权威构成的潜在威胁，而是因为财政部长瓦西里·加布佐夫以成本为由将其扼杀在摇篮中。[1]

根据如今人们对苏联经济在20世纪70年代减值的分析与了解，我们可以努力记住一点：当初在华盛顿产生了一个共识，即共产主义可能最终能够战胜资本主义。经济学家保罗·萨缪尔森在他1961年改版的畅销书中预测，苏联经济将在1984年至1997年间的某个时候超过美国经济。而在1989年修改的新版书中他仍然断言，“与许多怀疑论者之前认为的相反，苏联经济的现实证明了社会主义指令经济能够发挥作用，甚至繁荣发展”。正如后来美国国家安全局的一份报告所述，“直到1989年的剧变发生之前，都没有官方的评估观点承认苏联和东欧是极有可能剧变的”。[2]然而，只要到了苏联，有心人就会发现，计划经济显然出了问题——消费品质量低劣且长期供不应求。在陈旧的工厂里，偷窃、酗酒和旷工盛行。面对这样一个根本上有缺陷的系统，拥有再大计算能力的网络可能都于事无补。

对大多数苏联公民来说，由此产生的低落情绪并没有转化为政治活动——只是转化为宿命论和更多的黑色幽默。然而，对于那些仅因第二次世界大战而被苏联直接或间接统治的东欧地区来说，这是另一回事。苏联领导人在《赫尔辛基协议》中对维护人权所做出的极不真诚的承诺，使持不同政见者聚集起来。自20世纪30年代以来，生活在共产主义统治下的人们第一次发现，他们可以在不冒自己和家人生命危险的情况下组建网络。在波兰，独立志愿协会的发展速度最快。他们所面临的挑战是，基于现有的网络建立一个更大的网络——一种政治互联网，让大学的世俗自由主义者能够与罗马天主教、反对该政权的工人阶级联合起来。[3]1969年至1977年，随着包括自由工会组织在内的六个新团体的加入，反对网络的规模扩大了约40%，公民、自由主义者、天主教徒、民族主义者和激进团体的联系日益紧密。教皇约翰·保罗二世在1979年的访问刺激了该网络在1980年的再次增长，这时新的团结工会成了主要的枢纽。[4] 可以肯定的是，1981年12月实施的戒严令破坏了该网络，因为许多关键节点的人物被逮捕或逃往国外。然而，沃伊切赫·雅鲁泽尔斯基将军不是斯大林。1989年2月，当政府同意与团结工会谈判时，该网络（见图47.1）迅速进行了重组，并再次以惊人的速度发展壮大。

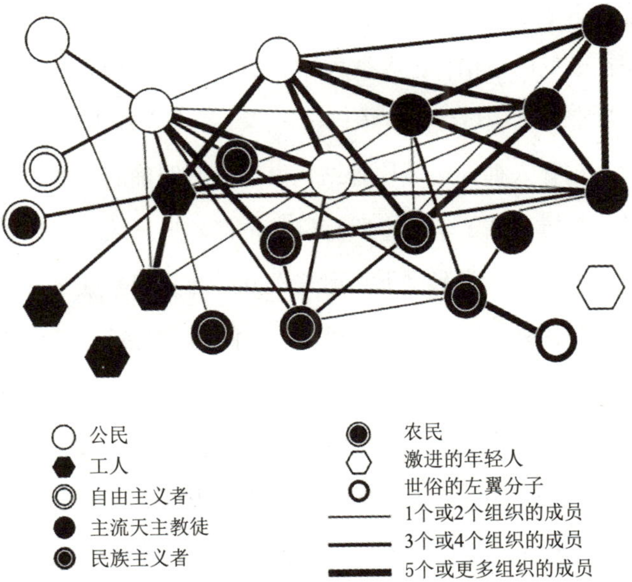

图47.1　波兰反对派网络，1980—1981年。团结工会的成功（中间左边的黑色六边形）部分基于它与其他多个政治团体的联系。

正如我们看到的，这场革命是网络化的现象。1989年，随着没有镇压的日子一天天过去，东欧国家的权力被削弱，愿意冒险进行公开抗议的公民人数随之增加。5月，匈牙利共产党在布达佩斯决定开放与奥地利的边境。大约1.5万名民主德国人抓住这个机会从捷克斯洛伐克出发去匈牙利“度假”，实际上这是一场有去无回的西方旅行。6月，团结工会赢得了波兰选举，并着手组建一个民主政府。9月，匈牙利共产党以波兰为榜样，同意自由选举。接下来的一个月，当埃里希·昂纳克准备庆祝德意志民主共和国成立四十周年时，起初几百人，随后成千上万甚至几十万人拥上莱比锡街头，他们先是高喊“我们是人民”的口号，随后改为“我们是一个民族”。在这里，当地的一些以教会为基础的反对派网络也很快联系起来，尽管这里的革命左翼和右翼分子之间的联系远不如波兰的密切。[5] 1989年11月9日，还被蒙在鼓里的东柏林记者被告知：“（我们）已经做出决定，使所有公民能够通过官方过境口岸离开该国……这一指令立即生效”。记者们的报道促使大批东柏林人拥入边境检查站，由于没有明确的命令，这里的警卫们也选择了不抵抗。到了午夜，所有检查站都被迫开放。革命的趋势就像多米诺骨牌一样正在一张张倒下，但这次方向与艾森豪威尔担心的方向相反——而且在之后两年的大部分时间里，它们仍在发酵。1991年8月莫斯科政变失败后，苏联解体，留下了俄罗斯联邦的残局，以及波罗的海国家、乌克兰和白俄罗斯、高加索三大共和国和中亚的五个“斯坦”。在同一时间，南斯拉夫解体，多民族的波斯尼亚–黑塞哥维那几乎四分五裂。

这种巨大的欧亚连锁反应不仅是政治反对派网络的作品，电视网络也推动了这一进程。在民主德国革命的第一阶段，参加抗议活动的人们无疑受到了联邦德国电视报道的鼓舞，大多数民主德国公民可以在自己的电视屏幕上看到这一切。只有在一个愚昧的“无知之谷”——德累斯顿周围东南部地区和该国靠近格赖夫斯瓦尔德的东北部，人们才无法接收到西方的电视频道信号。[6]

而同样会对苏联系统造成危险的，是西方的金融网络。由于资本市场自由化和计算机技术的引入，西方金融网络在整个20世纪80年代呈指数级增长。东欧政权（罗马尼亚除外）在开始向西方银行大量借款后，仅仅几年就陷入垂死挣扎的境地。而且这不是一种巧合：因为这些银行正是第一批系统地、大规模地利用当时硅谷所创造的新信息技术的机构之一。而这种发展在20世纪80年代的历史中有时会被遗忘，所以人们往往会将共产主义的崩溃错误地归咎于少数英雄领袖：戈尔巴乔夫、里根、撒切尔、教皇。毫无疑问，这些人是很重要，但只有与迅速增长的国际金融网络接轨时，他们才更有可能实现目标。神奇的是，这个国际金融网络最重要的枢纽不是华盛顿，也不是伦敦，更不是罗马，而是瑞士格劳本登州的一个小型滑雪胜地：达沃斯。

48

达沃斯的胜利

当约翰·佩里·巴洛通过电子邮件向全网发送他的《网络空间独立宣言》时，他正身处达沃斯。作为世界经济论坛的参与者，巴洛此时正同时以线上和线下的方式建立电子网络和人际关系网络。世界经济论坛成立于1971年，由一位曾在哈佛大学就读的德国学者克劳斯·施瓦布创立，他认为定期召开国际商业领袖会议可以实现他的愿景，即让“企业与政府和民间团体一起成为全球社会的利益相关者”。[1]达沃斯论坛被描述为一个“名流云集的天堂”，参与者不仅有跨国公司的首席执行官和精英的政治家，还有“各国中央银行的行长、工业领袖、对冲基金巨头、悲观主义的预测者、天体物理学家、僧侣、犹太教士、科技奇才、博物馆馆长、大学校长、金融博客作者和德行高尚的继承人”。在他们眼中，“达沃斯就像国会、工厂、摩门教徒神龛、波希米亚丛林，是‘世界上最好的晚宴’，这个论坛可以囊括任何系统，包括金融系统、脸书、火人节、训练营、高校、洛杉矶和夸格市。达沃斯是一颗洋葱、一个千层蛋糕、一组俄罗斯套娃”。多亏了施瓦布，达沃斯现在真的配得上托马斯·曼曾经给这座高耸的山取的名字“魔山”（其代表作《魔山》），神奇的山。而多亏了达沃斯，施瓦布现在才可以振振有词地宣称（在基辛格之后）他是“地球上与所有人联系最紧密（或许也是最好联系）的人”。[2]

那些嘲笑世界经济论坛的人低估了网络的力量。在达沃斯论坛的历史上，没有哪个演讲比 1992 年 1 月的那场演讲更具有深远的历史意义：演讲者是一名在地球的另一端新近获释的政治犯。施瓦布和与会者都在认真地倾听着他的演讲，并表示赞许。演讲者说，我们的相互依存要求我们共同发起一场全球攻势，促进发展、繁荣和人类生存。这位演讲者认为，“我们有必要从北方向南方大规模转移资源”，但这不是慈善行为，也不是劫富济贫。然后，他列举了他的国家应该采取的四个步骤：

> 应对解决……债务问题、较贫穷国家出口的商品价格持续下跌的问题，以及它们的制成品如何进入市场的问题。
>
> 确保（我们）经济的增长……这需要在资本形成或固定投资方面取得快速和持续的增长，利用国内和外部资源为这种投资提供资金。
>
> 建立一个公共部门，可能与德国、法国和意大利等国家没有什么不同。
>
> 为在座的南非和国际投资者提供非常好的前景。[3]

这位演讲者是纳尔逊·曼德拉（见图 48.1）。他所说的这些要点非常清楚，却又令人惊讶：为了吸引外国资本进入他即将接管的国家，这位非洲人国民大会的领袖人物将放弃 1955 年《自由宪章》中的一项关键承诺：南非核心产业的国有化。[4]

图48.1 1992年1月，纳尔逊·曼德拉与克劳斯·施瓦布在达沃斯会面。曼德拉放弃了非国大的经济国有化计划。

尽管曼德拉在1962年被监禁时是南非共产党的一员，但他不是普通的共产主义者。“我们必须彻底研究所有的革命，包括失败的革命。”他曾在日记中写道，这里所指的是以色列领导人梅纳赫姆·贝京和布尔人游击队员德尼斯·赖茨，以及切·格瓦拉和毛泽东的著作。成立于1961年的非洲人国民大会武装派别革命理论来源是菲德尔·卡斯特罗，而不是列宁。[5]曼德拉在劳宾岛被囚禁的漫长岁月中，他关于哲学的想法发生了许多方面的改变，但他依旧坚持经济制高点应该国有化的想法。1990年，当英国大使罗宾·伦威克试图说服他放弃国有化时，曼德拉回答，“这是你的主意”——

暗指英国工党宪法第四条，承诺该党将致力于实现“对生产、分配和交换手段的共同所有权，以及对每个行业或服务的最佳民众管理和控制制度”。[6]

但为什么仅仅两年之后，曼德拉就改变了想法？他自己也承认达沃斯之行对他的影响。正如他后来所说：“我回国后会说：‘各位，我们必须做出选择。我们要么继续国有化，继续没有任何投资；要么我们改变自己的态度，得到投资。’”[7] 后来他还在 2000 年初回忆说，当他“周游世界，听取商界领袖和经济学家如何发展经济的意见”时，他是如何“被自由市场完全地说服”的。[8] 然而，对此也有一些其他的解释。对于像龙尼·卡斯里尔斯这种跟他同在非洲人国民大会的人来说，“反对国有化的决定是与白人世界的‘浮士德式交易’，是对南非穷人的出卖”。[9] 记者安东尼·蒙泰罗声称曼德拉事实上“在被释放之前与白人政权进行了秘密谈判”，并在早期阶段就同意放弃国有化。[10] 表达类似观点的还有一种更温和的方式：曼德拉（以及后来接替他担任总统的塔博·姆贝基）听取了南非商界领袖，特别是哈里·奥本海姆的意见，白人反种族隔离领袖海伦·苏斯曼给他们牵了线。[11] 另一种解释表明，是国际货币基金组织的压力导致了其政策的改变：“为了 8.5 亿美元的贷款……南非致力于财政紧缩、自由化和私有化。”[12] 据娜奥米·克莱恩称，非洲人国民大会不仅被国际货币基金组织改变了，而且被“外国的商学院、投资银行、经济政策智库和世界银行”慢慢灌输了新自由主义思想，更不用说“构成迅速扩张的‘转型’产业的律师、经济学家和社会工作者”了。[13] 从其他的角度看，玛格丽特·撒切尔和美国国务卿詹姆斯·贝克都反对曼德拉的社会主义原则。（据说贝克曾对曼德拉说：“国有化已经是老一套了。”[14]）

曼德拉的达沃斯之行是南非历史上的一个决定性时刻。1990 年 2 月，曼德拉获释。这之后不到六个月，南部非洲关税同盟已经合法化，非洲人国民大会的武装斗争至此中止。然而，到1991年年底，南非距离民主选举政府还有一段很长的路要走。最终产生民主宪法的多党谈判进程直到1993年才开始，直到1994年4月才举行了第一次自由选举。许多研究者仍然认为，相较于内战，自由选举更有可能是种族隔离结束的结果。然而，并不是哪位西方政客或富豪说服曼德拉改变了他对国有化的立场。用之后的劳工部长蒂托·姆博韦尼（他是曼德拉达沃斯之行的陪同之一）的话说，事实上说服曼德拉的是中国和越南出席世界经济论坛的代表。他们告诉曼德拉："我们目前正努力将国有企业多样化，并邀请私营企业进入我们的经济体系。我们是共产党政府，你是民族解放运动的领袖，为什么还困于国有化呢？"[15] 这一解释是有道理的。同时，另一位达沃斯代表，荷兰工业部长也建议他减少国家所有权，在被讲荷兰语的南非白人俘虏了将近30年之后[16]，为什么曼德拉还会听取他的建议呢？因为在这段时间里，他所属的网络是20世纪最成功的网络之一：共产主义者的国际网络。达沃斯之所以至关重要，是因为克劳斯·施瓦布将这个古老的网络与新资本主义国际网络整合在了一起，这同时也是中国和越南政府接受市场经济改革的结果。

49

英格兰银行的崩溃

渲染共产主义的崩溃、社会主义的衰落和全球化的兴起是资本主义跨国公司和多边机构反对第三世界解放运动的邪恶阴谋之一。它们的渲染其实存在着严重的缺陷：全球金融网络中，“休克主义”就代表着最强的政治连贯性。如果有钱赚的话，它可能会将其投机活动引向英国保守党政府和南非社会主义革命者。没有什么比纳尔逊·曼德拉在达沃斯放弃国有化仅仅八个月后伦敦发生的事件更能说明这一点了。那一年，对冲基金经理乔治·索罗斯没有出席世界经济论坛——直到1995年，他才开始定期出席。这位自称“投机者”的人当时虽然正在成为世界上最富有的人之一，但他并不出名。然而，1992年9月，索罗斯以“破坏英格兰银行的人”一举成名——与之同时崩溃的，还有欧洲汇率机制（ERM）。[1]

20世纪80年代和90年代，随着全球金融市场的扩大和一体化，不仅社会主义国家面临着风险。放松管制（特别是废除外汇和资本管制）和计算机化（特别是创建更快的跨国信息和事务流）的结合意味着任何基于等级控制的政治企业都是脆弱的。

泛欧一体的思想，就像工人阶级的普遍友爱思想一样，起源于19世纪。然而，有了20世纪中期的惨痛经历后，它从乌托邦式的梦想演变成了一个实际的经济一体化计划。[2]它始于一个“共同体”的建立，该组织的目的是监管六个欧洲国家的煤炭和钢铁的生产和定价：联邦德国、法国、意大利、比利时、荷兰和卢森堡。1957年的《罗马条约》明确成立欧洲经济共同体，它主张降低关税，并在这些国家之间建立关税同盟。在欧洲经济共同体成立之前，它们之间的贸易往来一直在快速增长，此后也持续增长——世界贸易也是如此。然而，在其他方面，经济一体化进展缓慢。在农业方面，在共同农业政策取代国家补贴之前，国家补贴的存在可能会阻碍综合市场的发展。在制造业，各国政府继续通过补贴政治敏感部门或设置非关税壁垒抵制泛欧竞争。在服务业，这种做法不太常见，然而这是因为相对货物而言，服务不容易实现跨国交易。但金融服务是个例外，20世纪60年代，该行业以一种非常新颖的方式整合在一起，方式则是向相对富裕的投资者出售公司和公共部门的债券。[3]

所谓的“欧洲债券”市场的崛起是金融全球化的一个早期举措。[4]但是欧洲债券的诞生也是欧洲一体化历史上的一个重大突破——尽管政治家和技术官僚们在很大程度上没有预见到这一点，他们还是被描绘成欧盟形成时期的“圣人”或“开国元勋”。[5]欧洲债券实际上是私营部门在英国宽松的货币当局的协助下进行创新的自发结果。短短几年，这个市场的产生和发展改变了欧洲资本市场，建立了全新的跨国机构联系和网络，网络的主体是银行家而不是政治家。毫无疑问，在某种程度上，他们的主要动机是获取利润。然而，欧洲债券市场的设计师不仅把它视为一种赚钱的方式，也把它当作推进欧洲政治一体化的有力工具。特别是当他们意识到，欧洲资本市场一体化可以成为英国加入欧洲经济共同体的强有力理由。但法国人担心，如果英国加入欧洲经济共同体，他们最终将不得不支撑英镑，因为有人预计，如果英国加入欧共体的话，该国已经疲软的国际收支状况会更加恶化——这也是戴高乐总统在1963年和1967年否决英国加入的重要原因之一。欧洲债券市场的先驱们对此反驳，如果伦敦重新确立了自己作为欧洲金融交易中心的地位，并且是除英镑以外的货币交易，法国就不能这样无限期地排斥英国。[6]

而英国刚成功加入欧洲经济共同体，欧洲债券市场的主要设计师——西格蒙德·沃伯格等银行家就开始讨论货币一体化的可能性，首先是根据一众不同的国家货币建立一个统一的单位（他建议称其为“欧元”）。[7]英国战后的经济发展不时受到持续出现的英镑危机的影响。那些为了贸易和金融服务而支持欧洲一体化的人认为，各国货币之间持续不断的再匹配和调整已经不仅仅是带来诸多不便这么简单了。汇率的波动似乎只是欧洲统一道路上的又一个障碍。

欧洲货币联盟的想法本身就是荷兰、法国和德国思想家组成的网络的产物。①然而，具有一定讽刺意味的是，一个知识分子网络（学术经济学家和官僚组成的）可以设计出这样一个高度等级化的项目，比如为欧洲经济共同体的成员国创建一个单一的中央银行。对此有一个重要的解释是：法国统治精英的组织结构特别紧密，几乎所有人都在精英学校（主要是巴黎综合理工学院和法国国家行政学院）接受培训，并受雇于大机构（财务督察总局、法国最高行政法院、法国审计法院、法国矿业团）。那些选择在

① “创始人网络”的图解将刊登于由肯尼斯·戴森和伊沃·梅斯编辑的题为《欧元创始人：欧洲货币联盟历史上的个人和思想》下册。

私营部门工作的人仍然紧密联系在一个以友谊、通婚为基础的俱乐部网络中，这可以追溯到法国大革命前的法国大教堂和共济会会所。自20世纪70年代以来，1/3到一半的政府部长，无论党派归属如何，都是“这个世纪”组织的成员，在爱德华·巴拉迪尔政府（1993—1995年）中，这一比例达到了72%的峰值。公务员担任私营部门职位有个专门的词语，叫作pantouflage，它能确保公务员在银行和工业之间的“旋转门”中自由进出。反过来，排名前40的公司通过紧密相连的董事会制度联系在一起，大部分董事都在不止一个董事会任职。[8]对于这些精英校友，单一欧洲货币的想法是不可抗拒的，尤其他们认为建立欧洲中央银行是从制度上遏制德国日益增长的经济主导地位的一种方式。这是《马斯特里赫特条约》背后的基本原理。从德国的角度来看，货币联盟是法国接受德国统一必须付出的代价：正如德国总理赫尔穆特·科尔反复强调的那样，这证明德国领导人现在把欧洲放在第一位，把德国放在第二位。

当然，英国也有统治精英，历史学家泰勒给他们取了一个轻蔑的名字——“当权派”。20世纪60年代，记者亨利·费尔利和安东尼·桑普森让这个名字家喻户晓。尽管英国统治阶层被旧的学校纽带和牛津剑桥的联盟捆绑在一起，但比起法国统治阶层，他们的差异要大得多。没有什么比20世纪80年代的撒切尔政府更能说明这一点了：不仅首相是林肯郡的一名女性（尽管她拥有牛津学位），而且她的内阁中有足够多的犹太背景的部长，足以引发关于“老爱沙尼亚人”的笑话。对西格蒙·沃伯格来说，他的商业银行S.G.华宝是那些最精明的撒切尔主义者的温床，正如他在1972年说的，“没有政治联盟，经济和货币联盟是无法想象的。我想到了俾斯麦总在谈论的‘政治至上主义’①，这在今天仍和他那个时代一样正确”。[9]保守

① “政治高于经济”。

党是在20世纪80年代使伦敦城自由化并使英国资本主义复兴的。保守党人赞成欧洲的商业一体化——事实上，他们一手设计了1986年贸易自由化的单一欧洲法案。然而，他们在支持货币联盟方面一直各持己见。即使是作为过渡，统一欧洲汇率机制，也与撒切尔的格言“政府不能逆市场而动”背道而驰。① 除了这些经济上的反对意见，还有政治上的反对意见：工党和保守党政客都不想加入一个要求他们将宏观经济政策置于德国中央银行之下的体系。尽管第二次世界大战在撒切尔搬进唐宁街10号之前已经结束了34年，但“战争”的记忆挥之不去。1990年7月，保守党大臣尼古拉斯·里德利被迫辞职，原因是他公开说出了许多人私下的想法：货币联盟项目是“一个德国旨在接管整个欧洲的骗局”。这句话来自《观察者》杂志对他的采访，这句话出现在一幅漫画中，里德利给科尔的画像画上了希特勒式的小胡子。

然而，到了20世纪80年代中期，英格兰银行行长和英国工业联合会（CBI）都敦促英国支持统一欧洲汇率。但事实上，人们普遍认为财政大臣奈杰尔·劳森在“跟踪”德国马克，暗中追求另一个汇率目标。1989年6月，当劳森和撒切尔的外交大臣贺维都威胁说如果英国不加入欧洲汇率机制，他们就辞职，撒切尔最终同意了这一协定，尽管她将具体的行动推迟到了1990年10月。欧洲汇率机制的倡导者此时非常冒进，以免撒切尔改变主意，以至没有认真考虑英国加入该协定之后中央汇率会如何变化。一些“欧元怀疑论者”认为这个汇率被高估了（2.95德国马克兑1英镑）。1990年11月28日，在亲欧洲的保守党人发动了一场政变后，撒切尔被自

① 1992年9月3日，撒切尔夫人在首尔发表了关于“撒切尔主义原则”的演讲，她简明扼要地表达了自己的观点：“如果你试图通过人为控制国家间的汇率来对抗市场，你很快就会发现市场也在反抗你——而且市场的力量很强大。”

己的财相约翰·梅杰取代。

梅杰和他的支持者低估了欧洲同行推进货币联盟（实际上是政治联盟）的决心。他们此时提议起草和签署一项新的基本条约，将该实体更名为“欧洲联盟”。英国前财政大臣诺曼·拉蒙特后来带着明显的恐惧感回忆道，“在《马斯特里赫特条约》谈判期间，我第一次看到欧洲政治家公开而热情地为建立一个欧洲统一国家而争论。”[10] 梅杰对此并不感冒，他后来写道：“我不想看到统一的货币，我也不喜欢货币联盟的政治含义。”[11] 但最终，梅杰还是决定签署《马斯特里赫特条约》——否则他不仅会与欧洲大陆隔离，还会疏远自己保守党内亲欧洲的势力。但是为了安抚欧元怀疑论者，他将坚持让英国退出单一货币的协议和其他的集体协议。[12] 这一举动的政治风险很高，因为 1992 年 4 月，梅杰不得不面对下一次大选。而其他前往马斯特里赫特的谈判者虽然表示理解，但当梅杰和拉蒙特以法律条文的形式提出一份完整、详细而又精确的文件时，他们仍然感到不安。该文件详细说明了《马斯特里赫特条约》中不适用于英国的所有条款，并拒绝做出任何其他解释。[13] 拉蒙特和梅杰坚持拒绝谈判：要么其他国家主动接受英国退出，要么英国放弃签署这一条约。这种韧性在国内受到了好评。《每日电讯报》的标题是：“保守党议员为梅杰在马斯特里赫特的成功欢呼。”[14] 随后，他们于 1992 年 2 月 7 日签署了被修改过的新条约。法国人在得到了单一货币的承诺之后，英国是不是他们的成员已经不重要了（没有丹麦也一样，丹麦也选择了退出），只要扩大后的新德国被牢牢束缚住就可以了。两个月之后，梅杰在英国选举中以微弱的优势获胜（这是大众都意想不到的一件事）。

因此，欧洲汇率机制只是自由浮动汇率和单一货币之间的过渡，7 年后，当单一货币实行时，并非所有参与国都实施了这项举措。同时，有 12 个国家的中央银行都有责任将各自的货币保持在商定的交易区间内。然而，到

1992 年 8 月，一些欧洲汇率机制体系的成员国出现了困境，这也让人们对单一货币的举措产生了怀疑。这时，德国统一的经济后果已经开始显现出来。为了给民主德国一次性提供统一所带来的好处，他们的“民主德国马克”以 1∶1 的比例被转换成更贵的联邦德国马克。其结果是民主德国的购买力和货币供应量一下子增加了，同时大多数民主德国的工业却毫无竞争力。[15] 必须在民主德国进行大规模投资，使其工业基础设施达到西方标准，并支付大量失业救济金和其他从联邦德国到民主德国的运输费用。其结果是投资和政府支出激增，其中大部分资金来自借款。这反过来又推高了德国的物价和工资。

德国通货膨胀的威胁大大缓解了德国央行在国内和欧洲角色之间的冲突。其法定责任角色是德国马克购买力的保护者，另一个角色则是欧洲汇率机制事实上的支柱。德国央行在法律上有义务抵消德国的通货膨胀，为了应对两德统一热潮，它提高了借给德国银行的贷款基准利率。从统一前 2.5% 的最低点开始，贴现率逐步上升到 1992 年 8 月 8.75% 的峰值。德国央行显然不太关心自己的第二个角色——欧洲汇率机制的支柱。这对体系内其他成员来说是个坏消息。到 1990 年，包括英国、法国和意大利在内的大多数国家已经取消了对跨境资金流动的所有限制。除非它们也提高利率，否则移动资本将会转移到德国寻求更高的回报。问题是，英国、法国和意大利的扩张速度不及德国。相反，它们的经济发展正在放缓，失业率也在上升。事实上，英国在 1991 年经历了经济衰退。

1992 年 6 月 2 日，危机的催化剂出现了：当时丹麦选民在全民投票中出人意料地拒绝了《马斯特里赫特条约》。[16] 7 月 1 日，弗朗索瓦·密特朗总统宣布法国将于 9 月 20 日举行全民投票。[17] 如果法国也拒绝了《马斯特里赫特条约》，新条约将会失效。[18] 法国的民意调查也表明，这种情况确实有可能发生。[19] 这种政治上的不确定性对英国来说是个坏消息。约翰·梅杰可以选择退出单一货币，但他在马斯特里赫特投资了大量政治资本。此外，当英国选择加入欧洲汇率机制时，他曾是财政大臣。他最不想让人怀疑他能否兑现对汇率稳定的承诺。他和拉蒙特都发表了演讲，否认货币贬值的任何可能。[20] 令他们沮丧的是，他们在法兰克福的立场几乎没有得到支持。1992 年夏天，德国央行官员曾四次对记者表示，欧洲汇率机制中的其他国家的货币正面临着贬值。[21] 6 月 10 日，德国央行行长赫尔穆特·施莱辛格接受了采访，他公开谈到在最终转向货币联盟之前，欧洲汇率机制的货币可能会重新调整。[22] 梅杰和拉蒙特向科尔总理提出抗议，但终究无济于事。[23] 7 月 16 日，在唐宁街 10 号的夏季招待会上，以及后来在《星期日泰晤士报》主办的晚宴上，梅杰以"一厢情愿和虚张声势"的样子宣称，"英镑在未来的五到十年将会是世界上最强势的货币之一——或许比德国马克还要强势"。[24] 然而第二天，德国央行提高了贴现率——这是抑制德国通货膨胀的合法步骤，但与此同时（正如拉蒙特所说，"难以置信的是"）德国央行发言人还表示，"市场的力量最终可能迫使弱势货币贬值"。[25] 8 月 26 日，拉蒙特在白厅财政部大楼的台阶上发表演讲，承诺政府会"采取一切必要措施"将英镑与德国马克的汇率维持在 2.778 : 1，并保持在欧洲汇率机制的标准之上，试图消除大众对英镑的任何疑虑。[26] 当天下午，负责货币市场的英格兰银行董事伊恩·普伦德莱恩邀请四大商业街银行的高级官员到针线街，并在此提出了一项通过借入超过 72.5 亿英镑的外币（主要是德国马克）来提振英镑的计划（这项计划在 8 天后公开发表）。[27] 同一天晚些时候，拉蒙特就得知德国央行董事会的一名成员认为"欧洲汇率机制的内部有重新调整的潜力"，这使他感到不安。[28] 四天后，路透社就提前收到了德国央行一名官员的讲话稿，其中称欧洲汇率机制的系统调整因"声望原因"已被压制多年，

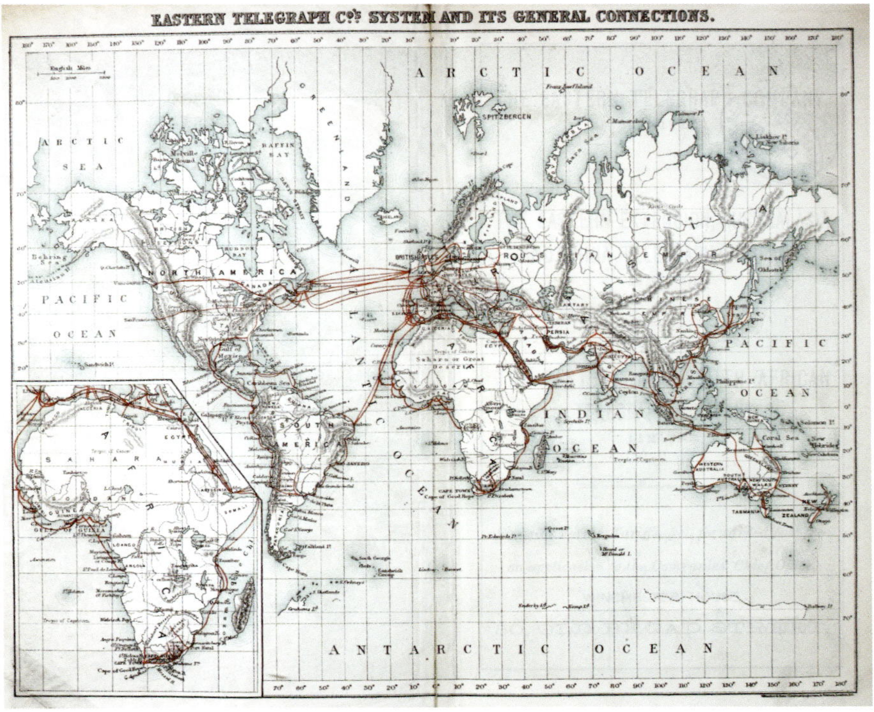

15. 东方电报公司网络，1901 年。

16.《排华墙》，弗里德里希 · 格雷茨，来自帕克，1882 年。

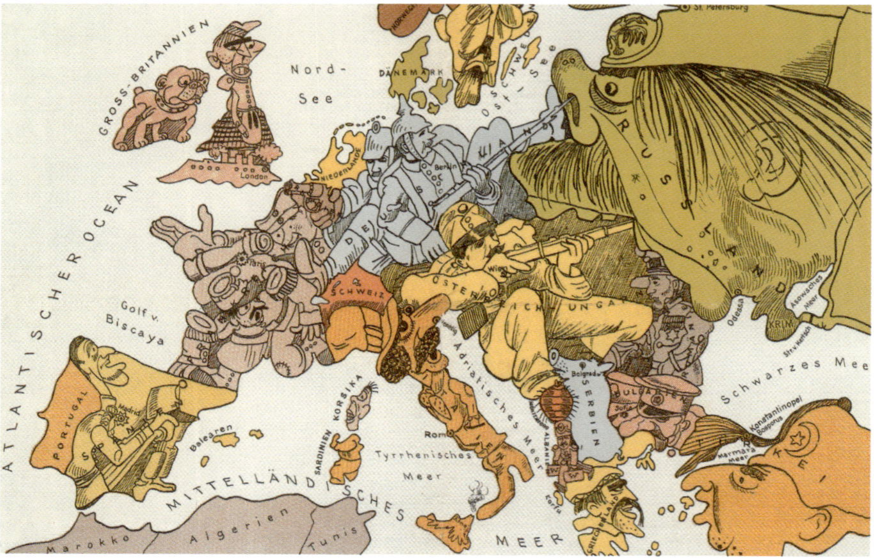

17. 1914 年的欧洲：德国地图讽刺漫画。

18. 约翰 · 巴肯《绿斗篷》的第一版。

19. 舵手斯大林。

20. 以赛亚 · 伯林和安娜 · 阿赫玛托娃，列宁格勒，1945 年 11 月。

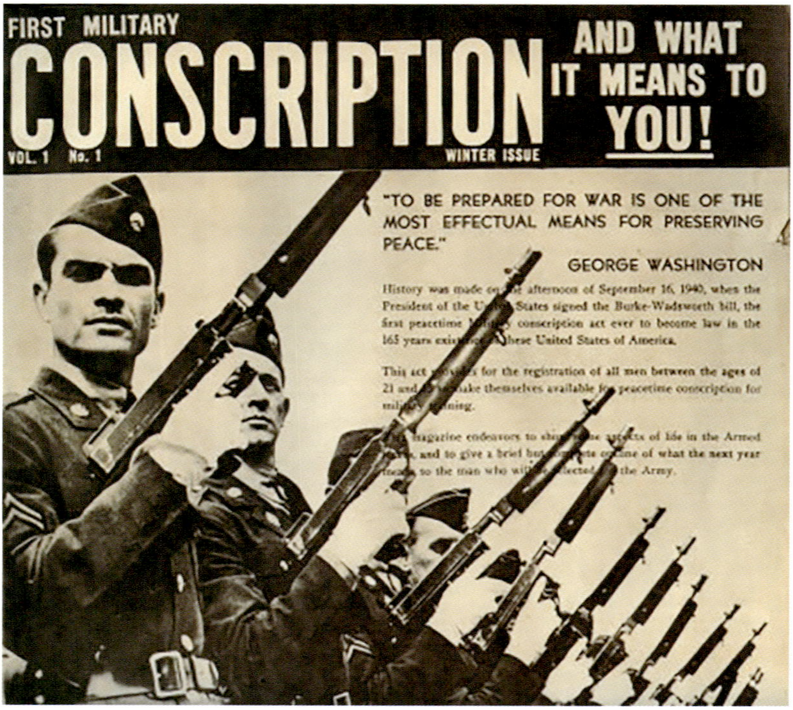

21. 第二次世界大战，又称，如何指挥青年。

22. 酷和不酷：史蒂夫 · 乔布斯和比尔 · 盖茨，1991 年。

23. 电子群体网络的领导者：斯坦·德鲁肯米勒和乔治·索罗斯，1992 年。

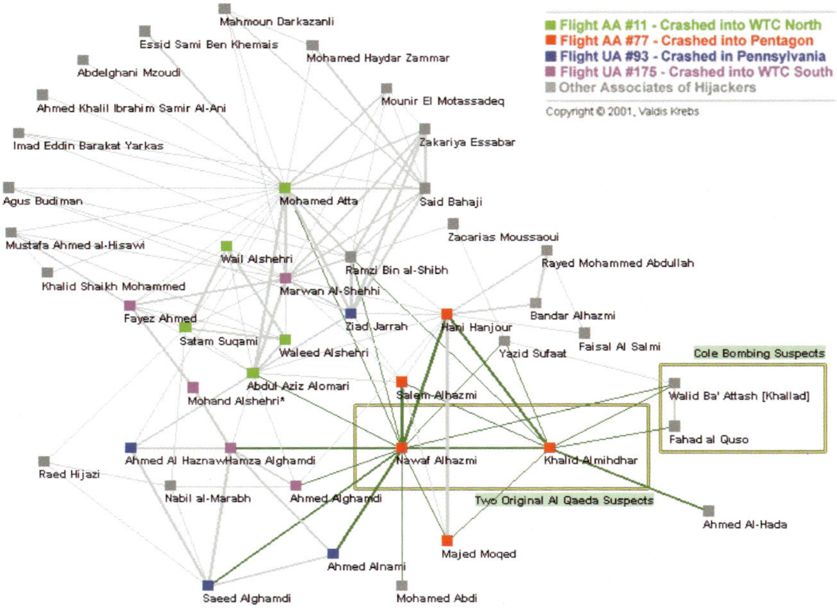

Figure 3 - All Nodes within 2 steps / degrees of original suspects

24. “9 · 11”阴谋策划者的关系网，由弗拉迪丝·克雷布斯在 2002 年绘制。

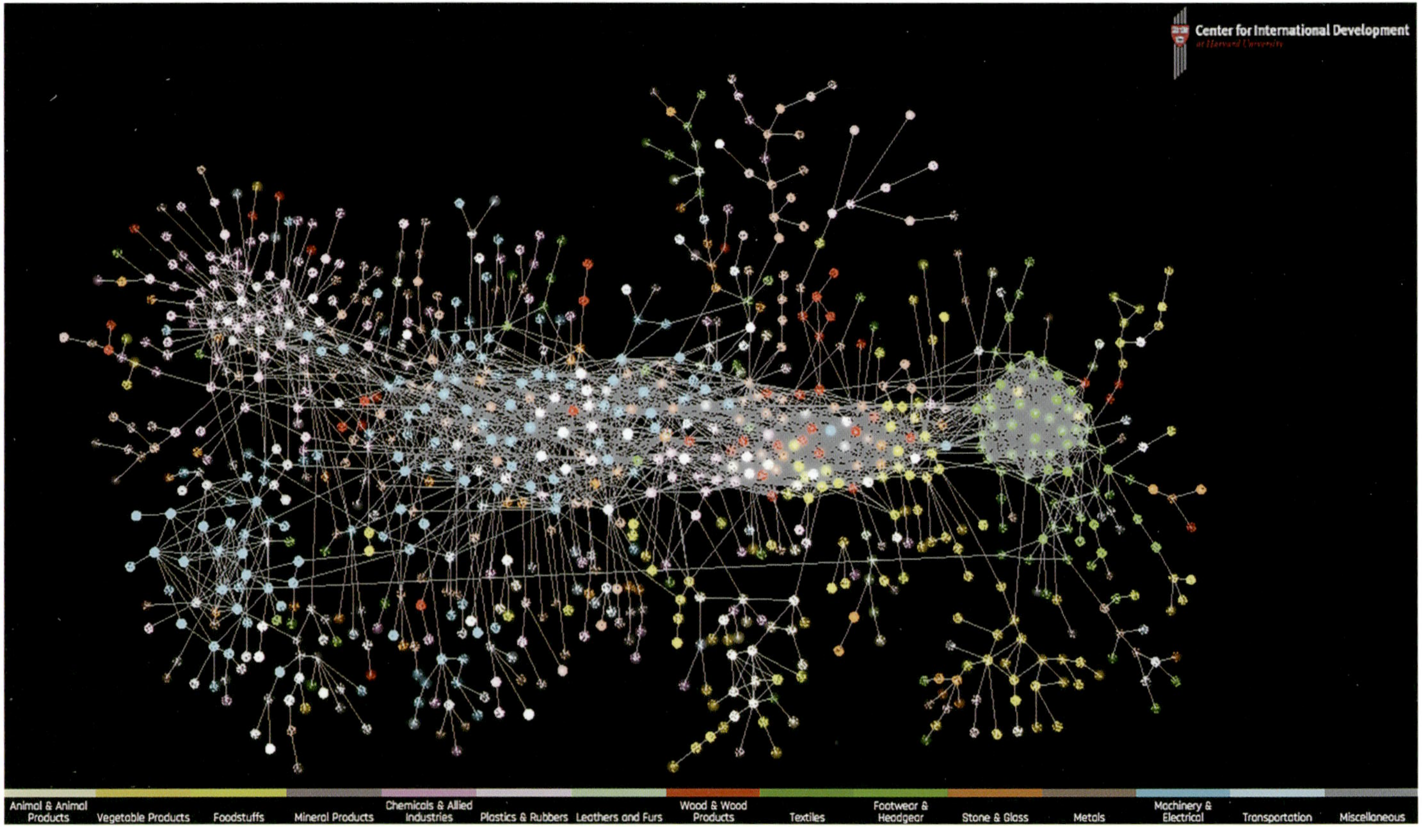

25. 经济复杂性：全球出口产品的图表，其中每个点代表价值 1 亿美元的出口。

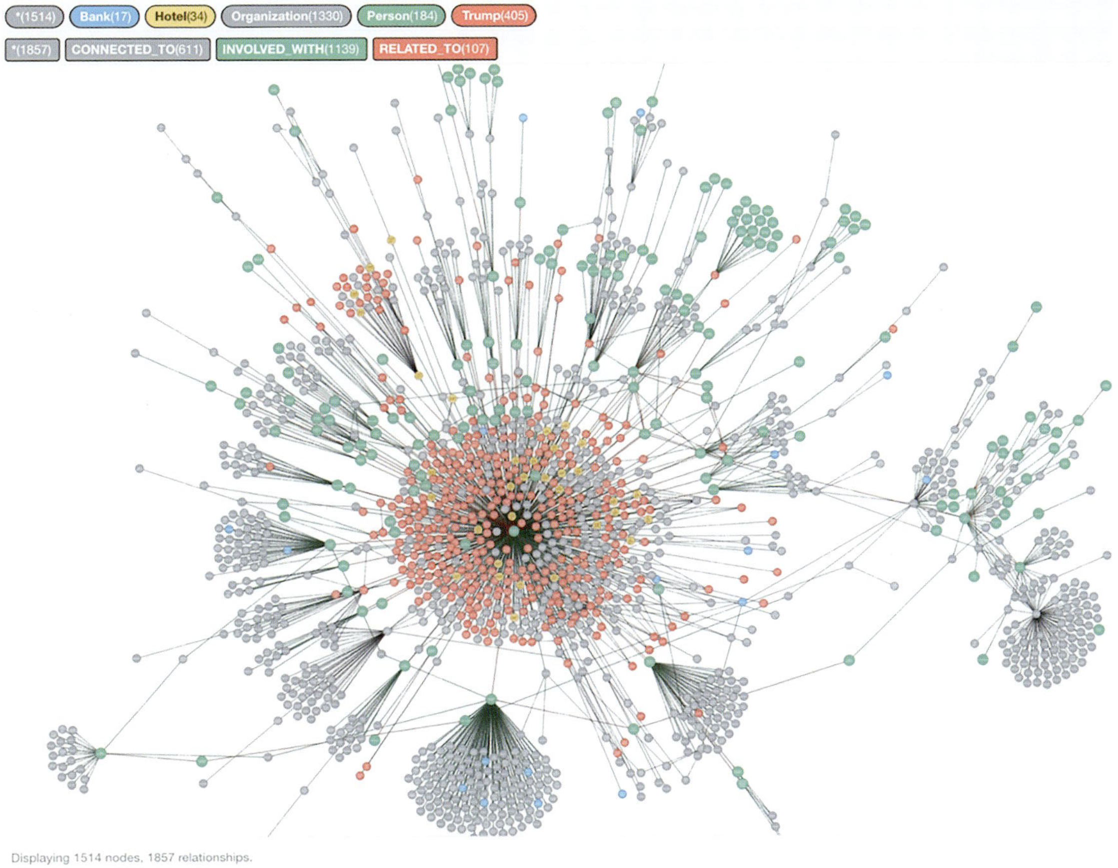

26.“特朗普帝国”：唐纳德·特朗普总统的网络。

27. 脸书总部（上）和特朗普大厦（下）。

这意味着这项举动不能再推迟太久。[29]

对于还浸染在20世纪40年代民间记忆中的英国政治家来说，敌人是谁显而易见：德国人。[30] 9月的第一周，拉蒙特在巴斯主办了一次欧洲财政部长会议。或许英国想在标准地理位置中心的支撑之下给施莱辛格施加最大的压力。施莱辛格对拉蒙特的“抱怨”非常愤怒，他甚至以退席为要挟，这使得德国财政部长西奥·魏格尔不得不强制他留下。[31] “在德国央行的历史上，从来没有人像你现在这样对我们施加压力。”施莱辛格一度抱怨道。[32]（“嗯……”拉蒙特对此讽刺道，“也许是因为他活得还不够久。”[33]）会议结束后，当部长们正要离开时，作为报复，施莱辛格向拉蒙特的妻子出示了一个装有30德国马克的公文包。（“我不得不承认，”拉蒙特后来回忆道，“那关于30马克的刻薄话在我脑海中一直回荡着。”[34]）接下来的一周，两人在言语上的相互攻击一直持续着，施莱辛格断然驳斥了拉蒙特关于德国即将降息的说法。[35] 9月15日，这位德国央行行长接受了德国金融报纸《商务日报》的采访，他说，就算德国将利率下调，也不排除在法国公投之前，会有一两种货币仍面临着压力。[36] 该评论仅作为间接的言论发表，因为施莱辛格坚持要引用原文，随后，该评论很快被发布到互联网上。梅杰读到之后，坚持要把施莱辛格从餐桌上叫出来否认这份报告，但唯一的结果是德国央行正式声明该文章未经“授权”。[37]

然而，在指责德国人的同时，拉蒙特也找错了敌人。9月10日，德国人事实上已经接受了在欧洲汇率机制内进行全面调整的必要性，同时德国也降低了利率。但是这个信息没有传达到英国政府，主要是因为法国财政部长让·克劳德·特里谢一直坚持在马斯特里赫特举行法国全民公投之前避免这种全面调整。对于众多让英镑和意大利里拉一起进行贬值的提议，梅杰都断然拒绝了，尽管意大利里拉单独贬值只会增加对英镑的压力。[38] 然而，那个夏天感受到压力的不仅仅是当时欧洲通用的货币。9 月 8 日，芬兰货币开始浮动，随即下跌了 14%。第二天，瑞典央行将隔夜利率提高至 75%，以防止货币贬值。后来，甚至将利率提高到 500%，但最终放弃了。[39] 由于当时美国短期利率也处于 30 年来的最低水平，美元也与高收益的德国马克挂钩。但是，这位对形势发表评论的白宫高级官员比他的唐宁街同僚更接近事实，"我们正处于一个绝望的境地，"他说，"我们正任由市场摆布。"[40] 这才是真正的重点：施莱辛格说了什么不重要，重要的是市场对其做出的反应。英格兰银行的一名官员说："我们这一代人从未见过这样的事情，就好像一场雪崩正向我们袭来。"[41]

危机过后，英国媒体发出了一种声音，认为是乔治·索罗斯一个人击垮了英格兰银行。但是，梅杰和拉蒙特将其归咎于赫尔穆特·施莱辛格。①他们忽略了一点，金融危机不是由个人造成的。它们是（就像索罗斯理解的那样）由一群人引起的。索罗斯出生在匈牙利，是纳粹主义的难民，毕业于伦敦经济学院，他通过投入巨额资金来获取相应的回报，他将量子基金和其他相关基金的规模从 1969 年的 500 万美元增至 1992 年的 50 亿美元。索罗斯深知，如果成员国的经济持续表现出巨大的差异，固定的汇率制度将面临压力。但他也知道，如果他的量子基金和其他相关对冲基金对一种货币的押注足够大，无论经济"基本面"如何，都可能导致这种货币走软。索罗斯自豪地以非正统的方式对待经济学，他认为"自反性"在金融市场中起着核心作用。正如他 1994 年在麻省理工学院的演讲中所说，"自反性

① 梅杰愤愤不平地抱怨说："德国央行后来以'在英镑问题上从未采取的方式'打击投机者对法郎的投机行为。它不仅提供了大规模的货币干预，还提供了一份'法德两国联合声明，称汇率变动是不合理的'——这是英国一直恳求但从未得到的东西。"然而，正如《经济学人》指出的，从任何相关的金融指标来看，法郎都不像英镑那样容易贬值。事实上，它被低估的程度甚至超过了英镑被高估的程度。

实际上是一种双向反馈机制，现实有助于塑造参与者的思维，参与者的思维有助于塑造现实”。[42]

关键是索罗斯一个人无法做到这一点。他自己也意识到：“大多数时候，我都是趋势的追随者，但一直以来，我都意识到自己是一群人中的一员，但我在寻找拐点……大多数时候，这种趋势是盛行的；只是偶尔需要对错误进行纠正——只有在这种情况下，人们才应该逆潮流而动，走在潮流的前头。”[43]正如我们所见，1992年，量子基金管理的资产约为50亿美元；英格兰银行的国际储备为440亿美元，几乎是前者的九倍，而对于选择干预英国的欧洲汇率机制的成员国，这些储备也可以转换为其国内中央银行的储备。如果索罗斯单枪匹马地接管英格兰银行，他一定会输掉这些储备。而另一方面，美联储估计，世界外汇市场的日交易额从1986年的580亿美元增加到1992年的1 670亿美元。[44]用经济学家的话来说：“与投机者的火力相比，英国财政部看似充裕的储备简直不值一提。”[45]因此，索罗斯交易的关键是让足够多的投资者进行他所期望的那一笔交易。这并不难，因为索罗斯已经是志同道合的投资者网络的一部分。

事实上，正是信孚银行的罗伯特·约翰逊帮助索罗斯和他的合作伙伴斯坦·德鲁肯米勒设计了这笔交易。[46]正如约翰逊解释的那样，关键是要使欧洲统一货币的浮动保持在相对狭窄的区间内：不管发生什么，这些货币的价值不可能对马克升值太多，因此，如果投机者卖空英镑①并亏损，他们也不会损失太多。如果他们下注并赢了，他们将会获得很大收益：约翰逊

① 要做空一种货币，你可以通过经纪人借入这种货币，按当前价格卖出，并将卖出货币的钱记入贷方。如果汇率随后下跌，你可以用新的、更低的价格购买相同数量的货币，并返还给经纪人。你卖出货币时所支付的较高价格和买入货币时所支付的较低价格之间的差额就是你的利润。然而，如果货币升值，你就必须以更高的价格购买你借的这种货币，然后把钱还给经纪人，这样你就赔钱了。

估计英镑贬值幅度可能高达 20%。[47] 这是他们进行最大投入的理由之一。

德鲁肯米勒是被说服的人之一，他显然坚信英镑一定会贬值，但对出多少赌资犹豫不决。“好吧，如果你真的那么喜欢这项投资……”索罗斯冷笑着说。他告诉德鲁肯米勒“要敢于冒险”——尽可能多地借入资金做空英镑。[48] 毕竟，正如索罗斯所说：“风险—回报关系是非常有利可图的，还有什么理由退缩呢？”[49] 他和德鲁肯米勒开始越来越兴奋地大量借贷英镑，以押下他们职业生涯中最大的赌注。但关键是，正如约翰逊回忆的那样，他们并不是唯一的下注者：“我从那里出来时，丝毫没有怀疑我们都会去追逐这个利润，而且我知道银行里和我们的对手中会有许多人模仿我们的行为。”[50]

9 月 16 日，在施莱辛格“未经授权”的言论公开一周之后，英镑的卖空行为升级了。拉蒙特此时正焦急地等待着与首相通话，他哀叹道：“我们每隔几分钟就会损失数亿美元。”英格兰银行试图阻止资金外流，但这只是一场徒劳。[51] 上午 11 点，它宣布最低贷款利率将提高到 12%。三个多小时后，利率提高到 15%，但从第二天开始生效。这种绝望之下的举措只会更加刺激索罗斯继续行动。[52] 当拉蒙特宣布他将再借 150 亿美元来捍卫英镑时，索罗斯感到“非常有趣，因为那刚好是我们想要卖出的数字”。[53] 然而，他最终没能达到那个数字。在市场关闭时，他的储备刚达到约 100 亿美元。那天晚上，当剧院的观众们（本书作者也在其中）在英国国家歌剧院欣赏威尔第的《命运的力量》时，拉蒙特在财政部的中央庭院召开了一次临时会议，宣布英国将“暂停”参与欧洲汇率机制。[54] 尽管里拉早些时候在该机制中已经进行了官方贬值，但它在同一天也退出了。[55]

阴谋论者常称乔治·索罗斯是一个强大网络的中心枢纽。有一个令人窒息的描述，说他是“一个庞大而肮脏的私人金融利益秘密网络的见光面，该网络由欧洲主要贵族和王室家族控制，集中在英属温莎王朝中……并建立在第二次世界大战后大英帝国的废墟之上。”据称，这个网络从英国女王和罗斯柴尔德家族一直延伸到“那些被起诉的金属和大宗商品投机者——来自瑞士楚格和特拉维夫的逃亡的亿万富翁马克·里奇、秘密的以色列军火和商品交易商艾森伯格，以及‘肮脏的拉菲’埃坦”。[56]但其实这些都是胡说八道。索罗斯在采访中提到了一个真正的网络——更大、更复杂的经济网络，这是一个对冲基金的网络，它寻求的目标是以类似的方式赚钱。[57]正如德鲁肯米勒回忆的那样，“我们像劲量兔一样不断前进，追求这一目标……所以任何有头脑的人都会问他的经销商‘到底怎么回事?’我知道人们会说，这就是量子基金”。在某些情况下（尤其是跟路易斯·培根交易时）索罗斯和德鲁肯米勒通过电话分享信息。从事该行业的其他对冲基金经理还包括卡克斯顿的布鲁斯·科夫纳和保罗·都铎·琼斯。因为有电话，所以他们之间不需要有什么心灵感应。

向对冲基金贷款的银行也在努力扩大英镑卖空的规模。[58]邓肯·巴尔斯堡在伦敦经营摩根士丹利的固定收益交易部门。正如他后来回忆的那样，索罗斯的资助请求意味着他是“被招来帮助策划一次袭击——对象是针线街的‘老妇人’，也就是英格兰银行”。索罗斯几乎将所有他持有的欧洲债券都作为他借入的现金的抵押品，以便在现货市场卖空英镑。用巴尔斯堡的话说，“除了资助索罗斯，我们还跟着他一起做了抵押”。他回忆道，量子基金的英镑销售背后有“骑兵团”（而且通常是先头部队），比如都铎、培根和科夫纳等对冲基金，更不用说众多的杠杆银行了……都把钱砸向了英镑。[59]紧随对冲基金的其他银行包括花旗集团、摩根大通、美国纽约化学银行、信孚银行、大通曼哈顿银行、芝加哥第一银行和美国银行。[60]英格兰银行这位“老妇人”简直对这场“金融轮奸”无力招架。

英国在“黑色星期三”投降后，英镑大幅贬值15%，这让索罗斯赚了一大笔钱。①在接受《泰晤士报》记者阿纳托尔·卡列茨基的采访时，他带着一点儿尴尬的畏缩，又用无法掩饰的恶作剧式的自满承认，他的四只基金通过做空英镑赚了大约10亿美元；他还从利率期货和做空意大利里拉等各种辅助头寸中获利10亿美元。[61]后来，索罗斯声称，英镑的消亡“或多或少会以同样的方式出现，即使不是由我来做”。[62]没错，在英国外汇储备的全部损失中（270亿美元），理论上，他可能要为其中的100亿美元承担责任。[63]但现实是，打破汇率是索罗斯网络的集体努力。正如索罗斯对卡列茨基说的，他是“市场上最大的单一因素”，但他不是整个市场。他引领了这一趋势。[64]但即使没有他，这一切也很容易发生，“因为如果我没有采取这一立场，其他人就会采取相似的立场”。[65]

如果说索罗斯的网络赢了。那么谁输了？1997年，据英国财政部估计，黑色星期三的成本为34亿英镑，尽管八年后这个数字被下调至33亿英镑。英格兰银行在8月和9月的交易损失估计为8亿英镑，但是对于纳税人来说，主要损失是货币贬值本可以让他们获利。[66]更为持久的是对银行声誉的损害，即使它只是美国记者汤姆·弗里德曼口中被称为“电子游牧族”的最新等级组织。另一方面，打破与德国马克的挂钩也给英国经济松了绑。短期利率迅速降低，到1993年1月，利率降到6%以下，这对一个高度依赖可调利率抵押贷款的国家来说是一个可喜的喘息之机。随后，英国的经济复苏了。[67]这说明，这场灾难不是经济上的，而是政治上的：政府一开始就

① 索罗斯的赌注直到10月24日才为公众所知，当时《每日邮报》刊登了一篇标题为“英镑崩盘时我赚了10亿英镑”的文章。《每日邮报》故事的配图是索罗斯的照片，他微笑着手里拿着一杯饮料。随后发生在他伦敦住所门口的骚乱促使他向阿纳托尔·卡列茨基讲述了自己对事件的看法。

纠结于是否加入欧洲汇率机制，又在 1992 年夏天坚定地宣布将一直捍卫英镑的地位，却最终于 9 月 16 日悲惨地投降了——所有这些都对保守党经济能力方面的声誉造成了永久性的损害。[68] 主要政府在民意调查中的地位从未恢复，1997 年 5 月 1 日，尽管经历了四年的强劲增长，保守党却在面对托尼 · 布莱尔领导的复兴工党时一败涂地，布莱尔以纳尔逊 · 曼德拉为榜样，放弃了以“生产资料的共同所有权”为核心政策的目标。

关于欧洲一体化计划，一件令人惊讶的事情发生了。一些美国经济学家从欧洲汇率机制的崩溃中推断，货币联盟的发展将会导致经济灾难，甚至欧洲冲突。但乔治 · 索罗斯的想法刚好相反，他认为：

> 唯一的出路就是完全取消汇率制度，只有一种欧元，就像在美国一样。这将让像我这样的投机者破产，但我很乐意做出这种牺牲……我预计东欧将会有一个巨大的动荡时期，这种门外的动荡将会为欧盟创造动力。东方的民族主义现在如此强大，以至只有团结的欧洲才能与之抗衡。除非欧洲团结一致，否则战争将吞没苏联的大部分地区。

而当被问及德国人对德国马克的坚持时，他回答道：“如果《马斯特里赫特条约》被批准，也许我会和德国央行赌这一把。”[69]《经济学人》还得出结论，欧洲汇率机制对于货币联盟的态度是支持的而不是反对的。[70] 因此，1992 年危机的胜利者从这场危机中得出了错误的结论。欧洲大陆的领导人确实会毫不留情地推进货币联盟，因此到 1999 年年初，欧元（一种由真正的联邦欧洲中央银行管理的单一欧洲货币）已经成为现实。在这样做的过程中，他们展示了他们对等级结构力量的坚不可摧的信念，即使是在网络呈指数增长的时代。1992 年，乔治 · 索罗斯拥有了一片丛林，但是这片丛林却被政治家占领了。1999 年之后的几年里，唯一会改变的是：这片丛林将会变得更大、更密集，并且渐渐将陈旧的金字塔建造者排除在外。

Part 08

巴别塔图书馆

50

2001年9月11日

当我们进入21世纪时，豪尔赫·路易斯·博尔赫斯的短篇小说《巴别塔图书馆》好像变成了现实。在这本书中，作者想象了一个图书馆，里面不仅收藏了所有曾经写就的书，还有所有可能会被写出来的书。在掌握了无穷无尽的信息之后，人们的状态会逐渐从兴奋转向疯狂。一些人沉迷于"禁欲式的清理狂潮"，以"消除无用的作品"，这导致"数百万本书的无谓毁灭"。其他人则疯狂地寻找一本书，据说它是"所有其他书的公式和完美纲要"——或者他们会寻找读过这本书的图书管理员，并将他类比成"上帝"。在这座图书馆的一些地方，人们"匍匐在书前，野蛮地亲吻他们的书页，但他们却连一个字母都读不懂"。在其他地方，"流行病、异端冲突、盗匪的游猎活动使人民大量死亡"。[1] 21世纪的世界似乎就是博尔赫斯所描述的这一景象的大规模实现。

21世纪的头几年，具有决定性的事件是一群恐怖分子对美国金融和交通网络发起的攻击，他们被认为是一个反社会网络。尽管以基地组织的名义行事，"9·11"恐怖袭击事件的策划者与更广泛的伊斯兰政治网络联系很少，这也解释了为什么他们能够逃脱侦查。

2001 年 9 月 11 日，五角大楼袭击者的所作所为可以说是一个极其邪恶的天才计划。本质上，他们瞄准了美国日益网络化的社会主要枢纽，利用安全漏洞将原始武器（开箱子的工具刀）私藏到飞往纽约和华盛顿的四架客机上，纽约和华盛顿分别是美国金融和政治系统的中心节点。通过劫持飞机、接管控制权，然后直接抢夺飞机的驾驶权并撞击世贸中心和五角大楼，由此基地组织成员实现了恐怖主义历史上最大的阴谋。他们不仅在美国制造了持续数月的恐怖气氛，更重要的是，他们促使乔治·布什总统的政府做出了不对称的回应，几乎可以肯定的是，这些对策在接下来的几年里没有被削弱。

航空运输和金融系统似乎都是此类攻击的完美目标。而最近，两个系统都变得更加复杂了。直到 2001 年，左派和宗教激进主义者普遍认为全球化是美国帝国主义的新化身。[2] 攻击者有充分的理由构建这样的愿景：通过破坏这些重要的节点，同时引发公众恐慌，从而制造一连串的混乱，并蔓延至其他网络。[3]

而且，攻击者自身也形成了一个网络。袭击发生后，克利夫兰的一位名叫弗拉迪斯·克雷布斯的咨询师利用名为“流入”（Inflow）的软件对该网络进行分析，表明穆罕默德·阿塔是 9·11 网络中的关键节点（见插图 24）。19 名劫机者中的 16 名以及与他们有关联的 15 名其他联系人都与阿塔产生了联系。在网络中的所有人当中，阿塔具有最高的中介中心性，最具活跃性（他联系别人的次数最多）和紧密度最高（他能够直接和别人联系而不需要中间人）。而美国 77 号航班的劫机者之一纳瓦夫·阿尔哈兹米在中介中心性方面仅次于阿塔，这表明他可能是这次行动的策划者之一。如果阿塔在 9·11 恐怖袭击事件之前被逮捕，马尔万·阿尔·谢赫拉维能轻易地接替他的领导角色。[4]然而，根据克雷布斯的研究，9·11网络的显著特点是它与更广泛的世界缺乏社会联系。这实际上是一个紧密团结的团体，其中许多人在阿富汗受过训练，他们几乎完全没有正常社交网络所具有的那种弱联系。此外，这些阴谋者到达美国后，彼此也没有多少关系：他们的网络很稀疏，通信保持在最低限度。从这个意义上说，这确实是一个反社会网络——人们几乎看不见它，因为隐蔽网络要想避免被发现，就必须如此。[5]

对克雷布斯来说，事情发生之后，这一切都明了了。然而，这种网络可以提前被发现吗？克雷布斯写道："要赢得这场反恐斗争，好人似乎必须建立一个比坏人更好的信息和知识共享网络。"[6]这样的网络应该在2001年就存在——其形式是一个名为"潜在危险"的陆军项目，该项目试图通过"识别大量数据中的联系和模式"来描绘基地组织的地图。问题出在了"凯文·培根假设"上——事实上，现在美国每个人之间的距离已经不到6度了，这样，被确认为潜在恐怖分子的人数就算没有数百万，也达到数十万。[7]"潜在危险"下的网络图有20英尺①长，因为字太小几乎完全看不清。[8]克雷布斯于是得出结论，在反恐战争中，人类情报是无可替代的；另一种可能是淹没在大数据中。[9]

9·11恐怖袭击发生后，随着恐慌慢慢平息，一些网络专家开始认为基地组织实际上是比较弱小的。确切地说，它隐蔽的、反社会的特点意味着它不容易招募和训练新人。[10]因此可以说基地组织的力量部分在于其权力的去中心化[11]，但是如果奥萨马·本·拉登不能下令对美国发动第二次大规模袭击，这种网络结构又有什么用呢？[12]如果在美国入侵阿富汗和塔利班政权被推翻后，基地组织领导人在巴基斯坦某个地方被孤立，那么要做的就是"擒贼先擒王"。[13]一些学者将此与秘密犯罪网络相提并论，例如20世纪90年

① 1英尺=30.48厘米。——编者注

代蒙特利尔的“鱼子酱网络”——一个大麻和可卡因走私团伙。尽管他们也注意到了，这种犯罪网络与恐怖网络相比更加集中。[14] 而两者更重要的区别在于，犯罪团伙没有像基地组织成员那样被一种共同的意识形态团结在一起。尽管从表面上看，9·11 恐怖活动的袭击者没有明显与更广泛的萨拉菲网络（见图 50.1）相连，但他们在意识上都从属于它，并愿意为这个宗教信仰而死。

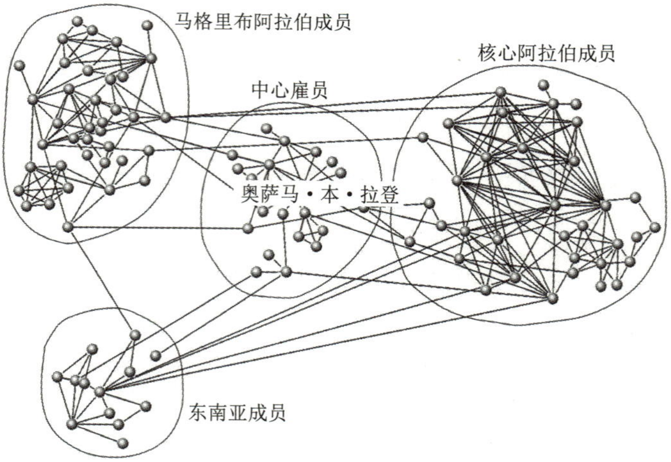

图50.1　全球萨拉菲网络的一个粗略草图，约2004年。

换句话说，他们都属于一个更大的圣战网络，在这个网络中，“基地”组织只是一个联系非常薄弱的组成部分。这个更广泛的网络由作为圣战者的人组成，他们在苏阿战争中相遇并联系在一起，其中包括了伊斯兰祈祷团的东南亚成员和中东阿拉伯社区的支持者。[15] 西方领导人的困惑在于，他们的“反恐战争”只狭隘地关注了那些参与暴力的宗教激进主义者。但却忽略了一个事实，即活跃的恐怖分子的小网络已经被嵌入更大的网络，这个大网络与恐怖分子有共情，自身却不参与暴力。[16] 年轻人也不会因为一时兴起而成为恐怖分子，只有在持续接触极端主义的说教，并卷入萨拉菲斯特活动网络之后，才能成为新的恐怖分子。[17]

当分散的网络去攻击一个等级结构时，该等级结构会自发地做出反应。9·11 恐怖袭击事件发生后，乔治·布什总统和他的政府中负责国家安全的主要成员做出了一系列决策，这些决策却成了伊斯兰网络发展的最强助推器。确实，总统敦促制定了一项临时计划，推翻窝藏基地组织的阿富汗政权。但是错误的是，副总统迪克·切尼和国防部长唐纳德·拉姆斯菲尔德说服了总统，认为这一袭击为第二次军事干预创造了条件，他们可以借此打击伊拉克领袖萨达姆·侯赛因①，尽管事实上伊拉克和 9·11 恐怖袭击事件几乎没有什么因果关系。与此同时，为了对抗未来美国可能遇到的恐怖袭击，布什成立了一个新的国土安全部。甚至在美国入侵伊拉克之前，早在 2002 年 8 月，约翰·阿尔奎拉就在《洛杉矶时报》上发表文章，颇具先见之明地指出这种方法的缺陷：

> 在一场网络战争中，就像我们现在所处的网络战争一样，战略轰炸的意义不大，而且大多数网络不依赖一个（甚至几个）伟大的领导人来维持和引导他们……而创建内阁级别的国土安全部则是第二大失误。等级制是对付灵活的网络的一种笨拙工具：只有网络才能对抗网络，就像以前的战争中，只有坦克才能对抗坦克一样……而且，我们需要的那种网络不能通过强迫性的评论来形成或维持，比如“和我们在一起”或“反对我们”。[18]

① 就在 9·11 袭击发生的同一天，拉姆斯菲尔德说，美国的反应应该考虑多种选择和可能性。国务卿说，他的本能反应是同时打击萨达姆·侯赛因，而不仅仅是本·拉登（原话）。

这可能是一种对国家安全过于悲观的看法。1993 年 1 月至 2016 年 2 月，在 109 起已知的与圣战分子有关的、针对美国本土使用暴力袭击的阴谋中，只有 13 起是通过监视和线人的结合实施的。[19] 然而，在某一方面，这种看法又是正确的。2001 年年末，“基地”组织看起来像一个被迫作为反社会网络运作的老式的秘密组织，只是偶尔发起一些引人注目的暴力行为。然而，在美国主导入侵伊拉克行动之后，它在伊拉克的分支机构发展成了一个更大、更有影响力的网络。它利用萨达姆残暴统治被推翻后的混乱来挑起宗派冲突，结果导致一场血腥的叛乱，任何熟悉伊拉克历史的人都很容易预见这一情况。（1920 年，类似的事件曾发生在英国占领者的身上。）美国军方花了好几年的时间才迟钝地领悟到沃尔特·沃克及他同时代的人在东南亚丛林中学到的教训。

约翰·纳格尔是一名美国军官，也是一名罗德学者，他在博士论文中将马来亚和越南发生的冲突做了比较，认为英国人已经适应了丛林战争的紧急情况，但美国人没有。[20] 他是后来的《陆军反叛乱战地手册》（第 FM 3-24 款）的作者之一，该手册在大卫·彼得雷乌斯中将和詹姆斯·马蒂斯中将这两位具有远见卓识的将军的指导下写就，他们明白美国军方对这样一本手册的迫切需求。在 2005 年 10 月，彼得雷乌斯第二次在伊拉克服役归来后就着手该手册的撰写，并于次年 12 月发布。[21] 该手册最引人注目的特点是反复讨论叛乱的网络特征（见图 50.2）。例如，作者努力区分具有“正式等级结构”的叛乱和具有“网络结构”的叛乱。每种模式都有其长处和短处，但是具有网络结构的叛乱能够更加“迅速地自愈、适应和学习”，并且很难说服组织成员接受协商解决的方案，“因为没有一个人或一小群人对该组织负责”。[22] 该手册开始向美国军方宣传网络理论，解释网络密度、程度中心性和中介中心性等概念。[23] 在第一版中，甚至有一个附录，名为“社会网络分析”。[24]

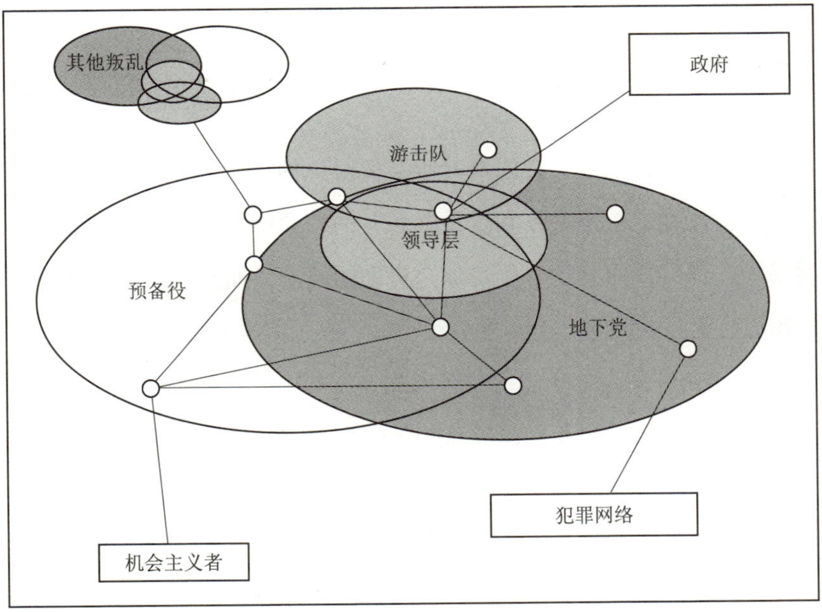

图50.2　网络叛乱，来自《陆军反叛乱战地手册》（2014年版）的图表。

澳大利亚陆军上校大卫·基尔卡伦也为手册的撰写做了大量的工作，他于2004年被借调到五角大楼。基尔卡伦的28篇文章（“从公司层面看反叛乱的基本原理”）认为我们所说的“心灵与智慧”一词的真正含义是“建立可信的网络”：

随着时间的推移，如果你成功地建立可信的网络，它们就会像根一样扎进人们的心中，取代敌人的网络，民众将与你并肩作战，你由此可以掌握主动权。这些网络包括当地盟友、社区领袖、当地安全部队、

> 非政府组织和你所在地区的其他友好或中立的非国家主体，以及媒体组织……它们都能帮助你建立可信的网络，这些行动将有助于实现你的目标。破坏信任或破坏网络的行为（甚至扼杀鲜明的目标）都是在帮助敌人。[25]

一个关键的看法是，美国及其盟友所对抗的是一个预先存在的“婚姻关系、资金流动、校友关系和资助关系”的社会网络。恐怖主义“仅仅是该网络的一部分，而其核心仍是那个资助网络”。[26]而与此同时，由于有组织的暴力行为日益凸显，全球圣战组织已经有了国家的特征：

> 在全球化的叛乱中，叛乱分子相当于一个虚拟的国家：它不控制任何领土或人口，而是对分布式系统进行控制，这些系统合在一起代表了传统国家权力的许多要素。它也是一个伪国家：一个像国家一样行事但在法律或政治合法性方面不是国家的管理实体。此外，它不是一个单一的等级体系，而是一个由相互联系的系统组成的联邦网络，其功能相当于一个“反叛国家”，与世界各国政府展开竞争。[27]

在基尔卡伦的建议中，击败这个新生国家的策略包括：“同化中立或友好的女性”，因为她们在叛乱分子的支持网络中很重要；发起高频率的“反网络”情报行动，这“会产生致命的趋势，导致叛乱网络灾难性地崩溃”；切断叛乱分子与人民的联系使网络“窒息”；切断叛乱网络中的薄弱环节。[28]这也成了彼得雷乌斯“蟒蛇战略”的基础，该战略旨在包围和扼制伊拉克境内的基地组织网络。[29]

这时，即使战争已接近尾声，美国军队也开始吸取教训，在2007年美国“增兵”伊拉克的决定性阶段，斯坦利·麦克里斯特尔将军总结了在伊拉克学到的经验：“为了对抗伊拉克基地组织领导人阿布·穆萨布·扎卡维的传播网络，我们必须复制其分散性、灵活性和速度。随着时间的推移，‘用网络打败网络’成了整个司令部的口号，也是我们核心理念的总结。”[30] 因此，美国士兵在后萨达姆时代终于搞清楚了这片伊拉克丛林。在阿富汗也有相似的痛苦的学习过程。埃米尔·辛普森作为廓尔喀人军官的经历使他相信，虽然传统的双向战争仍有可能发生，但是总的趋势仍是多方冲突，因此克劳塞维茨关于在战场上取得决定性胜利的理想是无法实现的。这种多方冲突的胜利意味着政局的稳定。[31] 因此，反叛乱活动隐含着太多的政治性，因此在某些情况下，从叛乱网络中获取一定程度上的支持要比直接摧毁它更有效。

51

2008年9月15日

从许多方面来说，9 · 11恐怖袭击事件对美国的金融和政治体系的破坏性影响远未达到基地组织的期望值。的确，支付系统中断，纽约证券交易所叫停了一周，股票的价格大幅下跌，金融动荡加剧。同时，当时美国空运的暂停也间接减缓了支票结算和其他非电子形式的交易。然而，这些袭击的经济影响仍然是有限的，原因是主要的金融机构提前为这种可能发生的情况做了充分的准备，美联储毫不犹豫地出手干预，以维持市场的流动性。9 · 11恐怖袭击事件发生后的几周之内，金融危机就结束了。[1]据估计，此次袭击造成的财产损失、清理工作和收入损失总额在330亿至360亿美元之间。[2]相比之下，根据对“反恐战争”成本的最高估算，布什政府入侵伊拉克付出的代价比恐怖主义袭击造成的成本增加了至少两个数量级。[3]本 · 拉登的最初目标似乎侧重于产生一种连锁反应，在这一连锁反应中，初始袭击的冲击将在美国的经济体系中产生层叠式的影响。但事实上，这并没有发生。这表明美国资本主义网络比圣战分子预期的更具韧性。

到了2001年，人们对“断网”这一概念已经不陌生了。1996年，美国西部发生了一次大停电，俄勒冈的一条电力线路故障导致数百条线路和发电机跳闸，中断了750万人的供电。第二年，丰田公司的整个制造业务被迫停止，只是因为一家关键制动部件唯一供应商的工厂被一场火灾摧毁了，这危及了大约200家其他供应商的业务。[4]就在9·11恐怖袭击事件发生前几个月，2001年7月18日，巴尔的摩的一条铁路隧道发生火灾，导致互联网速度普遍下降，因为它烧穿了一些主要互联网服务供应商的光纤缆绳。类似的事情在2003年9月也发生过，当时有一棵大树倒在了意大利和瑞士之间的高压线上，整个意大利电网（撒丁岛除外）随之崩溃。2006年11月，一次影响更深远的连锁事故发生了——德国西北部的一条电力缆绳故障，引起停电的范围之广远至葡萄牙。[5]除了互联网，金融系统网络似乎比欧洲电网更具弹性。

但事实证明，这不过是一场幻觉罢了。2008年9月15日，雷曼兄弟公司的破产引发了史上最严重的金融危机之一，自1929年华尔街股市崩盘以来，这是使国际信贷系统最接近全球性瘫痪的一场金融危机。此外，可以肯定的是，全球金融危机的宏观经济代价大于反恐战争的代价，让我们试想一下，如果世界经济沿着其趋势不间断地发展下去，那么它本可以创造的产出该有多大。（仅对美国一国的合理估计数字就在5.7万亿至13万亿美元之间，相比之下，反恐战争的最高估算成本为4万亿美元。[6]）简而言之，9月15日的金融危机为世界带来的干扰大大超过了7年前的9·11恐怖袭击事件。

金融危机的原因可以归纳为六个方面：主要银行的资本严重不足，利用监管漏洞来提高杠杆比率；市场充斥着资产抵押债券，例如评级机构在定价上出现严重偏差的抵押债务；美联储在2002年至2004年间过于放宽货币政策；而政治家们在经济上实行了不合适的激励措施，让美国穷人投资房产；在不切实际的风险模式下，信用违约互换等衍生品被大规模出售；

最后，来自新兴市场的资本流动，特别是中国流向美国的资金助长了美国的房地产泡沫。[7] 这场危机可以说始于泡沫破裂之时：在 2006 年年末，房价下跌和次级抵押贷款违约增加就已经产生了金融危机的迹象。然而，雷曼兄弟的破产——2008 年 9 月 15 日星期一凌晨 1 点 45 分，将这场困境变成了全球性恐慌。在母公司提交破产申请后，约 18 个国家的 80 多个子公司进入破产程序。在主要的破产程序中，约有 6.6 万宗是针对雷曼兄弟公司进行索赔的——金额超过 8 730 亿美元。这是“美国有史以来规模最大、最复杂、涉及面最广、影响深远的破产案”。[8] 然而，令人难以置信的是，在美联储工作的经济学家认为即便如此，也无法确定经济会出现衰退。美联储首席经济学家戴维 · 斯托克顿 9 月 16 日向联邦公开市场委员会（FOMC）报告说：“在这样的背景下，我们的预测是……我们仍然认为未来一年国内生产总值的增长会缓慢地回升。”然而，现实发生的事情讽刺了这种说法和持此类观点的人。[9] 在危机的早期阶段，只有少数人意识到美联储立场的真实性质。用美国波士顿联储主席埃里克 · 罗森格伦的话来说：

> 我们在雷曼兄弟事件上所做的事是否正确？我认为现在对该问题下定论还为时尚早。鉴于财政部不想投入资金，我们可能没有其他的选择。但是我们下了一个经过计算的赌注：如果我们挤兑了货币市场基金，或者……回购市场关闭了，这场赌注的前景将令人担忧。考虑到我们自身的限制，我认为我们做了正确的事情。我希望我们能度过这个星期……现在，我们不应该把所有经济上的赌注全押在一两个机构上。[10]

直到 10 月 29 日，美联储主席本 · 伯南克才第一次提到他们有可能陷入类似 20 世纪 30 年代的危机。[11] 直到 12 月中旬，联邦公开市场委员会的另一名成员才明确表示，“我们的违约率可能会高于大萧条时期的违约率”。[12]

美联储没有意识到的是，尽管雷曼兄弟的首席执行官迪克·富尔德是华尔街的一个孤立的网络，不为他的同行（包括财政部长、高盛前首席执行官亨利·保尔森）所喜爱，但由于全球化和互联网的结合，该银行本身在之前的20年里一直是国际金融网络中的一个重要枢纽，此时它比以往任何时候的规模都要大，密度也更大。意识到这种结构性变化重要性的各国央行行长很少，英格兰银行行长安德鲁·霍尔丹是其中之一，他认为一个复杂适应系统已经建立起来，而这种系统往往会放大周期性波动。[13]霍尔丹的见解（见图51.1）借鉴了约翰·霍兰德和其他人对复杂系统的研究，不同于单纯的复杂系统，这一系统还存在不可预测的动态变化趋势。这些“新

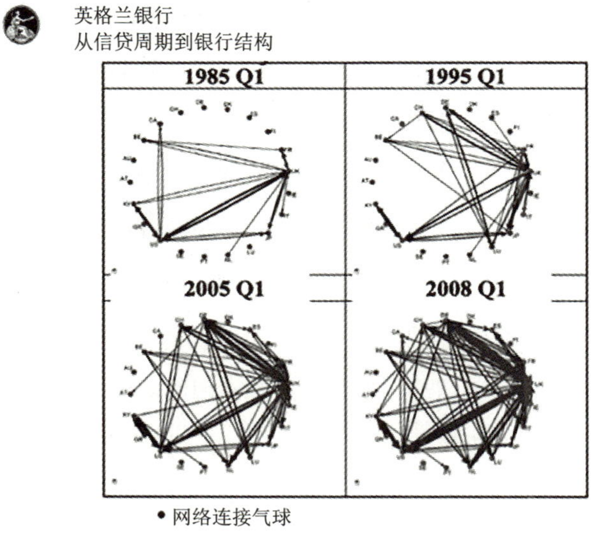

图51.1 安德鲁·霍尔丹在2011年的一场演讲中指出，国际金融体系中的网络连接正在迅速膨胀。

兴属性”是美联储经济学家的模型中缺少的东西。[14] 简单来说，标准的宏观经济学忽略了网络结构。没有人注意到，全球金融网络已经变得足够紧密，足以让危机从一个机构迅速蔓延到许多机构，但也足够稀疏，可以让许多机构的业务分散程度很低，一旦交易对方失败，就没有足够的保障以规避风险。[15]

就在灾难发生的前几年，美联储还在吹嘘自己已经实现了“大稳健”（Great Moderation，也译作大缓和），但事实上，美联储也是全球金融危机的行为主体之一。好的方面是，伯南克主席迅速吸取大萧条的教训，使得经济危机的后果远没有 20 世纪 30 年代那一次严重。通过在“量化宽松”的第一阶段购买各种资产，然后在第二和第三阶段购买大量政府债券，美联储在一定程度上遏制了危机。这可以被看作货币治理等级制度的胜利，同时也体现出国际金融网络在自由发展下是不会自我修复的。然而，没有出现第二次大萧条的主要原因是政府的干预，在听任雷曼兄弟破产之后，美国财政部出面阻止了进一步的大规模金融破产。政府对保险巨头美国国际集团和其他大银行进行了援助，它们通过问题资产救助计划获得了超过 4 000 亿美元的资金。“9 · 15 事件”产生了破产的连锁反应，这场援助在遏制这股趋势上起到了至关重要的作用。这些公司继续向它们的高级雇员支付高达 7 位数的奖金，这引发了广泛的质疑。[16] 公众不应该感到惊讶，因为金融系统在很多方面都是一个网络。

长期以来，美国商界精英一直是一个紧密团结的群体，而银行则是不同经济区域之间的主要纽带，其中也包括政治领域。[17] 弗农 · 乔丹的职业生涯很好地说明了美国的制度是如何运作的。他是一位温文尔雅的非洲裔美国律师，在种族隔离的最后几年里，他以佐治亚州的民权律师身份而闻名。1972 年，乔丹被邀请加入塞拉尼斯董事会，塞拉尼斯是一家经营领域广泛的制造商，其董事长约翰 · 布鲁克斯随后提名他加入纽约银行家信托公司董事会。1973年，乔丹通过另一位银行家信托公司董事威廉·埃林豪斯的介绍加入彭尼百货公司的董事会。一年后，他加入了施乐董事会，与施乐总裁阿尔奇·麦卡德尔共事，美国运通首席执行官霍华德·L.克拉克也在董事会任职。乔丹在1977年加入美国运通董事会，得到了麦卡德尔和克拉克的认可。1980年，他加入了雷诺兹烟草公司董事会，第二年，他辞去了在美国全国城市联盟的职位，加入了达拉斯律师事务所华盛顿办事处。[18]乔丹与比尔·克林顿的亲密关系（他们第一次见面是在1973年的美国全国城市联盟中）在克林顿1992年当选总统后变得更具政治意义，因为在一系列丑闻中，乔丹成了他的"麻烦解决者"，尤其是莫妮卡·莱温斯基事件。1999年，乔丹离开了律师事务所，加入投资银行和资产管理公司拉扎德公司的纽约分行。[19]

相比之下，蒂莫西·盖特纳的职业生涯是一条完全不同的道路。他的母亲黛博拉·摩尔是"五月花号"上英国清教徒的后代。他曾在达特茅斯大学就读。而在进入政府部门之前，他在基辛格律师事务所工作。之后他当上了纽约联邦储备银行的行长，然而，在社会交往和职业生涯中，他都与金融精英人士建立了联系。例如，他同时是纽约经济俱乐部、外交关系委员会等非营利机构的成员，通过这些机构，盖特纳建立了与大约21家金融公司的高管或董事的个人联系。根据一项计量经济学研究，这些联系是有价值的，因为当2008年11月21日财政部宣布盖特纳将担任巴拉克·奥巴马的财政部长时，与盖特纳有联系的公司的股价都大幅上涨。[20]但是这并不意味着任何不当行为——仅仅是亲近权力这一行为有了更重要的意义而已，尤其是在危机时期。在危机初期，盖特纳在美联储扮演了关键角色，在经济尚未达到最低点的时候，他执掌了财政部。天真的投资者才会不重视金融公司之间的政治联系网络。迪克·富尔德在该网络中就是一个相对孤立的节点，这也是他最后倒台的一部分原因。

52

行政国家

金融危机揭示了金融体系的另一个特点。理论上，银行是金融系统中监管最严格的实体。然而，负责监管银行和其行为的众多机构却未能预见它们在流动性危机中会像多米诺骨牌一样倒下的可能性。对此有这样一种解释：联邦政府已经退化为所谓的“行政”或“管理”国家，其运作模式是等级制和官僚主义的，其监管只能越来越复杂，而这恰恰与预期相反。

行政国家的诞生可以追溯到20世纪70年代初，当时国会开始授权新的监管机构，如环境保护署和消费品安全委员会。1950年，《美国联邦法规法典》（CFR）的篇幅达到2.3万页左右。而在1951年至1970年间增加了约2.1万页，1971年至1990年间增加了6.2万页，1991年至2010年间又增加了4万页。[1] 在乔治·布什执政期间，国会扩大了联邦政府对以下领域的监管：中小学教育（2001年的《不让一个孩子掉队法案》）、两党竞选资金改革（2002年的《麦凯恩-法因戈尔德法案》）、公司治理（2002年的《萨班斯-奥克斯利法案》）和能源节约（2007年的《能源独立和安全法案》）。然而，相比于奥巴马总统在第一届任期所实行的大量政府立法和监管，之前的那些政府都只能甘拜下风。[2]简要来说，奥巴马的总统任期可以总结为一系列的"承诺"：增加就业（"经济刺激计划"），降低金融危机的风险，提供全民医疗保险。而其中的每一项承诺都导致了行政国家的大规模扩大。《华尔街改革和消费者保护法》（《多德-弗兰克法案》）长达848页，并在此法案下创建了两个新机构——金融稳定监督委员会和消费者金融保护局。[3]《病人保护与廉价医疗法案》（简称ACA）共961页（连同《医疗保健和教育和解法案》），并创建了独立支付咨询委员会。为颁布《跨太平洋伙伴关系协定》而起草的法律更烦琐，这是12个环太平洋国家之间的贸易协定。这一协定超过5 554页，包含200多万字，打印出来几乎有3英尺高。

此外，奥巴马医改和《多德-弗兰克法案》都催生了大量监管措施。《反腐败法》通过后，政府机构制定了100多项最终条例，阐明了新法律的实施方式。《多德-弗兰克法案》明确指示监管机构制定400多项新规则。一项估计表明，如果这个过程完成，该法案可能会将金融业监管限制增加近1/3。[4]试想一下，对于流行病的监管规模，如果联邦登记册中的10 535页医疗法规中的每一页都包含1 100字，那么法规总共超过1 100万字。相比之下，《大宪章》只是一张不到4 000字的羊皮纸。《美利坚合众国宪法》的最初草案也差不多，只是稍微长了一点（准确地说是4 543个字）。而《独立宣言》只有1 458个字。

行政国家崛起的原因是什么？为什么华盛顿建立的独立国家最终退化成了弗兰兹·卡夫卡笔下冗余的官僚体制？简单来说，这可能都是律师和官僚的错，但只要读过狄更斯的书就会知道，这些人已经存在很长时间了。那么一个更合理的答案可能是，这是我们今天为过去的失败所付出的代价。也许20世纪许多国家的代议制政府和法治被扼杀的原因是对细节的忽视。

又或许像希特勒那样的“可怕的简化者”之所以胜利，正是因为像《魏玛宪法》这样的文书（虽然不短，有181篇文章和大约1万字）并没有明确禁止留着牙刷式小胡子、有犯罪记录和种族灭绝倾向的奥地利人担任总理。当然，一个更好的解释就是立法和治理标准的根本恶化，每个民主国家，无论其20世纪的历史有多么不同，可能现在都在经历这一痛点。① 而上述那些滔滔不绝的长篇大论之所以会出现，是因为职业政治家更关心的是表面上的斡旋而不是问题的实质。媒体在每一次事故后都不停地大声疾呼我们需要行动，与此同时，政府的说客确保那些法案能够保护他们所服务的既得利益者，而律师则从整个混乱的局面中渔翁得利。[5] 如今，我们要比他们对这一现象所产生的后果更加担忧，因为这远远不是那些读不下去的冗长法规。首先，体制内部人员从中获得了优势，他们自身就可以负担起庞大的“合规”部门，这些部门是在迂回之海上航行所必需的导航系统。第二，其中存在着系统性不稳定的风险，这种风险随着总体复杂性的每一次增加而提高。只有乐观主义者才会认为像《多德–弗兰克法案》这样的立法能使全球金融体系更加稳定。恰恰相反，新的监管可能降低了当局应对连锁问题的能力（例如，对未投保的短期债务的管理）。[6] 与此同时，正如弗朗西斯·福山所说，民主政治的合法性正因“利益集团而受到侵蚀……通过竞选捐款和游说有效地收买政客”，这一过程被他称为“家族制的复辟”。[7] 政治制度不断僵化，并且看起来没有改革的突破口：选举团制度、初选制度、参议院那些晦涩的规则等等。同时，法院在政策制定和行政管理方面干预过多。然而，没有人有连贯完整的计划来解决这些问题。[8]

① 根据安德鲁·霍尔丹的说法，一个世纪前，英格兰银行每年发表一次演讲。仅在2016年，它就发表了80篇演讲、62份工作文件、近200份咨询文件、略低于100篇博客和100多份统计报告——总共超过600份出版物，约9 000页。

复杂性并不是廉价的产物，恰恰相反，它的价值比我们想象得要高。如何增加公共“商品”的数量而不相应地增加税收，行政国家对这个问题已经有了一个简单的解决办法：通过借贷来资助当前的政府消费。与此同时，虽然联邦债务几乎翻了一番，但奥巴马政府利用其监管权力以新的方式筹集资金：例如，超过1 000亿美元都来自对银行抵押贷款行为调查的“和解”，例如，英国石油公司深海石油泄漏赔偿项目的和解费用为200亿美元。（其中还包括作为通用汽车和克莱斯勒的“政治盟友”，对其“破产管理”的干预行为。[9]）然而，行政国家的这些权宜之计给私营部门带来了负担，最终减缓了发展，减少了创造就业的机会。[10]公共财政的代际不平等、监管的过度增长、法治的恶化和教育机构的腐蚀——总而言之，这些都导致了经济表现和（我们将要看到的）社会凝聚力的“严重退化”。[11]简而言之，行政国家代表了政治等级制度的最后一次迭代：这个系统会抛出大量冗余的规则，制造复杂性，破坏稳定和繁荣。

53

Web 2.0

当行政国家正在形成固定模式，并向等级秩序的最终危机进军时，网络世界也在经历戏剧性的阶段转变。信息技术专业人士称之为“Web 2.0”——这是2004年由互联网先驱蒂姆·奥莱利主持的一次会议的名称。奥莱利的理想是保持早期万维网的“开源”形式，像维基百科，连同其集体创作的百科全书条目等依赖用户生成内容的网站就保留了这种观念。奥莱利称，RSS（简易信息聚合）和API（应用程序接口）等创新的效果是“将数据向外联合，而不是控制当数据到达连接的另一端时会发生什么……这反映……终端到终端的原则”。[1] 因此，所有软件都应该处于“永久测试”的状态，不仅开放源代码，而且可以开放给用户重新设计。[2] 这一理念的黄金标准是Linux操作系统：用自由主义程序员埃里克·雷蒙的话来说，这是“由数千名开发人员在业余时间开发的世界级操作系统”。埃里克·雷蒙是网络开源宣言《大教堂与集市》的作者。[3] 在他笔下的“集市”中，遍布全球的大量志愿程序员为识别和修复该系统的漏洞共同协作，从而稳步改进这一软件。[4] 雷蒙德就此制定了林纳斯定律，该定律以Linux的主要开发者（但不是拥有者）林纳斯·托瓦兹的名字命名，它指出："只要有足够大的测试人员和合作开发人员基础，几乎每个漏洞都能很快被发现，并且对一些人来说修复它们很容易。"（更通俗地说："只要有足够多的眼睛，任何问题都是简单的。"[5]）在黑客的虚拟社区中，"竞争成功的唯一衡量标准是在同行中的声誉"，这里不存在公地悲剧①，因为对于开源软件，"草越被啃食，长得越高"。[6]雷蒙自信地预测开源运动将"本质上"在三到五年内（也就是2003—2005年）赢得在软件领域的主导地位。[7]但是事实让他失望了。

在创新和创造性无政府状态之后，商业化和监管会随之出现。不管怎样，这是之前技术革命的发展模式。[8]然而，就互联网而言，商业化的趋势虽然已经产生，但是几乎没有受到任何监管。随着对行政国家干预的成功抵御，越来越多的垄断和双寡头形式出现了，由此，开源者的梦想破灭了。在软件市场，微软和苹果就建立了一种类似双寡头的关系，前者占有个人计算机市场的巨大份额。这两家公司成立于信息技术革命的第一阶段，即1975年和1976年，二者对互联网带来的机遇有不同的反应。微软试图将其Windows操作系统与自己的网络浏览器Internet Explorer捆绑在一起，这一策略差点导致该公司解体。②而在苹果公司这边，尽管其操作系统在许多方面优于微软，但史蒂夫·乔布斯更喜欢通过苹果销售的硬件多样化来竞争，除了台式电脑，他还开发生产了音乐播放器（iPod，2001年）、笔

① 这是指生态学家加勒特·哈丁1968年的论文《公地悲剧》，该论文提出了全球人口控制的论点，它引用了一个例子：一个由农民组成的村庄，村里人享有不受限制的公共土地使用权，但人们过度放牧，很快就使其成为一块贫瘠之地。这个想法实际上源于维多利亚时代的经济学家威廉·福斯特·劳埃德。

② 2000年4月3日，法官托马斯·彭菲尔德·杰克逊裁定微软违反了《谢尔曼反托拉斯法》，称其尝试并实施了垄断和捆绑销售。2000年6月7日，法院下令拆分微软公司。然而，华盛顿哥伦比亚特区巡回上诉法院推翻了杰克逊法官的裁决，最后，微软与美国司法部达成和解，这使其最终毫发无损。

记本电脑（MacBook，2006年）、智能手机（iPhone，2007年）、平板电脑（iPad，2010年）和手表（Apple Watch，2014年）等产品。乔布斯的天才之处在于，他将苹果公司诱人的产品设计与一个封闭的软件和数字内容系统结合起来，其产品只能通过苹果商店和iTunes（数字媒体播放应用程序）来购买。

信息技术革命的第二阶段出现在微软系统MS-DOS和苹果系统Mac OS创新浪潮产生的20年后。20世纪90年代中期成立的最重要的新公司是亚马逊、易贝和谷歌。亚马逊是一家在西雅图成立的网上书店；易贝最初被称为“拍卖网”，是圣何塞的一个在线拍卖市场；而谷歌的名字源于表示10的100次方的词语（googol），是一个在线搜索工具，发家于门洛帕克的一个车库。这三家公司的创始人在某种意义上都是局外人：亚马逊创始人杰夫·贝佐斯来自得克萨斯州，他的母亲生他的时候还是未婚少女，后来他被他的古巴继父收养；易贝创始人皮埃尔·奥米迪亚出生于巴黎的伊朗移民家庭；而谷歌创始人之一，谢尔盖·布林的父母是1979年从苏联移民到美国的犹太人。只有谷歌的另一位创始人拉里·佩奇一开始就是计算机科学的内部人士：他的父母都是该领域的老师。然而，上述的所有人都被吸引到美国西海岸，在那里，斯坦福大学和硅谷共同建立了自己的全球信息技术创新中心。他们本就打算成为亿万富翁吗？可能不是。这几家公司的成功对人们来说是个意外（佩奇和布林在1999年差点以75万美元把谷歌卖给网络公司Excite）。然而，在经历了当年互联网股市泡沫破裂之后，这三家公司很快获得了令人瞠目的估值。谷歌于2004年8月19日首次公开募股（IPO），其市值超过230亿美元。这种市值急剧增加的原因很简单。2000年，谷歌开始基于竞价和“点击链接”销售与搜索关键词相关的广告。直到2011年，这都是该公司96%的收入来源。广告收入的大量流入使谷歌能够向多个方向扩张，它推出了电子邮件服务（Gmail，2004 年）、操作系统（安卓，2007 年）和网络浏览器（Chrome，2008 年），并收购了一系列其他公司，最初是 Keyhole，后改名为“谷歌地图”；接着是 Urchin，发展为“谷歌分析”；还有 Grand Central，后来更名为“谷歌语音”。YouTube（视频网站）于 2006 年加入谷歌，摩托罗拉于 2012 年被收购（后来又被出售），2014 年 Deep Mind（人工智能公司）加入谷歌。谷歌最初就声明，其使命是“组织全世界的信息并让其对全球可及并有用”。而它的非正式口号是“不作恶”。1999 年后，对其运营模式的更准确的描述是：“从广告中赚大钱，然后大胆投资。”

当我们进入 21 世纪，头十年中期的第三次创新浪潮中涌现的最成功的社交网络公司，更加彰显了理想和现实之间的差异。本应该赢得这场网络竞争的是“六度”公司，它的所有者拥有在线社交网络服务的原始专利权，该服务基于电子邮件邀请和相关成员的数据库。然而，Friendster（交友网站）和 LinkedIn（人际关系网）的雷德·霍夫曼以及 Tribe.net 的马克·平克斯用 70 万美元购买了这项专利，以确保没有人能够垄断社交网络。[9] 但是，他们完全没有考虑到马克·扎克伯格。

一直以来，哈佛大学的本科生最不缺的就是关于他们理想主义的言辞。脸书的招聘声明被称为“小红书”（向中国的毛主席致敬），其中说道：“脸书最初并不是一家公司。它是为了完成一项社会使命——让世界更加开放和互联。”[10] 2004 年，在《哈佛深红报》的一次采访中，也是在脸书发布 5 天后，扎克伯格明确表示，他创建网站不是为了赚钱。他说，我不会出售任何人的电子邮件地址。2007 年时他宣称：“大众媒体已经定义了过去的一百年。在接下来的一百年里，信息不会仅仅被推送给人们，它将被数百万人共享。”[11]

那么，脸书是如何在社交网络垄断者的竞争中击败几百家其他竞争者的？首先，扎克伯格利用了哈佛的品牌。第一批用户自愿给出了他们的真实姓名和真实的电子邮件地址，因为在哈佛内部没有创建昵称的需要。正是通过哈佛校友网络，扎克伯格被介绍给华盛顿邮报公司的唐·格雷厄姆，格雷厄姆主动提出投资扎克伯格的公司，并在董事会任职。[12] 第二，当有的人认为，如果该网站对非大学生开放，它将失去吸引力，扎克伯格对他们做出了反击，证明这是一种错误的看法。随后，他还通过翻译工具，推动非英语人士访问该网站的进程。[13] 第三，他很快就发掘了许多附加内容：添加照片标签、标签时提醒用户，以及基于分享朋友活动信息的更复杂的新闻源概念。[14] 第四，与 MySpace（在线社交网站）不同，脸书允许用户在脸书内构建应用程序，随着基于脸书的游戏如开心农场（Farmville）用户的激增，事实证明这一决定非常受欢迎。[15] 这是转折之后的新“开源”：新政策允许用户销售自己的赞助广告。[16]

然而，随着脸书 Beacon 广告系统的推出，扎克伯格对广告收入的追求几乎事与愿违，Beacon 系统开放了其他公司在该平台的广告渠道。[17] 负责让公司成功转型为广告收入模式的人是谢丽尔·桑德伯格，她在谷歌担任首席运营官期间（2001—2008 年）就主要负责这一块内容。但两家公司有一个关键的区别，“谷歌……帮助人们找到他们已经决定要买的东西，而脸书将帮助他们决定他们想要什么”，让广告商能够向用户传递有针对性的信息，以满足他们已经通过脸书上的活动透露出的偏好。[18] 起初，以千人成本（每 1 000 次广告播放的费用）来衡量，盈利不算乐观。[19] 然而，一旦广告被无缝地插入脸书手机应用上的用户“新闻提要”中，该公司就迅速走向了获取巨额利润的道路。[20] 这个让扎克伯格成为亿万富翁的“上帝的旨意”，很大程度上是因为手机使用出现了始料未及的爆炸式增长，而这一增长是由苹果公司的创新和令人上瘾的 iPhone 手机推动的。

值得注意的是，脸书并没有“发明”社交网络。正如前文提到的，社交网络跟智人一样古老。脸书所做的，只是创建了一个对用户免费、不受地理或语言限制的服务，它所创建的，是有史以来最大的社交网络。直至本书撰写时，脸书每天有 11.7 亿活跃用户，17.9 亿用户每月至少登录一次。这些数字还不包括脸书的照片分享和信息应用照片墙。[21] 在美国 18 ~ 29 岁使用互联网的成年人中，脸书的渗透率高达 82%，30 ~ 49 岁的人中该数字为 79%，在 50 ~ 64 岁年龄组中为 64%，而在 65 岁及以上年龄组中也达到了 48%。如果与整个人类都适应的六度分隔理论做对照，那么在脸书用户中，平均只需要 3.57 个人就能联系到其他所有人。[22] 不难理解的是，脸书网络呈现出基于地理位置的集群，大多数人的朋友圈都主要由同城或者同地区的人组成。[23] 然而，脸书同时又以许多效果显著的方式征服了距离的限制。仅仅与其他用户的地理接近性并不是促使一个人注册脸书的主要原因，“身份转换”才是一个人在多重现有社交网络中的主要地位功能。[24] 用户被高度同质化：就共同的兴趣和个性类型而言，物以类聚，人以群分，志同道合的人一如既往地聚集在一起，这可能会形成一个反馈循环，让相似的用户通过使用脸书变得关系更加紧密。[25] 美国的移民社区也可以被视为网络工作的不同组成部分。[26] 而有趣的是，不同种族群体之间脸书的使用情况有很大差异。[27] 在欧洲，尽管人们越来越担心民族主义会死灰复燃，但脸书已经显著地加强了他们的融合：每年夏天，随着欧洲人去欧洲其他国家度假频率的上升，他们脸书上的跨国好友数量也会相应增加。2009 年 1 月，欧洲国家的人加脸书好友的比例不到 2%，而 2016 年 8 月，这个数字已经上升到 4% 以上。[28] 同样引人注目的是脸书网络传播思想、模因甚至情感的能力，以及通过弱联系跨越网络集群的能力。[29]

像其他任何流行事物一样，脸书也有其诋毁者。记者乔纳森·泰珀在删除他的脸书账户前写道："脸书向全世界的广告商出售用户的注意力，这是一个几乎了解了他们全部的生活、家人和朋友的一切的网站……这也是一个建立在传统主义和偷窥主义基础上的平台，用户可以在其中编辑自己，展示出更讨人喜欢的一面，并悄悄地窥探他们的朋友。"泰珀认为，这对人们建立友谊非但没有帮助，反倒是一种减损，是对真实友情的一种取代。[30] 当然，脸书的经济思维与其乌托邦思想相去甚远，人们将它比作一种分成制经济，"这种经济为许多人提供了生产工具，却将回报集中在少数人手中"。[31] 更简单地说，在脸书上，"用户就是产品"。

脸书曾承诺，要创造一个网民互联的世界，但是其结构是极其不平等的。脸书拥有 15 724 名员工和近 20 亿用户，但这些群体中只有极小一部分人真正拥有脸书的股票。扎克伯格本人拥有该公司 28% 以上的 B 股。他的联合创始人达斯汀·莫斯科维茨、爱德华多·萨维林和克里斯·休斯合在一起拥有不到 13% 的股份。早期投资者肖恩·帕克和彼得·泰尔共持有 6.5% 的股份。另外两个早期投资机构（硅谷的风投公司加速合伙公司和俄罗斯互联网公司数码天空科技）分别持有 10% 和 5.4% 的股份。除此之外，只有另外五家机构（三家硅谷风险公司、微软和高盛）拥有超过 1% 的股份。[32] 用安东尼奥·加西亚·马丁内斯的话来说："任何声称硅谷处于精英统治下的人，都是那些通过偶然事件、特权集团成员身份或某种隐蔽的欺诈行为从硅谷内部获得巨大利益的人。"[33] 换句话说，这个全球社交网络本身就是硅谷内部人士的独家网络。

在网络的后开源时代，我们可以预知网络社会走向双寡头（微软和苹果）和近乎垄断（脸书、亚马逊和谷歌）的趋势，也能预测这两者几乎是互相矛盾的。正如这些公司的支持者所言，世界从未像现在这样紧密相连。然而，这个世界（在某些方面）并不平等，因为在过去的一个世纪中都没有发生过这样的情况。世界上最富有的 8 个人中的 6 个是比尔·盖茨（个人财富估计为 760 亿美元）、卡洛斯·斯利姆（500 亿美元）、杰夫·贝佐斯（450 亿美元）、马克·扎克伯格（450 亿美元）、拉里·埃里森（440 亿美元）和迈克尔·布隆伯格（400 亿美元）。他们的财富分别建立在软件、电信、在线零售、社交网络、企业软件和商业数据上。[34] 他们变得如此富有并不是因为他们是世界上企业家中的"超级明星"，而是因为他们每个人都建立了近乎垄断的地位。就像脸书一样，超过 10 亿人都在使用微软的 Windows，YouTube 和安卓——别忘了还有脸书在 2014 年收购的即时通信应用程序 WhatsApp。这些近乎垄断的公司似乎能够在可预见的未来为主要股东带来巨大的利润。[35] 举一个例子，谷歌和脸书在 2017 年将它们在数字广告中的总份额增加至 60%。谷歌本身就拥有 78% 的美国搜索广告量。脸书拥有近 2/5 的在线展示广告份额。[36] 这种优势都会转化为巨大的资金收入。脸书在 2017 年将从其展示广告中赚取 160 亿美元。如今，该业务的估值约为 5 000 亿美元，包括一大笔现金，这使得扎克伯格能够在早期阶段收购任何潜在的竞争对手（如照片墙，如今拥有 6 亿用户，WhatsApp 拥有 10 多亿用户）。[37] 此外，广告在收入中占主导地位还有另一个优势：在 2.5 万次谷歌随机搜索中，谷歌公司自身的产品广告在 90% 以上的时间都出现在最显眼的位置。[38]

公司的这种行为是令人震惊的。谷歌本质上是一个庞大的全球图书馆，我们可以在上面进行各种搜索和查询。亚马逊则是一个巨大的全球集市，越来越多的人都在那里购物。而脸书就是一个庞大的全球俱乐部。这些公司执行的各种联网功能并不新鲜，只是技术扩大了网络的规模，推进了网络的速度。然而，其中有一种值得注意的区别：在过去，图书馆和社交俱乐部没有从广告中赚钱，它们是非营利性的，资金收入大多来自捐赠、订阅或税收。真正革命性的现实是，如今的“全球图书馆”和“全球俱乐部”都挂满了广告牌，我们在其中越展现自己，它们的广告就越有效，我们就越来越频繁地流连于贝佐斯创立的“全球集市”。而这些公司的首字母组合在一起恰巧就是“FANG”（尖牙）[Facebook，Amazon，Netflix（网飞）和 Google]。由于“富人更富”的效应，由几个超级互联网络中心主导的全球信息技术得以自由扩展，这些业务的回报丝毫不会减少。[39]

脸书的做法似乎与其宣传的内容不符，这还不仅仅在于它对市场主导地位毫不掩饰的追求。从一个宿舍黑客到公司的首席执行官，扎克伯格的成长速度是惊人的。他在 2008 年说：“在很多方面，脸书更像一个政府组织，而不是传统的公司。我们拥有庞大的员工群体，比其他科技公司更善于制定政策。”[40] 他的《小红书》不仅在书名上是对毛主席的致敬，书中的语气也像一个自觉的革命先锋主义者：“地球的未来属于敏捷者”“伟大和舒适很少共存”“改变人们的交流方式就是永远改变世界”。[41] 2008 年后，他办公室墙上的海报开始呼应极权主义的宣传：“前进，大胆！超越自我！产生影响！”[42] 有人说，扎克伯格“不仅想统治脸书，从某种意义上来说，他还想一统全球不断发展的通信基础设施”。[43] 甚至有人大胆猜测，他可能会考虑竞选美国总统。[44] 然而，这位脸书创始人的心态似乎比美国总统更加全球化，却不那么民主。正如一名脸书前员工所说，只要回想起有多少员工自愿穿着脸书的蓝色 T 恤衫上班，就会觉得“我们是新社交媒体的‘纳粹冲锋队’的一部分，只不过身上衣服的颜色从棕色变成了蓝色”。[45] 这无疑是一个极其错误的类比，因为扎克伯格的互联互通的“全球社区”的愿景似乎是真诚的。2017 年 2 月，他发表了一篇文章，认为他的公司的角色应该是推动建立“有意义的”地方社区，通过过滤煽动仇恨的内容加强“安全”系数，同时促进思想的多样性，促进公民参与——在全球的层面上。“作为全球最大的社区，”他写道，“脸书可以探索社区治理如何大规模运作的例子。”[46]

但真正的问题是，建立全球社区的愿景在多大程度上是现实的——而在该过程中，脸书及其同类公司无意中起到了多少完全相反的作用。[47]

54

分裂

一直到 2010 年，这个世界都处于两次革命的边缘，每次革命都在很大程度上受到信息技术的影响。第一场革命是对发展中国家不断提高的前景预期。而第二次则是对发达国家下降的前景预期。前者是整个世界不平等程度下降的结果；而后者则是一些重要国家，特别是美国内部不平等加剧的结果。我们不应该将所有的变化都归咎于技术和全球化，因为这两个过程本质上是不能分开的。对此有一个更准确的分析：全球超级网络的快速增长是这场革命的主要驱动力，正是因为技术变革和全球一体化的综合，整个世界才变得更加“扁平”，但这也导致了美国社会（用查尔斯·默里的话来说）的“分裂”。

反贫困慈善机构牛津赈灾会的一项研究表明，最富有的 1% 的人群拥有的财富已经超过世界其他人手中财富的总和。根据牛津赈灾会的数据，2015 年，财富金字塔顶端 62 人的财富数量与下半部分 36 亿人的财富数量持平。而且，自世纪之交以来，这 36 亿人仅获得了全球财富增长总额的 1%，而其中 50% 的增长流向财富水平前 1% 的人群。[1] 瑞士信贷银行也得出类似的数据：该银行估计，2015 年全球财富在前 1% 的人群手中的份额达到了 50%。大约有 3 500 万百万富翁现在拥有世界财富的 45%；12.38 万人拥有超过 5 000 万美元，4.49 万人拥有超过 1 亿美元，4 500 人拥有超过 5 亿美元。[2] 几乎一半的百万富翁生活在美国，自 1980 年以来，美国财富水平排名前 0.01% 的人群的实际收入累计增长了 542%（根据经济学家伊曼纽尔·塞斯和托马斯·皮凯蒂的计算）。同一时期，排名后 90% 的美国人的实际收入略有下降。[3] 1999 年美国家庭收入中位数为 57 909 美元（以 2015 年的美元水平计算）。2015 年，该数字下降至 56 516 美元。[4] 这是当今世界的终极等级制度：财富和收入的等级就像一栋有着非常宽的底座和又高又细的尖塔的建筑物。

然而，必须要做三点说明。首先，根据美国消费者金融调查的数据，财富和收入前 1% 和前 0.1% 的份额增长没有皮凯蒂和塞斯声称的那么大。[5] 其次，在福布斯前 400 名富豪榜上，凭借其所继承的财富而登上该榜的人数已经在逐步下降：从 1985 年的 159 人下降到 2009 年的 18 人。[6] 而榜单中高层人员的变动从未像现在这样频繁。第三，全球中产阶层的增长（马克思主义者更喜欢称之为资产阶级）跟前 1% 的人群所积累的财富一样，这是一种深刻的社会变革。从 2000 年到 2015 年，中国中产阶层增长了 3 800 万人；而在同一种定义之下，美国的中产阶层也增长了 1 300 万人。全球范围内，中产阶层人数增长了 1.78 亿，自 2000 年以来增长了 31%。[7] 根据一项估计，全球不平等的基尼系数从 2003 年的 69 降至 2013 年的 65，2035 年将进一步降至 61。[8] 简而言之，有证据表明，自 1970 年以来，全球收入分配的不平等程度明显减轻，而这种趋势很可能会持续下去。[9] 其中最大的推动因素是中国的崛起，但这也只占据推动全球形成这一形势的 1/5 左右。[10]

最传统的解释是，全球化的发展减少了全球不平等，也就是说，如果没有20世纪70年代后出现的贸易流动和资本流动的增加，中国和其他新兴经济体的快速增长也是不可能的。在同一时间范围内，国际移民的增加可能有助于减少不平等，因为它将人们从生产力较低的经济体转移到生产力较高的经济体。然而，如果没有前文所讨论的技术创新，也不可能有如此多的贸易、跨境投资和移民；就像如果没有廉价的亚洲制造的零部件和全球供应链，技术的发展也不会产生如此的规模和速度。国家间信息流动的大幅增加，使得资本和劳动力在全球范围内更有效地再分配成为可能。在过去的三四十年里，对于世界上大多数人来说，最关键的一点是：相对和绝对的条件都有了显著的改善。同时，如果要解释发展中国家的革命是如何产生的，就一定要将预期上升的影响考虑在内。

然而，全球化对许多国家的收入和财富分配有着截然不同的影响。人们曾经认为，布兰科·米兰诺维奇和克里斯托夫·拉克纳设计的“大象图表”能够说明这一点，该图表将发达经济体的工人阶层和中产阶层描绘成全球化的受害者。① 但事实上，如果我们根据国家大小的变化对图表进行调整，将日本、俄罗斯和中国从数据中剔除，该图表则完全不能被称作“大象图表”。[11] 尽管如此，美国工人阶层和中产阶层确实出了问题，也许其中还包含一些欧洲国家的中产阶层。[12] 亚洲的竞争力确实摧毁了美国制造业大量的就业岗位。[13] 金融危机期间和之后表现不佳的美国人很容易对自己的未来感到悲观，尽管福利计划在减轻“大衰退”对低收入人群的影响方面取得了一定的不为人知的成果。麦肯锡全球研究所在2016年调查了近2/5的美国人，他们

① 该图表绘制了全球收入分布各百分位数家庭平均收入的增长情况，并声称在1998年至2008年间，处于10%~70%的群体以及最富有的1%的群体比70%~100%的群体增长得更快。这条线像一头大象的轮廓，背部弯曲，脖子低，躯干直立。

中绝大部分人都强烈同意以下两种说法中的一个：“我的财务状况比五年前更糟”和/或“我的财务状况比我父母在我这个年龄时更糟”。这些人更可能对自己和孩子未来的金融水平感到悲观。悲观的人更有可能将“破坏我们社会的文化和凝聚力”、“导致国内失业”和“对国内企业造成不公平竞争”归咎于移民、外国商品和“廉价的外国劳动力”。[14]

这种悲观的根源不仅仅是实际收入的停滞不前。在美国，社会流动性可能下降了，也可能没有下降。[15]但是，有些事情显然出了差错。从发达国家的整体看，死亡率正在下降，人们的寿命也在延长，但在（非西班牙裔）美国白人中，尤其是那些教育程度不超过中学的中年美国白人中，情况却不是这样。对于这一群体中年龄在45岁至54岁的人来说，1999年至2013年，中毒死亡率（主要是药物过量）增加了四倍多，也就是说每10万人中，中毒死亡的人从14人增加到58人。而慢性肝病和肝硬化的死亡率增加了50%，心脏病死亡率的下降也停止了。但如果白人死亡率继续以1999年之前每年1.8%的速度下降，在1999—2013年本可以避免近50万人死亡。年龄在45岁至54岁之间的非西班牙裔白人中有1/3的人患有慢性关节疼痛，1/5的人经受着颈椎疼痛的困扰，1/7的人有坐骨神经痛。[16]这一趋势一直持续到2015年，而这种状况无法用简单的经济术语来解释：处境相似的非美国白人的收入状况并没有好到哪里去，但他们的健康状况和死亡率并没有因此而增加。对此，现有的最好解释是“在劳动力市场、婚姻和婴儿出生以及健康方面，生活中累积的不利因素是由劳动力市场机会的逐渐减少引发的”。[17]据推测，最悲惨的中年美国白人因吸毒或酗酒而死。那些没有自杀的人所做的只是退出劳动力队伍，转而选择了社会保障残疾福利，这有助于解释为什么美国的黄金年龄男性劳动力参与率的下降幅度比其他地方更大。[18]从这个角度来看，2016年美国发生的政治动荡是一场期望值不断下降的革命。

一篇具有开创性的论文提到，也许理解网络和不平等之间关系的正确方式是："当社会网络是作为市场的补充角色出现时，原有的不平等会被强化；但当社会网络是作为市场的替代品出现时，不平等会被弱化。"[19] 当孟买的工人阶层网络开始经济自由化时，网络和原有市场是可以相互替代的，也就是说，市场通过向联系不紧密的个人提供新的选择来排挤网络。结果就是减少了不平等。但是，当喀拉拉邦的渔民开始使用手机时，网络和市场相辅相成，因为联系更紧密的渔民更能利用市场机会。在这种情况下，结果却是更严重的不平等。[20] 这个框架也适用于全球。但是在美国，网络和市场是相辅相成的，因为联系最紧密的美国人获得了全球化带来的大部分利润——这一点在 2017 年世界银行的一份报告中有所体现。[21] 美国综合社会调查显示，传统社交网络大幅萎缩，对此，我们或许有理由怀疑，一些人将这一现象归因于电子网络和鼓励使用电子网络的移动设备的兴起。[22] 但事实上，并没有令人信服的证据表明，互联网使用的增加会导致线下社交活动减少；反之亦然。[23] 尽管如此，我们也难以否认，在过去的二三十年中，社会和政治两极分化加剧是一个显著的特点。在这一过程中，美国的核心讨论网络明显萎缩，与过去相比，核心讨论网络中非家庭成员的数量有所减少[24]，而以教堂和地方志愿协会为中心的传统网络正在逐渐消亡。[25]

55

推特革命

正如前文喀拉拉邦渔民的例子所示，21 世纪初移动电话通信的指数级增长，是此时社会变革如此快速的关键变量。对美国电话电报公司和威瑞森电信（前大西洋贝尔与尼奈克斯）等传统的电信公司而言，移动电话的创新简直是天赐之物。[1] 尽管手机制造商之间存在着竞争（在很大程度上是谷歌创造的安卓操作系统跟苹果 iOS 操作系统之间的竞争），但网络提供商之间的竞争是有限的，通信公司的用户量仍然因为公众的需求而居高不下。如图 55.1 所示，像美国、中国和埃及这样经济发展不同的社会在 2010 年手机拥有率都非常高，尽管埃及在智能手机的普及率方面落后，但埃及人却更早地使用手机登录社交网站、分享政治新闻。[2] 手机，尤其是智能手机让社交网络可以一直在线。

如果说脸书是最早满足了人们传话需求的社交网络，那么成立于 2006 年 3 月的推特则满足了人们更具体的交流新闻的需求，而这些新闻通常是（尽管不总是）政治性的。到 2012 年，超过 1 亿的用户每天发布 3.4 亿条

推文。但是通过发推文能够产生革命吗？鉴于2009年伊朗“绿色”革命的

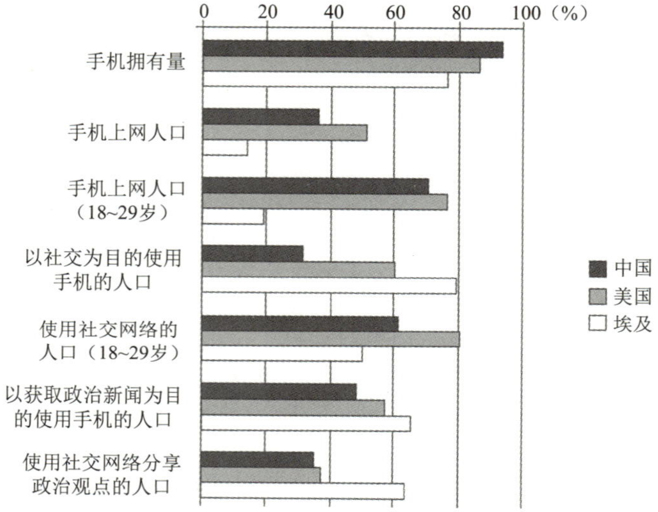

图55.1　2010年，中国、美国和埃及手机和社交网络的使用情况。

失败经验，马尔科姆·格拉德威尔认为并不能。在他看来，社交媒体不能替代推翻东欧共产主义的那种旧式活动分子网络。[3]然而，谷歌的埃里克·施密特和贾里德·科恩却持不同意见。2010年11月，他们发表了一篇有预见性的文章，他们认为，当政府面对“大量公民的武器只是一部小小的手机，并用它参与挑战官方权威的一个小型叛乱时，会措手不及”。[4]他们的“真实行动”可以发生在“开罗狭窄的办公室”，也可以发生在“德黑兰街头，这些地方被称作‘互联地域’。在这些地方，活动人士和技术极客正在召集政治‘快闪党’，动摇专制的政府，用新的工具来避开防火墙和审查，报道和发布新的在线新闻，为互联网时代书写独特的人权宣言”。[5]在这场论战中，谷歌击败了格拉德威尔或许不足为奇，因为支撑施密特-科恩的现实论据已经积累了多年，在摩尔多瓦、菲律宾、西班牙等不同国家

的政治危机中，手机和社交媒体都扮演着重要的角色。[6]

金融危机及其造成的衰退侵蚀了世界各国政府的合法性。然而，已有等级秩序对这些网络新力量的真正脆弱性的第一次暴露，并不是在美国，甚至也不是在欧洲。

从 2010 年 12 月开始，席卷中东和北非的"阿拉伯之春"运动是由各种信息技术促成的，尽管向大多数阿拉伯人传播运动消息的可能是电视频道半岛电视台，而不是脸书或推特。正如 1917 年后在欧洲发生的事情那样，运动利用现有的网络像流行病一样蔓延开来。也门总统在被赶下台前对记者说，"（网络）是一种病毒，它不属于也门人民，也不属于也门的文化遗产。这种病毒从突尼斯传入埃及。对某些地区来说，对网络的狂热就像流感一样蔓延。只要你和被感染的人坐在一起，你也会被感染"。[7] 在将胡斯尼·穆巴拉克赶下台的革命事件发生期间，监测推特标签成为官方预测下一场示威游行活动的方式。[8] 同样，基辅的运动参与者在 2014 年推翻了乌克兰总统维克托·亚努科维奇，他们利用社交网络在独立广场组织抗议活动，并传播他们对亚努科维奇及其亲信的批判。从伊斯坦布尔的塔克西姆广场和盖兹公园到圣保罗的街道，抗议席卷全球。不管抗议者愤怒的目标是什么，他们的方法都以施密特-科恩的理论为行动指南。[9] 西班牙哲学家曼纽尔·卡斯特急于颂扬"网络社会"的革命力量，网络社会引发了大规模的民众运动，以至根本不可能"围捕嫌疑人"。[10] 据一些人推断，在这种社会压力下，越来越多的腐败独裁国家将被迫成为透明和反应灵敏的"智力政府"，它们会利用技术让自己变得更加高效和负责。最终，每个国家都会像爱沙尼亚一样，成为电子民主的先驱。[11]

然而，如果我们以为自己正在见证一个自由平等网民新时代的到来，所有网民都被技术赋予了向权威表达真理的权力，那就太天真了。正如我们所见，互联网起源于军事工业综合体。在利用社会网络的潜力为政府服务时，国家安全总是优先于公民的权利。9·11恐怖袭击事件和美国政府在伊拉克问题上的努力为布什政府及其继任者建立了一个明确的激励机制。斯坦·麦克里斯托尔在伊拉克了解到，在镇压叛乱时，只有一个网络才能打败另一个网络。[12] 反恐也是如此。情报分析人员将基地组织看作一个“网络中的网络”，该网络（见图55.2）大约包含了7个地区或国家的分支机构。[13]

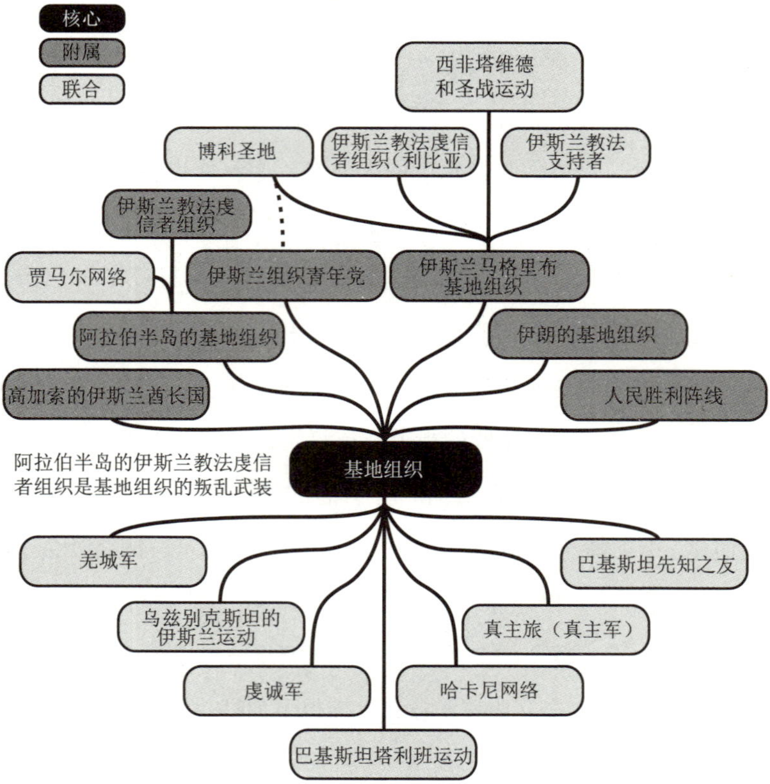

图55.2　美国人眼中的基地组织网络，约2012年。

它“适应性强、复杂且有弹性”——意图对美国本土造成进一步的破坏和恐怖袭击。[14] 美国政治家有强烈的动机通过斩首和解散这个组织来实行报复，这不仅是为了防止未来的袭击，也是为了显示国家的实力。从 2007 年开始，国家安全局试图在全球范围内应用麦克里斯托尔原则。

可以预见的是，这个等级制国家会试图联合互联网中网络私营企业的所有者。因此，这一该尝试的曝光也是可以预见的。从 2007 年开始，美国国家安全局特别情报处开始要求至少 9 家美国大公司提供在线数据，作为代号为“棱镜”的大数据监控计划的一部分。事实上，该计划利用国际互联网的大部分物理基础设施位于美国这一优势，拦截工作是由联邦调查局的数据拦截技术部门完成的。根据《保护美国法案》和 2008 年《外国情报监视法修正案》第 702 条，这是合法的，公司除了遵守之外别无选择。从形式上来说，这种监控的对象是可能对美国安全构成威胁的外国人，但是任何与此类人通信的美国公民都有可能被美国国家安全局的搜索网络锁定，前提是在电子邮件往来、Skype（网络电话）通话、文件传输或脸书交流中至少有一方在外国。棱镜计划的参与者包括脸书、YouTube、AOL（美国在线）、Skype 和苹果公司，但大部分信息是从雅虎、谷歌和微软收集的。2012 年，脸书从所有政府机构收到的用户数据请求总数在 9 000 到 1 万之间，他们关注的用户数量大约是这个数字的两倍。同时。一个名为 MUSCULAR 的并行程序直接挖掘谷歌和雅虎私人“云”中未加密的数据。此外，这场监控的同谋还有美国电话电报公司和威瑞森电信。[15]

在“国家安全体制”（实际上是一个相当复杂的官僚网络）的眼中[16]，棱镜计划是对网络威胁的合理回应，与 20 世纪 60 年代和 70 年代的窃听或美国中央情报局针对敌对和友好政府的例行间谍活动没有什么不同。然而，如果你认为这样大规模的政府入侵在网络时代不会被察觉，反过来也无法利用网络进行报复，那就太天真了。早在2006年12月，一个名为维基解密的网站就已经开始在网上发布机密文件，主要涉及阿富汗和伊拉克战争的行为（或者，正如维基解密创始人朱利安·阿桑奇认为的那样，是不当行为）。由于早期泄密的主要目标是布什政府，《卫报》等自由派报纸毫不犹豫地宣传维基解密是合法信息源。向维基解密提供文件的“告密者”包括美国陆军上等兵布拉德利·曼宁（后来改名为切尔西）。2013年6月，当美国国家安全局当时的承包商爱德华·斯诺登开始向《卫报》和《华盛顿邮报》披露大量文件，包括棱镜计划的详细信息（见图55.3）时，一个

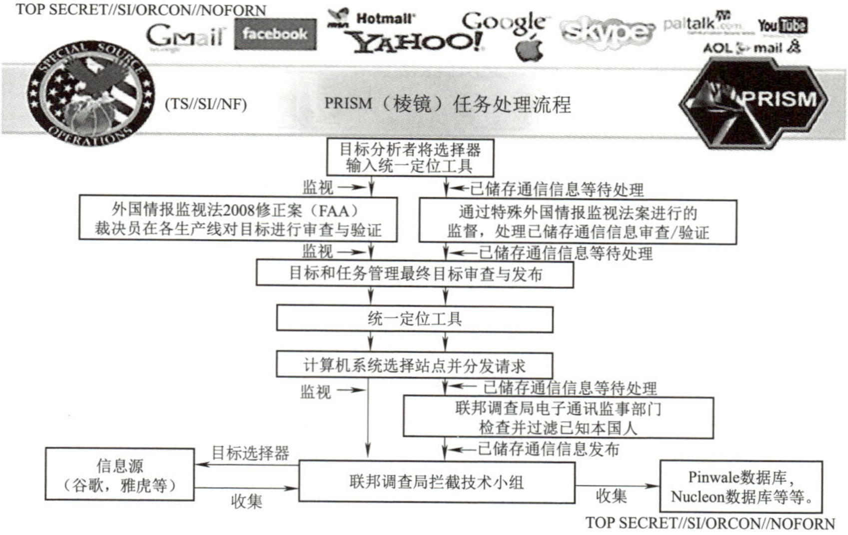

图55.3　维基解密公布的机密幻灯片描述了美国国家安全局的棱镜监控计划。请注意图表的层次结构。

更大的漏洞出现了。英国政府通信总部（GCHQ）试图在《卫报》办公室销毁硬盘，但这是徒劳的，只会增加轰动效应。丹尼尔·埃尔斯伯格泄露

五角大楼文件的壮举此时似乎已经黯然失色了。自由主义者对美国国家安全局被曝光感到幸灾乐祸，并驳斥了基于棱镜计划的情报阻止了恐怖袭击的说法。然而，令人极为尴尬的是，雅虎、谷歌和微软等受欢迎的公司（更不用说脸书了）与可怕的“国家安全系统”勾结在一起，尽管自由派推崇的巴拉克·奥巴马当选为总统之后，该行动仍在继续。在奥巴马的领导下，美国国家安全局不仅收集了1.2亿威瑞森电信用户的电话元数据，而且在棱镜计划的领导下，还收集了不知道多少美国人的电子邮件、语音、文本和视频聊天内容。根据斯诺登泄露的美国国家安全局内部审计数据，2011年4月至2012年3月，共有2 776起行为违反了监控公民的规定。[17] 马克·扎克伯格抱怨说，他“对有关美国政府行为的反复报道感到非常困惑和沮丧”，并自以为是地宣称：“当我们的工程师不知疲倦地努力改善安全状况时，我们认为我们是在保护你们免受犯罪分子的侵害，而不是保护我们自己的政府。”[18] 但是他不可能对正在发生的事实一无所知。

斯诺登对以上事实进行了披露，同时还曝光了美国政府在一项旨在造福美国公民的项目中因未能有效地利用技术而失败的消息，这让奥巴马政府蒙羞。正如2008年选举所表明的那样，政治家和选民仍然是战后词汇的俘虏，前者的承诺不仅包含提供额外的公共产品，还有在不显著增加政府税收成本的情况下“创造就业”。当联邦政府无力有效履行这一承诺时，奥巴马总统的支持率下降的速度达到了史上最高。网站www.HealthCare.gov的缺陷（见图55.4）在许多方面集中体现了一个根本问题：在FANG的时代，消费者期望网站为他们提供基本功能。据说，创建这个充满漏洞的网站所需的成本是发明最原始版本iPhone的2~4倍。《每日秀》的主持人乔恩·斯图尔特嘲笑卫生与公共服务部长凯瑟琳·西贝利厄斯时，他代表成千上万沮丧的用户说：“我去网上下载历史上现存的每一部电影，你去网上试着注册奥巴马医改，我们看看谁先完成。”[19]

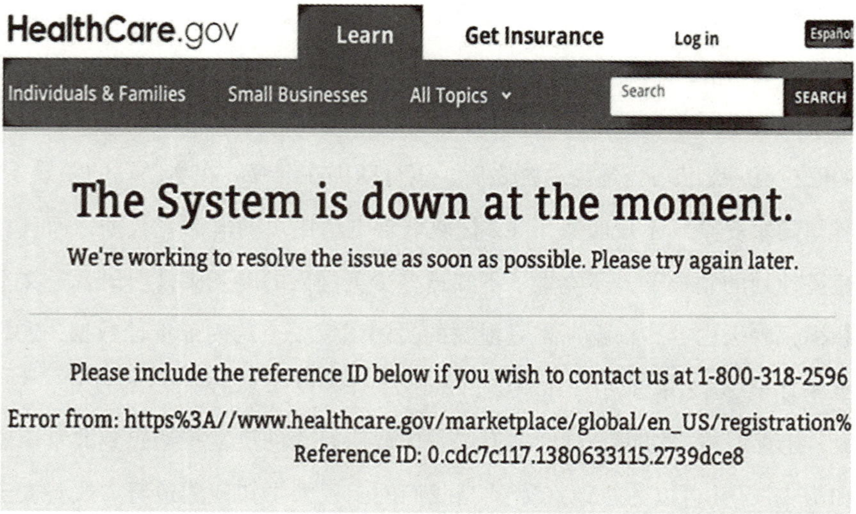

图55.4　大政府下的小问题：2013年HealthCare.gov网站的崩溃。

这些灾难性后果为科技公司提供了一个选择。它们是否应该远离华盛顿的等级制度？苹果公司首席执行官蒂姆·库克的答案是肯定的，当时他拒绝了联邦调查局的请求和法院的命令，拒绝解锁属于恐怖分子法鲁克和马利克的 iPhone，这两人于 2015 年 12 月在圣贝纳迪诺杀害了 14 人。谷歌则采取了另一种方法，它一方面强调谷歌的承诺，“促进网上言论自由和保护隐私”[20]，另一方面又比任何其他技术公司与行政部门的接触更多。在奥巴马总统任期内，谷歌员工和相关实体的员工总共访问了白宫 427 次，谷歌高管至少见过总统 21 次。仅在 2016 年，该公司就花了 1 540 万美元进行政治游说。[21]

美国国家安全局的战略还有一个问题。它的监视计划确实可能有助于防止基地组织的进一步袭击，斯诺登提供的证据不足以得出棱镜计划是无用的结论。然而，其对美国声誉造成的损害（尤其是在盟友眼中）肯定已经超过了任何利益。斯诺登泄密事件发生后，美国屈服于外界压力，结束了美国商务部对 ICANN（互联网名称与数字地址分配机构）的监管，ICANN 现在处于“全球多方利益攸关方团体”的监管之下。[22] 无论如何，网络适应性比等级制度高多了。一些分析家的预测是正确的，圣战分子已经适应了自上而下的反恐战略网络，逐渐从相对封闭的基地组织网络转变为一个更好的“群体”。[23] 在“全球反恐战争”的第一波高潮中，没有人能想到，最强烈地反对西方现代化愿景的人会学习如何利用硅谷的技术来推进他们的事业。

2011 年 5 月对奥萨马·本·拉登的处决是一项重大突破。然而在奥巴马政府庆祝的背后，事实上，这件事情仅仅证实了基地组织的过时。这时，该组织的领导层已经失去了对其在伊拉克分支机构的主动权，该分支机构已经从对美国目标的直接攻击转向了对什叶派伊拉克人的攻击，并利用了其“野蛮性”。[24] 可以肯定的是，在“增兵”期间，美国军方对扎卡维的网络造成了巨大的破坏。然而，在这项工作完成之前，奥巴马政府却从伊拉克撤军了，这一举动是一系列灾难性失误的开始。尽管这激起了逊尼派的不满，美国当局仍然在支持什叶派主导的总理努里·马利基政府。此时，美国总统还毫不犹豫地解雇了麦克里斯托尔，原因是他的下属在《滚石》杂志上发表了一些轻率的评论。当被问及一个名为伊拉克伊斯兰国和 ISIS（“伊拉克和大叙利亚伊斯兰国”）的新组织时，奥巴马将其斥为基地组织的“第二梯队”。最后，当叙利亚陷入内战时，奥巴马政府拒绝实行有效的干预，这造成了 ISIS 的进一步扩张。[25]

ISIS 在四个方面与基地组织有着根本的不同。首先，据其领导人巴格达迪在 2014 年 6 月 29 日的说法，他们的意识形态基于重建哈里发统治时期的伊斯兰政权。巴格达迪这一在线宣言所运用的语言在某种程度上呼应了一百年前奥斯曼政权在第一次世界大战早期发出的圣战号召：“任何信仰真主安拉的人在睡觉时都应该想着，是谁用剑征服了他们的领袖，直到他成为哈里发，并被称为信徒的领袖。”这是向所有穆斯林发出的军事呼吁：

> 所以，所有的穆斯林，赶快聚集在你们的哈里发周围，这样你们就可以回到过去，成为地球上的国王和战争骑士。来吧，让你们得到应有的荣誉和尊严，过着被尊重的主人的生活。要知道，我们跟真主承诺过，为你们所支持的宗教而战。我们为一个共同体而战，真主给了这个共同体以荣誉、尊严，并加以领导和展望……还有权力和力量。来吧，穆斯林，为了你们的荣誉，为了你们的胜利。以真主的名义，如果你们不相信民主、世俗主义、民族主义，以及来自西方的所有垃圾思想，并等不及地要信奉你们的宗教和信条，那么现在，以真主的名义，你们将拥有整个地球，东方和西方都将向你们屈服。这是真主对你们的承诺……
>
> 我们（以真主的名义）找不到任何合法的借口来为你们反对自己的国家而辩护……如果你们放弃国家或对它发动战争，你们伤害的不是它，你们只会伤害自己……
>
> 伊斯兰国的士兵啊，尊贵的真主命令我们合法地发动圣战，并承诺我们会获取胜利……如果有人想破坏军队，就用子弹打碎他的脑袋，清空他的内脏，不管他是谁……[26]

然而，与1914年不同，作为精心策划的区域战略的一部分，没有哪个异教徒盟友可以从中幸免。对 ISIS 来说，它的最终目标是“世界末日”：它的野心不是传统意义上的胜利，而是实现达比克伊斯兰世界末日的预言。

第二，ISIS 以残酷的文字主义实践其宣扬的内容。用格雷姆·伍德的话来说，它的意识形态构成了“一种真诚的、深思熟虑的承诺，它的目标是将文明倒退到 7 世纪的法律环境，并最终带来末日”。伍德在 2015 年 3 月写道，现实是“伊斯兰国是极端化的宗教国家”。[27] 第三，ISIS 是一个开源网络，不仅系统地传播其意识形态，而且通过成千上万的推特账户相互链接，并与脸书和 YouTube 链接，传播最骇人听闻的可以被模仿的暴力。[28] 在某些方面，面对暗杀其领导人的持续行动，媒体运作成为其最大的复原力来源。[29] 最后，ISIS 的组织方式与基地组织完全不同。在中东，它渴望成为一个真正的领土国家，消除已有百年历史的《赛克斯—皮科特协定》的世界。[30] 在从北非到南亚更广泛的穆斯林占多数的国家中，它建立了一个附属机构联盟。在西方，它试图建立一个新的更加松散的圣战分子网络，吸引多达 1.5 万名最狂热的成员来到摩苏尔和拉卡[31]，并鼓励其他人在西方城市进行野蛮的、不分青红皂白的袭击。谢赫·阿布·穆罕默德·阿德纳尼呼吁西方国家的穆斯林寻找异教徒，并用石头砸碎他的头，这一点概括了他们线下原始的运作模式。[32] 但是在线上，一幅描绘了支持 ISIS 的网络图显示出互联网的高度复杂性。[33] 一群“媒体圣战者”为了防止账户被封，注册了多个账户，不断更换自己的身份，就像一群蜜蜂或一群鸟。[34] 有些令人吃惊的是，对 ISIS 网络的节点中介性进行分析，竟揭示妇女在组织中扮演着关键角色。[35]

奥巴马政府对 ISIS 做出回应，表明正试图将其斩首，就像斩首基地组织一样。可是没有人考虑到，他们现在面临的敌人可能是一个“无脑”或无领导的网络，将其领导人斩首可能跟杀死古希腊神话中的九头蛇一样难。[36] 与此同时，总统竭力对 ISIS 的意识形态特征进行否认，一再坚持认为它"与伊斯兰教无关"。奥巴马深信，承认该团体的经典是《古兰经》会将人们"对伊斯兰教的仇视"合法化，因此他指示官员不要提及伊斯兰教，而应专注于"打击暴力极端主义"。2014 年，美国和英国人质遭到虐待性处决，这引发了民众的强烈抗议，在此之后，奥巴马才极不情愿地同意下令对 ISIS 的据点发动空袭。[37]

由于这些错误，世界人民后知后觉地发现，自己陷入宗教恐怖主义的"流行病"中。在过去的 16 年中，2014 年是恐怖主义最猖獗的一年：93 个国家遭受袭击，近 3.3 万人丧生。2015 年紧随其后，有超过 2.9 万人死亡。而在那一年，这一数字的 3/4 都是由四个激进的宗教团体造成的：伊斯兰国、博科圣地、塔利班和基地组织。[38] 其中，ISIS 每个月都能发动 100 多次袭击。[39] 尽管遭受圣战暴力最多的是穆斯林占多数的国家，但西方受到的袭击也越来越多了。2015 年，ISIS 在西方国家发动了 64 起袭击事件，包括巴黎（130 人被杀）和奥兰多（49 人被杀）的恐怖袭击。[40] 在本章内容写就的一周之前，安特卫普、伦敦和巴黎先后发生了恐怖袭击事件。在过去的十几年里，只有西方安全部门的持续高度警惕才能阻止更多无辜的死亡。2014 年和 2015 年，英国逮捕与恐怖主义相关的人数达到了 2000 年以来的新高。[41] 自 1998 年以来，英国总共有 135 起与恐怖主义相关的案件，264 人因此被定罪，而自 2010 年以来，恐怖主义犯罪的频率大约翻了一番。[42] 然而，无论安全部门做出何种努力，都难以在每一名圣战分子行动之前阻止他。

其中的关键问题是，ISIS 网络（见图 55.5）对传统的反恐策略产生了对抗。原因也并不是大众所想的那样——不是因为该网络依赖于那些行踪难测的"独行侠"。例如 2015 年 11 月，在巴黎发生了一场精心策划的恐

图55.5　2013年2月，圣战博主艾哈迈德·阿卜杜拉推荐了66个“推特上最重要的圣战分子和支持圣战和圣战者的网站”。该图的网络密度约为0.2，这意味着理论上可能存在的所有连接中，约有20%确实存在。这也是ISIS 2014年发布的恐怖视频的传输系统。

怖袭击，除了 9 名主要袭击者之外，还包括大约 18 个嫌疑人。[43] 在任何情况下，几乎没有人仅仅通过上网就能成为圣战分子。在圣战之前，总是有达瓦组织作为其先导，达瓦的行动是非暴力但却极具毒性的极端化进程，它能将小罪犯变成狂热分子。[44] 达瓦网络有许多不同的形式。在英国，一个名叫“移民”的组织发挥了关键作用。但是，也有许多不太引人注目的组织，比如，有一个神秘组织伊玛目，正忙于传播思想上的毒药。[45] 2016 年，英国政策转换研究所在英国穆斯林中做了一项态度调查，调查结果乍一看似乎令人放心：接受调查的穆斯林中，90% 的人都强烈谴责恐怖主义；不到 1/10 的人认为仇视伊斯兰教是一个“大问题”；只有 7% 的人表示他们对英国没有强烈的归属感。然而，近一半的受访者表示，他们不想在生活的各个方面与非穆斯林完全融合，更喜欢在“学校教育和法律”方面有所区分。当被问及他们是否会支持伊斯兰教法的引入时，43% 的人回答“是”。2/5 的人表示他们赞成性别隔离教育。在该国南部接受调查的人中，大多数人公开支持将头巾或面纱作为女孩校服的一部分。在整体样本中，1/10 的人反对在家庭教育中禁止“宣扬极端观点或被认为不符合英国的基本价值观”。最令人震惊的是，近 1/3（31%）的受访者表示，美国政府应对 9 · 11 恐怖袭击事件负责。而还有一些人认为，9 · 11 恐怖袭击事件是犹太人干的（7%），而不是基地组织干的（4%）。[46]

在认真研究伊斯兰教的学生中，没有人会认为上述这种态度是社会剥削的后果，可以仅仅通过创造就业机会或制定更慷慨的福利制度来改变。[47] 而在网上反抗 ISIS 的网民中，也不会有人想到，向推特官方施压让其删除支持 ISIS 的账户的效果并不尽如人意。[48] 这么做只会让众多圣战者将他们的言论阵地转移到 Telegram（聊天软件）、justpaste.it（在线文件传送工具）和俄罗斯社交网络 Vkontake。[49] 7 · 7 事件之后，英国政府的反恐战略 CONTEST 旨在积极地“预防”人们成为恐怖分子或支持恐怖主义。2015 年，英国的《反恐怖主义和安全法》甚至规定，警察、监狱、地方当局、学校和大学有义务“防止人们卷入恐怖主义”。当时作为内政大臣的特雷莎 · 梅承诺要“系统地对抗和挑战极端主义意识形态”。[50] 为此，她还受到了英国穆斯林委员会、伊斯兰解放党、凯奇组织（CAGE）和伊斯兰人权委员会的谴责，同时也受到了全国教师联盟的同行的帮助和怂恿。[51]但现实是，只做“预防”是远远不够的。即使将恐怖分子关在监狱里，也很难阻止他们的网络继续蓬勃发展，这才是问题的关键。英国司法部2月份公布的数据显示，2004年至2014年，监狱中的宗教激进分子人数（包括所有类型的犯罪）增加了两倍多，达到12 255人。在英格兰和威尔士，1/7的囚犯都是宗教激进分子。[52]

法国如今尴尬的处境告诉我们，面对这些问题，暂时还没有合适的解决办法。皮尤研究中心预计，到2030年英国至少有8%的人口是宗教激进分子。[53]法国当局估计，国内有1.14万名激进的伊斯兰主义者，远远超出政府能监控的范围。法尔哈德·霍斯洛哈尔称，在法国城镇外围的监狱中，宗教激进分子占所有囚犯的70%～80%，而在所有18岁至24岁的法国囚犯中，宗教激进分子的比例是40%。[54]而根据一组官方数据，2013年有27%的法国囚犯是需要过斋月的宗教激进分子。[55]北非、中东和南亚向欧洲移民的增加让情况更加糟糕，特别是2015年100多万寻求庇护者和经济移民进入德国。这些移民中的大多数其母国都支持伊斯兰教法：例如，其中有84%的巴基斯坦人和91%的伊拉克人。在这些伊斯兰教支持者中，3/4的巴基斯坦人和超过2/5的伊拉克人支持对叛教者处以死刑。[56]即使伊斯兰国在伊拉克和叙利亚被击败，它在网络空间和在西方形成的网络也将继续存在，达瓦网络迷因可以在这个有毒的环境中繁殖，把一个又一个失败者变成杀人的殉道者。

56

2016年11月9日

我们中的大多数人上网，不是为了加入快闪族，或是观看恐怖组织斩首人质。他们闲谈，他们购物，他们分享照片，他们分享笑话，他们看短片——足球进球、可爱的猫、性。所有这些进化产生的神经通路使我们无法抗拒来自网上朋友圈的信息和推文的级联刺激。这些网络用自拍迎合了我们的唯我主义，用140字的限制配合我们注意力短暂的持续时间，满足我们对电视真人秀明星新闻贪得无厌的胃口。正是这一点赋予了现代民主独特的品质。有什么能让我们的注意力，哪怕只是短暂地集中在这个令人如此厌烦的问题上，也就是我们将如何被治理？或者至少由谁来治理？当我们今天谈到“民粹主义”时[1]，有时候我们的意思无非是一种政治，一种普通人既能听到又能理解的政治——或者，准确地说，这些人包括瘫倒在沙发上的男男女女，他们的注意力从电视、到笔记本电脑、再到智能手机和平板电脑，又回到电视，也包括那些坐在台式电脑前边工作边用智能手机发送带有暗示性个人信息的人。

在发达国家中，许多人在睁着眼的每一刻都在上网。超过2/5的美国人表示，他们经常性地查看自己的电子邮件、短信和社交媒体账户。[2] 截至2016年5月的4年中，智能手机在英国的普及率从52%跃升至81%。18岁至44岁的英国人，有九成拥有智能手机。他们对浏览手机这件事几乎产生了强迫症：无论是在家里、工作场所还是在两者之间的路上。超过2/3的人甚至在和家人吃饭的时候也在使用智能手机。只有当他们睡觉的时候才会把设备放在一边，即使这样，他们也很难和手机真正分开。超过一半的英国智能手机用户在晚上熄灯后30分钟内还在看手机，1/4的人比这早5分钟放下手机，而只有1/10的人在熄灯后只看15分钟的手机。有1/10的人醒来的第一件事就是拿起手机，而1/3的人在醒来后5分钟内会看手机，还有一半的人在一刻钟内拿起它。[3] 美国人对智能手机也同样上瘾。早在2009年，普通美国人一年中有195天用手机相互联系，125天用短信联系，72天用电子邮件联系，55天用即时消息联系，39天通过社交网络联系。[4] 而到了2012年，美国人平均每天要点开手机150次。到2016年，他们每天平均花5个小时在手机上。2008年后席卷欧洲和美国的那些民粹主义反叛理论，如果不包括公共领域内那种令人震惊的转变，就没有一个理论是完整的。这种变化可以被合理地描述为对私人领域的全面侵犯。

毫无疑问，支持左翼和右翼双方的民粹主义者的人数都大幅增加，部分原因包含上述经济预期下降的革命。[5] 毫无疑问，对抗多元文化主义的文化反弹也属于反抗经济全球化的一部分。[6] 然而，正如蕾妮·迪芮斯塔所说，21世纪10年代的数字人群与20世纪30年代让埃利亚斯·卡内蒂又爱又恨的那群人截然不同：

（1）这群人总是想要成长——他们总是能够不受物理限制地成长。

（2）这群人中有平等——但还有更高层次的欺骗、怀疑和操纵。

（3）这群人喜欢高密度的聚集——这样的话，他们的数字身份可以更加紧密地结合在一起。

（4）这群人需要一个方向——“标题党”使制作方向变得更容易。[7]

那些把希望寄托在人群“智慧”上的人，天真地勾画着一种良性的“群众来源”政治，他们正处于一种简单粗暴的觉醒之中。正如两位网络学者观察到的那样，在社会影响之下，人们的行为变得相互依赖，打破了群体智慧背后的基本假设。当人群遵循他们的相互依存关系时，他们可以被用来向大众传播信息，即使这些信息是不正确的。[8]

从2017年的制高点上回看，2008年的美国总统选举仿佛已经过去很久了。而当时，被击败的共和党候选人约翰·麦凯恩只有4 492个推特粉丝和62.5万脸书好友。他承认自己没有电子邮件账户，也没有使用互联网。[9]他不仅被一场最终归咎于自己政党的金融危机击垮了，还被第一次社交网络运动击垮了。巴拉克·奥巴马的脸书好友是麦凯恩4倍，推特粉丝是麦凯恩的26倍。他的竞选网站（www.barackobama.com）是脸书联合创始人克里斯·休斯的作品，而事实证明，竞选不仅是信息传递的主要引擎，也是筹款的重要渠道。美国东西海岸的自由派精英都对麦凯恩的失败幸灾乐祸：一位年事已高、在华盛顿有多年从政经验的白人老兵竟然输给了这位年轻冷静、从事“社区组织者”工作，并且只有一届参议院任期的非洲裔美国人。但很少有人会注意到，这场竞争有两个令人忧虑的特点。首先，当政治成为讨论的话题时，社交网络作品中的同质化似乎会导致两极分化，个人观点在共享偏见的“回声室”中变得更加极端。[10]其次（尽管这直到2010年国会中期选举才被正式证明）脸书是政治动员的一个高效工具，尤其是在针对本地非数字网络时。[11]

多米尼克·卡明斯是2016年英国“脱欧公投”胜利的缔造者。在英国政界，卡明斯的兴趣有些特别：长期以来，他不仅对他在牛津大学学习的历史感兴趣，还对网络及其复杂性产生了强烈的兴趣。由于预算有限（1 000万英镑），时间有限（10个月），卡明斯不仅要与“处于中央集权等级制度顶端的决策者”（他们几乎都反对“英国脱欧”）作战，而且还不得不与己方不守纪律的政客斡旋，脱欧失败的可能性很大。卡明斯认为，他能以微弱优势胜利的关键是“近10亿有针对性的数字广告”、实验性投票、由“极其聪明的物理学家”组成的数据科学团队和标有“土耳其 / 英国国民健康保险制度 /3.5亿”的棒球棒——这些“实验证明在说服人们投票离开时最有效的”口号却基本上都是不真实的。对卡明斯来说，英国退出欧盟根本不是民粹主义右翼的胜利，因为他在脱欧运动的过程中刻意将右翼和左翼的元素结合在一起（包括土耳其加入欧盟可能会带来的威胁——更多的穆斯林移民，如果英国离开欧盟，英国的医疗服务体系会有更多的资金）。正如大卫·古德哈特多年前指出的，反对移民和支持福利国家实际上是互补的立场。[12] 相反，卡明斯认为，英国退出欧盟是健康有效的英国普通法体系的胜利，该体系允许对不健康和无效的体系进行持续又快速的错误纠正，比如欧盟和现代的英国政府部门……它们非常集中和等级森严，因此无法有效解决问题。[13] 简而言之，英国退出欧盟是一个电视网络（也可以说是网络科学）战胜英国等级制度的胜利。戴维·卡梅伦和乔治·奥斯本进行了一场常规的竞选活动，公开表达了他们对退出欧盟的经济风险的所有不满，而卡明斯则利用他的“选民意向收集系统”（VICS）和脸书来传达这样一个病毒式的信息，即为了“夺回控制权”，付出一些经济代价是值得的。正如卡明斯回忆的那样，“我们运行了许多不同版本的广告，对它们进行了测试，在不断的迭代过程中丢弃了效果较差的广告，强化了最有效的广告”。[14] 有人认为，美国对冲基金经理罗伯特·默瑟的数据分析公司剑桥分析公司向卡明斯提供了这些技术。[15]

英国脱欧公投就像2016年美国总统选举的彩排。跟在英国一样，在美国，传统政治机构理所当然地认为旧的方法足够了。然而，杰布·布什和希拉里·克林顿在传统广告上花费了数亿美元，但他们很难与本党的大部分支持者建立任何联系。而在2016年年初的几个月，一位曾经声名狼藉的纽约房地产巨头（唐纳德·特朗普）和一名来自佛蒙特州脾气暴躁的社会主义者（伯尼·桑德斯）脱颖而出，他们与本党的支持者建立了联系和共鸣。相对非结构化的网络再次挑战了旧的等级制度：不仅是政治科学家所说的“决定”竞选态势的老牌政党，还有自20世纪80年代以来一直在政治上占据主导地位的“王朝”——布什和克林顿。重要的是，唐纳德·特朗普和伯尼·桑德斯都以局外人的身份参加了竞选，他们表达了对华盛顿等级制度的敌意，并阐述了长期以来被视为美国民主之外的意识形态——本土主义、保护主义和社会主义。随后，桑德斯被一个名为“超级代表”的系统阻挠，该系统旨在让精英阶层最大限度地控制民主党，这一阶段是希拉里·克林顿（既定政治等级的化身）跟特朗普之间的一场宣泄式的对峙，而从记者萨琳娜·齐托的口中我们知道，该机构认为特朗普“仅仅是字面意义上的竞选，不必当回事儿”。[16] 然而，大量选民的态度却恰恰相反，原因正是特朗普基于自我组织和病毒式营销相结合的自由网络，该网络最终击败了希拉里等级明确但过于复杂的制度。但这也并不是说希拉里的竞选团队缺乏网络意识，恰恰是因为他们贪心地建立了过多的网络，最后遭其反噬。比尔·克林顿在他的鼎盛时期成立了一个“巨大的筹款网络”——一个聚集了捐赠者、朋友、盟友和顾问的网络，并为希拉里提供助力。还有“为希拉里做准备”的网站，旨在“培养草根阶层的热情……同时给她提供一个横跨各州的网络”。[17] 除此之外，还有一个“庞大的无薪顾问和专业怀疑论者网络”，他们是耶鲁法学院的政策专家，正忙着提出最低选举价值的要点。[18] 然而，希拉里的竞选经理罗比·穆克关闭了“为希拉里做准备”的网站，并裁减了一些地方州的主管。虽然被派去填补各州空缺的高级政治人员被戏称为“优步（ubers）”，但这一举动夸大了希拉里竞选活动的整体效果。[19] 简单来说，希拉里的团队在这些复杂的网络中迷失了，她很难有效地利用网络与主要选民建立联系，而她最强有力的对手则在这方面做得得心应手。

即使电视对普通选民来说仍然很重要，但我们都清楚，社交媒体在 2016 年的选举中发挥了关键作用（见图 56.1）。[20] 大约一半的美国人使用脸书和其他社交媒体网站来获取关于竞选的新闻，其中 50 岁以下的选民占比最高。[21] 而大约 1/3 的社交媒体用户都就政治话题发表评论或者加以讨论，尽管人们普遍认为社交媒体上的政治讨论不如其他场合那么文明。[22] 然而，关键的一点是，在选举的最后阶段（在政党全国代表大会之后），两名候选人在社交媒体上的影响力相差极其悬殊。特朗普在推特上的粉丝比希拉里多 32%，而在脸书上的支持者比希拉里多 87%。[23] 在选举的前几天，特朗普在脸书上总共获得了 1 200 万个“赞”，比希拉里多 400 万个。[24] 特朗普还以在脸书上更重要的“兴趣”指标占据着优势地位——几乎在每个州都是如此。（密西西比州的人们对特朗普的兴趣是希拉里的近 12 倍，即使是在纽约，人们对特朗普的兴趣也比对希拉里多出 3 倍。）中西部那些关键的摇摆州也都通过脸书清楚地表明了其意图。而推特上的数据也证明了这一点。2016 年 5 月 11 日至 31 日，特朗普在推特上的帖子平均被转发了近 6 000 次，而希拉里的推文只被转发了 1 500 次。[25] 特朗普的竞选团队也有效地利用了 YouTube，例如，他们在针对全球精英的最后一次竞选广告中攻击了希拉里·克林顿、索罗斯和高盛投资公司。[26] 最重要的是，正如英国的脱欧公投团队一样，特朗普的竞选团队也充分利用了脸书的广告测试，尝试了成千上万种广告，以确定哪一种对选民最有效。[27]

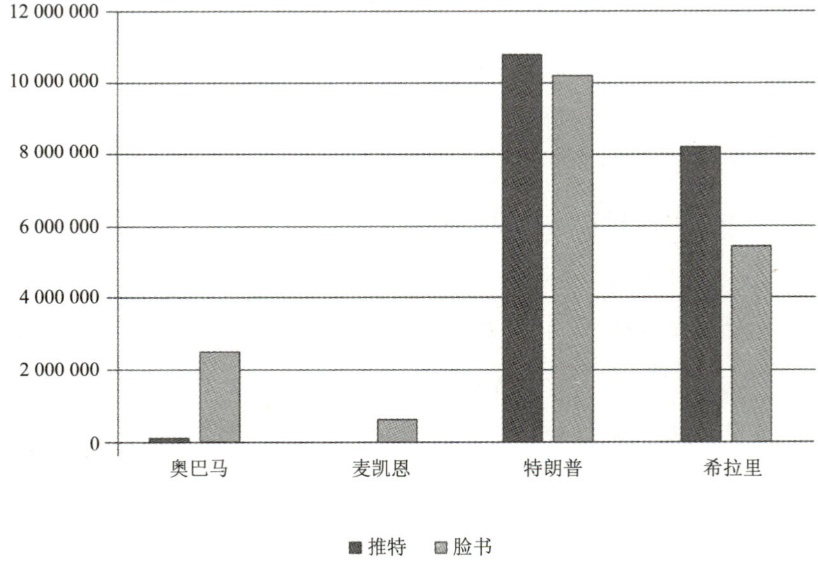

图56.1　2008年和2016年两次总统选举中主要候选人的社交媒体粉丝量。

这是一种极具讽刺意味的态势，因为硅谷早期就与希拉里结盟了。谷歌员工给了她 130 万美元的竞选资金，而特朗普只有 2.6 万美元。埃里克·施密特的创业基金会为希拉里的竞选活动提供了大量数据支持。[28] 当特朗普在脸书上发布“全面彻底禁止穆斯林进入美国”的呼吁时，马克·扎克伯格面临着内部人员的反抗。而科技博客 Gizmodo 声称，脸书在对网站上的热门话题进行内部操作，以限制特朗普的热度。[29] 扎克伯格毫不掩饰他个人对特朗普观点的蔑视。[30] 然而，他和施密特费力建立的网络却恰巧被用来宣传他们厌恶的想法，并帮助特朗普竞选团队筹集到资金。[31] 即使谷歌和脸书都以某种方式对特朗普发出禁令，但这么做只会把更多的流量转移到其他网络，比如网络 4Chan 和 8Chan 的匿名留言板，这里是“另类右翼”运动的发源地。马特·布雷纳德、查尔斯·约翰逊和英国出生的布赖特巴特网站作家米洛·扬诺普洛斯等另类右翼分子事后吹嘘说，是他们和他们的网络通过发布卡通青蛙、佩佩，还有略带侮辱性的“王八”等表情包将唐纳德·特朗普推向了总统的位置。[32] 当然，特朗普的竞选团队和另类右翼网络之间有着密切的协调关系：特朗普大厦的一个团队利用他们的子网络作为 4Chan 和主流网络之间的沟通渠道。正是通过这些渠道，希拉里被诬蔑为“有史以来最腐败的候选人”，她的竞选经理被指控参与了一个不存在的恋童癖团伙，该团伙以华盛顿的一家比萨饼店为中心。[33] 而关于剑桥分析公司在特朗普获胜中发挥了多大的作用，这一问题仍处于激烈的辩论中。[34] 很可能其对个人选民的“心理”分析不如其首席执行官亚历山大·尼克斯本人的意见重要。[35] 让人难以反驳的是，特朗普竞选团队网络涉及的另类右翼运动让反犹太主义重新抬头，这是自 20 世纪 30 年代以来从未有过的。[36] 然而，这并不是特朗普获胜的原因。

对硅谷的大部分人来说，2016 年大选最痛苦的一面可能是他们的网络被用来传播不真实的故事，也就是特朗普一再抱怨的“假新闻”，尽管他自己也散布了无数不真实的消息。当年 9 月，脸书转发了特朗普得到教皇支持的虚假报道。[37] 11 月，谷歌无意中将“特朗普赢得普选”的错误说法放在了首页。[38] 这从某种程度上也帮助了特朗普。在选举前三个月出现的已知虚假新闻报道中，反特朗普的报道在脸书上被分享了 800 万次；而反希拉里的报道则被转发了 3 000 万次。[39] 在 11 月 11 日之前的 10 天里，密歇根州 14 万用户在推特上发布的近 1/4 的链接都是虚假的新闻报道。[40]

2016年的选举结果是美国历史上两位候选人选票数最接近的选举之一，甚至比英国脱欧公投的票数结果都更接近。如果三个摇摆州（密歇根州、宾夕法尼亚州和威斯康星州）不到3.9万名选民投票支持希拉里，而不是特朗普，那么她将赢得这场选举。历史学家将没完没了地争论无数变动因素中哪一个才是决定性的，就好像如果只有一个变量被改变了，其他所有的东西就会保持不变一样。然而，有一个令人信服的理由表明，如果没有通过在线平台驾驭社交网络（见图56.3），唐纳德·特朗普就不可能成为美国总统。当然，在互联网出现之前的竞选活动中，他会很难与希拉里匹敌，因为他缺乏资金，无法通过电视广告进行老式的消耗战。可以说，社交网络让他能够更有效地竞选，尽管他的组织看起来混乱无序。美国的选举地图显示，特朗普赢得了“特朗普之地”——投票给他的县占美国陆地面积的85%，而希拉里赢得了所谓的“希拉里群岛”——她的支持者主要集中在两大海岸的大都市地区，而特朗普的支持则遍及省级城市、乡镇和农村社区的中心地带。这体现了一个悖论：希拉里本应该在网络中（见图56.2）更有优势，因为她的支持者更集中，也更年轻。

英国脱欧公投的情况也有类似的矛盾之处：老选民将胜利拱手让给了反欧盟运动，他们主要集中在英格兰和威尔士的“郡”而不是大城市。如果社交网络是民粹主义政治的关键，为什么群体不太可能出现在脸书上——比如年长的乡村居民，他们更有可能投票给民粹主义者？[41] 对此有这样一个解释：毫无疑问，卡明斯和特朗普的首席战略顾问斯蒂芬·班农比他们的对手更有效地利用了社交媒体。但是，如果在普通人进行面对面交流的场合，比如酒吧这种能够产生真实友谊而不是虚拟关系的地方，民粹主义运动传播的模因没有进一步传播，那么他们的运动也不会成功。只有这些模因引起了所有人的共鸣，这一切才会发生。

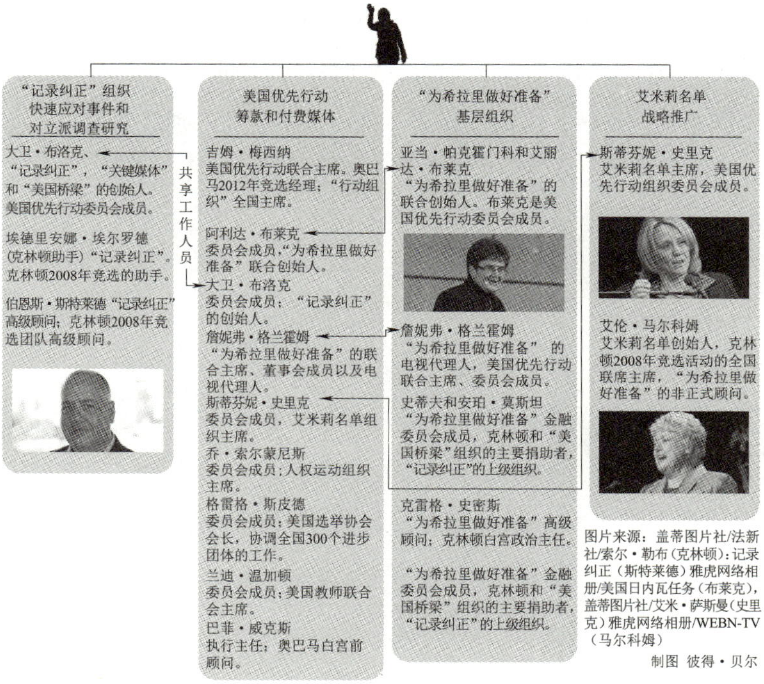

图56.2　2016年希拉里竞选：一个失败的等级网络。

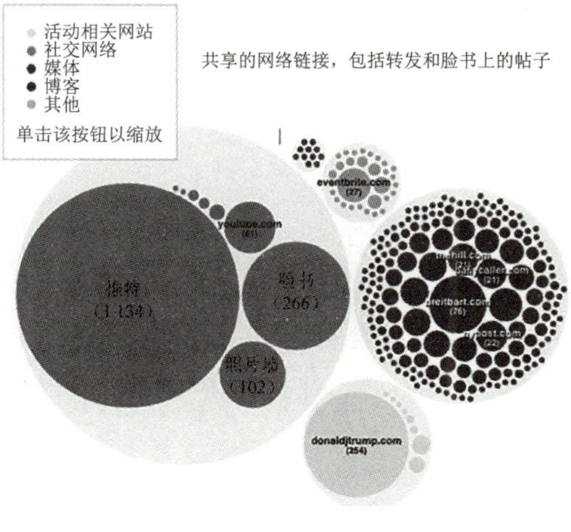

图56.3　2016年唐纳德·特朗普的在线社交网络。

在互联网的巴别塔图书馆中，人们读到的许多东西都是不可信的。这就是为什么最深层次的社交网络仍然是面对面的和线下的。因此，在2016年的美国总统选举中，决定性因素不是语言不通的巴别塔图书馆，而是那些说着英语的酒馆。互联网提出倡议，将酒馆清理干净。

但是他们都做了什么？

Part 09

结语：
面对“赛伯利亚”

57

大都会

弗里茨·朗在 1927 年经典默片《大都会》中描述了一个等级秩序在面对网络的反叛下的崩溃。电影中的大都会是一座摩天大楼林立的城市。在富丽堂皇的顶层公寓里，住着由独裁者强·弗莱德森领导的富裕精英；而在地下的工厂里，无产阶级暗无天日地终日劳动。弗莱德森的儿子原本是个花花公子，但在目睹了一场工业事故后，他见识到工人阶层生活的肮脏和危险。故事的结局是一场暴力革命，一场无意中发生的自我毁灭式的灾难：当工人砸坏发电机时，他们自己的生活区也因水泵故障被淹没了。

电影《大都会》中最为人所知的可能是其标志性的女性机器人，该机器人成为女主角玛丽亚的替身。弗里茨·朗说，这部电影是从他的第一次纽约之行中得到灵感的——在他看来，曼哈顿的摩天大楼完美地展示了一个长期不平等的社会。一些跟朗同时代的人，像右翼媒体巨头阿尔弗雷德·胡根贝格，在其中发现了共产主义的潜台词（尽管朗的妻子是一名激进的德国民族主义者，后来加入了纳粹）。然而，今天看来，《大都会》

显然超越了20世纪中期的政治意识形态。在现代化的进程中，这部电影已经被神化了：尤其是其中对多元宗教的影射，以救赎行为告终的结局。电影也提出了一个与当今社会联系密切的问题：当一个社会的城市化和技术发展产生了严重不平等的社会后果时，如何才能避免灾难？

然而，朗的电影的潜台词还有一个更深刻的问题：在等级和网络的对抗中，哪一方最终会获胜？因为大都会等级社会秩序的最大威胁并不是地下洪水，而是工人之间产生的秘密阴谋网络。让弗莱德森最生气的是，这个阴谋竟然在他不知情的情况下在城市的地下墓穴中被策划出来。

而在当今社会的语境下，等级制度不是一个单一的城市，而是一个国家，是从早期现代欧洲的共和国和君主制的垂直结构演变而来的超级政体。尽管美国不是世界上人口最多的国家，但无论其政治制度如何变幻莫测，它无疑还是世界上最强大的国家。它最接近的对手中国通常被视为一个完全不同的国家，因为美国有两个主要政党，而中国只有一个。然而，这两个国家都是共和国，其纵向行政结构大致相当，中央政府相对于地方的权力集中程度并非完全不同。从经济上来说，这两种制度显然正在趋同，中国越来越关注市场机制，而美国联邦政府近年来稳步增加了公共机构对生产者和消费者法定及监管的权力。从这些方面看，“中美共同体”并不是一种妄想。曾经两个经济体看起来是对立的：一个负责出口，另一个负责进口；一个负责储蓄，另一个负责消费。[1]然而，自金融危机以来，二者已经有了一定的趋同。如今，房地产泡沫、过度杠杆、影子银行——更不用说科技“独角兽”现象了，这些现象在中国和美国发生的概率几乎是相当的。中美共同体1.0版本所表现的是异性相吸；而在中美共同体2.0版本中，这对本来相异的国家已经变得异常相似。这有点像一段婚姻中的不同阶段。

跟中美同等级的国家还有法兰西共和国、俄罗斯联邦和大不列颠及北爱尔兰联合王国，它们是联合国安全理事会的5个常任理事国，虽然联合国声称所有国家都是平等的，但有些国家比其他国家更“平等”——因此，在这个机构中，这5个国家的位置在其他188个国家之上。然而，这显然不足以概述当今的世界秩序。就军事能力而言，除了5个联合国安理会常任理事国，印度、以色列、巴基斯坦和朝鲜也属于一个大型的核大国精英集团，伊朗渴望加入它们。就经济实力而言，这个等级又不同了：七国集团（加拿大、法国、德国、意大利、日本、英国和美国）曾被认为是世界上占主导地位的经济体，但如今，“金砖五国”（巴西、俄罗斯、印度、中国和南非）的崛起在一定程度上冲击了七国集团的地位。金砖五国是所谓的“新兴市场”中最大的一个。1999年，20国集团成立，其目的是将世界上大多数大型经济体聚集在一起，但其中欧洲成员国过多导致了一定程度的失衡（因为欧盟本身作为成员的同时，还有4个最大的欧盟成员国也拥有成员地位）。

然而，仅仅从这个角度来看待这个世界，就忽视了过去40年来非正式网络的激增给这个世界带来的前所未有的转变。相反，我们要描绘出一幅基于经济复杂性和相互依存性的网络图，该图像勾画了世界所有经济体在技术进步方面的相对复杂性，以及它们通过贸易和跨境投资的联系程度。由于世界经济资源和能力的幂律分布，以及国家间经济开放程度的显著差异，这个图表将表现出强烈的等级结构。然而，它显然也是一个网络，大多数节点通过一条或两条以上的连接线与世界其他地方相连。[2]

关键问题是，与近些年政治复杂性网络对既定的国内政治等级构成的威胁相比，这种经济复杂性的网络对国家的等级世界秩序构成的威胁有多大——尤其是 2011 年在中东、2014 年在乌克兰、2015 年在巴西以及 2016 年在英国和美国发生的事件。简单地说，该问题也可以概括为：网络世界能有秩序吗？正如我们看到的，有人说它有。[3] 但根据历史经验，我却对此持怀疑态度。

58

网络破坏

有民间传言说，圣雄甘地曾经被记者问及他对西方文明的看法。他回答说，他认为这是个好的想法。他或许对世界秩序也做出过如此评价。亨利·基辛格在其《世界秩序》中认为，世界正处于一种近乎国际无政府状态的危险境地。欧洲、伊斯兰、中国和美国这四个渴望掌控世界秩序的主体，即便还没有衰退，也各自处于不同的质变阶段。因此，它们的愿望都没有真正的合法性。这种新的世界秩序的新特点是区域集团的形成，以及它们之间的摩擦可能升级为某种大规模冲突的潜在风险，其根源和潜在破坏性可与第一次世界大战相提并论。“世界是否正在走向区域集团化，而这些区域集团扮演着威斯特伐利亚体系中的国家的角色？”基辛格这样问道，“如果是这样，它们是会产生平衡，还是会将世界秩序的核心玩家的数量压到少之又少，以致产生不可避免的僵化？而这些固化的集团是否会争个你死我活，以致20世纪早期的危险卷土重来？”[1] 他对该问题的回答充满了不祥的预感：

（我们要担心的）与其说是国家间的一场大战……不如说是通过

> 特定的国家结构和治理形式所确定的影响范围的演进变化——例如，威斯特伐利亚模式和激进的伊斯兰模式的对抗。在每一种模式的影响范围的边缘，每个主体都会被诱惑着去测试它与其他被称为非法秩序的实体的力量……随着时间的推移，这一进程的紧张局势将退化为在大陆范围甚至全球范围内争夺地位或优势的策略。区域间的斗争可能比国家间的斗争更具破坏性。[2]

这一理论跟一些关于 1914 年战争起源的理论有些相似。一个不稳定的权力网络即使在轻微的扰动下，也可能"达到临界值"。

与那些声称（基于对冲突统计数据的误读）世界正在稳步变得更加和平以及"国家间的战争……几乎都过时了"的人相反[3]，基辛格认为，当下全球力量之间的冲突的火花是极易被点燃的。首先，鉴于"国际经济体系已经全球化"……世界的政治结构却仍然以民族国家为基础。①其次，核武器被默许扩散的范围已经远远超出冷战"俱乐部"的国家，从而"增加了核对抗的可能性"。最后，我们还有一个新的网络空间领域，基辛格把这个领域比作霍布斯的"自然状态"，在这种状态下，"不对称性和一种先天的世界性紊乱被纳入……权力关系"。[4] 在最近的采访中，基辛格概述了以下最有可能催生大规模冲突的四种情景：

> （1）中美关系的恶化，两国陷入所谓的"修昔底德陷阱"②，在历史上，似乎每一个占主导地位大国和正在崛起并挑战它的国家都会陷

① 这种紧张关系在 2008 年的金融危机中暴露无遗，当时（正如英格兰银行行长默文·金的诙谐表述）国际银行"生为全球，但死为国家"。

② 这里指修昔底德的《伯罗奔尼撒战争史》，书中描述公元前 5 世纪雅典帝国和斯巴达之间的战争在某种意义上是不可避免的，因为"雅典的力量在增长，这在斯巴达引起了恐慌"。

入这一陷阱；[5]

（2）在相互不理解的基础上，俄罗斯和西方之间的关系破裂，而下述两项共同发生或单独发生都可能引发这一情况；

（3）由于当今欧洲的领导人没有意识到，缺少令人信服的武力威胁的外交只是空话，这导致了欧洲硬实力的崩溃；

（4）在阿拉伯国家和以色列看来，由于奥巴马政府准备将该地区的霸权移交给一个仍然具有革命性的伊朗，因此中东冲突升级。

如果没有一个具有连贯性的美国战略，那么这些威胁中的任何一个或者多个的组合都有可能将单纯的混乱变成大规模的冲突。[6]

基辛格的警告不容忽视。如今的世界就像一个经常会灾难性停电的巨型网络。2017 年年初，美国总统曾在推特上说，他自己的情报机构正在非法向《纽约时报》泄露有关他的竞选团队与俄罗斯政府通信的机密信息，但是他坚称这是个“假新闻”。与此同时，克里姆林宫通过维基解密和一个在线网络军团（所谓的领导军队）干预了美国的总统选举，违反 1987 年《苏联和美国消除两国中程和短程导弹条约》部署了一枚新的巡航导弹，并派遣间谍船“维克托·列昂诺夫号”去康涅狄格州的新伦敦侦察美国的潜艇基地。在大西洋的另一边，法国和德国的政客们同样为俄罗斯干涉他们即将到来的选举感到担忧。尽管如此，那个星期在欧洲发生的重大事件却是一个 YouTube 网红的耻辱，网名为屁弟派的费利克斯·谢尔贝格当时 27 岁，他的反犹太主义的调侃导致谷歌和迪士尼都取消了与他的合作。①

① 危机爆发前不久，屁弟派在 YouTube 上有超过 5 000 万的粉丝。屁弟派出生在瑞典，和他的意大利女友住在布莱顿，但他把自己的追随者称为“兄弟”，这是一个从非洲裔美国说唱音乐中借用的术语。不要把他和米洛·扬诺普洛斯搞混，虽然两人都把头发染成金色。

与此同时，那个自封的伊斯兰国发布了一份在线政治宣传指南，向其支持者解释如何利用新闻业对“点击量”的渴望来发射亲 ISIS 的“媒体炮弹”。一份关于 ISIS 在伊拉克和叙利亚开办学校的报告显示，他们要求学生上报他们认为可能被自杀式炸弹炸死的什叶派穆斯林或“异教徒”的人数。一名 ISIS 恐怖分子似乎是为了帮助学生找到答案，在巴基斯坦塞万的一个拥挤的苏菲派神殿内引爆了身上的炸弹，造成至少 75 人死亡。在首尔，三星电子帝国的继承人因涉嫌贿赂被捕，这是韩国总统朴槿惠和她神秘的朋友崔顺实被卷入腐败丑闻之后的最新受害者，崔顺实是永生教会创始人的女儿。另外，在吉隆坡国际机场，一名女刺客将致命的 VX 神经毒剂泼到一位朝鲜籍男性游客的脸上。她的 T 恤上有一个通用的网络聊天缩略语“LOL”（Laughing Out Loud，大声笑）。[7]

然而面对这些事件，我们没法笑出来。全球化正处于危机之中：民粹主义正在抬头，专制国家正在崛起。与此同时，技术不可阻挡地向前发展，有可能使大多数人变得多余、不朽，或者两者兼而有之。我们该如何理解这一切？为了寻求答案，许多评论家简单粗糙地诉诸历史的类比。对一些人来说，唐纳德 · 特朗普是即将宣布美国独裁统治的希特勒。[8] 而对另一些人来说，特朗普是尼克松，正处于被弹劾的边缘。[9] 但现在既不是 1933 年，也不是 1973 年。技术的集中化使得极权政府在 20 世纪 30 年代成为可能。40 年后，民主选举出的总统很难在犯错之后逃脱法律的制裁。然而，20 世纪 70 年代的媒体仍然由电视网络、报纸和新闻机构组成。可能在世界上超过一半的国家，这些机构都是由中央控制的。因此，如果不理解新的信息技术给当今世界带来了多么大的变化，就不可能理解这个世界，这已成为不言而喻的事实。关键问题是，它是如何改变世界的？答案是，相对于传统的等级权力结构，技术已经极大地增强了各种网络的力量——但是这种变化的后果将取决于这些网络的结构、衍生性质和它们之间的相互作用。

我在前文提到过印刷技术对16世纪欧洲的影响，而将互联网对当今世界的影响与其做类比应该是最合适的。个人电脑和智能手机就像路德时代的小册子和书一样，赋予网络以力量。事实上，1977年至2004年间，美国个人电脑的生产和价格轨迹与1490年至1630年间英国印刷书籍的生产和价格轨迹非常相似（见图58.1）。[10] 在宗教改革时期及之后，随着识字率的提高，人与人之间的联系呈指数级增长，因此越来越多的人能够接触到各种印刷书籍，而不必依赖于演说家和传教士向他们传达新思想。

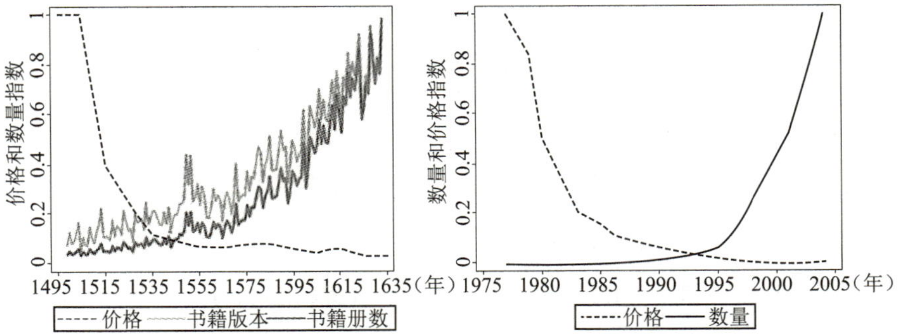

图58.1 书籍和个人电脑的价格和数量随时间变化，分别是15世纪90年代至17世纪30年代和1977年至2004年。

但同时，我们的网络时代和欧洲印刷术出现后的时代也有三大不同。首先，也是最明显的区别，是我们的网络革命比德国印刷机引发的革命浪潮更快，地理范围更广。让世界的大部分人上网，比让世界上84%的成年人识字所需的时间要短得多。在1998年，全世界只有大约2%的人可以上网，而今天，这个比例是40%。这一变化的速度大约比后谷登堡时代快一个数量级：1490年后的几个世纪相当于1990年后的几十年。正如我们所见，谷歌发迹于 1998 年门洛帕克的车库；今天，这个网站可以每天处理超过 42 亿的搜索请求。2005 年，在圣马特奥一个比萨店楼上的小房间，YouTube 出现了；今天，它允许人们每天观看超过 88 亿个视频。脸书的雏形出现于十多年前的哈佛大学校园；今天，每月至少登录一次脸书的用户近 20 亿。[11] 而每天发送的电子邮件数量是这个数字的 100 倍。这个世界从来没有像现在这样紧密相连。从每年新增的互联网用户和智能手机用户的数量来看，全球网络的增长速度可能正在放缓，但没有停止的迹象。其他方面（例如，从文本到图像和视频的转换，以及从键盘到麦克风接口的转换）也在加速。这意味着，读写能力最终将不再是人与人之间联系的障碍。

这场技术革命不仅限于发达国家。就连通性而言，世界上的贫困人口正在迅速赶上。在全球 20% 最贫穷的家庭中，大约 70% 的家庭拥有手机。印度的巴帝电信公司拥有和美国人口一样多的客户群。事实上，印度的互联网用户数量现在已经超过美国。让每一个肯尼亚家庭都拥有手机用了 8 年时间。而该国最大的通信运营商狩猎通信首创的 M-Pesa 支付系统仅用了 4 年时间就覆盖了 80% 的家庭。[12] 即使是贫穷和混乱的索马里，5 年内手机普及率也从 5% 上升到 50%。[13] 给穷人提供移动通信貌似比给他们提供清洁用水要更容易——这或许是让私营部门而不是软弱腐败的政府来提供清洁用水的一个理由吧。[14]

其次，当今网络革命的分配结果与早期现代革命的分配结果大不相同。15 世纪的欧洲不是实施知识产权法的理想之地，在那个时代，知识产权只存在于技术秘密被行会垄断的时候。印刷机没有创造出亿万富翁：谷登堡不是比尔·盖茨（实际上，他在 1456 年已经破产了）。此外，只有印刷媒体的一部分（报纸和杂志）试图从广告中赚钱，而互联网最重要的赢利方式就是广告。尽管如此，很少有人预见到，尽管互联网提倡知识的民主化，但是互联网联结的巨大网络会是如此不平等。基本上远离了冲突的一代人（婴儿潮时期出生的人）没有吸取教训，能够减少不平等的不是一个不受监管的网络，而是战争、革命、恶性通货膨胀和其他形式的没收。[15]

诚然，创新降低了信息技术的成本。从全球视角来看，1992年至2012年间，计算和数字存储的成本每年下降33%至38%。[16]有些人预言，互联网将成为大量众包应用程序的集市，然而正相反，互联网已经发展成为一个巨大的无规模的网络，是一个超级连接中心。[17]寡头垄断已经在硬件和软件领域以及服务供应和无线网络领域发展起来。看似坚不可摧的美国电话电报公司（AT&T）和进行了彻底改革的苹果公司之间的联系说明了一个古老的事实：如果让公司自由行动，它们的目标将是形成垄断、双寡头或寡头垄断。这甚至也包括那些致力于"开放架构"网络的公司——如亚马逊、脸书和谷歌，它们也在各自的领域寻求垄断权力：三者分别对应电子商务、社交网络和搜索。[18]各国在移动服务和互联网成本方面的巨大差异归因于糟糕的治理和监管。[19]这同时也解释了少数国家主宰信息和通信技术产业的原因（不过，令人惊讶的是，就资讯及信通技术对其整体经济的相对重要性而言，美国排在第七位——落后于爱尔兰、韩国、日本和英国）。[20]

这些动态变化解释了为什么世界电子网络的所有权如此集中。本书撰写时，谷歌（或者更确切地说，其更名后的母公司Alphabet）市值为6 600亿美元。其约16%的股份，价值约1 060亿美元，由创始人拉里·佩奇和谢尔盖·布林持有。脸书的市值接近4 410亿美元，其创始人马克·扎克伯格拥有28%的股份，价值1 230亿美元。尽管社交网络看起来是一个"伟大的平等主义者"，但它"本质上是不公平和具有排斥性的"。由于优先连接——通过网络连接紧密的枢纽有变得更加紧密的趋势，最终的"社交网络真理"确实来自《马太福音》。[21]与过去不同，现在世界上有两种人：

拥有和运营网络的人，以及仅仅使用网络的人。网络空间的商业大师们可能仍然会在口头上支持网民的扁平世界，而在实践中，像谷歌这样的公司也是一个等级制度组织，即使它们的“组织图表”（见图 58.2）与阿尔弗雷德·斯隆时代通用汽车公司的组织图表大不相同。

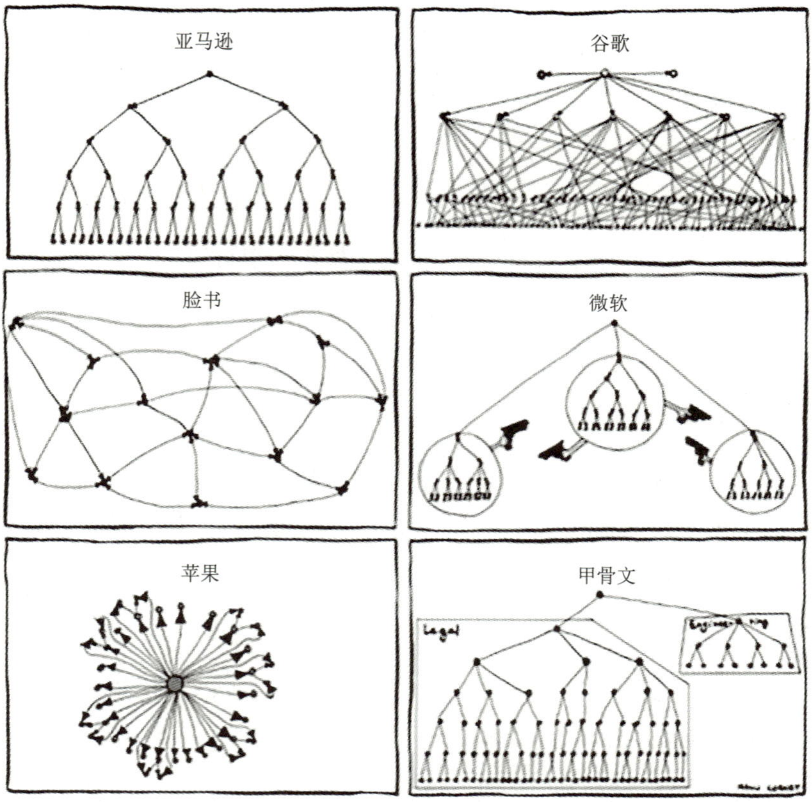

图58.2　该图讽刺了美国主要科技公司的网络。

在传统社会，市场力量所破坏的通常是世袭的网络，从而促进了社会流动性，减少了不平等。同时，精英统治盛行。但是，像当今时代这样，当网络和市场具有一致性时，不平等就会爆发，因为网络的回报绝大部分都流向拥有它的内部人士。诚然，拥有现代网络的年轻人和非常富有的人往往有一些左翼政治观点。（彼得·泰尔是一个罕见的例外：他是一个愿意在 2016 年与民粹主义者共进晚餐的自由主义者。）然而，他们中很少有人会支持斯堪的纳维亚的个人所得税税率，更不用说一场平等主义革命了。互联网的主导者似乎渴望着像十年前，也就是金融危机之前那些华尔街的狼一样富有，但是相比于消费的能力，他们在良心上的不安好像更加明显。很难想象一个投资银行家会像 Y Combinator（美国著名创业孵化器）的山姆·奥尔特曼一样，前往中美洲朝圣，好像在为 2016 年的选举结果赎罪。[22] 然而奥尔特曼结束朝圣所返回的旧金山仍然是一个不平等的大都市，尤其是因为贵得离谱的房价带来的扭曲。（作为财富不平等的决定因素，不动产所有权仅次于知识产权，最有价值的住房往往位于最有价值的知识产权产生地的地理集群附近，这并不是一种偶然。）大型科技公司打算用无人驾驶汽车取代数百万卡车和出租车司机，但是看上去它们也愿意为这些人提供某种形式的基本收入。唯一的安慰是，FANG 的最大股东都是美国的机构型投资者，他们作为美国大部分中产阶层储蓄的管理者，为该阶层提供了 ICT（信息通信）行业利润中的大量份额。然而，一个重要的先决条件是，外国投资者可能拥有美国大公司至少 14% 的股权，而且，就海外销售额非常大的公司（如苹果公司，其海外收入约占总收入的 2/3）而言，几乎可以肯定，这一数字还要大得多。[23] 然而，没有一个认真研究资本市场的人会认为这些外国投资者对公司治理有丝毫的影响。

第三，也是最后一点，印刷机最早扰乱的是西方基督教世界的宗教生活。相比之下，互联网是从扰乱商业开始的；直到最近，它才开始扰乱政治，而实际上它只扰乱了一种宗教，即伊斯兰教。正如我们所见，网络是2016年美国政治生活的关键。特朗普的竞选团队在脸书、推特和布赖特巴特新闻网平台上建立了草根支持的网络，也可以说这些网络是自发形成的。这些曾经“被遗忘”的男男女女于11月8日在网络上横空出世，击败了特朗普的对手，所谓的“全球特殊利益集团”和“失败和腐败的政治体制”的化身。圣战网络也参与其中，选举年期间与ISIS有关的恐怖袭击给特朗普承诺的“切断激进分子的支持网络”和禁止穆斯林移民的口号带来了可信度。

作为一个大富豪，特朗普仍然可以泰然自若地扮演煽动者的角色，他本人体现了这个时代的一个核心悖论。他既是一个小寡头，又是一个大品牌。据说，没有一位美国总统就职时拥有像特朗普那样庞大的商业、投资和公司关系网络，与1 500个人和组织有着已确定的商业联系。[24]与此同时，特朗普的成功以及其对手在硅谷网络上的失控也打击了那些自认为控制着硅谷网络的人。选举进入最后几周时，他们显然进入极度痛苦的状态。谷歌起初试图拉拢新一届政府，只是谴责了针对某些穆斯林占多数的国家前往美国的旅行和移民的限制令。[25]马克·扎克伯格缺席了一些科技公司首席执行官与新总统的会议。对于他来说，这是一种安慰，因为据说反对特朗普的女性游行是通过脸书组织起来的。[26]很难相信特朗普政府和大型信通技术公司之间会一直相安无事，尤其是如果政府推翻了前任总统在2015年出台的一项决策，即联邦通信委员会应该像对待旧的铁路或电话网络一样，将互联网作为一项公共事业进行监管。电信公司、有线电视公司和像网飞这种无限带宽的内容提供商平台在“网络中立”问题上似乎存在明显的利益冲突（所有数据都应该被同等对待的原则，无论其内容或价值如何）。[27]而对FANG的反信任行动可能是特朗普的下一步行动。

然而，我们所处的时代和印刷术出现后的革命时期在两个方面有着明显的相似之处。首先，像印刷机一样，现代信息技术不仅在改变市场——尤其是推动了共享汽车和短租行业的发展，也在改变公共领域。从未有如此多的人在一个即时反应的网络中被连接在一起，通过这个网络，“迷因”① 可以比自然病毒传播得更快。[28] 但是，让全世界都参与这个网络的想法可能会创造出一个网民的乌托邦，网络空间人人平等一直以来都只是一种幻想——就像马丁·路德“所有信徒皆祭司”的说法一样，只是一个错觉。现实是，全球网络已经成为各种狂热和恐慌的传播机器，就像印刷和识字的结合一度推动了千年教派和女巫的流行一样。与 16 世纪和 17 世纪的一些政府和教派相比，ISIS 的残酷性似乎没有那么特别。[29] 在美国，或许也包括欧洲的部分地区，政治暴力的升级似乎是可以想象的。[30] 其次，正如在宗教改革期间以及之后一样，人们处于一个领土主权受到侵蚀的时代。[31] 在 16 世纪和 17 世纪，欧洲陷入一系列宗教战争，因为《奥格斯堡宗教和约》中制定的原则——教随国定，主要是在不断的冲突和分裂中得到执行的。在 21 世纪，我们也看到了类似的对主权国家内政的干涉不断升级的现象。

而 2016 年的美国大选中毕竟还有第三个网络——俄罗斯的情报网络。在本书撰写时，我们可以很明显地看到，俄罗斯政府尽了最大努力以维基解密为渠道，将窃取的文件传递给美国媒体，从而打击希拉里·克林顿及其竞选团队松散的电子邮件安全系统，最大限度地损害她的声誉。[32] 访问维基解密网站就像进入这项行动的陈列室：这里是“希拉里·克林顿的电子邮件存档”，那里是“约翰·波德斯塔（希拉里的竞选委员会主席）的邮

① 例如，2009 年 9 月，支持奥巴马医改的网络迷因被成千上万的脸书用户复制，其中一些人（大约 1/10）对措辞进行了些许的修改：“没有人会因为负担不起医疗费用而死亡，也没有人会因为生病而破产。如果你同意，请在这一天的剩余时间里把它作为你的状态发布。”

件”。当然，并非所有泄露的文件都是美国的。但是如果想找到能让俄罗斯政府难堪的泄密文件，结果一定是徒劳的。朱利安·阿桑奇可能仍然躲在厄瓜多尔驻伦敦大使馆里，但现实是，他是弗拉基米尔·普京总统的贵宾，躲在一个陌生的网络世界——俄罗斯网络特工栖息的一个虚拟灰色地带。

俄罗斯黑客和网络特工对美国民主构成的威胁，就像耶稣会教士对英国宗教改革构成的威胁一样：一个受到外部因素协助的内部威胁。美国国家安全局和美国网络司令部的负责人迈克尔·罗杰斯上将说，“我们正处于一个转折点”。[33] 网络活动现在是国家情报部门威胁清单的首要任务，而维基解密只是其中的一小部分。仅五角大楼就报告每天有超过 1 000 万次的入侵未遂发生。[34] 当然，被媒体称作“网络攻击”的大部分行动可能仅仅是一些谍报活动的试探。能激发网络战争全部潜力的，可能是一场会击垮美国主要电网的攻击。这种场景其实并不是空想。2015 年 12 月，乌克兰的电力系统就发生了类似的事情，该系统被一种叫作“黑暗能量”的计算机恶意软件感染。

一些计算机科学家在互联网早期就已经理解了网络战争的破坏性潜力。起初，造成混乱的是像罗伯特·塔潘·莫里斯那样的怪怪的青少年黑客，1988 年 11 月，他发布的一个极具传染性的软件蠕虫病毒，差点摧毁了整个互联网；[35] 2000 年 2 月，15 岁的加拿大“黑手党男孩”黑了雅虎网站。Blaster（爆破工）、Brain（大脑）、Melissa（蜜蜂花）、Iloveyou（爱虫病毒）、Slammer（监狱）、Sobig（巨无霸）——早期病毒的名字暴露了其始作俑者的年轻。[36] 而现在，许多网络攻击仍然是由非国家主体实施的：青少年破坏者、罪犯、“黑客”或恐怖组织。（2016 年 10 月 21 日，有人对域名服务提供商“动态网络服务公司”发起了攻击，该公司使用网络摄像头作为“机器人”，几乎可以肯定这是一起恶意破坏行为。[37]）然而，2016 年最引人注目的发展还是俄罗斯黑客网络“赛伯利亚”的崛起。

作为率先建立了互联网的国家，美国必然会在网络战中处于领先地位。实际上早在里根的第一届政府时期，它的地位就确立了。[38] 在 2003 年入侵伊拉克期间，美国间谍侵入了伊拉克网络，并发送信息敦促对方将军们立即投降。[39] 7 年后，美国和以色列针对伊朗的核浓缩设施释放了超级工厂病毒。[40] 问题是不只是两个人可以玩这个游戏，而是没有人知道有多少主体可以参与多少网络战争。近年来，美国发现自己频频受到伊朗、朝鲜等的网络攻击。然而，这些攻击针对的只是公司（典型的案例包括索尼影业），而不是美国政府。俄罗斯是第一个直接对美国政府发动网络战争的国家，它试图通过互联网提供的“广泛的不对称可能性”降低敌人的战斗力，从而弥补自身相对较弱的经济和军事实力。[41] 而在此之前，俄罗斯从对爱沙尼亚、格鲁吉亚和乌克兰的攻击中吸取了经验。2017 年，克里姆林宫对美国政治系统发动了持续的攻击，其武器不仅包括维基解密，还有一个罗马尼亚博客网络“古奇费尔 2.0”。[42]

那么在俄罗斯的干涉行为和上一章所讨论“假新闻”中，哪一个才是特朗普在 2016 年美国大选中占优势地位的决定因素？现在，让我们先将这个问题放到一边。我们只需要知道俄罗斯的干涉是他的助力，尽管希拉里的负面新闻无论是真实的还是虚假的，都可能在没有俄罗斯介入的情况下得到传播。让我们也撇开特朗普竞选团队中到底有多少成员参与了俄罗斯的行动，以及他们知道多少这些尚未解决的问题。[43] 关键点在于，莫斯科背后的网络特工形成的网络依然在发展壮大。对于国家安全专家来说，这只是网络战争中令人困惑的许多特征之一。他们从前习惯了冷战期间形成的“确保相互摧毁”这一严谨的理论，而现在，他们正努力为一种完全不同的冲突创造出新的理论。而在当今世界的冲突中，有无数潜在的无法识别身份的攻击者，且具有多重破坏性。2010 年，国防部副部长威廉·林恩说："我们能知道一个导弹是从哪里发射的，却无法得知计算机病毒的来源。"对哈佛大学肯尼迪学院的约瑟夫·奈教授来说，只有美国以攻击者的姿态做出表率，网络战争的威慑力才有可能起作用。奈提出的另外三个选择是：加固网络安全系统；试图将潜在的网络攻击者"缠"在贸易和其他关系中（从而增加他们在网络攻击上的成本）；在全球建立起使用网络的禁忌，类似于（大部分）阻止使用生物和化学武器的禁忌一样。[44] 这些理论分析并不是很令人欣慰。鉴于网络攻击者的数量之多，按照传统军事逻辑，防御似乎注定要落后于攻击。但俄罗斯人已经证明他们对所谓的贸易纠缠和字面上的禁忌毫不在意，而中国则可能更愿意接受奈的建议。事实上，俄罗斯政府似乎更愿意与有组织的犯罪分子建立伙伴关系，以实现其目标。[45]

对于"赛伯利亚"，我们应该有多恐惧？对安妮-玛丽·斯劳特来说，我们超网络化的世界总的来说是一个良性的地方，而"美国……将逐渐找到网络力量的中庸之道"。[46] 的确，当今世界充斥着各种网络威胁（"恐怖主义……毒品、武器和人口贩卖……气候变化和生物多样性下降……水资源战争和食品不安全……腐败、洗钱和逃税……流行病"），但是如果美国领导人只能"考虑将棋盘联盟转变为连通性和能力的枢纽"，那么所有这些都应该是正确的。她认为，关键是将等级制度转变成网络，将北约转变成"安全伙伴关系网络的枢纽和国际安全问题协商的中心"，并改革联合国安全理事会、国际货币基金组织和世界银行，向"新的主体"开放。[47] 第二次世界大战后建立的世界秩序机构需要转变成"一个更平坦、更快、更灵活的系统的中心，一个在公民和国家层面共同运作的系统"，整合"优秀的网络主体、企业、公民和公众"。她举的一个例子是《全球气候和能源市长盟约》，该盟约连接了世界上 7 100 多个城市。[48] 另一个例子是奥巴马政府在2011年发起的开放政府伙伴关系，有70个致力于“透明度、公民参与和问责制”的国家参与其中。[49] 而斯劳特在国务院的前同事伊恩·克劳斯则看到了全球城市网络的潜力。[50]

“好的网络行为主体”能否组成一个新的地缘政治网络，让他们的“网络技术”与不好的网络行为主体形成对抗？乔书亚·库珀·雷默对此存疑。他同意斯劳特的观点，即“对美国利益的根本威胁并不是中国、基地组织或伊朗，而是网络自身的演变”。然而，对于美国是否能轻松应对这一威胁，他并不持乐观态度。网络防御落后于网络攻击整整10年，这主要是因为那个无法实现的“三位一体”的新版本：“系统可以是快速的、开放的或安全的，但三个中一次只能出现两个。”[51] 对世界秩序的威胁可以归结为“极其快速的网络 / 人工智能 / 黑匣子 / 新种姓制度 / 时间压缩 / 日常物品 / 武器”。[52] 在《第七感》中，雷默主张在真实和虚拟之间建立一个“大门”，将俄罗斯黑客、网络罪犯、青少年网络破坏者和其他犯罪分子拒之门外。然而，雷默本人还引用了美国国家安全局密码学家罗伯特·莫里斯设计的三条计算机安全规则：“规则一：不要拥有计算机。规则二：不要打开电源。规则三：不要使用它。”[53] 如果我们所有人都继续忽视那些新的“绝对命令”——尤其是我们的领导者，他们中的大多数人甚至没有在他们的电子邮件账户上启用双重认证，那么那个“大门”将如何阻止像阿桑奇和古奇费尔这类行为主体呢？

一场智力的军备竞赛正蓄势待发，其目的是设计一个可行的网络安全条款。而沉浸在国家安全的传统思想中的人似乎不太可能赢得这场竞争。也许，最现实的诉求不是对网络攻击者加以阻止或报复，而是监管我们社会所依赖的各种网络，使其更加坚韧——或者在更好的情况下，是“反脆弱的”，纳西姆·塔勒布创造了这个术语来描述一个在不断的攻击下能够变得更加强大的系统。[54] 像塔勒布这种在金融风险管理领域扎根的人，在2008年目睹了国际金融网络的脆弱：一家投资银行的失败几乎导致全球信贷系统的崩溃。而金融领域之外的我们，如今也跟10年前的银行家和交易员一样拥有密切的联系。就像金融网络一样，我们的社会、商业和基础设施网络经常会受到无赖的攻击，而大部分情况下，我们都无法阻止他们。我们能做的，就是设计和建设我们的网络，以抵抗“赛伯利亚”的破坏。这意味着，当（就金融监管而言）简单是一个更好的选择时，要抵制构建复杂性的诱惑。[55] 最重要的是理解我们所创建的网络结构。

在大多数真实世界的网络随机图中，如果其中的一半节点被移除，网络就会遭到破坏。但是，当对同样大小的无标度网络执行相同的节点移除程序时，“即使移除了80%以上的节点，巨大的连接组件仍在抵抗，并且节点之间的平均距离与开始时相同”。[56] 这一现象对于“反脆弱”网络的设计者来说尤其重要，因为他们所设计的网络要抵抗住蓄意的、有针对性的攻击。

59

FANG，BAT 和欧盟

2017 年 3 月，以伊薇特·库珀为首的下议院内政委员会抨击了谷歌、脸书和推特，谴责它们在互联网的审查监管上并没有以身作则，所做的远远不够。库珀指出脸书没有主动删除一个标题为“禁止伊斯兰教”的页面。正如她所说：“我们需要你们做更多的事情，承担更多的社会责任来保护民众。”[1] 同一星期，德国司法部长海科·马斯公布了一项法律草案，对未能删除“仇恨言论”或“虚假新闻”的社交网站处以高达 5 000 万欧元的罚款。用他的话说：“（目前）网络上被删除的非法内容太少，删除速度还不够快。”[2]

对于网络负面内容的审查，人们各持己见。而令人惊诧的是，一些公司和政府机构在发布网络广告时，对网络平台几乎不加筛选，以至它们精心设计的口号最终会出现在圣战分子的网站上。然而，主张让谷歌和脸书自己对网络内容进行审查，这种想法不仅是推卸责任，还是不一般的天真：好像这两家公司的权力还不够大，欧洲政客显然还要把限制公民言论自由的权力赋予它们。

关于信息革命，我们需要理解三个要点。第一，这几乎完全是一项基于美国的成就，尽管来自世界各地涌入硅谷的计算机科学家和降低硬件成本的亚洲制造商也做出了贡献。其次，美国最重要的科技公司现在仍然占据着非常重要的优势地位。第三，正如我们看到的，这种优势会转化为巨额资金。面对这场来自美国的网络革命，世界上的其他国家有两个选择：妥协并加以监管，或者抵抗并发起竞争。欧洲人选择了前者。想要找到欧洲本土的搜索引擎、在线零售商和社交网络的尝试基本上是徒劳的。最大的欧盟互联网公司是声破天（Spotify），这家总部设在斯德哥尔摩的音乐和视频流媒体公司成立于 2006 年。[3] FANG 已经深深地扎进欧盟国家，乃至整个欧洲。欧盟委员会用来骚扰这些美国科技巨头的方法包括：反垄断指控、追溯税收账单以及更严格的隐私和数据保护规则，更不用说就业权利了。[4] 可以肯定的是，欧洲人率先确立美国公司不能独立于国家或欧洲法律在其领土上运营。正是法国人马克·诺贝尔提出，雅虎不能在其拍卖网站上为纳粹纪念品做广告，这不仅是因为法国用户访问该网站的服务器位于欧洲（斯德哥尔摩），还因为雅虎（如其声称的那样）不能区分法语用户和其他用户。[5] 一些欧洲国家（不仅是法国，还有英国和德国）已经通过法律，要求互联网服务提供商阻止其公民观看违禁内容（如面向恋童癖的色情片）。然而，欧洲政治精英现在实际上依赖脸书等美国公司代表他们进行审查，这似乎忽视了脸书的“社区标准”最终可能比欧洲法律更严格的风险。[6]

相反，中国人选择了第二种方式：竞争。这对于美国来说有些出乎意料，美国人原以为中国政府会简单地试图“控制互联网”——比尔·克林顿总统把这一行为比作“试图将果冻钉在墙上”认为这样做是徒劳的。[7] 一位美国学者在 2003 年写道：“互联网是一个渗透性极强的网络，如果中国人想要从硅谷的网站获取信息，即使是最无所不能的政府也很难阻止他们。”[8]但事实证明他并不是完全正确的。然而，审查制度并不是中国应对网络时代的关键举措。其战略的核心是，鼓励当地企业家借鉴 FANG，并形成适应中国国情的解决办法。此举的结果是，如今中国的互联网被 BAT 主导：百度（2000 年由李彦宏创建的搜索引擎）、阿里巴巴（马云于 1999 年借鉴亚马逊的形式创立的）和腾讯（1998 年由马化腾创建，以其微信应用而闻名）。但这些企业集团远不是美国同行的翻版，每一家公司都显示出自身的创新性——它们的综合市值超过 4 730 亿美元，年收入超过 200 亿美元，规模几乎和美国同行一样大。中国 86% 的互联网用户使用微信，微信正在快速将曾经在亚洲商圈几乎是强制使用的名片替换为简单易用的二维码。2015 年，阿里巴巴在中国的收入超过了亚马逊在美国的收入；它在中国零售总收入中所占的份额（超过 6%）是亚马逊在美国的两倍。[9]

毋庸置疑，硅谷被排除在庞大的中国市场之外，并对此咬牙切齿。扎克伯格还没有放弃希望，他用流利的普通话接受采访，甚至在天安门广场的雾霾中慢跑，但是优步最近的遭遇对他来说并不是一个好消息。前一年，在每年亏损超过 10 亿美元之后，优步高举白旗，承认自己无法击败本土的拼车应用程序滴滴出行。[10]这一结果部分是由于滴滴的灵活性和雄厚的财力，但也部分得益于监管方面的改革，这些改革让优步在中国市场处于不利地位。[11]可想而知，类似的打击让美国公司很沮丧。然而，中国在与硅谷的较量中获胜的方式给人留下了深刻的印象。不仅在经济上，在政治上和战略上，这都是一个明智的举措。中国政府现在有了其所需的大数据来密切关注中国网民。而与此同时，如果美国国家安全局想要从中国收集元数据，就必须通过长城防火墙。

中国人对待社交媒体的方式远不是把果冻钉在墙上，而是越来越多地利用微博所揭示的公民的担忧。当来自中国香港、瑞典和美国的研究人员在2009年至2013年间在新浪微博上挖掘了超过130亿篇博客文章的数据集时，他们惊讶地发现，有38.2万篇文章隐含了社会冲突，多达250万篇文章提到了大规模抗议，如罢工。如果政府现在正在利用社交媒体来监控异议和腐败行为，那么值得注意的是，680名在微博上被控腐败的官员中，最终被起诉的官员被提及的次数几乎是未被起诉官员的10倍。[12] 另一个数据集（2010年至2015年间因腐败被调查的1 460名官员）让我们进一步了解了控制着中国的网络，而在这个例子中，该网络是“老虎和苍蝇”的网络，其不当行为已经成为政府的主要打击目标。[13] 信息和计算机技术有可能让中国政府建立一个“社会信用”系统，类似于西方的金融信用系统，根据官方的说法，这将“让守信者处处受益，让失信者寸步难行”。[14]

与此同时，中国领导人似乎比美国领导人更擅长“网络技术”。尽管由于特朗普政府的退出，跨太平洋伙伴关系可能会终止。但中国“一带一路”倡议和亚洲基础设施投资银行，正在稳步吸引新的参与者。人们都在关注对中国发展方式的一大考验：在快速增长的金融技术领域，它能否超越美国，又将超出多少。自古以来，各国都在利用自己垄断货币发行的能力，无论是印有国王肖像的硬币、画着前任总统的钞票还是屏幕上的电子条码。然而，与美元或人民币等法定货币相比，比特币或互联网等区块链数字货币具有许多优势。比特币作为一种支付手段（尤其是在线交易）比信用卡或电子汇款更快、更便宜。作为一种价值储蓄，它也有黄金的许多重要属性，尤其是有限供应这一点。当然，作为一种记账单位，它不太稳定，那是因为它已经成为一种颇具吸引力的投机对象：数字黄金。而更糟糕的是，比特币非常浪费计算机资源，因为它需要“挖矿”或进行交易，并通过身份验证。[15] 另一方面，比特币的分布式账本技术似乎很好地解决了认证和安全问题，比特币也可以作为一种防欺诈的信息技术，以太坊甚至可以自动执行合同，而不需要昂贵的政府监控，这是现有国家和国际支付系统中不可或缺和昂贵的一部分。[16]简而言之，在这种网络下，“信任是分布式的、个性化的、社会化的……不需要一个中央核查机构”。[17]当然，中国政府不会将支付系统移交给比特币，就像不会将出租车系统移交给优步一样。一个让人感到震惊的事实是，全球比特币网络的40%已经被中国“矿工”占据，而近3/4的比特币交易是在比特币中国交易所进行的。然而，中国政府显然是赞赏区块链作为一项技术的潜力的。这就是为什么中国人民银行和一些省级政府将在一两个省份推出一种“官方加密货币”——或许是“比特元”。[18]而新加坡在推出第一种官方加密货币的竞争中可能会超过中国，但中国肯定会超过美国。[19]如果中国在这方面的实验成功了，将标志着货币历史上一个新时代的开始，并对美元作为主要国际货币的未来构成严重挑战。

60

广场与高塔

有时，我们似乎注定要用半个多世纪前的概念框架来理解自己的时代。自金融危机以来，许多经济学家又将 1946 年就去世的约翰·梅纳德·凯恩斯的想法重新搬上舞台。面对民粹主义，美国和欧洲的政治家一再将它与法西斯主义混淆起来，仿佛世界大战时代是他们研究过的唯一历史。在国际关系分析人士这边，他们也坚持使用大约同一时期的术语：现实主义或理想主义、遏制政策或绥靖政策、威慑或裁军。乔治·凯南的“长电报”是在凯恩斯去世前两个月发出的；休·特莱弗·罗珀的《希特勒的末日》于次年出版。然而这一切都是 70 年前的事了。我们自己的时代与 20 世纪中期有很大的不同。在“大萧条”、第二次世界大战和早期冷战中出现的近乎自给自足、乐于指挥和控制的国家，即使今天依然存在，也只能是它们以前的影子了。官僚机构和管理这些机构的政党机器早已失效或正在衰退，行政国家是它们的最终化身。如今，技术创新和国际经济一体化的结合创造了全新的网络形式——从犯罪黑社会到达沃斯论坛上罕见的“超世界”，这是凯恩斯、凯南或特莱弗·罗珀做梦也想不到的。

温斯顿·丘吉尔有这样一句名言："你能看到多远的过去，就能看到多远的未来。"我们也因此必须往更久远的年代看，并且带着一个问题：我们的时代是否会重复1 500年后印刷革命掀起革命浪潮的那一段经历？[1]新的网络是否会像16世纪、17世纪和18世纪的革命网络一样，将我们从行政国家的枷锁中解放出来，将我们的祖先从精神和时间等的枷锁中解放出来？或者，我们时代的既定等级制度会比其帝国前辈们更快地拉拢网络，并将它们卷入传统的邪恶战争中吗？

一个由自由平等的网民组成的自由主义乌托邦是有一定的吸引力的，尤其是对年轻人来说——所有网民都相互连接，以最大的透明度和最小的隐私设置共享所有可用数据。想象这些网民，像弗里茨·朗《大都会》中底层的工人一样，自发地崛起，反抗世界上的腐败精英，然后释放人工智能的力量，将自己从繁重的工作中解放出来，这听起来很浪漫。但只有那些试图向前看而不回头的人才最容易落入这样一厢情愿的陷阱。自20世纪90年代中期以来，计算机科学家和其他人一直幻想着"全球大脑"的可能性——一种自我组织的"行星超级有机体"。[2]1997年，迈克尔·德图佐斯寻求进入"计算机辅助的和平"时代。[3]"新的信息技术开辟了非零和的新前景。"一位狂热分子在2000年写道。没有及时通过权力下放做出应对的政府将会"迅速……受到惩罚"。[4]一提到这个，凯瑟琳·海尔斯几乎进入狂喜的状态，她在2006年写道："作为全球互联网络居民，我们与智能机器以及与我们共同生活在地球上的其他生物物种一起进入一个动态的协同进化螺旋。"这种良性上旋的螺旋最终会产生一个新的"认知领域"。[5]3年后，伊恩·汤姆林设想了"人与人之间联盟的无限形式……（这种联盟）忽视……宗教和文化的差异，传递了对地球生存至关重要的全球共情与合作"。[6]他宣称："人类见面和分享想法的社交本能，也许有一天会成为我们人类免于自我毁灭的唯一力量。”[7] 另一位作者写道，“信息化”将是第三次全球化浪潮。[8]“Web 3.0”将是“寒武纪大爆发”的现代版本，并充当“我们集体智慧的动力转向”。[9]

硅谷的大师们有充分的动机将未来浪漫化。巴拉吉·斯里尼瓦桑提出一个令人兴奋的愿景：千禧一代将在计算机“云”领域合作，摆脱地理限制，用数字代币相互支付，从国家的支付系统中解放出来。马克·扎克伯格在 2017 年哈佛大学毕业典礼上发表讲话，呼吁应届毕业生“创造一个让每个人都有使命感的世界：人们共同承担有意义的重大项目，重新定义平等，让每个人都有追求目标的自由，并在全世界建立共同社区”。然而，扎克伯格本人就是超级明星经济学中不平等的现实体现。他所设想的大多数解决不平等的方法——“全民基本收入、负担得起的托儿服务、没有与任何公司挂钩的医保……继续教育”，这些都难以在全球范围内真正得以实现，而只能作为 20 世纪旧福利国家的国家政策。当他说“我们这个时代的斗争”介于“自由、开放和全球社会的力量与威权主义、孤立主义和民族主义的力量之间”时，他似乎忘记了自己的公司对后者的发展带来的推动作用。[10]

未来学的历史沿革让我们没有理由去期待硅谷乌托邦的愿景能够实现。当然，如果摩尔定律继续适用，计算机应该能在 2030 年左右模拟人脑。但是，为什么在上一段中，我们可以看到这些乌托邦式的想象呢？摩尔定律最早的使用者是查尔斯·巴贝奇，在 1871 年去世之前，他用摩尔定律建立了“分析引擎”（一部分）；当然，第二次世界大战也曾应用过摩尔定律。我们无法证明人类的生产力有了相应的指数级提高，更不用说我们作为一个物种的道德行为了。但有充分的理由表明，工业革命创新对人类的益处一次比一次少。[11] 如果先进机器人和人工智能带来的主要后果真的是大规模失业，[12] 那么很难想象，大多数人 [13] 将毫无怨言地投身于一些无害的轻松工作，以换取微薄得只能满足基本生活的收入，这种可能性太低了。只有赫胥黎在《美丽新世界》中想象的那个基于镇静剂的极权主义社会才有可能发生这种事情。[14] 现实结果更可能是暴力动乱的重演，而上一次发生的动乱，还是让一个伟大的网络时代陷入混乱的法国大革命。[15]

此外，尽管这种乌托邦的炒作甚嚣尘上，一些人的怀疑也不能被忽视，即那些不太友好的势力已经学会了如何利用和滥用“认知领域”来为自己牟利。实际上，互联网的联通依赖于现实世界的海底缆绳、光纤线路、卫星链路和装满服务器的巨大仓库。在基础设施的所有权上，没有所谓的乌托邦，也不会像主要网络平台的所有权那样，产生有利可图的寡头垄断。一个巨大的新网络可能要形成了，但是像过去的网络一样，它在结构上依然是等级化的，少数超链接的枢纽处于那些松散节点之上。不久之后，腐败的寡头或宗教狂热分子利用这一网络在网络空间发动一场新的、不可预测的战争将可能成为现实，或许，这场战争已经开始了。地缘政治的风险指数表明，一场传统战争，甚至核战争的爆发并不是遥不可及的事情。[16] 也不排除有一天，奇爱博士口中由人工智能创造的“行星超级有机体”会失控，计算出（并且是正确地计算出）人类才是迄今为止地球长期生存所面临的最大威胁，并消灭了我们中的大部分人。[17]

2017 年 5 月，推特的联合创始人之一埃文·威廉姆斯说：“我从前以为当每个人都可以自由发言、交流信息和想法时，世界会自发地变得更好。但是我错了。”[18] 历史的教训是，任由网络来管理世界只是无政府世界运行的方式：光照派会夺权，而最终权力更有可能落在雅各宾派手中。今天，有些人还在为无政府主义欢呼，并且“至少欢呼了两次”。[19] 而 18 世纪 90 年代和 19 世纪的两场战争给我们的教训，我们最好再重温一下：除非我们希望经历一次又一次的旋风式革命，否则最好是给这个世界强加某种等级秩序，并赋予它一定的合法性。曾经，在维也纳大会上，有五个大国同意建立这样一种秩序，它们形成的“五国集团”让之后的世界有了更加显著的稳定性。仅仅200多年后，我们面临着同样的选择。那些崇尚让网络自发管理世界的人，最终得到的将不是他们梦想中相互联结的乌托邦，而是一个被FANG和BAT隔离开来的世界，还极易出现前文提到的所有病变，在这些病变中，恶性的子网络会利用万维网传播病毒样的模因和谎言。

另一种选择是，另五个大国形成的权力体系（联合国安理会的五个常任理事国）认识到，他们在对抗宗教极端主义、抵制网络犯罪和网络破坏行为的蔓延等方面有着共同的利益，更不用说气候变化了。在2017年“永恒之蓝”勒索病毒事件之后，就连俄罗斯政府都意识到，没有一个国家能够长期统治“赛伯利亚”这个网络特工组织：这个被称为“永恒之蓝”的勒索病毒是由美国国家安全局开发的网络武器，但是后来被一个自称影子经纪人的组织窃取并泄露。一名英国研究人员花了很长时间才找到它的“死亡开关”，但这也是成千上万台电脑被感染之后的事情了，这种病毒波及美国、英国、中国、法国和俄罗斯。有什么能更好地说明这些大国在打击互联网无政府状态方面的共同利益呢？最直接的就是1945年后，世界秩序的制定者以联合国安全理事会常任理事国的形式为这种新的五国体系奠定了体制基础，这一体制保留了最重要的特点：合法性。这五个大国是否能像它们的前任在19世纪所做的那样，再次为共同的事业做出贡献，这是我们这个时代最重大的地缘政治问题之一。[20]

6个世纪之前，在锡耶纳，公共宫殿的曼吉亚塔楼在坎波广场投下一个长长的影子。扇形的坎波广场有时是市场，有时是集会场所，而一年中还有两次会成为赛马场。曼吉亚塔楼的高度似乎有其背后的含义：它与锡耶纳最高山上的城市大教堂一样高，象征着世俗和精神等级的平等。[21]而

100年前，在弗里茨·朗的《大都会》中，象征着等级权力的曼哈顿的摩天大楼也让中央公园的南部和东部在一天的大部分时间都处于阴影之中。[22] 当第一批摩天大楼在纽约建成时，它们似乎就是在为主导美国经济的等级制度主体提供合适的居所。

相比之下，如今占主导地位的科技公司则摒弃了这种垂直的纵向的建筑和体制。由弗兰克·盖里设计的门洛帕克的脸书总部是一个由开放式办公室和游戏区组成的庞大园区，用马克·扎克伯格的话来说，它是一个“能容纳数千人的单人房间”，或者更准确地说，它是一个为极客设计的大型幼儿园。位于库比蒂诺的新“苹果公园”的主楼像一艘巨大的圆形宇宙飞船，只有四层楼高（地面），是一个“创意与合作的中心”，它是由已故的史蒂夫·乔布斯和诺曼·福斯特、乔纳森·伊夫共同设计的，它仿佛是一个网格式的网络，每个节点的距离都是相等的，并且连接线数量也相同，但这个“公园”里只有一家餐厅。[23] 谷歌在山景城的新总部坐落于“树木、景观、咖啡馆和自行车道”之间，将由“易于四处移动的轻量块状结构组成”，就像坐落于自然保护区里用乐高积木搭成的建筑一样：是一个没有地基或平面图的办公室，灵感源于这个办公室所承载的不断发展的网络。[24] 硅谷更中意建造较矮的楼房，这不仅仅是因为害怕地震。它的水平结构反映了硅谷是全球网络最重要的枢纽的现实：这里就是世界城市广场。

然而，在美国另一边的纽约市第五大道上，还存在着一栋58层的摩天大楼，它代表着一种完全不同的组织传统。① 在网络无政府状态和世界秩序之间的抉择上，可能世界上没有人比这个黑暗高塔缺席的主人更有发言权了。

① 即特朗普大厦。这栋楼的顶层被标为“68”，因为这栋楼的名字所代表的那个人坚持认为它是一栋68层的建筑，这一点很有特色。然而，特朗普大厦的6楼到13楼根本就不存在。

后　记

广场与高塔的起源：锡耶纳中心广场的网络和等级

为了解释这本书为何名为《广场与高塔》，读者可以和我一起去一趟意大利城市锡耶纳。让我们穿过扇形的坎波广场，从雄伟的曼吉亚塔楼的阴影下走过，来到市政厅“公共宫殿”。在世界上任何其他地方，你都不会看到本书中描绘的两种人类组织形式如此优雅地并列在一起：围绕着你的广场，是一个为各种非正式的人类互动而建造的公共空间；而在你的上方，有一座雄伟的塔，意在象征和展示世俗的权力。本书的一个中心主题是：自人类文明开始，分散的网络和集中的等级秩序之间的紧张关系就存在了，它的存在与技术状态无关，尽管技术可能会影响到谁更占优势。锡耶纳就是一个例证，因为它的广场和高塔先于欧洲印刷机出现。市政厅于 1312 年竣工，而毗邻的曼吉亚塔楼建于 14 世纪；由砖块铺就的广场也可以追溯到 14 世纪意大利文艺复兴时期。

如今许多人会犯一个错误，即认为互联网从根本上改变了世界。然而，正如美国最高法院最近的多数裁决所指出的，用安东尼·肯尼迪法官的话来说，互联网仅仅是“现代的公共广场”。2017 年的一些世界问题并没有我们想象的那么新奇：总统对独裁统治的偏向是否预示着共和国的终结？社会和政治的分裂会升级为内乱吗？一个崛起的大国对一个既有大国构成的挑战会导致战争吗？这些问题对于建造曼吉亚塔楼的人来说并不陌生。如果你怀疑这一点，走进市政厅然后登上它的第二层，进入“九人大厅”，你会在墙上发现一个惊人的证据，证明网络和等级之间的二分法其实是一个古老的概念。

由安布罗吉奥·洛伦泽蒂在这个房间墙上画就的壁画是14世纪意大利艺术最伟大的成就之一。我第一次看到这些壁画是在20世纪80年代中期，当时我还是一名穷酸的研究生。这些壁画给我留下了非常深刻的印象，以至处境较为艰难的我还是购买了其中两幅洛伦泽蒂作品的复制品。我想它们应该是我第一次购买的画作，因此它们跟着我，在我牛津、哈佛和斯坦福的每个书房中都被悬挂过，尽管它们很便宜，并且几乎无法进行解读。不知不觉中，几乎是潜移默化地，它们影响了我的思维。事实上，当我试图为这本书起一个名字时，是这两幅画让我想起了锡耶纳。

这两幅壁画旨在提醒当时统治锡耶纳共和国的九名民选官员。每个人虽然一次只轮值两个月，但在此期间，九位官员都住在市政厅内，跟他们的家人分开，换句话说，他们与文艺复兴时期统治意大利城邦的王朝网络是分离的。锡耶纳总理事会（实际上是立法机构）在旁边更大一点儿的会议室里开会。然而，根据该市的成文宪法，九人组是行政部门和司法部门（在世俗案件中）。这两幅壁画是在1338年2月至1339年5月间绘制的，旨在提醒九名官员在做出决定时他们将面临多大的风险。

壁画覆盖了九人大厅四面墙壁中的三面：房间中唯一的窗户所在的南墙没有装饰。背对着窗户，你会在左边的西墙上看到当代人称之为“战争”的壁画。面对你的北墙上面是学者们熟知的“善治寓言”——显然，这是三幅中影响力最深的一幅。而在你右边的东墙上是“和平”。

长期以来，洛伦泽蒂壁画的灵感来源一直是学者们争论的对象。多年来，人们认为这些壁画旨在体现亚里士多德（《尼各马可伦理学》）和圣托马斯·阿奎那（《神学总论》）关于正义的思想。一个更明确的推论是基于13世纪佛罗伦萨作家布鲁内托·拉蒂尼所著的《宝库》（约1260—1265年）和随后该书的节略《小宝库》。关于这些壁画最近的研究记录已经可以确定，其大部分图像来源于占星术，以及对当时的托斯卡纳历史的影射（尤其是锡耶纳和比萨之间的竞争）。

洛伦佐·吉贝尔蒂在15世纪早期的文章中表明，（壁画）最初的意图仅仅是将两种形态进行对比："战争期间发生的敲诈勒索"与"它们对和平时期的从属"（例如，商人的商队如何在最安全的情况下行进，他们如何将货物藏在树林中，以及怎么回来取货）。壁画完成将近90年后，天主教方济会修士圣伯纳蒂诺在一次布道中简单地提到了"和平与战争"：

当我转向和平的壁画时，我看到商业活动、跳舞的人群、正在被修葺的屋舍；我看到人们正在葡萄园中进行劳作，在田地上播种，还有骑着马去洗澡的人群，去参加婚礼的姑娘们和成群的绵羊。我看到一个人在被执行绞刑，以维持神圣的正义。得益于此，所有的生命都处于神圣的和平与和谐之中。但当我转向另一幅壁画时，我看不到商业活动，看不到跳舞的人，我看见的是杀戮，正在被破坏和焚毁的房屋，田地里没有人耕作，外面空无一人。男人被杀戮，女人被奸污，人们互相残杀，正义的手足被捆绑着躺在地上。人们心怀恐惧地做着每一件事。但是在《启示录》的第十三章中展示的一场战争是这样的：一只野兽从海里出来，它有十只角七个头，身子像豹子一样，长着熊的脚。这十只角除了与十诫相对应，还能意味着什么呢？野兽长着七个脑袋，代表着"七宗罪"，它看起来像一只豹子，代表着背叛；熊一样的脚，则代表了报复。然而，通过宽恕，你可以结束并消除战争。

然而，正如这篇文章所暗示的，“和平”和“战争”这两个术语需要从广义的角度理解——不是托尔斯泰笔下的国家间的关系，而是一个更古老的对比：公民的和谐社会和专制政府之间可能产生的冲突。善政的寓言被很好地概括为“文明是人类交往的基本形式这一概念的图像体现”。东墙上城市和乡村的和平场景旨在描绘一个治理良好的城邦的所有优点。而对面的墙是对立面，描绘了错误的统治能产生的所有后果。

洛伦泽蒂还为中央的寓言壁画作了一个很有价值的解释性铭文：“神圣的美德‘正义’女神在她的统治之地，将许多公民的灵魂联结起来，她创造出一种‘公共利益’来作为他们的君主。而他为了统治他的国家，将再也不把目光从坐在其身旁的正义女神的灿烂脸庞上移开。因此，他的胜利带来了税收、贡品和贵族的产业；因此，这里没有战争，各种公民福祉自然降临——有用、必要和幸福。”壁画的左侧坐着正义女神，她的上方画着天堂智慧，而她的两侧，有一个红色天使和一个白色天使，代表着亚里士多德式的交换正义和分配正义。右侧隐约可见一位蓄着胡须的族长，显然象征着锡耶纳联邦本身（共同利益）。而坐在他的右侧（观者的左侧）的是斜倚的、几乎带有暗示性的“和平”的形象，他手里拿着橄榄枝。除此之外，还有更严肃的“刚毅”和“谨慎”的形象。而在锡耶纳的另一侧是“宽容”、“节制”和另外一个“公正”。在他们上方盘旋着的是“信念”“慈善”“希望”。

然而，现代人更感兴趣的是在这一排公民美德代表之下的不那么引人注目的形象。坐在正义化身脚下的是“和谐”，她旁边的一行人是波波罗·格拉索的 24 名代表——代表着九人治理之下兴旺的全体公民。引人注目的是，他们每个人都拿着一根绳子，由两股绳组成，分别来自正义手中的天平的两端，经由“和谐”缠绕成一股。这条绳子被传递给代表公共利益的化身，被绑在他的右手腕上。对于昆廷·斯金纳来说，这证实了整幅壁画是为了庆祝共和自治，说明了拉蒂尼宣称的“人民的利益”要求“主权应该由全体公民掌控”。然而，也可以说洛伦泽蒂笔下用绳子将城市精英绑在一起的画面，是将他们与正义原则和联邦本身联系起来，是对现代社会乃至政治网络概念的一种期待。

但这种解释面临着抱残守缺的可能。洛伦泽蒂清楚地表明，有效的军事力量是良好政府不可或缺的组成部分：穿盔甲的骑士们不仅统治着繁荣的市民，也统治着他们的战俘，他们被一种截然不同的绳索捆绑在一起。然而，现在的观者却不得不注意到，东墙的两个和平城市和乡村的图像中并没有士兵。

也有一些论证非常令人信服：东墙上的城市景观“从字面上看是北墙上和平的寓言形象”。显然，这座城市就是按照锡耶纳画的：“我们能看到左上角的大教堂，中间的罗马门和附近的塔拉莫内港口。”然而，这只是一个理想化的锡耶纳，象征着“公共生活的统一和谐”。这位艺术家再一次阐述了我们应该看到的东西：

> 抬起你的头去看看她，执政者在这里被描绘成正义女神的化身，她因卓越的品质被加冕，她总是为每个人尽好应尽的义务。看看有多少商品来自她，这个城市的生活因为她是多么甜蜜而和平，在这里，这种美德比其他任何美德都要突出。她保护和捍卫那些尊敬她的人，滋养和喂养他们……她报答行善者，并惩罚恶人。

如果只对这幅画漫不经心地瞥一眼，你可能会错误地认为，经济繁荣是公正治理的唯一好处。然而，正如在圣伯纳迪诺观察到的，在该城市中，并非所有活动都是商业活动。例如，我们还看到一名教师指导他的学生，而前台的中心群体是舞者，几乎可以肯定的是（尽管只是一种初始的表象），年轻人会参加一场公共舞蹈（三足舞）来表达他们对和平状态的喜悦。同样，农村的和平景象不仅描绘了贸易和农业，也描绘了狩猎。左上角的碑文写道："没有恐惧，每个人都可以自由旅行，每个人都可以耕作和播种，只要这个社会维护正义女神的主权，因为她剥夺了恶人的一切权力。"

而与所有这些形成鲜明对比的，是西墙上描绘的饱受战争蹂躏的城市。跟北墙上寓言中的人物化身相对应，这里有"暴政"的化身——一个邪恶的斗鸡眼怪物，有角和獠牙，右手拿着匕首，脚搁在山羊身上。暴君之上盘旋着"贪婪""骄傲""虚荣"，左边是"残忍""叛国""欺诈"，右边是"愤怒"、"分裂"（用木工锯自焚）和"战争"。而暴君脚下躺着被束缚着的无助的"正义女神"。虽然这幅壁画的下部大部分已经被破坏了，但我们可以分辨出谋杀、袭击和财产破坏的场景。"因为每个人都只追求自己的利益"，我们能看到，"在这片土地上，正义受到暴政的压迫：因此，没有人能放心地走上这条路，因为城门内外都有抢劫案发生"，有人认为这个不幸的城市画的是锡耶纳的对手比萨。但是它更有可能只是为了证明锡耶纳并不是一个因独裁统治而失去和平与繁荣的城市。壁画的下边界还有早期暴君的肖像（尼禄、卡拉卡拉、加埃塔和安条克）。

洛伦泽蒂的杰作在当时是对这个自治城邦的高度共情，也是对君主制和帝国充满敌意的作品。但如果说这位艺术家预言了一个半世纪后到来的网络时代，那就有些太夸张了。但是，能够如此明确地将以法治为基础的政府与经济繁荣和社会凝聚力联系起来，他无疑在这方面领先于他的时代。我们必须明确的是，此时不仅是在欧洲，欧亚大陆的大部分地区都被各种专制政权统治着。锡耶纳从大约 1260 年到 1348 年的黄金时代正好与蒙古帝国的兴衰期相吻合。当时，一个锡耶纳商人可以远至大不里士从中亚购买丝绸；而同一时期，教皇接见了元惠宗的使臣。洛伦泽蒂对市政厅装饰的另一贡献则是一个直径 16 英尺、可旋转的地球仪，虽然已经遗失多年，但这个地球仪展示了一个横跨欧亚大陆的贸易网络，而锡耶纳正处在这个网络的中心。

悲剧在于，正是这个贸易网络为黑死病的传播提供了媒介。1348 年，在《和平与战争》壁画完成不到 10 年之后，锡耶纳爆发了黑死病，有传闻说，洛伦泽蒂很有可能也是受害者之一。流行病的传播打破了锡耶纳的宁静。然而，九号大厅的壁画却一直保存了近 700 年，作为一种对世人的警醒：战争与和平（或善治与恶政）都不是什么新鲜事了。无论技术如何发展，我们都生活在一个广场与高塔并存的世界。

附　录

尼克松-福特时代的社交网络绘图

在第 45 章中，我使用社会网络分析（SNA）考察了亨利·基辛格在尼克松和福特政府中的角色，更笼统地说，我考察了这两个政府内部的关系，以这两个政府成员撰写和出版的所有回忆录为素材。对社会网络分析感兴趣的读者会想多了解一些关于图 45.1 至图 45.4 的信息，这是我与曼尼·林康-克鲁兹合作的正在进行的社会网络研究项目的一部分，也是我对亨利·基辛格生活的研究的一部分。

大多数社会网络分析项目以简单的二进制方式绘制关系图——两个参与者有或没有联系，通常以二进制矩阵的形式来捕获。大多数社会网络分析计算方法仅基于这样的矩阵，因为长期以来，学术界的大部分数据集（例如，社会学家和政治科学家制作的数据集）都是这样的，直到最近，快速增长的社交媒体平台才开始提供更细微的数据。即便如此，复杂的数据集仍然经常被简化，以允许研究人员使用二进制方法。对历史学家来说，这是有问题的，因为我们对个人之间存在的不同类型的关系非常感兴趣。此外，在中等规模的群体中，二元方法往往会揭示出，或多或少每个人都和其他人有联系，这几乎是一个毫无价值的发现。社会网络分析很难区分情感倾向，尤其是在政治领域，友谊和敌意很难区分。然而，确定关系的重要性是可能的。

在尼克松和福特政府担任重要职务的人中，写回忆录的人不到一半，回忆录涵盖了他们在政府任职期间发生的事情。为了确定消息来源，我们首先编制了一份白宫内阁成员名单，然后增加了一些内阁成员、关键部门的副秘书、尼克松纪念图书馆中列出的任何有消息来源和著作的人，以及任何在斯坦福图书馆系统、亚马逊和联合目录数据库上发现的、写过关于尼克松和福特时代的作品的政府成员。从这个主列表中，我们再次使用斯坦福、亚马逊和联合目录数据库来识别他们的所有作品。然后我们开始了一个排除的过程。只有那些覆盖了一个人在白宫的整个任期的回忆录才能被囊括进来。因此，基辛格关于结束越南战争的书就被排除在外了。我们也排除了不是回忆录或回忆类的作品，以及内容全部是或者大部分是汇编的作品。

我们基于这些作品来模拟行为主体对其他人的记忆程度，具体而言，是他们在政府工作中扮演了什么角色。在我们的分析中，我们试图捕捉的根本现象是一个作者记得另一个主体的离散事件的数量。作为中间人，我们依赖于作者、编辑和出版商在索引回忆录方面已经花费的精细劳动。因此，我们数据集的构建基础是每个回忆录中提到的相关主体的页数。

显然，回忆录的长度、报道范围以及出版商在平均页面上的字数都有很大差异。我们的一些研究对象讲述了他们的一生，其他人只说了其在政府任职的故事。考虑到这种差异，我们避免计算一个人在回忆录中出现的频率这种绝对的测量方法，因为我们想知道的是，一个给定的主体在其他作者的回忆录中相对于社会网络中其他尼克松和福特政府的主体的重要程度。因此，我们用提到一个主体的页数除以尼克松和福特政府所有回忆录作者被提及的次数之和。有些回忆录跨越不止一卷，有些作者写了不止一本回忆录。在这两种情况下，我们都认为它们形成了一个文本，因此对于每一位政府成员，我们只需要将各卷或各本书的提及次数相加即可。这生成了一个 [0，1] 范围内的数字，我们用这个数字来计算作者和提到的个人之间的联系强度。

我们图中节点的面积按提到一个人的次数进行缩放。我们的社交网络图（图 45.4）对应于该个体的程度中心性，通过将所有连接的权重加到该个体来计算。从本质上来说，这代表了所有白宫行政作家提及的频率标准化份额。中介中心性是使用有向加权边来计算的，而不是像大多数研究那样，仅仅通过使用二进制存在或不存在连接线来计算。

我们的可视化是由 D3 软件包实现的。三个个人网络图中的距离与节点的大小成比例。社交图上节点的距离和排列（图 45.4）没有内在的意义，依赖于 D3 的力导向布局。书中的版本是我们的网络服务器动态渲染的截图。

我们的方法的一个明显缺陷是，不是尼克松和福特政府的每个成员都写回忆录。尼克松忠诚的司法部长约翰·米切尔就是一个明显的遗漏——值得注意的是，他经常被别人提及。米切尔是美国历史上唯一一位服过刑的司法部长，因为他拒绝与水门事件的调查者达成任何协议。出于同样的忠诚，米切尔也拒绝写回忆录。然而，图中惊人的非线性提及分布也表明，即使增加许多其他“缺失”的回忆录，也不会改变一个人在程度或中介中心性方面的影响力。就像本书中讨论的许多其他社交网络一样，尼克松-福特社交网络大体上似乎仍然受权力的支配。

最后，应该强调的是，尼克松-福特绘图并不代表个人交流的频率或强度，这是社会学家和心理学家用来检验社会纽带的一种方法。相反，他们试图证明一个人在回忆另一个人时的重要性——或者，至少是回忆录作者希望向读者传达的重要性。如果有人有足够详细的证据和来源来构建这些，频率和强度的值的分布完全有可能是不同的。

参考文献

Part 01 导言：网络与等级

01.“光明会”之谜

1. Agethen, *Geheimbund und Utopie*, 72.
2. Markner, Neugebauer-Wölk and Schüttler (eds.), *Korrespondenz des Illuminatenordens*, xxi.
3. Van Dülmen, *Society of the Enlightenment*, 110f. Krueger, *Czech, German and Noble*, 65.
4. Markner, Neugebauer-Wölk and Schüttler (eds.), *Korrespondenz des Illuminatenordens*, xiv.
5. Over 2,000 according to some sources, e.g. Krueger, *Czech, German and Noble*, 65. In fact, only 1,343 names of Illuminati are known for sure: see the list at https://projekte.uni-erfurt.de/illuminaten/Mitglieder_des_Illuminatenordens and Schüttler, *Mitglieder des Illuminatenordens*.
6. Van Dülmen, *Society of the Enlightenment*, 105f.
7. More details of aristocratic membership in Melanson, *Perfectibilists*.
8. Agethen, *Geheimbund und Utopie*, 76.
9. Ibid., 234f.
10. Israel, *Democratic Enlightenment*, 748ff. On Bode's important contribution, not least as a record-keeper, see Simons and Meumann, '"Mein Amt ist geheime gewissens Correspondenz und unsere Brüder zu führen"'.
11. Israel, *Democratic Enlightenment*, 751.
12. Ibid., 300f.
13. Ibid., 842; Krueger, *Czech, German and Noble*, 66.
14. See Hofman, 'Opinion, Illusion and the Illusion of Opinion'.
15. See e.g. Payson, *Proofs of the Real Existence*.
16. Hofstadter, *Paranoid Style*.
17. McArthur, '"They're Out to Get Us"', 39.

18. Massimo Introvigne, '*Angels & Demons* from the Book to the Movie FAQ – Do the Illuminati Really Exist?', http://www.cesnur.org/2005/mi_illuminati_en.htm.
19. http://illuminati-order.com/; http://illuminati-order.org/newworldorder/.
20. Robert Howard, 'United States Presidents and The Illuminati/Masonic Power Structure', 28 September 2001: http://www.webcitation.org/5w4mwTZLG.
21. See e.g. http://theantichristidentity.com/barack-obama-illuminati.htm.
22. Wes Penre, 'The Secret Order of the Illuminati (A Brief History of the Shadow Government)', 12 November 1998 (updated 26 September 2009).
23. See e.g. Oliver and Wood, 'Conspiracy Theories'.
24. Ibid., 959.
25. Ibid., 956.
26. Ibid.
27. See e.g. https://www.infowars.com/george-soros-illuminati-behind-blm/.
28. Oliver and Wood, 'Conspiracy Theories', 964.
29. Knight, 'Outrageous Conspiracy Theories', 166.
30. Swami et al., 'Conspiracist Ideation in Britain and Austria'.
31. Livers, 'The Tower or the Labyrinth'.
32. Landes, 'The Jews as Contested Ground'.
33. Massimo Introvigne, '*Angels & Demons* from the Book to the Movie FAQ – Do the Illuminati Really Exist?' http://www.cesnur.org/2005/mi_illuminati_en.htm.
34. Markner, Neugebauer-Wölk and Schüttler (eds.), *Korrespondenz des Illuminatenordens*; Wäges and Markner (eds.), *Secret School of Wisdom*.
35. Roberts, *Mythology of the Secret Societies*, vii.

02. 我们的网络时代

1. Margit Feher, 'Probe into Deaths of Migrants in Hungary Uncovers "Vast Network"', *Wall Street Journal*, 12 October 2016.
2. Herminia Ibarra and Mark Lee Hunter, 'How Leaders Create and Use Networks', *Harvard Business Review*, January 2007.
3. Athena Vongalis-Macrow, 'Assess the Value of Your Networks', *Harvard Business Review*, 29 June 2012.
4. Lauren H. Cohen and Christopher J. Malloy, 'The Power of Alumni Networks', *Harvard Business Review*, October 2010.
5. Andrew Ross Sorkin, 'Knowledge is Money, But the Peril is Obvious', *The New York Times*, 26 November 2012. See Enrich, *Spider Network*.

6. See Andrew Haldane, 'On Tackling the Credit Cycle and Too Big to Fail', January 2011: http://www.iiea.com/event/download_powerpoint?urlKey=andrew-haldane-on-fixingfinance.
7. Navidi, *Superhubs*, esp. xxiv, 83f., 84f., 95, 124f.
8. https://www.youtube.com/watch?v=vST61W4bGm8.
9. 'Assessing Russian Activities and Intentions in Recent US Elections', 6 January 2016: http://apps.washingtonpost.com/g/page/politics/the-intelligence-community-report-on-russian-activities-in-the-2016-election/2153/.
10. Donald J. Trump, speech on 15 August 2016: https://assets.donaldjtrump.com/Radical_Islam_Speech.pdf; speech at AIPAC, 21 March 2016: http://time.com/4267058/donald-trump-aipac-speech-transcript/.
11. Ito and Howe, *Whiplash*.
12. Ramo, *Seventh Sense*, 92.
13. Adrienne Lafrance, 'The Age of Entanglement', *The Atlantic*, 8 August 2016.
14. Khanna, *Connectography*.
15. Castells, *Rise of the Network Society*, 508.
16. Friedland, 'Electronic Democracy'. See also Boeder, 'Habermas's Heritage'.
17. Schmidt and Cohen, *New Digital Age*, 7.
18. Grewal, *Network Power*, 294.
19. Anne-Marie Slaughter, 'How to Succeed in the Networked World', *Foreign Affairs*, (November/December 2016), 76.
20. Slaughter, *Chessboard and the Web*, KL 2893–4.
21. Khanna, *Connectography*, 139.
22. See Kissinger, *World Order*, 347.
23. Martin Belam, 'We're Living Through the First World Cyberwar—But Just Haven't Called It That', *Guardian*, 30 December 2016.
24. Harari, *Homo Deus*, 344, 395.
25. Harari, *Sapiens*, KL 6475.
26. See e.g. Vinod Khosla, 'Is Majoring in Liberal Arts a Mistake for Students?' *Medium*, 10 February 2016: https://medium.com/@vkhosla/is-majoring-in-liberal-arts-a-mistake-for-students-fd9d20c8532e.

03. 网络，无处不在的网络

1. West, *Scale*. See also Strogatz, 'Exploring Complex Networks'.
2. Watts, 'Networks, Dynamics, and the Small-World Phenomenon', 515.

3. West, 'Can There be a Quantitative Theory', 211f.
4. Caldarelli and Catanzaro, *Networks*, 23f.
5. Dittrich, *Patient H.M.*
6. Christakis and Fowler, *Connected*, 97.
7. Vera and Schupp, 'Network Analysis', 418f.
8. Jackson, 'Networks in the Understanding of Economic Behaviors', 8.
9. Liu, King and Bearman, 'Social Influence'.
10. Henrich, *Secret of Our Success*, 5.
11. Dunbar, 'Coevolution of Neocortical Size'.
12. Christakis and Fowler, *Connected*, 239.
13. Tomasello, 'Two Key Steps'.
14. Massey, 'Brief History', 3–6.
15. McNeill and McNeill, *Human Web*, 319–21.
16. Jackson, Rodriguez-Barraquer and Tan, 'Social Capital and Social Quilts'.
17. Banerjee et al., 'Gossip'.
18. https://www.youtube.com/watch?v=nLykrziXGyg.
19. See e.g. *Othello*, II, 3, and III, 4; *All's Well That Ends Well*, IV, 3.
20. *Oxford English Dictionary*.
21. See http://www.nggprojectucd.ie/phineas-finn/.

04. 等级制度的背后

1. Massey, 'Brief History', 14.
2. Laura Spinney, 'Lethal Weapons and the Evolution of Civilisation', *New Scientist*, 2886 (2012), 46–9.
3. Dubreuil, *Human Evolution*, 178, 186, 202.
4. Turchin et al., 'War, Space, and the Evolution of old World Complex Societies'.
5. Gorky, *My Universities*, 69.
6. See most recently Acemoglu and Robinson, *Why Nations Fail*.
7. Boisot, *Information Space* and *Knowledge Assets*.
8. Powell, 'Neither Market nor Hierarchy', 271f.
9. Rhodes, 'New Governance'.
10. Thompson, *Between Hierarchies and Markets*.
11. Boisot and Lu, 'Competing and Collaborating in Networks'.

05. 从七座桥梁到六个维度

1. Caldarelli and Catanzaro, *Networks*, 9.
2. See Heidler et al., 'Relationship Patterns'.
3. Moreno, *Who Shall Survive?* xiii, lxvi.
4. Crane, 'Social Structure in a Group of Scientists'.
5. James E. Rauch, review of Jackson, *Social and Economic Networks*, in *Journal of Economic Literature*, 48, 4, (December 2010), 981.
6. Leskovec, Huttenlocher, and Kleinberg, 'Signed Networks in Social Media'.
7. McPherson et al., 'Birds of a Feather', 419.
8. Currarini et al., 'Identifying the Roles of Race-Based Choice and Chance'. See also Moody, 'Race, School Integration, and Friendship Segregation'.
9. Vera and Schupp, 'Network Analysis', 409.
10. Milgram, 'Small-World Problem'.
11. Watts, *Six Degrees*, 134. See also Schnettler, 'Structured Overview'.
12. Barabási, *Linked*, 29.
13. Jennifer Schuessler, 'How Six Degrees Became a Forever Meme', *The New York Times*, 19 April 2017.
14. Jackson, Rogers and Zenou, 'Connections in the Modern World'.
15. Davis, Yoo and Baker, 'The Small World of the American Corporate Elite'.
16. Lars Backstrom, Paolo Boldi, Marco Rosa, Johan Ugander, and Sebastiano Vigna, 'Four Degrees of Separation', 22 June 2012: https://research.fb.com/publications/four-degrees-of-separation/.
17. Smriti Bhagat, Moira Burke, Carlos Diuk, Ismail Onur Filiz, and Sergey Edunov, 'Three and a Half Degrees of Separation', 4 February 2016: https://research.fb.com/three-and-a-half-degrees-of-separation/.

06. 弱关系和病毒传播

1. Granovetter, 'Strength of Weak Ties'.
2. Granovetter, 'Strength of Weak Ties Revisited', 202.
3. See also Tutic and Wiese, 'Reconstructing Granovetter's Network Theory'. Recent research using Facebook data largely confirms Granovetter's thesis: Laura K. Gee, Jason Jones and Moira Burke, 'Social Networks and Labor Markets: How Strong Ties Relate to Job Finding on Facebook's Social Network', 13 January 2016: https://research.

fb.com/publications/social-networks-and-labor-markets-how-strong-ties-relate-to-job-transmission-on-facebooks-social-network/.
4. Liu, King, and Bearman, 'Social Influence'.
5. Watts and Strogatz, 'Collective Dynamics of "Small-World" Networks'.
6. Watts, 'Networks, Dynamics, and the Small-World Phenomenon', 522.
7. Powell, 'Neither Market nor Hierarchy', 301, 304.
8. Calvó-Armengol and Jackson, 'The Effects of Social Networks on Employment and Inequality'.
9. Smith-Doerr and Powell, 'Networks and Economic Life'.
10. Bramoullé et al., 'Homophily and Long-Run Integration'; Jackson and Rogers, 'Meeting Strangers and Friends of Friends'.
11. Greif, 'Reputation and Coalitions in Medieval Trade' and 'Contract Enforceability and Economic Institutions'.
12. Coleman, 'Social Capital'.
13. Burt, *Structural Holes*, KL 46–9.
14. Burt, *Brokerage and Closure*, 7. See also Burt, *Neighbor Networks*.
15. Burt, 'Structural Holes and Good Ideas', 349f.
16. Carroll and Teo, 'On the Social Networks of Managers', 433.
17. Harrison and Carroll, 'Dynamics of Cultural Influence Networks', 18.
18. Goldberg et al., 'Fitting In or Standing Out?' 2f.
19. Berger, *Contagious*. See also Sampson, *Virality*.
20. For a good discussion see Collar, *Religious Networks*, 13f.
21. Katz and Lazarsfeld, *Personal Influence*.
22. Hill, 'Emotions as Infectious Diseases'.
23. Dolton, 'Identifying Social Network Effects'.
24. Christakis and Fowler, *Connected*, 22.
25. Kadushin, *Understanding Social Networks*, 209f.
26. Nahon and Hemsley, *Going Viral*.
27. Centola and Macy, 'Complex Contagions'.
28. Watts, *Six Degrees*, 249.

07. 网络的种类

1. Rosen, 'The Economics of Superstars'.
2. Barabási and Albert, 'Emergence of Scaling in Random Networks'.
3. Barabási, *Linked*, 33–4, 66, 68f., 204.
4. Ibid., 221.
5. Ibid., 103, 221.
6. Dolton, 'Identifying Social Network Effects'.

7. Strogatz, 'Exploring Complex Networks'.
8. Cassill and Watkins, 'Evolution of Cooperative Hierarchies', 41.
9. Ferguson, 'Complexity and Collapse'.

08. 当网络交会时

1. Padgett and McLean, 'Organizational Invention and Elite Transformation'.
2. Padgett and Powell, *Emergence of Organizations and Markets*, KL 517f.
3. Loreto et al., 'Dynamics and Expanding Spaces'.
4. Barabási, *Linked*, 113–18.
5. Ibid., 135.
6. Castells, 'Information Technology, Globalization and Social Development', 6.
7. Mayer and Sinai, 'Network Effects, Congestion Externalities'.
8. Amy Zegart, 'Cyberwar', TEDxStanford: https://www.youtube.com/watch?v=JSWPoeBLFyQ.
9. Michael McFaul and Amy Zegart, 'America Needs to Play Both the Short and Long Game in Cybersecurity', *Washington Post*, 19 December 2016.
10. See e.g. Heylighen, 'From Human Computation to the Global Brain' and 'Global Superorganism'.
11. See e.g. Bostrom, *Superintelligence*.
12. Slaughter, 'How to Succeed in the Networked World', 84f.; Slaughter, *The Chessboard and the Web*, KL 2642–3, 2738.
13. Allison, 'Impact of Globalization'.
14. Ramo, *Seventh Sense*, 82, 118, 122.
15. See e.g. Tomlin, *Cloud Coffee House*.
16. Fukuyama, *Great Disruption*, 224. See also Fukuyama, *Origins of Political Order*, 13f., and *Political Order and Political Decay*, 35f.
17. Dominic Cummings, 'Complexity, "Fog and Moonlight", Prediction, and Politics II: Controlled Skids and Immune Systems', blog post, 10 September 2014: https://dominiccummings.wordpress.com/2014/09/10/complexity-fog-and-moonlight-prediction-and-politics-ii-controlled-skids-and-immune-systems/.

09. 关于网络的七个观点

1. On eigenvector centrality, see Cline and Cline, 'Text Messages, Tablets, and Social Networks', 30f.
2. Bennett, *History Boys*.

10. 光明会的光明面

1. Agethen, *Geheimbund und Utopie*, 70f.; Israel, *Democratic Enlightenment*, 828f. Cf. Stauffer, *New England and the Bavarian Illuminati*, 142–228.
2. Wäges and Markner (eds.), *Secret School of Wisdom*, 14.
3. Ibid., 15.
4. Van Dülmen, *Society of the Enlightenment*, 55f.
5. See Schüttler, 'Zwei freimaurerische Geheimgesellschaften'. This ferment culminated in 1782 at the *Konvent* of German lodges held in Wilhelmsbad.
6. Hataley, 'In Search of the Illuminati'.
7. Israel, *Democratic Enlightenment*, 836.
8. Van Dülmen, *Society of the Enlightenment*, 106ff.
9. Markner, Neugebauer-Wölk and Schüttler (eds.), *Korrespondenz des Illuminatenordens*, xxiii.
10. Hataley, 'In Search of the Illuminati'. See also Markner, Neugebauer-Wölk and Schüttler (eds.), *Korrespondenz des Illuminatenordens*, xix.
11. Details of the 'New Plan for the Order' of Dec. 1782 are in Agethen, *Geheimbund und Utopie*, 75f. Cf. Wäges and Markner (eds.), *Secret School of Wisdom*, passim, and https://projekte.uni-erfurt.de/illuminaten/Grade_und_Instruktionen_des_Illuminatenordens.
12. Wäges and Markner (eds.), *Secret School of Wisdom*, 13.
13. Agethen, *Geheimbund und Utopie*, 112f.
14. Simons and Meumann, '"Mein Amt ist geheime gewissens Correspondenz und unsere Brüder zu führen"'.
15. Wäges and Markner (eds.), *Secret School of Wisdom*, 31ff.
16. Israel, *Democratic Enlightenment*, 831f.
17. Ibid., 841.
18. Agethen, *Geheimbund und Utopie*, 82.
19. Meumann and Simons, 'Illuminati', col. 881.
20. Melanson, *Perfectibilists*, KL 913.

21. Simons and Meumann, '"Mein Amt ist geheime gewissens Correspondenz und unsere Brüder zu führen"'.

Part 02 君主与探险者

11. 等级制度简史

1. Cassill and Watkins, 'Evolution of Cooperative Hierarchies'.
2. Tomasello, 'Two Key Steps'.
3. Smail, *Deep History*.
4. McNeill and McNeill, *Human Web*.
5. Dubreuil, *Human Evolution*, 191.
6. Turchin at al., 'War, Space, and the Evolution of old World Complex Societies'.
7. Spinney, 'Lethal Weapons and the Evolution of Civilisation'.
8. Gellner, *Nations and Nationalism*, 10. See Ishiguro, *Buried Giant*.
9. Cline and Cline, 'Text Messages, Tablets, and Social Networks', 29.
10. Cline, 'Six Degrees of Alexander', 68f.
11. Tainter, 'Problem Solving', 12.
12. Allen and Heldring, 'Collapse of the World's Oldest Civilization'.
13. Malkin, *Small Greek World*.
14. Syme, *Roman Revolution*, 4, 7f.
15. Frankopan, *Silk Roads*, KL 118.
16. Christian, 'Silk Roads or Steppe Roads?'
17. Scheidel, 'From the "Great Convergence" to the "First Great Divergence"'.
18. Stark, 'Epidemics, Networks, and the Rise of Christianity'.
19. Harland, 'Connections with Elites in the World of the Early Christians', 391.
20. Collar, *Religious Networks*.
21. Fukuyama, *Origins of Political Order*, 273.
22. Ibid.
23. Ibid., 141–5.

12. 初代网络

1. Jackson, Rogers and Zenou, 'Connections in the Modern World'.
2. Barnett, (ed.), *Encyclopedia of Social Networks*, vol. I, 124.
3. For more on this subject, see Ferguson, *Civilization*.

4. Padgett and Ansell, 'Robust Action and the Rise of the Medici'.
5. Padgett, 'Marriage and Elite Structure in Renaissance Florence', 92f.
6. Padgett and McLean, 'Organizational Invention and Elite Transformation', 1463, 1467, 1545.
7. Ibid., 1545. See also Padgett and Powell, *Emergence of Organizations and Markets*, 810–14, 855–60, 861–7.

13. 文艺复兴时期交易的艺术

1. Cotrugli, *Book of the Art of Trade*, 3f.
2. Ibid., 24.
3. Ibid., 24.
4. Ibid., 5.
5. Ibid., 6.
6. Ibid., 57.
7. Ibid., 7.
8. Ibid., 7.

14. 发现者

1. Rodrigues and Devezas, *Pioneers of Globalization*.
2. Chang, *Sino-Portuguese Trade*, 62.
3. Wills (ed.), *China and Maritime Europe*, 336.
4. Wade, 'Melaka in Ming Dynasty Texts', 34.
5. Sen, 'Formation of Chinese Maritime Networks'.
6. Wade, 'Melaka in Ming Dynasty Texts', 51.
7. Wills (ed.), *China and Maritime Europe*, 39

15. 皮萨罗和印加帝国

1. Smith, 'Networks, Territories, and the Cartography of Ancient States', 839f., 845.
2. Garcia-Zamor, 'Administrative Practices', 152–64. See also Heady, *Public Administration*, 163f.
3. Fukuyama, *Political Order and Political Decay*, 249–51.
4. Burbank and Cooper, *Empires in World History*, 163–6.
5. Morrissey, 'Archives of Connection'.

6. Barnett (ed.), *Encyclopedia of Social Networks*, vol. II, 703f.
7. Katarzyna et al., 'Genome-Wide Patterns of Population Structure'.
8. Zuñiga, Jean-Paul, 'Visible Signs of Belonging'.

16. 古登堡与马丁·路德

1. Dittmar, 'Information Technology and Economic Change'.
2. Naughton, *From Gutenberg to Zuckerberg*, 15–21.
3. Pettegree, *Brand Luther*, 334.
4. Dittmar and Seabold, 'Media, Markets, and Radical Ideas'.
5. Elizabeth Eisenstein, quoted in Gleick, *The Information*, 399
6. Ahnert and Ahnert, 'Protestant Letter Networks in the Reign of Mary I', 6.
7. Ibid., 27f.
8. Ahnert and Ahnert 'Metadata, Surveillance, and the Tudor State'.
9. For a new and comprehensive account, see Eire, *Reformations*.
10. Adamson, *Noble Revolt*.
11. Namier, *Structure of Politics*.

Part 03 通信与集会

17. 宗教改革的经济后果

1. Owen, *Clash of Ideas in World Politics*, 34f.
2. Cantoni, Dittmat and Yuchtman, 'Reformation and Reallocation'.
3. Dittmar, 'Welfare Impact of a New Good'.
4. Dittmar, 'Ideas, Technology and Economic Change'.
5. Dittmar, 'Welfare Impact of a New Good'.
6. Schich et al., 'Network Framework of Cultural History'.

18. 思想交易

1. Taylor et al., 'Geohistorical Study of "the Rise of Modern Science"'.
2. Hatch, 'Between Erudition and Science', 51, 55.
3. Ibid., 55.
4. Edelstein et al., 'Historical Research in a Digital Age', 411–13.
5. Lux and Cook, 'Closed Circles or Open Networks?'

6. From the 1661 Royal Charter: http://royalsociety.org/uploadedFiles/Royal_Society_Content/about-us/history/Charter1_English.pdf.
7. Rusnock, 'Correspondence Networks', 164.
8. Lux and Cook, 'Closed Circles or Open Networks?' 196f.
9. Carneiro et al., 'Enlightenment Science in Portugal'.
10. Lamikiz, *Trade and Trust*, 152.
11. See Gestrich and Beerbühl (eds.), *Cosmopolitan Networks*, and Caracausi and Jeggle (eds.), *Commercial Networks*.
12. Hancock, 'Trouble with Networks', 486–8.
13. Ibid., 489.
14. Erikson and Bearman, 'Malfeasance and the Foundations for Global Trade'.
15. Erikson, *Between Monopoly and Free Trade*, figure 5.
16. Erikson and Bearman, 'Malfeasance and the Foundations for Global Trade', 219.
17. Erikson, *Between Monopoly and Free Trade*, 19.
18. Ibid., 26.
19. Erikson and Bearman, 'Malfeasance and the Foundations for Global Trade', 226f.
20. Rothschild, *Inner Life of Empires*.
21. Ibid. See also http://www.fas.harvard.edu/~histecon/innerlife/index.html.
22. http://www.fas.harvard.edu/~histecon/innerlife/geography.html.

19. 启蒙运动中的网络

1. Edelstein et al., 'Historical Research in a Digital Age', 405.
2. Comsa et al., 'French Enlightenment Network', 498.
3. Ibid., 502.
4. Ibid., 507.
5. Ibid., 511.
6. Ibid., 513.
7. Goodman, 'Enlightenment Salons'. See also Goodman, *Republic of Letters* and (for a somewhat different view) Lilti, *World of the Salons*.
8. Comsa et al., 'French Enlightenment Network', 530.
9. Danskin, '"Hotbed of Genius"', 11.
10. Arcenas and Winterer, 'Correspondence Network of Benjamin Franklin'.
11. Winterer, 'Where is America in the Republic of Letters?'

20. 大革命中的网络

1. Starr, *Creation of the Media.*
2. Fischer, *Paul Revere's Ride*, KL 102–4.
3. Ibid., KL 128–33.
4. Gladwell, *Tipping Point*, 32, 35.
5. Ibid., 56f.
6. Ibid., 59f.
7. Wood, *American Revolution*, KL 568–9.
8. Middlekauff, *Glorious Cause*, KL 4437–45. See also Borneman, *American Spring*, KL 439–51.
9. Borneman, *American Spring*, KL 81–96.
10. Ibid., KL 1707–14.
11. Ibid., KL 1930–39.
12. Middlekauff, *Glorious Cause*, KL 4800–4824.
13. Ibid., KL 4825–31.
14. Borneman, *American Spring*, KL 2096–2138.
15. Ibid., KL 2175–81.
16. Han, 'Other Ride of Paul Revere'.
17. York, 'Freemasons', 315.
18. Morse, *Freemasonry and the American Revolution*, 23, 37, 41, 46, 50, 52, 62, 64f.
19. Bailyn, *Ideological Origins.*
20. York, 'Freemasons', 318.
21. Ibid., 325.
22. Clark, *Language of Liberty.*
23. York, 'Freemasons', 320.
24. Ibid., 320.
25. Ibid., 328.
26. Hackett, *That Religion*, 198f.
27. York, 'Freemasons', 323.
28. Hodapp, *Solomon's Builders*, 66f.
29. I am grateful to Joe Wäges for providing me with the relevant pages of the minute book for 30 November and 16 December 1773. The earlier meeting was adjourned 'on account of the few Brethren present (NB: Consignees of Tea took up the Brethren's Time)'. A contemporaneous drawing of the Green Dragon bears an inscription that reads: 'Where we met to Plan the Consignment of a few Shiploads of Tea. Dec. 16, 1773.' It is signed 'John Johnson, 4 Water Street, Boston'.

30. York, 'Freemasons', 326.
31. Hackett, *That Religion*, 198f.
32. Bullock, *Revolutionary Brotherhood*, 106f.
33. Ibid., 112f.
34. Ibid., 152f.
35. Ibid., 156.
36. Ibid., 301.
37. Alexander Immekus, 'Freemasonry', http://www.mountvernon.org/digital-encyclopedia/article/freemasonry/.
38. Patterson and Dougall, *Eagle and Shield*.
39. Hamilton, *Complete Works*, KL 84174–8.
40. Ibid., KL 35483–7.
41. Tocqueville, *Democracy in America*, Book I, chapter 2, Part I.
42. Ibid., Book I, chapter 12.
43. Ibid., Book II, chapter 5.

Part 04 等级制度的重建

21. 红与黑

1. Stendhal, *The Red and the Black*, KL 4034, 7742–3, 8343–5.

22. 从群体到暴政

1. Tackett, 'La grande peur'.
2. Lefebvre, *Great Fear*, 207ff.
3. See in general Andress (ed.), *Oxford Handbook of the French Revolution*.
4. Roberts, *Napoleon*, KL 1586–91, 2060–65.
5. Ibid., KL 9658–84.
6. Ibid., KL 9645–8.
7. Ibid., KL 9651–7.
8. Ibid., KL 9505–10.
9. Ibid., KL 10215–19.
10. Ibid., KL 9658–84.
11. Ibid., KL 6981–7, 7015–21, 9239–48.
12. Shy, 'Jomini'.
13. Clausewitz, *On War*, Book 8, ch. 6B.

23. 重建秩序

1. Ranke, 'Great Powers'.
2. Kissinger, *World Restored*, KL 102–19.
3. Ibid., KL 702–8. For a thorough discussion of Castlereagh's suicide, see Bew, *Castlereagh*, ch. 21.
4. Kissinger, *World Restored*, KL 1606–8.
5. Ibid., KL 5377–8, 5389.
6. Ibid., KL 5396–9.
7. Ibid., KL 6398–6400.
8. Ibid., 179.
9. Ibid., 80, 82.
10. Schroeder, *Transformation*, vii.
11. Slantchev, 'Territory and Commitment'.
12. Clark, *Hegemony in International Society*.
13. Holsti, 'Governance Without Government', 156.
14. Clark, *Hegemony in International Society*, 94–6.
15. Holsti, 'Governance Without Government', 152ff.
16. Ibid., 155f.
17. Ibid., 157.
18. Ibid., 164. See also Levy, *War in the Modern Great Power System*, table 4.1.
19. Hinsley, *Power and the Pursuit of Peace*, 214n.

24. 萨克森–科堡–哥达家族

1. Leopold to Victoria, 15 December 1843, in Benson and Esher (eds.), *Letters of Queen Victoria*, vol. I, 511.
2. *The Times*, 16 March 1863.
3. Nicholas, diary, 18 June 1893, in Maylunas and Mironenko, *Lifelong Passion*.
4. See Corti, *Alexander of Battenberg*.
5. Herbert von Bismarck, memorandum, 25 July 1888, in Dugdale (ed.) *German Diplomatic Documents*, vol. I, 365.
6. Nicholas, diary, 12 April 1894, in Maylunas and Mironenko, *Lifelong Passion*.
7. See Bernstein (ed.), *Willy–Nicky Correspondence*.
8. Royal Archives, Windsor, Geo. V., AA. 11, 2, Victoria to George [future George V], 26 June 1894.

25. 罗斯柴尔德家族

1. Dairnvaell, *Histoire édifiante et curieuse*, 8.
2. For details see Ferguson, *World's Banker*, 166f., 207, 294, 404, 409, 411, 530.
3. Anon., *Hebrew Talisman*, 28ff.
4. Iliowzi, *'In the Pale'*.
5. Prawer, *Heine's Jewish Comedy*, 331–5.
6. Rothschild Archive London (henceforth RAL), T20/34, XI/109/48/2/42, Nathan, Paris, to his brothers, 4 September, probably 1844.
7. RAL, XI/109/2/2/149, Salomon, Paris, to Nathan, London, 21 October 1815.
8. RAL, XI/109/2/2/153, Salomon and James, Paris, to Nathan, London, 25 October 1815.
9. RAL, T63 138/2, Salomon and James, Paris, to Nathan, London, 22 October 1817.
10. RAL, T29/181; XI/109/0/7/21, Carl, Frankfurt, to Salomon, 23 August 1814; RAL, T63/28/1, XI/109/8, Carl, Berlin, to his brothers, 4 November 1817.
11. RAL, T5/29, Braun, (James's clerk in) Paris, to James, London, 13 September 1813.
12. Rothschild, *Shadow of a Great Man*, 135–7.
13. Cathcart, *News from Waterloo*.
14. Gille, *Maison Rothschild*, vol. I, 187f.
15. Chateaubriand, *Correspondance générale*, vol. III, 663f.
16. Quennell (ed.), *Private Letters of Princess Lieven*, 237.
17. Davis, *English Rothschilds*, 132f.
18. RAL, T27/280, XI/109/7, James, Paris, to Salomon and Nathan, 18 June 1817.
19. Kynaston, *City*, vol. I, 54f.
20. Corti, *Rise*, 242.
21. Serre, *Correspondance du comte de Serre*, vol. IV, 249.
22. Aspinall (ed.), *Letters of King George IV*, vol. III, 175.
23. Corti, *Rise*, 424f., 427f.
24. Liedtke, *N. M. Rothschild & Sons*.
25. Fournier-Verneuil, *Paris: Tableau moral et philosophique*, 51–2, 64f.
26. Anon., *Annual Register, 1828*, 52.
27. Quoted in Glanz, 'Rothschild Legend in America', 20.
28. Kynaston, *City*, vol. I, p. 90f.

29. Cowles, *The Rothschilds*, 71.
30. Capefigue, *Grandes opérations*, vol. III, 103.
31. Pückler-Muskau, *Briefe*, 441.
32. Rubens, *Anglo-Jewish Portraits*, p. 299.
33. *The Times*, 15 January 1821.
34. Schwemer, *Geschichte*, vol. II, 149ff.
35. Balla, *Romance*, pp. 191ff.
36. Schwemer, *Geschichte*, vol. II, pp. 149ff.
37. RAL, XI/82/9/1/100, Amschel, Frankfurt, to James, Paris, 30 April 1817.
38. Byron, *Don Juan*, Canto XII, verses 4–10.
39. Reeves, *Rothschilds*, 101.
40. Gille, *Maison Rothschild*, vol. I, 487.

26. 工业网络

1. Buxton (ed.), *Memoirs*, 354.
2. RAL, I/218/I, Nathan to J. A. Matti, Frankfurt, 29 December 1802.
3. RAL, I/218/36, Nathan to Sichel & Hildesheimer, Frankfurt, 17 October 1802.
4. Moon, *Social Networks in the History of Innovation and Invention*, KL 492–4.
5. Pearson and Richardson, 'Business Networking in the Industrial Revolution', 659f.
6. Lamoreaux et al., 'Beyond Markets and Hierarchies', 16.
7. Moon, *Social Networks in the History of Innovation*, KL 498–504.
8. The idea comes from the economic historian Anton Howes: http://antonhowes.tumblr.com/post/143173119024/how-innovation-accelerated-in-britain-1651–1851.
9. Moon, *Social Networks in the History of Innovation*, KL 2128–37.
10. For a network study of 1848 that focuses on petition-signers in the city of Esslingen in Württemberg, see Lipp and Krempel, 'Petitions and the Social Context of Political Mobilization', 169.
11. Colley, *Britons*.
12. Davis, *Inhuman Bondage*, 235.
13. Drescher, 'Public Opinion and Parliament', 64.
14. Davis, *Inhuman Bondage*, 245.
15. See the seminal work of Williams, *Capitalism and Slavery*, which is now outdated. A more compelling recent account is Ryden, 'Does Decline Make Sense?'

16. Williams, *Capitalism and Slavery*, 150.
17. Loewe (ed.), *Montefiore Diaries*, vol. I, 97ff.
18. Buxton (ed.), *Memoirs*, 353ff.
19. Dimock, 'Queen Victoria, Africa and Slavery'.

27. 从五国分权到霸权主义

1. The eleven were: Austria–Hungary, Belgium, France, Germany, Italy, Netherlands, Portugal, Spain, Russia, the United Kingdom and the United States. Author's calculations, based on data in the *Statesman's Yearbook*.
2. See in general Ferguson, *Empire*.

Part 05 圆桌骑士

28. 帝国生活

1. See in general Lownie, *John Buchan*.
2. Cannadine, 'John Buchan'.
3. Quigley, *Anglo-American Establishment*, 3.
4. Ibid., 49.
5. Ibid., 4f.

29. 帝国

1. Cannadine, *Ornamentalism*, 124.
2. Ferguson, *Empire*, 230.
3. Ansell, 'Symbolic Networks'.
4. Standage, *Victorian Internet*, 97.
5. Gooch (ed.), *Diaries*, 26 July 1866, 143f.
6. Ibid., 147.
7. Spar, *Ruling the Waves*.
8. Jackson, *Thief at the End of the World*, 170. See also Dean, *Brazil and the Struggle for Rubber*.
9. Klaus, *Forging Capitalism*.
10. Lester, 'Imperial Circuits and Networks'.
11. Vera and Schupp, 'Bridges over the Atlantic'.
12. Ingram and Lifschitz, 'Kinship in the Shadow of the Corporation'.

13. Carnegie, 'Wealth'.
14. See Flandreau and Jobst, 'Ties That Divide'.
15. Tworek, 'Magic Connections'.
16. Taylor, Hoyler and Evans, 'Geohistorical Study',
17. Heidler et al., 'Relationship Patterns'.
18. Brudner and White, 'Class, Property and Structural Endogmany'.
19. Plakans and Wetherell, 'Kinship Domain in an East European Peasant Community', 371.
20. Fontane, *Stechlin*, 77.
21. See Lipp, 'Kinship Networks'.

30. 太平天国

1. Campbell and Lee, 'Kin Networks'.
2. Keller, '"Yes, Emperor"'.
3. Kuhn, *Soulstealers*, 220.
4. Ter Haar, *White Lotus Teachings*, esp. 239f.
5. Kuhn, *Soulstealers*, 228f.
6. Duara, *Culture, Power and the State.*
7. Platt, *Autumn in the Heavenly Kingdom*, 43.
8. Taylor, *Five Years in China*. See also Cooke, *China*, 106–8.

31. "中国人必须走"

1. McKeown, 'Chinese Emigration', table 1, 156.
2. United States Congress, *Report of the Joint Special Committee*, iv–viii.
3. Gibson, *Chinese in America*, 281–373.
4. Bryce, 'Kearneyism', vol. II, pp. 385–406.
5. See Lee, *At America's Gates*, ch. 1.
6. Moretti, 'Social Networks and Migrations'.
7. Lee, *At America's Gates*, 25.

32. 南非联邦

1. Oxford and Asquith, *Memories and Reflections*, 213f.
2. Quigley, *Anglo-American Establishment*, 3.

3. Ferguson, *World's Banker*, ch. 27.
4. Quigley, *Anglo-American Establishment*, ch. 4.
5. May, 'Milner's Kindergarten'.
6. Ibid.
7. Nimocks, *Milner's Young Men*, 44.
8. Ibid., 18.
9. Ibid., 19.
10. Ibid., 20.
11. Magubane, *Making of a Racist State*, 300f.
12. Louw, *Rise, Fall, and Legacy of Apartheid*, 15.
13. Quigley, *Anglo-American Establishment*, ch. 4.
14. Louw, *Rise, Fall, and Legacy of Apartheid*, 10.
15. Darwin, *Empire Project*, 217–54.
16. Marks and Trapido, 'Lord Milner and the South African State', 73.
17. Ibid., 69–71.
18. Louw, *Rise, Fall, and Legacy of Apartheid*, 12.
19. Nimocks, *Milner's Young Men*, viii–ix.

33. 剑桥使徒社

1. Levy, *Moore*, 65–122.
2. Allen, *Cambridge Apostles*, 86.
3. Levy, *Moore*, 22–5.
4. Skidelsky, *Keynes*, vol. I, 118.
5. Ibid., 240.
6. Lubenow, *Cambridge Apostles*, 69; Allen, *Cambridge Apostles*, 21.
7. Allen, *Cambridge Apostles*, 1.
8. Lubenow, *Cambridge Apostles*, 148. See table 3.1.
9. Ibid., 176.
10. Ibid., 190f.
11. Allen, *Cambridge Apostles*, 20.
12. Levy, *Moore*, 7.
13. Ibid., 296.
14. Skidelsky, *Keynes*, vol. I, 115.
15. Ibid., 127f., 235.
16. Hale (ed.), *Friends and Apostles*.
17. Skidelsky, *Keynes*, I, 116.
18. Ibid., 134f.
19. Ibid., vol. I, 181.

20. Ibid., vol. I, 142f.
21. Forster, *What I Believe*.
22. Skidelsky, *Keynes*, vol. I, 239f.
23. McGuinness, *Wittgenstein*, 95f., 118, 146–50.
24. Hale (ed.), *Friends and Apostles*, 284.
25. Skidelsky, *Keynes*, vol. I, 319.
26. Lubenow, *Cambridge Apostles*, 194.
27. Skidelsky, *Keynes*, vol. I, 324.
28. Ibid., 243f., 247.
29. Dolton, 'Identifying Social Network Effects'.
30. Ibid.
31. Forster, *Howard's End*, 214.

34. 大决战

1. For more detail see Offer, *First World War*.
2. For a compelling recent account, see Clark, *Sleepwalkers*.
3. Schroeder, 'Economic Integration and the European International System'.
4. Kissinger, *World Order*, 78.
5. Ibid., 233.
6. Ibid., 80, 82.
7. Thompson, 'Streetcar Named Sarajevo', 470.
8. Antal, Krapivsky and Redner, 'Social Balance on Networks', 135.
9. Gartzke and Lupu, 'Trading on Preconceptions'.
10. Vasquez and Rundlett, 'Alliances as a Necessary Condition of Multi-party Wars', 15.
11. Maoz, *Networks of Nations,* 38f.
12. Lebow, 'Contingency, Catalysts and Non-Linear Change', 106f.
13. Trachtenberg, 'New Light on 1914?'
14. Schroeder, 'Necessary Conditions', 183., 191f.
15. Lichnowsky to Foreign Office, 29 July 1914, quoted in Trachtenberg, 'New Light on 1914?'
16. Grey to Goschen, 31 July 1914, quoted in Trachtenberg, 'New Light on 1914?'
17. Karl Kraus, *Die Fackel*, vol. 22 (1920), 23.
18. Buchan, *Greenmantle*, KL 118–37.

Part 06 瘟疫与魔笛手
35. 绿斗篷

1. Chi et al., 'Spatial Diffusion of War', 64f.
2. See in general Hopkirk, *Like Hidden Fire*.
3. Al-Rawi, 'Buchan the Orientalist'.
4. Keller, 'How to Spot a Successful Revolution in Advance'.
5. McMeekin, *Berlin–Baghdad Express*, 15–16f.
6. Habermas, 'Debates in Islam', 234–5.
7. Berghahn, *Germany and the Approach of War*, 138ff.
8. McMurray, *Distant Ties*, KL 1808–21.
9. Landau, *Pan-Islam*, 94–8.
10. Geiss, *July 1914*, doc. 135.
11. Motadel, *Islam and Nazi Germany's War*, 19f.
12. McMurray, *Distant Ties*, KL 1826–38.
13. Ibid., KL 1850–56.
14. Rogan, *Fall of the Ottomans*, 40f.
15. Rogan, 'Rival Jihads', 3f.
16. McMeekin, *Berlin–Baghdad Express*, 87
17. Ibid., 376, n.8.
18. Ibid., 124.
19. 'The Ottoman Sultan's Fetva: Declaration of Holy War', 15 November 1914 in Charles F. Horne (ed.), *Source Records of the Great War*, vol. III (New York: National Alumni, 1923): http://www.firstworldwar.com/source/ottoman_fetva.htm.
20. Motadel, *Islam and Nazi Germany's War*, 19.
21. McMeekin, *Berlin–Baghdad Express*, 125.
22. Schwanitz, 'Bellicose Birth', 186–7.
23. Motadel, *Islam and Nazi Germany's War*, 21–5.
24. McMeekin, *Berlin–Baghdad Express*, 135. See also Morgenthau, *Secrets of the Bosphorus*, 110.
25. Landau, *Pan-Islam*, 98; Zürcher, *Jihad and Islam in World War I*, 83.
26. McKale, 'British Anxiety'.
27. Al-Rawi, 'John Buchan's British-Designed Jihad'.
28. McKale, 'British Anxiety'.
29. Motadel, *Islam and Nazi Germany's War*, 21–5.
30. Gussone, 'Die Moschee im Wünsdorfer "Halbmondlager"'.
31. Fogarty, 'Islam in the French Army', 25f.
32. Trumpener, *Germany and the Ottoman Empire*, 117f.

33. McMeekin, *Berlin–Baghdad Express*, 283.
34. Zürcher, 'Introduction', 24. See also Aksakal, '"Holy War Made in Germany?"' and 'Ottoman Proclamation of Jihad'.
35. Rutledge, *Enemy on the Euphrates*, 33–7.
36. McKale, 'Germany and the Arab Question', 249f., n.13.
37. Ibid., 238f.
38. Al-Rawi, 'John Buchan's British-Designed Jihad'.
39. Schwanitz, 'Bellicose Birth', 195f.
40. Fogarty, 'Islam in the French Army', 31–3.
41. Ahmad, 'Great War and Afghanistan's Neutrality', 203–12.
42. Rogan, 'Rival Jihads', 6–7.
43. Darwin, *Empire Project*, 295–7.
44. McKale, *War by Revolution*, 171.
45. McKale, 'British Anxiety'.
46. Rutledge, *Enemy on the Euphrates*, 33–7.
47. Cleveland and Bunton, *History of the Modern Middle East*, 132f.
48. Rogan, *Fall of the Ottomans*, 280f.
49. McKale, 'British Anxiety'.
50. McKale, 'Germany and the Arab Question', 246; Rogan, 'Rival Jihads', 14–16.
51. Rogan, *The Arabs*, 150f.
52. Ibid., 151f.
53. McKale, 'British Anxiety'.
54. McKale, 'Germany and the Arab Question', 244.

36. 瘟疫

1. McMeekin, *Russian Revolution*, 127–36.
2. Ibid., 206f.
3. Ibid., 155f.
4. Ibid., 163.
5. Ibid., 174.
6. Ibid., 195f.
7. Figes, *People's Tragedy*, 703.
8. McMeekin, *Russian Revolution*, 260ff.
9. Figes, *People's Tragedy*, 630.
10. Volkogonov, *Lenin*, 69f.
11. Figes, *People's Tragedy*, 631.
12. Leggett, *Cheka*, 108.

13. Ferguson, *War of the World*, 206.
14. Service, *Twentieth-Century Russia*, 108.
15. Kotkin, *Stalin*, vol. I, 433.
16. Ferguson, *War of the World*, 152.
17. Applebaum, *Gulag*.
18. Service, *Twentieth-Century Russia*, 117f.
19. Ferguson, *War of the World*, 210.

37. 领袖原则

1. Calculated from the data in Laqueur, *Fascism* table 15, and Larsen, et al., *Who Were the Fascists?* table 1.
2. Herf, *Jewish Enemy*, KL 463–9.
3. The definitive work is Falter, *Hitlers Wähler*.
4. O'Loughlin, Flint and Anselin, 'Geography of the Nazi Vote'.
5. Ferguson, *War of the World*, 239.
6. Burleigh, *Third Reich*, 116.
7. Ibid., 194.
8. Ibid., 259.
9. Ibid., 5.
10. Satyanath, Voigtländer and Voth, 'Bowling for Fascism'.
11. Herf, *Jewish Enemy*, KL 347–65.

38. "黄金国际"的坠落

1. Voigtländer and Voth, 'Persecution Perpetuated'.
2. Miller Lane and Rupp (eds.), *Nazi Ideology before 1933*, KL 168–77.
3. Ibid., KL 165–216.
4. Herf, *The Jewish Enemy*, KL 81–9. See also Cohn, *Warrant for Genocide*.
5. Friedländer, *Nazi Germany and the Jews*, 77f.
6. See in general Mosse, 'Die Juden in Wirtschaft und Gesellschaft', and *Jews in the German Economy*.
7. Windolf, 'German-Jewish Economic Elite', 137, 157.
8. Valentin, *Antisemitism*, 198f.
9. Windolf, 'German-Jewish Economic Elite', 158f. See also 152, 155.

10. Meiring, *Christlich-jüdische Mischehe*, table 1.
11. Jones, *In the Blood*, 158ff.
12. Ruppin, *Soziologie der Juden*, vol. I, 211f.; Hanauer, 'Jüdische-christliche Mischehe', table 2; Della Pergola, *Jewish and Mixed Marriages*, 122–7.
13. Ruppin, *Soziologie der Juden*, vol. I, 211f.
14. Burleigh and Wippermann, *Racial State*, 110.
15. Burgdörfer, 'Juden in Deutschland', 177.
16. Raab, 'More than just a Metaphor'.
17. Friedländer, *Nazi Germany and the Jews*, 19.
18. Ibid., 24.
19. Ibid., 234.
20. Ibid., 25–6.
21. Ibid., 259–60; Barkai, *From Boycott to Annihilation*, 75.
22. Barkai, *From Boycott to Annihilation*, 152f.
23. Ibid., 153.
24. Baynes (ed.) *Speeches of Adolf Hitler*, vol. I, 737–41.
25. Kopper, 'Rothschild family', 321ff.
26. Nicholas, *Rape*, 39.
27. Heimann-Jelinek, '"Aryanisation" of Rothschild Assets'.
28. Details are in Nicholas, *Rape*.
29. Ferguson, *Kissinger*, vol. I, 72, 80.
30. Düring, 'Dynamics of Helping Behaviour'.
31. Fallada, *Alone in Berlin*.

39. 剑桥五人组

1. Cooper, *Diaries*, 274.
2. See in general Bloch, *Ribbentrop*.
3. Lownie, *Burgess*, 29.
4. Deacon, *Cambridge Apostles*, 103.
5. Lownie, *Burgess*, 34f.
6. Andrew and Gordievsky, *KGB*, 206, 209.
7. Ibid., 193ff.
8. Andrew, *Defence of the Realm*, 169ff.
9. Lownie, *Burgess*, 54.
10. Deacon, *Cambridge Apostles*, 107f.
11. Ibid., 115, 134.

12. Andrew and Gordievsky, *KGB*, 216.
13. Ibid., 221.
14. Macintyre, *Spy Among Friends*, 44ff.
15. Andrew and Gordievsky, *KGB*, 213.
16. Ibid., 184.
17. Ibid., 213.
18. Lownie, *Burgess*, 55.
19. Ibid., 136.
20. Ibid., 96.
21. Andrew, *Defence of the Realm*, 270; Andrew and Gordievsky, *KGB*, 300.
22. Andrew, *Defence of the Realm*, 270.
23. Lownie, *Burgess*, 130; Andrew, *Defence of the Realm*, 272.
24. Andrew, *Defence of the Realm*, 280, 289.
25. Andrew and Gordievsky, *KGB*, 296f.
26. Lownie, *Burgess*, 131, 147.
27. Ibid., 132, 160; Andrew, *Defence of the Realm*, 272, 280.
28. Andrew, *Defence of the Realm*, 219, 261.
29. Ibid., 268.
30. Ibid., 341; Andrew and Gordievsky, *KGB*, 297.
31. Andrew, *Defence of the Realm*, 281, 333.
32. Macintyre, *Spy Among Friends*, 144.
33. Andrew, *Defence of the Realm*, 339ff.
34. Ibid., 343.
35. Ibid., 422.
36. Andrew and Gordievsky, *KGB*, 399f.
37. Andrew, *Defence of the Realm*, 422f.
38. Ibid., 420–24.
39. Ibid., 424.
40. Ibid., 431.
41. Ibid., 432–5, rebuts Peter Wright's claims that there was a cover-up only explicable in terms of higher-level Soviet penetration of British intelligence.
42. Ibid., 436.
43. Macintyre, *Spy Among Friends*, 291.
44. Andrew and Gordievsky, *KGB*, 6.
45. Andrew, *Defence of the Realm*, 429.
46. Andrew and Gordievsky, *KGB*, 429, 436, 439ff., 707.

40. 相见恨晚

1. McSmith, *Fear and the Muse Kept Watch*, KL 5069–70.
2. Ibid., KL 5109–19.
3. Ibid., KL 5138.
4. Ibid., KL 5139–55.
5. Ibid., KL 5158–60.
6. Ibid., KL 5185–97.
7. Berlin, *Enlightening*, KL 2139–42.
8. Berlin, *Letters*, 599f.
9. For Berlin's detailed recollection of the encounter, written thirty-five years after the fact, see Berlin, *Personal Impressions*, KL 4628–4998.
10. Hausheer, 'It Didn't Happen'.
11. Ignatieff, *Berlin*, KL 3252–79.
12. She can be heard reading 'Cinque' in this recording from her visit to Oxford in June 1965, a year before her death: https://podcasts.ox.ac.uk/anna-akhmatova-reading-her-poems-about-isaiah-berlin-oxford-1965.
13. Dalos, *Guest from the Future*, 7, 86.
14. Akhmatova, *Word that Causes Death's Defeat*, 152.
15. McSmith, *Fear and the Muse Kept Watch*, KL 5271. Preposterously, Churchill wanted Berlin's help as a translator to help him obtain ice for some caviar he had acquired.
16. Dalos, *Guest from the Future*, 67.
17. Ignatieff, *Berlin*, KL 3252–79.
18. Dalos, *Guest from the Future*, 67f.
19. McSmith, *Fear and the Muse Kept Watch*, KL 5354–68.
20. Ibid., KL 5352.
21. Berlin, *Enlightening*, KL 2056–74. See also Dalos, *Guest from the Future*, 59–61.
22. Berlin, *Enlightening*, KL 1047–56, 1059–69.
23. Ignatieff, *Berlin*, KL 3284–3350; McSmith, *Fear and the Muse Kept Watch*, KL 5399–5414.
24. Berlin, *Enlightening*, KL 10773–4, 10783–10806, 10818–64, 10865–71.
25. Ibid., KL 16680–82; Dalos, *Guest from the Future*, 124–7, 133.
26. Dalos, *Guest from the Future*, 64f.

41. 少管所里的艾拉

1. MacDougall, 'Long Lines'.
2. See in general Wu, *Master Switch*.
3. MacDougall, 'Long Lines', 299, 308f., 318.
4. Wu, *Master Switch*, 8.
5. Ibid., 9.
6. Ibid., 113.
7. Christopher Wolf, 'The History of Electronic Surveillance, from Abraham Lincoln's Wiretaps to Operation Shamrock', Public Radio International, 7 November 2013.
8. Starr, *Creation of the Media*, 348.
9. Ibid., 363f.
10. Gambetta, *Sicilian Mafia*.
11. Jonathan Steinberg, 'Capos and Cardinals', *London Review of Books*, 17 August 1989.
12. Duggan, *Fascism and the Mafia*.
13. Scotten, 'Problem of the Mafia'. I am indebted to my student Frank Tamberino for this reference. See Tamberino, 'Criminal Renaissance'.
14. Lewis, 'The Honored Society', *New Yorker*, 8 February 1964, 42–105, and the longer *Honoured Society*. Also illuminating, the same author's *Naples '44*.
15. McAdam, *Political Process and the Development of Black Insurgency*, 90.
16. Ibid., 129
17. Jackson et al., 'Failure of an Incipient Social Movement', 36.
18. See Kurtz, *Not-God*; White and Kurtz, 'Twelve Defining Moments'; Makela et al., (eds.), *Alcoholics Anonymous*; Kelly and Yeterian, 'Mutual-Help Groups'.
19. Kurtz, *Not-God*, 64.
20. White and Kurtz, 'Twelve Defining Moments', 44f.
21. Ohler, *Blitzed*.

Part 07 主宰丛林

42. 长久和平期

1. Jackson and Nei, 'Networks of Military Alliances', 15279. See also Levina and Hillmann, 'Wars of the World', Lupu and Traag, 'Trading Communities', and Maoz, 'Network Polarization'.

2. Dorussen and Ward, 'Trade Networks'.
3. Haim, 'Alliance Networks and Trade', 28.
4. Johnson and Jordan, 'Web of War'.
5. Keller, '(Why) Do Revolutions Spread?'

43. 将军

1. Forester, *The General*, 222.
2. Samuels, *Command or Control*; Gudmundsson, *Stormtroop Tactics*.
3. Marston, 'Lost and Found in the Jungle', KL 2065.
4. Pocock, *Fighting General*, KL 1537–77.
5. Mumford, *Counter-Insurgency Myth*, 37f.
6. Beckett and Pimlott, *Counter-Insurgency*, 20.
7. Strachan, 'British Counter-Insurgency from Malaya to Iraq', 10.
8. Pocock, *Fighting General*, KL 2113–33.
9. Ibid., KL 2204–9.
10. Walker, 'How Borneo was Won', 11.
11. Walker, 'How Borneo War Won', 19.
12. Ibid., 9f.
13. Ibid., 10.
14. Ibid., 14.
15. Cross, *'Face Like a Chicken's Backside'*, 142f.
16. Ibid., 157.
17. Rosentall, '"Confrontation": Countering Indonesian Insurgency', 102.
18. Beckett and Pimlott, *Counter-Insurgency*, 110.
19. Walker, 'How Borneo Was Won', 12.
20. Ibid., 9.
21. Ibid., 17.

44. 复杂性的危机

1. 'General Sir Walter Walker', *Daily Telegraph*, 13 August 2001.
2. O'Hara, *From Dreams to Disillusionment*.
3. Scott, *Seeing Like a State*, 348.
4. Bar-Yam, 'Complexity Rising', 26.
5. See Bar-Yam, *Dynamics of Complex Systems*, 804–9.

6. Quoted in Thompson et al. (eds.), *Markets, Hierarchies and Networks*, 297.
7. Barabási, *Linked*, 201.
8. Lamoreaux et al., 'Beyond Markets and Hierarchies', 43f.
9. Ibid., 48f.
10. Chanda, *Bound Together*, 248.
11. Theodore Levitt, 'The Globalization of Markets', *Harvard Business Review* (May 1983).
12. Powell, 'Neither Market nor Hierarchy', quoted in Thompson et al. (eds.), *Markets, Hierarchies and Networks*, 270.
13. Ibid., 271f.
14. Ibid., 273f.
15. Rhodes, 'New Governance', 665.
16. Thompson, *Between Hierarchies and Markets*, 133.

45. 亨利·基辛格的权力网络

1. Ferguson, *Kissinger*, xiv.
2. Ibid., 310.
3. Ibid., 502.
4. Ibid., 728.
5. Ibid., 806.
6. Ibid., 807.
7. Ibid., 841.
8. Ibid., 849.
9. 'Principles, Structure and Activities of Pugwash for the Eleventh Quinquennium, 2007–2012': https://en.wikipedia.org/wiki/Pugwash_Conferences_on_Science_and_World_Affairs
10. Evangelista, *Unarmed Forces*, 32f.
11. Ibid., 33.
12. Staar, *Foreign Policies*, 86.
13. Ferguson, *Kissinger*, 505.
14. Ibid., 736.
15. Ibid., 740.
16. See Appendix.
17. 'Superstar Statecraft: How Henry Does It', *Time*, 1 April 1974.
18. Ibid.
19. Ibid.
20. Sargent, *Superpower Transformed*, 158.

21. Ibid., 159.
22. Ibid., 176.
23. Notably Cooper, *Economics of Interdependence*, and Keohane and Nye, *Power and Interdependence*.
24. 'Interdependence Day', *The New York Times*, 4 July 1976.
25. Brzezinski, *Between Two Ages*.
26. Bearman and Everett, 'Structure of Social Protest', 190f.
27. Henry A. Kissinger, 'The Need to Belong', *The New York Times*, 17 March 1968.
28. http://www.pbs.org/newshour/bb/white_house-july-dec11-nixontapes_11-25/.

46. 进入硅谷

1. Barabási, *Linked*, 147.
2. Conway, 'How Do Committees Invent?'
3. Ibid.
4. Caldarelli and Catanzaro, *Networks*, 37.
5. Naughton, *From Gutenberg to Zuckerberg*, 45f.
6. Caldarelli and Catanzaro, *Networks*, 38.
7. Newman, *Networks*, 19f.
8. Brinton and Chiang, *Power of Networks*, 245.
9. Ibid., 297.
10. On the forerunners to the World Wide Web, see Hall, 'Ever Evolving Web'.
11. Castells, *Rise of the Network Society*, 63f. See also Newman, *Networks*, 5.
12. Caldarelli and Catanzaro, *Networks*, 39f., 43f.
13. Garton Ash, *Free Speech*, KL 494–496.
14. https://w2.eff.org/Censorship/Internet_censorship_bills/barlow_0296.declaration.
15. Goldsmith and Wu, *Who Controls the Internet?*, 21.
16. Ibid., 24.
17. Ibid., 15.
18. Ibid., ch. 3.

47. 苏联帝国的没落

1. Benjamin Peters, 'The Soviet InterNyet', *Aeon*, 17 October 2016.
2. National Security Agency, 'Dealing with the Future: The Limits of Forecasting', 100: http://www.nsa.gov/public_info/_files/cryptologic_quarterly/limits_forecasting.pdf.
3. Osa, *Solidarity and Contention*, 117f.
4. Ibid., 165.
5. Malcolm Gladwell, 'Small Change: Why the Revolution Will Not Be Tweeted', *New Yorker*, 4 October 2010.
6. Grdesic, 'Television and Protest in East Germany's Revolution', 94.

48. 达沃斯的胜利

1. Navidi, *Superhubs*, 95.
2. Nick Paumgarten, 'Magic Mountain: What Happens at Davos?' *New Yorker*, 5 March 2012.
3. https://www.weforum.org/agenda/2013/12/nelson-mandelas-address-to-davos-1992/.
4. Paul Nursey-Bray, 'The Solid Mandela', *Australian Left Review* (June 1992), 12–16.
5. Barnard and Popescu, 'Nelson Mandela', 241f.
6. Sampson, *Mandela*, 427.
7. Ibid., 429.
8. Jake Bright, 'Why the Left-Leaning Nelson Mandela was such a Champion of Free Markets', 6 December 2013: http://qz.com/155310/nelson-mandela-was-also-a-huge-champion-of-free-markets/.
9. Ronnie Kasrils, 'How the ANC's Faustian Pact Sold Out South Africa's Poorest', *Guardian*, 24 June 2013: https://www.theguardian.com/commentisfree/2013/jun/24/anc-faustian-pact-mandela-fatal-error.
10. Anthony Monteiro, 'Mandela and the Origins of the Current South African Crisis', 24 February 2015: https://africanamericanfutures.com/2015/02/24/mandela-and-the-origins-of-the-current-south-african-crisis/. See also Monteiro, 'Nelson Mandela: The Contradictions of His Life and Legacies', *Black Agenda Report*, 12 November 2013: http://www.blackagendareport.com/content/nelson-mandela-contradictions-his-life-and-legacies.
11. Sampson, *Mandela*, 428. See also Gumede, *Thabo Mbeki*, 81–4.

12. Ken Hanly, 'Mandela and Neo-Liberalism in South Africa', 18 December 2013: http://www.digitaljournal.com/news/politics/op-ed-mandela-and-neo-liberalism-in-south-african/article/364193. See also Danny Schechter, 'Blurring Mandela and Neo-Liberalism', 14 December 2013: http://www.truthdig.com/report/print/blurring_mandela_and_neoliberalism_20131214. Cf. Schechter, *Madiba A to Z*, KL 1619–61.
13. Klein, *Shock Doctrine*, 216f.
14. Landsberg, *Quiet Diplomacy of Liberation*, 107–10.
15. Andrew Ross Sorkin, 'How Mandela Shifted Views on Freedom of Markets', *The New York Times*, 9 December 2013. See also Barnard and Popescu, 'Nelson Mandela', 247.
16. Sampson, *Mandela*, 428f.

49. 英格兰银行的崩溃

1. This section draws on Ferguson and Schlefer, 'Who Broke the Bank of England?'
2. Stevenson, 'First World War and European Integration'.
3. For more details, see Ferguson, 'Siegmund Warburg, the City of London and the Financial Roots of European Integration'.
4. For an introduction, see Kerr, *History of the Eurobond Market*.
5. Milward, *European Rescue of the Nation-State*.
6. Schenk, 'Sterling, International Monetary Reform and Britain's Applications'.
7. Ferguson, *High Financier*, 229.
8. Granville, Cruz and Prevezer, 'Elites, Thickets and Institutions'.
9. Ferguson, *High Financier*, 230.
10. Lamont, *In Office*, 124.
11. Major, *Autobiography*, 271f.
12. Ibid., 275f.
13. Ibid., 284.
14. Ibid., 288.
15. Soros, *George Soros on Globalization*, 131.
16. Eichengreen and Wyplosz, 'Unstable EMS', 85.
17. Lamont, *In Office*, 201.
18. Major, *Autobiography*, 313. See also 'Nearer to No', *Economist*, 29 August 1992.
19. Major, *Autobiography*, 313–15, 325.
20. Lamont, *In Office*, 212f., 227.

21. Ivan Fallon, 'John Major's Days of Pain: The Sterling Fiasco', *Sunday Times*, 20 September 1992.
22. 'Sterling Knocked by EMU Worries', *The Times,* 10 June 1992.
23. Major, *Autobiography*, 316, 325.
24. Stephens, *Politics and the Pound*, 219.
25. Lamont, *In Office*, 216.
26. Ibid., 227f.
27. Peter Kellner, David Smith and John Cassidy, 'The Day the Pound Died', *Sunday Times*, 6 December 1992.
28. Lamont, *In Office*, 228.
29. Matthew Lynn and David Smith, 'Round One to Lamont – Norman Lamont', *Sunday Times,* 30 August 1992.
30. Lamont, *In Office*, 229.
31. 'Schlesinger's Schadenfreude – Diary', *The Times ,* 18 September 1992.
32. Peter Kellner, David Smith and John Cassidy, 'The Day the Pound Died', *Sunday Times*, 6 December 1992.
33. Lamont, *In Office*, 236.
34. Ibid., 238.
35. Colin Narbrough and Wolfgang Munchau, 'Another Innocent Gaffe from the Bundesbank', *The Times*, 10 September 1992; David Smith, 'Lamont's Troubles in Triplicate', *Sunday Times,* 13 September 1992.
36. Philip Webster, 'Bundesbank Chief Raises Spectre of Devaluation', *The Times,* 16 September 1992; Christopher Huhne, 'Inside Story: The Breaking of the Pound', *Independent on Sunday*, 20 September 1992. Cf. Major, *Autobiography*, 329.
37. Lamont, *In Office*, 244f.
38. Peter Kellner, David Smith and John Cassidy, 'The Day the Pound Died', *Sunday Times*, 6 December 1992; Robert Chote and Nicholas Timmins, 'Pound Faces Toughest Test after EC Bows to Markets: German Interest Rate to Fall as Lira is Devalued in ERM Rescue', *Independent,* 13 September 1992.
39. Eichengreen and Wyplosz, 'Unstable EMS', 107.
40. 'Forever Falling?' *Economist,* 29 August 1992.
41. Christopher Huhne, 'Schlesinger: A Banker's Guilt', *Independent,* 1 October 1992.
42. Soros, 'Theory of Reflexivity', 7.
43. Soros, *Soros on Soros*, 12
44. Mallaby, *More Money Than God*, 435.
45. 'A Ghastly Game of Dominoes', *Economist,* 19 September 1992.
46. Mallaby, *More Money Than God*, 156f.

47. Abdelal, 'Politics of Monetary Leadership', 250.
48. Duncan Balsbaugh, 'The Pound, My Part in Its Downfall and Is It Time to Fight the Central Banks Again?' *IFR Review of the Year 2015*: http://www.ifre.com/the-pound-my-part-in-its-downfall-and-is-it-time-to-fight-the-central-banks-again/21223291.fullarticle. For other accounts with somewhat different figures, see Kaufman, *Soros*, 239; Mallaby, *More Money Than God*, 435. See also Drobny, *Inside the House of Money*, 274f.
49. Soros, *Soros on Soros*, 22. See also Soros and Schmitz, *Tragedy of the European Union*, 59f.
50. Kaufman, *Soros*, 239. Emphasis added.
51. Lamont, *In Office*, 249.
52. Anatole Kaletsky, 'How Mr Soros Made a Billion by Betting against the Pound', *The Times* , 26 October 1992.
53. Ibid.
54. Mallaby, *More Money Than God*, 160–66.
55. Eichengreen and Wyplosz, 'Unstable EMS', 60.
56. Engdahl, 'Secret Financial Network'.
57. Flavia Cymbalista with Desmond MacRae, 'George Soros: How He Knows What He Knows, Part 2: Combining Theory and Instinct', *Stocks, Futures and Options*, 9 March 2004.
58. James Blitz, 'How Central Banks Ran into the Hedge', *Financial Times*, 30 September 1992.
59. Balsbaugh, 'The Pound, My Part in Its Downfall'.
60. Thomas Jaffe and Dyan Machan, 'How the Market Overwhelmed the Central Banks', *Forbes*, 9 November 1992. See also Mallaby, *More Money Than God*, 435.
61. Kaletsky, 'How Mr Soros Made a Billion'.
62. Soros, *Soros on Soros*, 82.
63. Lamont, *In Office*, 259.
64. Slater, *Soros*, 180.
65. Ibid., 181.
66. Roxburgh, *Strained to Breaking Point*, 163; Matthew Tempest, 'Treasury Papers Reveal Cost of Black Wednesday', *Guardian*, 9 February 2005.
67. Johnson, 'UK and the Exchange Rate Mechanism', 97f.
68. Major, *Autobiography*, 312, Lamont, *In Office*, 285.
69. Kaletsky, 'How Mr Soros Made a Billion'.
70. 'Half-Maastricht', *Economist*, 26 September 1992.

Part 08 巴别塔图书馆

50. 2001年9月11日

1. Borges, 'Library of Babel'.
2. On the powerful developmental effects of the international air transport network, Campante and Yanagizawa-Drott, 'Long-Range Growth'. On the tendency of the American system to produce delays even in normal conditions, see Mayer and Sinai, 'Network Effects'.
3. Calderelli and Catanzaro, *Networks* 40f.
4. Thomas A. Stewart, 'Six Degrees of Mohamed Atta', *Business 2.0*, December 2001.
5. Krebs, 'Mapping Networks of Terrorist Cells', 46–50.
6. Ibid., 51.
7. Jeff Jonas and Jim Harper, 'Effective Counterterrorism and the Limited Role of Predictive Data Mining', *Policy Analysis*, 11 December 2006.
8. Patrick Radden Keefe, 'Can Network Theory Thwart Terrorists?' *The New York Times*, 12 March 2006.
9. Valdis Krebs, 'Connecting the Dots: Tracking Two Identified Terrorists', Orgnet, 2002–8: http://www.orgnet.com/prevent.html.
10. Oliver, 'Covert Networks'.
11. Marion and Uhl-Bien, 'Complexity Theory and Al-Qaeda'.
12. Eilstrup-Sangiovanni and Jones, 'Assessing the Dangers of Illicit Networks', 34.
13. Minor, 'Attacking the Nodes', 6.
14. Morselli, Giguère and Petit, 'The Efficiency/Security Trade-off'. See also Kahler, Miles, 'Networked Politics.' See also Kenney, 'Turning to the "Dark Side"' and Kahler, 'Collective Action and Clandestine Networks'.
15. Sageman, *Understanding Terror Networks*, 96f. See also 135–71.
16. Berman, *Radical, Religious, and Violent*, 18.
17. Ibid., 17.
18. John Arquilla, 'It Takes a Network', *Los Angeles Times*, 25 August 2002.
19. National Consortium for the Study of Terrorism and Responses to Terrorism (START), 'Jihadist Plots in the United States, Jan. 1993–Feb. 2016: Interim Findings' (January 2017).
20. Nagl, *Learning to Eat Soup with a Knife*.
21. Army, *U.S. Army/Marine Corps Counterinsurgency Field Manual*.

22. Army, *Insurgencies and Countering Insurgencies*, section 4, paragraphs 6 and 7.
23. Ibid., section 4, paragraphs 20 and 21.
24. Army, *U.S. Army/Marine Corps Counterinsurgency Field Manual*, Appendix B.
25. Kilcullen, *Counterinsurgency*, 37.
26. Ibid., 183.
27. Ibid., 200.
28. Ibid., 4f., 10, 40, 197.
29. David Petraeus, 'The Big Ideas Emerging in the Wake of the Arab Spring', Belfer Center, Harvard Kennedy School of Government (2017).
30. McChrystal, *My Share of the Task*, 148. Details of how McChrystal and his team hunted down and killed Zarqawi, destroying his network in the process, are in chapters 11–15.
31. Simpson, *War from the Ground Up*, 106.

51. 2008年9月15日

1. Neely, 'The Federal Reserve Responds'.
2. Ibid., 40.
3. Crawford, 'U.S. Costs of Wars'.
4. Watts, *Six Degrees*, 23.
5. Caldarelli and Catanzaro, *Networks*, 36f., 42, 95.
6. United States Government Accountability Office, 'Financial Crisis Losses'.
7. See Ferguson, *Ascent of Money*.
8. Financial Crisis Inquiry Commission, *Financial Crisis Inquiry Report*, KL 8518–21.
9. http://www.federalreserve.gov/monetarypolicy/fomchistorical2008.htm: FOMC meeting transcript, 16 September 2015, 20.
10. Ibid., 51.
11. Ibid., 28–29 October 2008, 118.
12. Ibid., 15–16 December 2008, 12.
13. Andrew Haldane, 'On Tackling the Credit Cycle and Too Big to Fail', Bank of England presentation, January 2011, slide 13.
14. Ramo, *Seventh Sense*, 136f. See also 42–4.
15. Jackson, Rogers and Zenou, 'Economic Consequences of Network Structure'. See also Elliott, Golub and Jackson, 'Financial Networks and Contagion'.

16. Louise Story and Eric Dash, 'Bankers Reaped Lavish Bonuses During Bailouts', *The New York Times*, 30 July 2009.
17. Davis et al., 'Small World', 303.
18. Ibid., 320.
19. Michelle Leder, 'Vernon Jordan Gets a Big Payday from Lazard', *The New York Times*, 15 March 2010.
20. Acemoglu et al., 'Value of Connections in Turbulent Times'. According to the authors' estimates, 'Over the next ten trading days, financial firms with a connection to Geithner experienced a cumulative abnormal return of about 12 percent (relative to other financial sector firms).'

52. 行政国家

1. DeMuth, 'Can the Administrative State Be Tamed?' 125.
2. Patrick McLaughlin and Oliver Sherouse, 'The Accumulation of Regulatory Restrictions Across Presidential Administrations', Mercatus Center, 3 August 2015.
3. Patrick McLaughlin and Oliver Sherouse, 'The Dodd–Frank Wall Street Reform and Consumer Protection Act May be the Biggest Law Ever', Mercatus Center, 20 July 2015.
4. McLaughlin and Greene, 'Dodd–Frank's Regulatory Surge'.
5. Howard, *Life Without Lawyers*.
6. Scott, *Connectedness and Contagion*.
7. Fukuyama, *Political Order and Political Decay*, 208.
8. Ibid., 35f. See, however, Howard, *Rule of Nobody*, and White, Cass and Kosar, *Unleashing Opportunity*.
9. DeMuth, 'Can the Administrative State Be Tamed?' 151.
10. See e.g. McLaughlin and Sherouse, *Impact of Federal Regulation*; Patrick A. McLaughlin, 'Regulations Contribute to Poverty', Testimony to the House Committee on the Judiciary, Subcommittee on Regulatory Reform, Commercial and Antitrust Law, 24 February 2016.
11. Ferguson, *Great Degeneration*.

53. Web 2.0

1. Naughton, *From Gutenberg to Zuckerberg*, 224.
2. Ibid., 227.
3. Raymond, *The Cathedral and the Bazaar*, 21.

4. Ibid., 57f.
5. Ibid., 30.
6. Ibid., 125.
7. Ibid., 194.
8. Spar, *Ruling the Waves*, 369f.
9. Kirkpatrick, *Facebook Effect*, 74.
10. http://benbarry.com/project/facebooks-little-red-book. On the author of the Little Red Book, see http://www.typeroom.eu/article/ben-barry-used-be-called-facebook-s-minister-propaganda.
11. Kirkpatrick, *Facebook Effect*, 247.
12. Ibid., 109.
13. Ibid., 185, 274–7.
14. Ibid., 154–7, 180ff., 188.
15. Naughton, *From Gutenberg to Zuckerberg*, 106.
16. Kirkpatrick, *Facebook Effect*, 222–6.
17. Ibid., 251.
18. Ibid., 259.
19. García Martínez, *Chaos Monkeys*, 275–80, 298f.
20. Ibid., 482–6.
21. Alex Eule, 'Facebook Now Has 1.2 Billion Daily Users. Really', *Barron's*, 2 November 2016.
22. Smriti Bhagat, Moira Burke, Carlos Diuk, Ismail Onur Filiz, and Sergey Edunov, 'Three and a Half Degrees of Separation', 4 February 2016: https://research.fb.com/three-and-a-half-degrees-of-separation/.
23. Lars Backstrom, Paolo Boldi, Marco Rosa, Johan Ugander, and Sebastiano Vigna, 'Four Degrees of Separation', 22 June 2012: https://research.fb.com/publications/four-degrees-of-separation/.
24. Ugander et al., 'Structural Diversity in Social Contagion'.
25. Lillian Weng and Thomas Lenton, 'Topic-Based Clusters in Egocentric Networks on Facebook', 2 June 2014: https://research.fb.com/publications/topic-based-clusters-in-egocentric-networks-on-facebook/. See also Youyou et al., 'Birds of a Feather'.
26. Amaç Herdağdelen, Bogdan State, Lada Adamic, and Winter Mason, 'The Social Ties of Immigrant Communities in the United States', 22 May 2016: https://research.fb.com/publications/the-social-ties-of-immigrant-communities-in-the-united-states/.
27. Jonathan Chang, Itamar Rosenn, Lars Backstrom and Cameron Marlow, 'Ethnicity on Social Networks', *Association for the Advancement of Artificial Intelligence* (2010).

28. Ismail Onur Filiz and Lada Adamic, 'Facebook Friendships in Europe', 8 November 2016: https://research.fb.com/facebook-friendships-in-europe/.
29. Eytan Bakshy, Itamar Rosenn, Cameron Marlow and Lada Adamic, 'The Role of Social Networks in Information Diffusion', 16 April 2012: https://research.fb.com/publications/the-role-of-social-networks-in-information-diffusion/; Lada A. Adamic, Thomas M. Lenton, Eytan Adar and Pauline C. Ng, 'Information Evolution in Social Networks', 22 May 2016: https://research.fb.com/wp-content/uploads/2016/11/information_evolution_in_social_networks.pdf; Adam D. I. Kramer, 'The Spread of Emotion via Facebook', 16 May 2012: https://research.fb.com/publications/the-spread-of-emotion-via-facebook/.
30. Jonathan Tepper, 'Friendships in the Age of Social Media', 14 January 2017: originally published on http://jonathan-tepper.com/blog/.
31. Naughton, *From Gutenberg to Zuckerberg*, 194f.
32. Data from http://whoownsfacebook.com/.
33. García Martínez, *Chaos Monkeys*, 229.
34. 'Who Are the 8 Richest People? All Men, Mostly Americans', *NBC News*, 16 January 2017.
35. Wu, *Master Switch*, 318
36. Shannon Bond, 'Google and Facebook Build Digital Ad Duopoly', *Financial Times*, 15 March 2017.
37. Farhad Manjoo, 'Why Facebook Keeps Beating Every Rival: It's the Network, of Course', *The New York Times*, 19 April 2017.
38. Robert Thomson, 'Digital Giants are Trampling on Truth', *The Times*, 10 April 2017.
39. Ramo, *Seventh Sense*, 240ff.
40. Kirkpatrick, *Facebook Effect*, 254.
41. http://benbarry.com/project/facebooks-little-red-book.
42. García Martínez, *Chaos Monkeys*, 355.
43. Kirkpatrick, *Facebook Effect*, 319.
44. Nick Bilton, 'Will Mark Zuckerberg be Our Next President?' *Vanity Fair*, 13 January 2017.
45. García Martínez, *Chaos Monkeys*, 263f.
46. Mark Zuckerberg, 'Building Global Community', 16 February 2017: https://www.facebook.com/notes/mark-zuckerberg/building-global-community/10154544292806634.
47. For a sceptical view, see Morozov, *Net Delusion*.

54. 分裂

1. Oxfam, 'An Economy for the 1%'.
2. Crédit Suisse Research Institute, *Global Wealth Databook 2015* (October 2015).
3. Piketty and Saez, 'Income Inequality', with figures updated to 2015.
4. U.S. Census Bureau, Current Population Survey, Annual Social and Economic Supplements: https://www.census.gov/data/tables/time-series/demo/income-poverty/historical-income-households.html.
5. Bricker et al., 'Measuring Income and Wealth'.
6. Agustino Fontevecchia, 'There Are More Self-Made Billionaires in the Forbes 400 Than Ever Before', *Forbes*, 3 October 2014.
7. Credit Suisse Research Institute, *Global Wealth Databook 2015* (October 2015). 'Middle class' is defined here as having wealth between $50,000 and $500,000. For a different definition, based on income, which arrives at a rather larger global middle class numbering 3.2 billion, see Kharas, 'Unprecedented Expansion'.
8. Hellebrandt and Mauro, 'Future of Worldwide Income Distribution'.
9. Sala-i-Martin and Pinkovskiy, 'Parametric Estimations'.
10. Milanovic and Lakner, 'Global Income Distribution'.
11. Corlett, 'Examining an Elephant'.
12. Rakesh Kochhar, 'Middle Class Fortunes in Western Europe', Pew Research Center, 24 April 2017.
13. Autor et al., 'Untangling Trade and Technology'.
14. Dobbs et al., *Poorer Than Their Parents*.
15. Chetty et al., 'Is the United States Still a Land of Opportunity?'
16. Case and Deaton, 'Rising Morbidity'.
17. Case and Deaton, 'Mortality and Morbidity'.
18. Nicholas Eberstadt, 'Our Miserable 21st Century', *Commentary*, 28 February 2017.
19. Gagnon and Goyal, 'Networks, Markets, and Inequality', 23.
20. Ibid., 3.
21. World Bank Group, *Digital Dividends*, 3.
22. Paik and Sanchargin, 'Social Isolation'.
23. Keith Hampton, Lauren Sessions, Eun Ja Her, and Lee Rainie, 'Social Isolation and New Technology', *Pew Internet & American Life Project* (November 2009), 1–89: http://www.pewinternet.org/2009/11/04/social-isolation-and-new-technology/.
24. Ibid., 70.
25. See in general Murray, *Coming Apart*.

55. 推特革命

1. Wu, *Master Switch*, 250.
2. Pew Research Center, 'Global Publics Embrace Social Networking', 15 December 2010.
3. Malcolm Gladwell, 'Small Change: Why the Revolution Will Not Be Tweeted', *New Yorker*, 4 October 2010.
4. Schmidt and Cohen, 'Digital Disruption'.
5. Ibid.
6. Ibid. See also Shirky, 'Political Power of Social Media', 1. On the limits of digital social networks as agents of political change, see Shirky, *Here Comes Everybody* and Tufekci, *Twitter and Tear Gas*.
7. Hill, 'Emotions as Infectious Diseases'.
8. Hal Hodson, 'I Predict a Riot', *New Scientist*, 2931, 21 August 2013, 22.
9. Debora MacKenzie, 'Brazil Uprising Points to Rise of Leaderless Networks', *New Scientist*, 2923, 26 June 2013. See in general Barbera and Jackson, 'Model of Protests'.
10. Ramo, *Seventh Sense*, 105.
11. Sten Tamkivi, 'Lessons from the World's Most Tech-Savvy Government', *Atlantic*, 24 January 2014.
12. For the relevance of this insight to other conflicts, see Staniland, *Networks of Rebellion*.
13. Simcox, *Al-Qaeda's Global Footprint*.
14. Zimmerman, *Al-Qaeda Network*.
15. Wu, *Master Switch*, 250.
16. Glennon, 'National Security', 12.
17. Barton Gellman, 'NSA Broke Privacy Rules Thousands of Times per Year, Audit Finds', *Washington Post*, 15 August 2013.
18. https://www.facebook.com/zuck/posts/10101301165605491.
19. Lloyd Grove, 'Kathleen Sebelius's Daily Show Disaster: Jon Stewart Slams Obamacare Rules', *Daily Beast*, 8 October 2013.
20. Schmidt and Cohen, 'Digital Disruption'.
21. Cecilia Kang, 'Google, in Post-Obama Era, Aggressively Woos Republicans', *The New York Times*, 27 January 2017.
22. Gautham Nagesh, 'ICANN 101: Who Will Oversee the Internet?' *Wall Street Journal*, 17 March 2014.
23. Enders and Su, 'Rational Terrorists'.
24. Scott Atran and Nafees Hamid, 'Paris: The War ISIS Wants, *New York Review of Books*, 16 November 2015.

25. David Ignatius, 'How ISIS Spread in the Middle East: And How to Stop It', *Atlantic*, 29 October 2015.
26. Karl Vick, 'ISIS Militants Declare Islamist "Caliphate"', *Time*, 29 June 2014.
27. Graeme Wood, 'What ISIS Really Wants', *Atlantic*, March 2015.
28. Berger and Morgan, 'ISIS Twitter Census'. See also Joseph Rago, 'How Algorithms Can Help Beat Islamic State', *Wall Street Journal*, 11 March 2017.
29. Craig Whiteside, 'Lighting the Path: The Story of the Islamic State's Media Enterprise', *War on the Rocks*, 12 December 2016.
30. Wood, 'What ISIS Really Wants'.
31. UN Security Council, 'In Presidential Statement, Security Council Calls for Redoubling Efforts to Target Root Causes of Terrorism as Threat Expands, Intensifies', 19 November 2014: www.un.org/press/en/2014/sc11656.doc.htm. See also Spencer Ackerman, 'Foreign Jihadists Flocking to Syria on "Unprecedented Scale" – UN', *Guardian*, 30 October 2014.
32. Wood, 'What ISIS Really Wants'.
33. Bodine-Baron et al., *Examining ISIS Support*.
34. Fisher, 'Swarmcast'. See also Ali Fisher, 'ISIS Strategy and the Twitter Jihadiscape', CPD Blog, 24 April 2017: http://uscpublicdiplomacy.org/blog/isis-strategy-and-twitter-jihadiscape.
35. John Bohannon, 'Women Critical for Online Terrorist Networks', *Science*, 10 June 2016.
36. MacGill, 'Acephalous Groups'.
37. Even Obama's critics struggled to offer a coherent response to ISIS. For a conventional military/political counter-terrorism strategy, with no mention on cyberspace, see Habeck et al., *Global Strategy for Combating Al-Qaeda*.
38. Institute for Economics and Peace, *Global Terrorism Index 2016: Measuring and Understanding the Impact of Terrorism*, 4.
39. START, *Patterns of Islamic State-Related Terrorism, 2002–2015* (August 2016).
40. Institute for Economics and Peace, *Global Terrorism Index 2016*, 43.
41. Byrne, *Black Flag Down*, 18–20.
42. Stuart, *Islamist Terrorism*.
43. Rukmini Callimachi, Alissa J. Rubin and Laure Fourquet, 'A View of ISIS's Evolution in New Details of Paris Attacks', *The New York Times*, 19 March 2016.
44. Ali, *Challenge of Dawa*. See also Sookhdeo, *Dawa*.

45. Stuart, *Islamist Terrorism: Key Findings*, 2, 9, 11, 18.
46. Frampton et al., *Unsettled Belonging.*
47. Scott Atran and Nafees Hamid, 'Paris: The War ISIS Wants, *New York Review of Books*, 16 November 2015.
48. Berger and Morgan, 'ISIS Twitter Census'.
49. John Bohannon, 'How to Attack the Islamic State Online', *Science*, 17 June 2016. See also Berger and Perez, 'The Islamic State's Diminishing Returns on Twitter', and Wood, *Way of the Strangers*, 287.
50. http://www.bbc.com/news/uk-34568574.
51. Sutton, 'Myths and Misunderstandings'.
52. http://www.telegraph.co.uk/news/uknews/terrorism-in-the-uk/11546683/ Islamist-extremists-in-prison-revolving-door-as-numbers-soar.html.
53. Pew Research Center, *Future Global Muslim Population.*
54. Laurence and Vaisse, *Integrating Islam*, 40f. See also Khosrokhavar, *L'Islam dans les prisons*. See also Scott Atran and Nafees Hamid, 'Paris: The War ISIS Wants', *New York Review of Books*, 16 November 2015.
55. Antoine Krempf, '60% des détenus français sont musulmans?' Replay Radio, 26 January 2015.
56. Pew Research Center, *World's Muslims.*

56. 2016年11月9日

1. For a defence of populism, see Roger Kimball, 'Populism, X: The Imperative of Freedom', *New Criterion* (June 2017).
2. Deena Shanker, 'Social Media are Driving Americans Insane', *Bloomberg*, 23 February 2017.
3. Deloitte, *No Place Like Phone.*
4. Hampton et al., 'Social Isolation and New Technology'.
5. Funke et al., 'Going to Extremes'.
6. Inglehart and Norris, 'Trump, Brexit, and the Rise of Populism'. See also Daniel Drezner, 'I Attended Three Conferences on Populism in Ten Days', *Washington Post*, 19 June 2017.
7. Renee DiResta, 'Crowds and Technology', RibbonFarm, 15 September 2016: http://www.ribbonfarm.com/2016/09/15/crowds-and-technology/.
8. Brinton and Chiang, *Power of Networks*, 207.
9. 'Mobilising Voters through Social Media in the U.S., Taiwan and Hong Kong', Bauhinia, 15 August 2016.

10. Pentland, *Social Physics*, 50f.
11. Bond et al., '61-Million-Person Experiment'.
12. Goodhart, *Road to Somewhere*.
13. Dominic Cummings, 'How the Brexit Referendum Was Won', *Spectator*, 9 January 2017.
14. Dominic Cummings, 'On the Referendum #20: The Campaign, Physics and Data Science', 29 October 2016: https://dominiccummings.wordpress.com/2016/10/29/on-the-referendum-20-the-campaign-physics-and-data-science-vote-leaves-voter-intention-collection-system-vics-now-available-for-all/.
15. Carole Cadwalladr, 'Revealed: How U.S. Billionaire Helped to Back Brexit', *Guardian*, 25 February 2017. Simon Kuper, 'Targeting Specific Voters is More Effective and Cheaper than Speaking to the Public on TV', *Financial Times*, 14 June 2017.
16. Salena Zito, 'Taking Trump Seriously, Not Literally', *Atlantic*, 23 September 2016.
17. Allen and Parnes, *Shattered*, KL 256–7, 566–9, 599–601, 804–6.
18. Ibid., KL 2902–4.
19. Ibid., KL 3261–73, 3281–5, 3291–3301.
20. Allcott and Gentzkow, 'Social Media and Fake News'.
21. Shannon Greenwood, Andrew Perrin and Maeve Duggan, 'Social Media Update 2016', Pew Research Center, 11 November 2016. See Mostafa M. El-Bermawy, 'Your Filter Bubble is Destroying Democracy', *Wired*, 18 November 2016.
22. Maeve Duggan and Aaron Smith, 'The Political Environment on Social Media', Pew Research Center, 25 October 2016.
23. 'Mobilising Voters through Social Media in the U.S., Taiwan and Hong Kong', Bauhinia, 15 August 2016.
24. Erin Pettigrew, 'How Facebook Saw Trump Coming When No One Else Did', *Medium*, 9 November 2016.
25. Pew Research Center, 'Election Campaign 2016: Campaigns as a Direct Source of News', 18 July 2016, 15.
26. https://www.youtube.com/watch?v=vST61W4bGm8.
27. https://www.wired.com/2016/11/facebook-won-trump-election-not-just-fake-news/.
28. Cecilia Kang, 'Google, in post-Obama Era, Aggressively Woos Republicans', *The New York Times*, 27 January 2017.
29. 'Facebook Employees Pushed to Remove Trump's Posts as Hate Speech', *Wall Street Journal*, 21 October 2016.

30. Farhad Manjoo, 'Algorithms with Agendas and the Sway of Facebook', *The New York Times*, 11 May 2016.
31. Issie Lapowsky, 'Here's How Facebook Actually Won Trump the Presidency', *Wired*, 15 November 2016.
32. Elizabeth Chan, 'Donald Trump, Pepe the Frog, and White Supremacists: An Explainer', Hillary for America, 12 September 2016.
33. Ben Schreckinger, 'World War Meme', *Politico*, March/April 2017.
34. Hannes Grassegger And Mikael Krogerus, 'The Data That Turned the World Upside Down', Motherboard, 28 January 2017.
35. Nicholas Confessore and Danny Hakim, 'Bold Promises Fade to Doubts for a Trump-Linked Data Firm', *The New York Times*, 6 March 2017.
36. Issie Lapowsky, 'The 2016 Election Exposes the Very, Very Dark Side of Tech', *Wired*, 7 November 2016.
37. Zeynep Tufekci, 'Mark Zuckerberg is in Denial', *The New York Times*, 15 November 2016.
38. Richard Waters, 'Google Admits Giving Top Spot to Inaccurate Claim on Trump Votes', *Financial Times*, 15 November 2016.
39. Allcott and Gentzkow, 'Social Media and Fake News'.
40. David Blood, 'Fake News is Shared as Widely as the Real Thing', *Financial Times*, 27 March 2017.
41. Boxell et al., 'Is the Internet Causing Political Polarization?'

Part 09 结语：面对“赛伯利亚”

57. 大都会

1. The original essay on this theme was Niall Ferguson and Moritz Schularick, 'Chimerical? Think Again', *Wall Street Journal*, 5 February 2007. We revisited it in ' "Chimerica" and the Rule of Central Bankers', ibid., 27 August 2015. The idea inspired Lucy Kirkwood's 2013 play of the same name.
2. So far as I am aware, this has never been done. Relevant data can be found at http://globe.cid.harvard.edu/.
3. See for example Barnett (ed.), *Encyclopedia of Social Networks*, vol. I, 297. The optimistic case is laid out by Slaughter, *The Chessboard and the Web*.

58. 网络破坏

1. Kissinger, *World Order*, 93f.
2. Ibid., 371.
3. Steven Pinker and Andrew Mack, 'The World is Not Falling Apart', *Slate*, 22 December 2014. For a critique of Pinker's book, *Better Angels*, see Cirillo and Taleb, 'Statistical Properties'. See for a reply Steven Pinker, 'Fooled by Belligerence: Comments on Nassim Taleb's "The Long Peace is a Statistical Illusion"': http://stevenpinker.com/files/comments_on_taleb_by_s_pinker.pdf.
4. Kissinger, *World Order*, 340, 347, 368.
5. See Allison, *Destined for War*.
6. Jeffrey Goldberg, 'World Chaos and World Order: Conversations with Henry Kissinger', *Atlantic*, 10 November 2016.
7. Niall Ferguson, 'The Lying, Hating Hi-Tech Webs of Zuck and Trump are the New Superpowers', *Sunday Times*, 19 February 2017.
8. See e.g. Snyder, *On Tyranny*.
9. See e.g. (published on the same day) Jennifer Senior, '"Richard Nixon", Portrait of a Thin-Skinned, Media-Hating President', *The New York Times*, 29 March 2017; Jennifer Rubin, 'End the Nunes Charade, and Follow the Russian Money', *Washington Post*, 29 March 2017.
10. Dittmar, 'Information Technology and Economic Change'.
11. McKinsey Global Institute, *Playing to Win*, 11.
12. World Bank, *Digital Dividends*, 95.
13. Ibid., 207.
14. Ibid., xiii, 6.
15. Schiedel, *Great Leveler*.
16. World Bank, *Digital Dividends*, 217.
17. Alexis C. Madrigal, 'The Weird Thing About Today's Internet', *Atlantic*, 17 May 2017.
18. Thiel, *Zero to One*.
19. In the developing world, mobile-phone service costs vary from nearly $50 a month in Brazil to single digits in Sri Lanka. The price of Internet for a megabit per second is around 300 times higher in landlocked Chad than in Kenya: World Bank, *Digital Dividends*, 8, 71, 218.
20. Ibid., 13.
21. Charles Kadushin, 'Social Networks and Inequality: How Facebook Contributes to Economic (and Other) Inequality', *Psychology Today*, 7 March 2012: https://www.psychologytoday.com/blog/understanding-social-networks/201203/social-networks-and-inequality.

22. Sam Altman, 'I'm a Silicon Valley Liberal, and I Traveled across the Country to Interview 100 Trump Supporters – Here's What I Learned', *Business Insider*, 23 February 2017: http://www.businessinsider.com/sam-altman-interview-trump-supporters-2017-2.
23. 'As American as Apple Inc.: Corporate Ownership and the Fight for Tax Reform', Penn Wharton Public Policy Initiative, Issue Brief 4, 1: https://publicpolicy.wharton.upenn.edu/issue-brief/v4n1.php.
24. Sandra Navidi, 'How Trumpocracy Corrupts Democracy', Project Syndicate, 21 February 2017.
25. Cecilia Kang, 'Google, in post-Obama Era, Aggressively Woos Republicans', *The New York Times*, 27 January 2017; Jack Nicas and Tim Higgins, 'Silicon Valley Faces Balancing Act between White House Criticism and Engagement', *Wall Street Journal*, 31 January 2017.
26. Issie Lapowsky, 'The Women's March Defines Protest in the Facebook Age', *Wired*, 21 January 2017; Nick Bilton, 'Will Mark Zuckerberg be Our Next President?' *Vanity Fair*, 13 January 2017.
27. World Bank, *Digital Dividends*, 221–7.
28. Lada A. Adamic, Thomas M. Lenton, Eytan Adar and Pauline C. Ng, 'Information Evolution in Social Networks', 22–25 February 2016: https://research.fb.com/wp-content/uploads/2016/11/information_evolution_in_social_networks.pdf.
29. James Stavridis, 'The Ghosts of Religious Wars Past are Rattling in Iraq', *Foreign Policy*, 17 June 2014.
30. Turchin, *Ages of Discord*.
31. Maier, *Leviathan 2.0*.
32. Mark Galeotti, 'The "Trump Dossier," or How Russia Helped America Break Itself', *Tablet*, 13 June 2017.
33. Fareed Zakaria, 'America Must Defend Itself against the Real National Security Menace', *Washington Post*, 9 March 2017.
34. Nye, 'Deterrence and Dissuasion', 47.
35. Ramo, *Seventh Sense*, 217f.
36. Caldarelli and Catanzaro, *Networks*, 95–8, 104f.
37. Drew Fitzgerald and Robert McMillan, 'Cyberattack Knocks Out Access to Websites', *Wall Street Journal*, 21 October 2016; William Turton, 'Everything We Know about the Cyberattack That Crippled America's Internet', Gizmodo, 24 October 2016.
38. Fred Kaplan, '"WarGames" and Cybersecurity's Debt to a Hollywood Hack', *The New York Times*, 19 February 2016.
39. Nye, 'Deterrence and Dissuasion'.

40. Ken Dilanian, William M. Arkin and Cynthia Mcfadden, 'U.S. Govt. Hackers Ready to Hit Back If Russia Tries to Disrupt Election', NBC, 4 November 2016.
41. Nathan Hodge, James Marson and Paul Sonne, 'Behind Russia's Cyber Strategy', *Wall Street Journal*, 16 December 2017.
42. For the most recent WikiLeaks release, see Zeynep Tufekci, 'The Truth about the WikiLeaks C.I.A. Cache', *The New York Times*, 9 March 2017.
43. Bonnie Berkowitz, Denise Lu and Julie Vitkovskaya, 'Here's What We Know So Far about Team Trump's Ties to Russian Interests', *Washington Post*, 31 March 2017.
44. Nye, 'Deterrence and Dissuasion', 44–52, 63–7.
45. Mark Galeotti, 'Crimintern: How the Kremlin Uses Russia's Criminal Networks in Europe', European Council on Foreign Relations Policy Brief (April 2017).
46. Anne-Marie Slaughter, 'How to Succeed in the Networked World', *Foreign Affairs*, (November/December 2016), 80.
47. Slaughter, 'How to Succeed', 84f.; Slaughter, *The Chessboard and the Web*, KL 2738.
48. Slaughter, 'How to Succeed', 86.
49. Slaughter, *The Chessboard and the Web*, KL 2680–84.
50. Ian Klaus, 'For Cities of the Future, Three Paths to Power', *Atlantic*, 19 March 2017.
51. Ramo, *Seventh Sense*, 182.
52. Ibid., 233.
53. Ibid., 153. See also Clarke and Eddy, *Warnings*, 283–301.
54. Taleb, *Antifragile*.
55. Arbesman, *Overcomplicated*.
56. Caldarelli and Catanzaro, *Networks*, 97.

59. FANG，BAT和欧盟

1. Daniel Martin, 'Shaming of Web Giants', *Daily Mail*, 15 March 2017.
2. Guy Chazan, 'Germany Cracks Down on Social Media over Fake News', *Financial Times*, 14 March 2017.
3. GP Bullhound, *European Unicorns: Survival of the Fittest* (2016).
4. Adam Satariano and Aoife White, 'Silicon Valley's Miserable Euro Trip is Just Getting Started', *Bloomberg Business Week*, 20 October 2016; Mark Scott, 'The Stakes are Rising in Google's Antitrust Fight with

Europe', *The New York Times*, 30 October 2016; Philip Stephens, 'Europe Rewrites the Rules for Silicon Valley', *Financial Times*, 3 November 2016.

5. Goldsmith and Wu, *Who Controls the Internet?*, 5ff.
6. For a different view, see Hafner-Burton and Montgomery, 'Globalization and the Social Power Politics.'
7. Bethany Allen-Ebrahimian, 'The Man Who Nailed Jello to the Wall', *Foreign Policy*, 29 June 2016.
8. Spar, *Ruling the Waves*, 381.
9. Mary Meeker, 'Internet Trends 2016—Code Conference', Kleiner Perkins Caufield Byers, 1 June 2016, 170f.
10. Kirby et al., 'Uber in China', 12.
11. William Kirby, 'The Real Reason Uber is Giving Up in China', *Harvard Business Review*, 2 August 2016.
12. 'Chinese Censors' Looser Social Media Grip "May Help Flag Threats"', *South China Morning Post*, 13 February 2017.
13. 'Visualizing China's Anti-Corruption Campaign', ChinaFile, 21 January 2016.
14. 'Big Data, Meet Big Brother: China Invents the Digital Totalitarian State', *Economist*, 17 December 2016.
15. Nick Szabo, 'Money, Blockchains and Social Scalability', Unenumerated, 9 February 2017.
16. Ibid.
17. Haldane, 'A Little More Conversation'. See also Bettina Warburg, How the Blockchain will Radically Transform the Economy', TED talk, November 2016.
18. David McGlauflin, 'How China's Plan to Launch Its Own Currency Might Affect Bitcoin', Cryptocoins News, 25 January 2016; 'China is Developing Its Own Digital Currency', Bloomberg News, 23 February 2017. Details of the PBOC plan at http://www.cnfinance.cn/magzi/2016-09/01-24313.html and http://www.cnfinance.cn/magzi/2016-09/01-24314.html.
19. Deloitte and Monetary Authority of Singapore, 'The Future is Here: Project Ubin: SGD on Distributed Ledger' (2017). See in general Bordo and Levin, 'Central Bank Digital Currency'.

60. 广场与高塔

1. For a suggestive comparison with the Renaissance, see Goldin and Kutarna, *Age of Discovery*.
2. Heylighen and Bollen, 'World-Wide Web as a Super-Brain'. See also Heylighen, 'Global Superorganism'.
3. Dertouzos, *What Will Be*.
4. Wright, *Nonzero*, 198.
5. Hayles, 'Unfinished Work', 164.
6. Tomlin, *Cloud Coffee House*, 55.
7. Ibid., 223.
8. Spier, *Big History and the Future of Humanity*, 138–83.
9. Naughton, *From Gutenberg to Zuckerberg*, 207, 236.
10. Mark Zuckerberg, 'Commencement Address at Harvard', *Harvard Gazette*, May 25, 2017.
11. Gordon, *Rise and Fall of American Growth*. For an optimistic view, see Schwab, *Fourth Industrial Revolution*.
12. Acemoglu and Restrepo, 'Robots and Jobs'.
13. World Bank, *Digital Dividends*, 23, 131.
14. Caplan, 'Totalitarian Threat'.
15. For a historically based prediction of an upsurge in violence in the United States, see Turchin, *Ages of Discord*.
16. Caldara and Iacoviello, 'Measuring Geopolitical Risk'.
17. Bostrom, *Superintelligence*. See also Clarke and Eddy, *Warnings*, esp. 199–216.
18. David Streitfeld, "'The Internet Is Broken': @ev Is Trying to Salvage It', *New York Times*, 20 May 2017.
19. Scott, *Two Cheers*.
20. Niall Ferguson, 'Donald Trump's New World Order', *The American Interest* (March/April 2017), 37–47.
21. Steinhof, 'Urban Images', 20.
22. https://www.nytimes.com/interactive/2016/12/21/upshot/Mapping-the-Shadows-of-New-York-City.html?_r=1.
23. Steven Levy, Inside Apple's Insanely Great (Or Just Insane) New Mothership', *Wired*, 16 May 2017.
24. Facebook:http://mashable.com/2015/03/31/facebook-new-headquarters-photos/#odtktL9aMgqH; Apple: http://www.fosterandpartners.com/news/archive/2017/02/apple-park-opens-to-employees-in-april/; Google: https://googleblog.blogspot.com/2015/02/rethinking-office-space.html.